KB083614

# 지구 이야기

광물과 생물의 공진화로 푸는 지구의 역사

**광물과 생물의 공진화로 푸는 지구의 역사**

로버트 M. 헤이즌 지음 | 김미선 옮김

뿌리와
이파리

THE STORY OF EARTH

The First 4.5 Billion Years, from Stardust to Living Planet

그레고리에게:

변화는 올 것이기에,

부디 지혜와 용기를 가지고 적응하기를.

## 차례

명왕이언 *Hadean Eon* | 시생이언 *Archean Eon*

0 지구 나이(10억 살) 1 2

137억 년 전, 빅뱅

원생이언 *Proterozoic Eon*
현생이언 *Phanerozoic Eon*
3
4
4.567
지금으로부터 50억 년 뒤, 종말

## 들어가며

20세기에 사람들의 시선을 가장 강렬하게 사로잡은 이미지는 1968년에 달 궤도를 여행하던 인간이 떠오르는 지구를 찍은 사진일 것이다. 우리는 오래전부터 우리의 세계가 얼마나 소중하고 특별한지를 알고 있었다. 지구는 우리가 아는 바로는 물이 가득한 대양, 산소가 풍부한 대기, 생명체를 지닌 유일한 행성이다. 그럼에도 많은 이들은 달에서 바라본 철저히 적대적인 경관, 생명이 없는 검은 우주공간과 푸른 바탕에 하얀빛이 아로새겨진 우리의 유혹적인 고향이 빚어내는 숨 막힐 듯 냉혹한 대비를 마주할 마음의 준비가 되어 있지 않았다. 그렇게 멀리서 조망한 지구는 외롭고 작고 연약해 보이지만, 하늘의 다른 어떤 천체보다도 훨씬 더 아름답게 보이기도 한다.

우리는 당연히 우리의 고향 세계에 마음을 빼앗겼다. 그리스도의 탄생까지 2세기도 넘게 남은 먼 옛날, 그리스의 식민지 키레네 출신의 박식한 철학자 에라토스테네스는 문서에 가장 먼저 등장하는 지구에 관한 실험을 수행했다. 그는 기발하게도 단순히 그림자를 관찰한 결과를 바탕으로 지구의 둘레를 측정했다. 그는 하지 날 정오에, 적도에 위치한 이집트의 시에네라는 마을에서 태양이 머리 바로 위에 떠 있음을 관찰했다. 수직 기둥이 아무런 그림자도 드리우지 않았던 것이다. 반면에 같은 날 같은 시각 북쪽으로 약 790킬로미터 떨어진 해안도시 알렉산드리아에 서 있던 비슷한 수직 기둥은 약간의 그림자를 드리웠으므로, 태양이 그 위치에서는 정확히 머리 위에 있지 않았다는 사실이 드러났다. 에라토스테네스는 그리스인 선조 유클리드의 기하학 정리를 써서 지구는 둥글어야 한다는 결론을 내리고, 그 구의 원둘레는 약 4만 233킬로미터가 틀림없다고 계산했다. 4만 75킬로미터라는 현대의 확립된 적도 원둘레 값에 놀랍도록 가까운 수치다.

기림을 받은 소수를 제외한 대부분의 이름은 역사 속으로 사라졌지만, 수세기 동안 수천 명의 다른 학자들도 우리의 고향 행성을 면밀히 조사하고 곰곰이 생각했다. 그들은 지구가 어떻게 형성되었는지, 어떻게 하늘을 헤치고 나아가는지, 무엇으로 만들어졌는지, 어떻게 작동하는지를 계속해서 물어왔다. 이 과학적인 선남선녀들은 다른 무엇보다도 우리의 역동적인 행성이 어떻게 진화했을까, 어떻게 살아 있는 세계가 되었을까를 가장 궁금하게 여겼다. 나날이 쌓여가는 괄목할 만한 지식과 경이로운 인간의 과학기술 덕분에, 오늘날의 우리는 지구에 관해 고대 철학자들은 헤아릴 수도 없었을 만큼 많은 것을 알고 있다. 물론 모든 것을 알지는 못하지만, 우리의 이해 범위만은 풍부하고 깊어졌다.

그리고 인류의 동이 튼 이래로 지구에 대한 우리의 지식이 증가하고 수천 년에 걸쳐 정제되어 확고한 이해로 바뀌어가는 동안, 그 진보의 많은 부분이 지구학은 변화의 학문임을 드러내왔다.

많은 계통에서 관찰되는 증거가 연 단위로, 세世 단위로 변동하는 것이 지구의 본성임을 가리킨다. 스칸디나비아의 빙하호에 규칙적으로 층을 이룬(연층年層된) 침전 퇴적물은 굵은 입자와 가는 입자가 1만 3,000년 넘게 번갈아 쌓인 세월을 보여준다. 매년 봄 얼음이 풀리는 동안 침식이 빨라진 결과다. 남극이나 그린란드의 얼어붙은 빙하를 깊이 뚫어 얻은 시추심은 철따라 얼음이 달리 쌓여온 80만 년이 넘는 세월을 드러낸다. 와이오밍 주 그린리버 셰일에서 나온 종잇장 두께로 층층이 퇴적된 침적물은 매년의 사건을 100만 년 치 이상 보존하고 있다. 그 성층구조들은 저마다 엄청나게 더 오래된 암석을 기반으로 하며, 이 암석들 자체도 웅대한 변화의 주기를 암시한다.

점진적인 지질작용의 측정치는 훨씬 더 어마어마한 폭의 지구 역사를 가리킨다. 거대한 하와이 제도가 형성되기 위해서는 용암 덮개가 수천만 년에 걸쳐 연달아 포개져 올라가는 느리고 꾸준한 화산활동이 필요했다. 애팔래치아를 비롯한 고대 산맥들이 둥글둥글한 것은 수억 년 동안 서서히 침식되면서 한 번씩 거대한 산사태를 겪어서다. 가끔씩 움찔거리는 지각판들이 지질학 역사가 진행되는 동안 대륙을 이동시키고, 산맥을 융기시키고, 대양을 열어왔다.

지구는 언제나 잠시도 가만히 있지 못하는, 진화하는 행성이었다. 중심핵에서 지각까지, 지구는 끊임없이 변할 수 있다. 오늘도 대기와 대양과 대지는 변하고 있다. 아마도 우리 행성의 가까운 과거 안에서는 견줄 데 없이 빠른 속도로 말이다. 이 불안한 지구적 변화를 걱정하지 않는다면 우리는 바보가 될 것이고, 사실 많은 이들에게는 이를 걱정하지 않는 것이 불가능해 보인다. 고향을 궁금해하고 걱정하는 태도는 에라토스테네스에게 그랬듯 우리에게도 자연스러우니까. 하지만 지구의 현 상태를 고심하기만 하고 지구가 자신의 놀랍고 유서 깊은 과거에 관해, 예측할 수 없는 역동적 현재에 관해, 미래의 우리 자신과 우리의 자리에 관해 우리에게 미리 들려주는 말을 충분히 활용하지 않아도 우리는 똑같이 바보가 될 것이다.

나는 생애의 대부분을 생동감 넘치고 복잡하고 변화무쌍한 우리의 고향을 이해하고자 하는 데에 바쳤다. 소년 시절에는 암석과 광물을 수집했다. 내 방은 화석과 결정들, 그 옆에 되는대로 쑤셔넣은 벌레와 뼈들로 터져나갈 지경이었다. 내 경력 전체가 지구라는 중심 주제를 뒤쫓아왔다. 나는 현미경으로도 볼 수 없을 만큼 작은 원자 규모의 실험부터 시작했다. 암석을 이루는 광물들의 분자구조를 연구하면서, 조그만 광물 입자들을 가열하고 압착해 압력솥과 같은 지구 내부 깊은 곳의 효과를 입증하는 일이었다.

시간이 흐르면서, 내 시야는 지질학이라는 더 웅대한 시공간의 태피스트리로 확장되었다. 북아프리카 사막에서 그린란드 빙원까지, 하와이 연안에서 로키 산맥 봉우리까지, 오스트레일리아 그레이트배리어리프에서 10여 개 국가에 있는 고대의 화석화한 산호초까지, 지구의 천연 도서관들이 원소, 광물, 암석, 생물이 공유하는 수십억 년의 공진화 이야기를 보여주었다. 내 연구계획이 고대에 지구화학적으로 생명이 기원하는 데에서 광물이 했을 법한 역할로 옮겨가자 나는 연구에 흠뻑 빠져버렸고, 그 연구는 지구 역사 내내 생명과 광물의 공진화가 앞서 상상했던 것보다 훨씬 더 인상적임을 시사한다. 다시 말해 대륙 곳곳의 석회동굴에서 분명히 알 수 있듯이, 일정한 암석들은 생명에서 발생할 뿐만 아니라 생명 자체가 암석에서 발생했을 수도 있다는 것이다. 45억 년의 지구 역사에 걸쳐 광물과 생물의 진화 이야기, 곧 지질학과 생물학은 놀라운 방식으로 얽히고설켜왔지만, 그 방식은 이제야 주목을 받고 있다. 이 발상은 2008년에 발표된 '광물의 진화'에 관한 어느 이례적인 논문에서 정점에 다다랐다. 이 논쟁적인 새 주장을 일부는 아마도 광물학에서 2세기 만에 처음 일어난 패러다임 전환일 거라며 환영한 반면, 다른 일부는 그것이 아득히 먼 시간deep time을 배경으로 우리의 과학을 이단적으로 재구성하는 행위일 수 있다며 경계의 눈초리를 보냈다.

광물학이라는 오래된 학문 분야는 지구와 지구의 유구한 과거에 관해 우리가 아는 모든 것에서 절대적인 중심을 차지하면서도, 그동안 이상하리만치 정적이었고 개념상 시간의 변덕과는 동떨어져 있었다. 200년이 넘도록 화학적 조성, 밀도, 경도, 광학적 성질, 결정구조를 측정하는 일이 광물학자를 먹여살리는 본업이었다. 어느 곳이든 자연사박물관을 방문해보면 무슨 말인지 알 수 있을 것이다. 휘황찬란한 결정 표본들이 전면이 유리로 된 상자에 담긴 채 줄줄이 늘어서서 이름, 화학식, 결정계, 산지를 보여주는 딱지를 달고 있을 테니까. 무엇보다 애지중지하는 이 지구의 조각들은 풍부한 역사적 맥락을 지니고 있긴 하지만, 그것들이 태어난 연대나 지질학적 변형에 관한 단서를 찾는 일은 헛수고일 공산이 크다. 옛날 방식은 광물들을 그것의 설득력 있는 일대기로부터 갈라놓다시피 하기 때문이다.

이런 전통적인 시각은 바뀌어야 한다. 지구의 풍부한 암석기록을 살펴보면 볼수록, 생물 세계와 무생물 세계를 막론하고 자연 세계는 변신을 거듭해왔다는 사실이 더욱더 분명해진다. 행성의 실상을 구성하는 시간과 변화라는 쌍둥이를 이해해가면서 우리는 광물이 맨 처음 어떻게 존재하게 되었는지는 물론 언제 존재하게 되었는지도 추측할 수 있게 되었다. 게다가 오래도록 쾌적하지 않다고 여겼던 장소들—엄청나게 뜨거운 화산 분출공, 산성 웅덩이, 북극의 얼음, 성층권의 먼지—에서 최근에 유기체를 발견해, 광물학은 생명의 기원과 생존을 이해하려는 탐구에서 핵심적인 학문 분야로 편입했다. 이 분야 선두의 학술지 『아메리칸 미네랄로지스트』 2008년 11월호에서, 동료들과 나는 광물의 왕국이 미지의 시간 차원을 통과하며 믿기 힘들 만큼 변모해온 과정에 관한 새로운 사고방식을 제안했다. 우리는 수십억 년 전에는 우주 안 어디에도 광물이 없었음을 강조했다. 어떤 결정성 화합물도 빅뱅 다음의 극도로 뜨거운 큰 소용돌이 속에서 생존하는 건 고사하고 형성될 수도 없었을 것이다. 최초의 원자들—수소, 헬륨, 그리고 약간의 리튬—이 창조의 가마솥에서 출현하는 데에만 50만 년이 걸렸다. 중력이 이 원시 가스 상태 원소들을 구슬려 최초의 성운을 빚은 다음, 이를 무너뜨려 뜨겁고 밀도 높으며 눈부시게 밝은 최초의 항성들을 만들어내는 동안 수백만 년이 더 흘렀다. 그 최초의 항성이 폭발해 초신성의 광휘를 내뿜었을 때, 팽창하면서 식어가던 원소 가득한 가스체가 최초의 조그만 다이아몬드 결정으로 응축했을 때에야 비로소 우주광물학이 무용담을 시작할 수 있었다.

그렇게 나는 암석의 증언을 탐독하는 강박적 독자가 되었다. 암석들이 진술하는, 때로는 단편적이고 모호하지만 설득력 있는 이야기는 탄생과 죽음, 정체와 흐름, 기원과 진화의 이야기다. 아무도 들려준 적 없는 이 웅대하면서도 얽히고설킨 지구 생물권과 무생물권의 이야기—생물과 암석의 공진화—는 참으로 경이롭다. 그 이야기를 공유해야만 하는 이유는 우리가 곧 지구이기 때문이다. 우리에게 쉴 곳과 먹을거리를 주는 모든 것, 우리가 소유하는 모든 물건, 뿐만 아니라 살점이 붙어 있는 우리 겉껍질의 원자와 분자 하나하나가 지구에서 왔다가 지구로 돌아갈 것이다. 그렇다면, 우리의 고향을 아는 것은 우리 자신의 일부를 아는 것이다.

지구 이야기를 공유해야 하는 또 다른 이유는 지구의 대양과 대기가 그 긴 역사에서 좀처럼 대적할 만한 상대가 없는 속도로 변하고 있기 때문이다. 대양은 상승하는 한편 더 따뜻해지고 더 산성화하고 있다. 전 세계적으로 강우 패턴이 바뀌고 있는 한편, 대기는 점점 더 심하게 요동치고 있다. 극지의 얼음이 녹고 있고, 툰드라가 풀리고 있으며, 생물의 서식지가 이동하고 있다. 앞으로 우리가 책장을 넘기며 답사하게 되듯이 지구의 이야기는 변화의 무용담이긴 하지만, 그토록 경각심을 일으키는 속도로 변화가 일어났던 예전의 드문 경우마다 생명은 막대한 희생을 치러온 것으로 보인다. 만일 우리가 사려 깊게, 그리고 우리 자신을 위해 늦지 않게 행동하고자 한다면, 지구뿐만 아니라 지구의 이야기와도 친해져야만 한다. 약 38만 킬로미터 떨어진 생명이 없는 세계에서 찍은 그 경이로운 스냅사진으로 장엄하게 밝혀졌듯이, 우리에게 다른 집은 없기 때문이다.

에라토스테네스와 그의 뒤를 따른 호기심 많은 지성 수천 명의 전통에 따라 이 책에서 나는 지구가 겪어온 긴 변화의 역사를 전달하고자 한다. 지구라면 가깝고 친숙해 보일지도 모르지만, 지구의 생동감 넘치는 이야기는 꼬리를 물고 일어나는 거의 상상을 초월하는 변혁적 사건들을 품고 있다. 당신의 고향 행성을 올바르게 알고 그것을 형성한 영겁을 이해하려면, 먼저 일곱 가지 핵심적인 사실을 숙지해야 한다.

1. 지구는 예나 지금이나 구성 원자들을 재활용하고 있다.
2. 지구는 인간의 시간틀에 비하면 어마어마하게 오래되었다.

3. 지구는 3차원이며, 그 행동 대부분이 우리 시야에서 가려져 있다.
4. 암석은 지구사의 기록 보관 담당자다.
5. 지구계 — 암석, 대양, 대기, 생명 — 는 복잡하게 서로 연결되어 있다.
6. 지구사는 가끔씩 갑작스럽고 돌이킬 수 없는 사건들로 잠시 중단되는 정체기를 아우른다.
7. 생명은 예나 지금이나 지구의 표면을 변화시키고 있다.

지구의 존재양식을 표현하는 이 개념들은 복잡하게 겹치는 원자, 광물, 암석, 생명의 이야기를 방대한 시공간의 서사시로 짜넣으며, 앞으로 책장을 넘기는 동안 우주가 불꽃처럼 탄생하고 지구가 오래도록 진화하는 모든 국면에서 다시 나타날 것이다. 이 책의 중심에 자리하는 새로운 패러다임인 지구와 생명의 공진화는 빅뱅까지 거슬러 올라가는 돌이킬 수 없는 일련의 진화 단계 가운데 일부다. 단계마다 행성에 도입된 새로운 과정과 현상들이 궁극적으로 우리 행성의 표면을 무수히 다시 조각하면서 오늘날 우리가 거주하는 경이로운 세계로 거침없이 길을 열어줄 것이다.

이것은 지구의 이야기다.

# 01

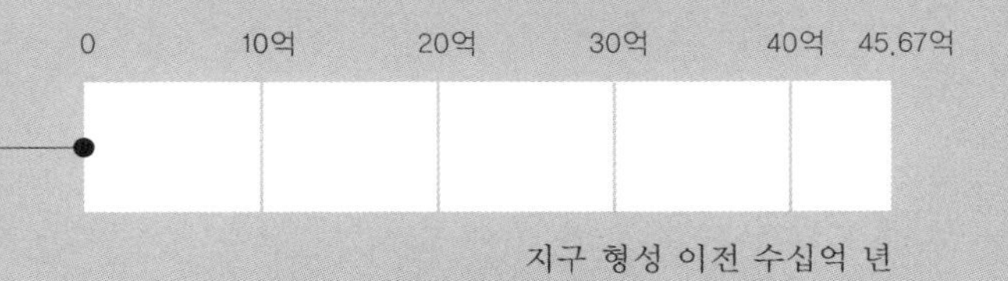


지구 형성 이전 수십억 년

# 탄생

## —지구의 형성

## 일러두기

1. 빅뱅의 시점을, 영어판이 2012년에 나온 이 책에서는 2001년 발사된 더블유맵의 우주배경복사 관측 데이터를 가지고 계산하여 약 137억 년 전으로 어림잡는다. 하지만 최신 연구들은 그 시점을 약 138억 년 전으로 본다. 우주의 나이는 유럽우주국이 발사한 플랑크 위성의 2018년 관측 결과를 바탕으로 계산하면 137.87±0.020년이고, 2019년 미국 국립과학재단 연구진이 칠레 아타카마 사막에서 측정한 자료를 토대로 얻은 추정치는 137.7±0.4억 년이다. 본문 17, 22, 40쪽에 나오는 '약 137억 년( 전)'은 '약 138억 년( 전)'이 더 최신 추정치임을 참고하기 바란다.
2. 본문 18쪽의 "약 50만 년 동안" 뜨거운 지구가 식으면서 마침내 최초의 원자를 형성하기에 충분할 만큼 온도가 내려갔다는 서술 또한 마찬가지로, 최신 연구들은 그 시기를 빅뱅 이후 '약 38만 년'으로 본다.
3. 본문에 실은 도판은 독자의 이해를 돕기 위해 뿌리와이파리 편집부가 퍼블릭 도메인을 중심으로 찾아서 넣은 것이다.

태초에는 지구도, 지구를 덥힐 태양도 없었다. 빛나는 항성을 중심으로 가지각색의 행성과 위성을 거느린 우리의 태양계는 우주에 비하면 신참이다. 겨우 45억 6,700만 살이니까. 많은 일이 일어난 뒤에야 우리의 세계가 허공에서 출현할 수 있었다.

우리 행성의 탄생을 위한 무대는 훨씬 더 일찍, 최근의 추산에 따르면 약 137억 년 전, 만물이 기원한 빅뱅Big Bang의 시점에 마련되었다. 그 창조의 순간은 여전히 우주의 역사에서 가장 설명하기 힘들고 이해할 수 없는 결정적 사건이다. 그것은 하나의 특이점特異點이었다. 아무것도 없는 상태에서 뭔가 있는 상태로의 변형은 현대 과학의 시야 또는 수학 논리 너머에 머물러 있다. 당신이 우주에서 창조주의 징후를 찾고자 한다면, 이 빅뱅에서 출발하면 된다.

태초에, 모든 공간과 에너지와 물질이 알 수 없는 허공에서 존재하게 되었다. 아무것도 없었다. 다음 순간 뭔가가 있었다. 이 개념은 우리의 은유 구사 능력을 넘어선다. 우리의 우주는 전에 진공만 있던 곳에서 느닷없이 나타난 것이 아니다. 빅뱅 이전에는 부피도 시간도 없었기 때문이다. 우리의 무無라는 개념은 비어 있음을 함축한다. 빅뱅 이전에는 비울 것이 들어 있지 않았다.

그러다 어느 순간, 그냥 뭔가가 아니라 영원히 있게 될 모든 것이 홀연히 나타났다. 우리 우주는 하나의 원자핵보다 부피가 작았다. 극도로 압축된 우주는 순수한 균질에너지로 시작했고, 완벽한 균일성을 망칠 입자는 단 하나도 없었다. 그 우주가 순식간에 팽창했다. 공간 속으로 들어간 것도, 공간 밖의 다른 어떤 것(우리 우주에는 바깥이 없다) 속으로 들어간 것도 아니었지만, 부피 자체가 여전히 뜨거운 에너지의 형태로 출현해 점점 커졌다. 팽창하면서, 존재는 식어갔다. 빅뱅 이후 찰나에 최초의 아亞원자 입자가 나타났다. 우리 세계를 구성하는 모든 고체, 액체, 기체의 보이지 않는 실체인 전자와 쿼크가 순수 에너지에서 물질화한 것이다. 머지않아, 아직 우주의 처음 순간에서도 첫머리를 벗어나지 않은 찰나에 쿼크가 두세 개씩 짝을 지어 더 큰 입자를 형성했다. 이 입자의 일종인 양성자와 중성자가 모든 원자핵에 살고 있다. 모든 것이 여전히 터무니없이 뜨거웠고, 약 50만 년 동안 그렇게 뜨겁던 우주는 계속 팽창해 마침내 수천 도까지, 그러니까 전자가 핵에 달라붙어 최초의 원자를 형성하기에 충분할 만큼 차가운 온도까지 내려갔다. 그 최초의 원자들 중 압도적인 다수를 차지한—모든 원자의 90퍼센트 이상—원자가 수소였고, 거기에 헬륨 몇 퍼센트와 미량의 리튬이 투입되었다. 그 원소들이 섞여서 최초의 항성을 형성했다.

### 최초의 빛

중력은 우주적인 덩어리를 빚는 거대한 엔진이다. 수소 원자 하나는 보잘것없지만, 원자 하나에 10의 60승을 곱하면(1조×1조×1조×1조×1조 개의 수소 원자) 총체적으로 서로에 대해 매우 인상적인 중력을 발휘한다. 중력이 이 원자들을 공통의 중심을 향해 안쪽으로 끌어들여 하나의 항성을, 다시 말해 중심핵에 어마어마한 압력이 걸리는 거대한 기체 공을 형성한다. 막대한 수소 구름이 붕괴하는 동안, 항성을 형성하는 과정이 움직이는 원자들의 운동에너지를 원자들이 뭉쳐진 상태의 중력 위치에너지로 바꾸고, 이 위치에너지는 다시 한번 열로 바뀐다. 소행성이 지구에 충돌할 때 일어나는 것과 똑같이 격렬한 과정이지만, 이 경우는 엄청나게 더 많은 에너지가 방출된다. 수소 구球의 중심핵은 결국 수백만 도의 온도와 수백만 기압의 압력에 도달한다.

그러한 온도와 압력은 핵융합반응이라는 새로운 현상을 촉발한다. 이 극한 조건에서 수소의 원자핵 두 개(양성자를 하나씩 가진)가 엄청나게 큰 힘으로 충돌한 나머지 중성자가 한 핵에서 다른 핵으로 옮아가 일부 수소 원자가 다른 원자들보다 더 무거워진다. 그러한 충돌이 몇 번 거듭되면 양성자가 두 개인 헬륨 핵이 형성된다. 놀랍게도, 결과물인 헬륨 원자는 원래의 수소 원자보다 무게가 약 1퍼센트 덜 나간다. 그 사라진 질량은 곧장 열에너지로 전환되어 (수소폭탄에서와 마찬가지로) 더욱더 많은 핵융합반응을 촉진한다. 항성은

'발화'함으로써 주변을 복사에너지로 흠뻑 적시는 한편, 수소를 잃는 만큼 헬륨이 풍부해진다.

우리의 태양보다 훨씬 더 큰 많은 항성들을 포함해, 큰 항성은 결국 중심핵에서 공급하던 막대한 양의 수소를 다 써버렸다. 하지만 극한의 내부 압력과 열은 계속해서 핵융합을 촉진했다. 항성의 중심핵에서 양성자 두 개를 가진 헬륨 원자들이 융합해 양성자 여섯 개를 가진 생명의 필수 원소 탄소가 되었고, 그 순간 새로이 맥동하는 핵에너지가 중심핵을 둥글게 둘러싸는 원자층에서 수소융합을 촉발했다. 다음에는 중심핵의 탄소가 융합해 네온이 되고, 네온이 융합해 산소가 되고, 다음엔 마그네슘, 규소, 황 등등이 뒤를 이었다. 융합반응의 층이 동심원을 그리며 한 층 한 층 올라갔으므로, 항성은 점차 양파 같은 구조를 띠게 되었다. 이러한 반응은 점점 더 빨리 일어나다가, 급기야 철을 생성하는 최종 국면에 이르러서는 하루밖에 지속되지 않았다. 최초 항성들의 한살이에서 이 시점까지, 빅뱅 이후 수백만 년이 지났을 무렵에는 주기율표에서 첫머리에 오는 스물여섯 가지 원소 대부분이 핵융합에 의해 많은 개별 항성 안에 생겨나 있었다.

철은 이 핵융합과정이 갈 수 있는 종착점이다. 수소가 융합해 헬륨을 생성할 때에도, 헬륨이 융합해 탄소를 생성할 때에도, 다른 모든 융합 단계가 진행되는 동안에도 풍부한 핵에너지가 방출된다. 하지만 철은 다른 어떤 원자핵보다 낮은 에너지를 가지고 있다. 이글거리는 불꽃이 연료를 남김없이 재로 바꿀 때처럼, 모든 에너지가 소진된 것이다. 철은 중심핵이 타고 남은 마지막 재이므로, 철을 다른 뭔가와 융합시키는 방법으로는 어떤 핵에너지도 추출할 수 없다. 그래서 최초의 거대 항성이 필연적으로 철질의 중심핵을 생성한 순간 게임은 끝났고, 결과는 파국적이었다. 그 시점까지는 내부의 거대한 두 힘이 균형을 이룸으로써 항성이 안정한 평형을 유지하고 있었다. 중력은 질량을 중심 쪽으로 끌어당기고, 핵반응은 질량을 중심 밖으로 밀어냈다는 말이다. 그러나 중심핵이 철로 채워지자 안에서 밖으로 밀어내는 작용이 딱 멈추었고,

중력이 한순간에 상상할 수 없을 만큼 난폭하게 권력을 인수했다. 항성 전체가 엄청나게 순식간에 안쪽으로 무너진 나머지 저절로 다시 튀어나와 폭발하면서 최초의 초신성이 된 것이다. 항성은 갈기갈기 찢기면서, 질량의 대부분을 밖으로 날려보냈다.

### 화학의 탄생

우주에서 설계도를 찾는 독자들에게 초신성은 거의 빅뱅만큼 훌륭한 출발점이다. 분명 빅뱅이 필연적으로 수소 원자를 낳았고, 수소 원자가 똑같이 거침없이 최초의 항성을 생성했다. 그럼에도 어떻게 항성들이 스스로의 힘만으로 당신을 우리 현대의 살아 있는 세계로 데려왔는지는 도무지 명백하지 않다. 커다란 수소 공이 중심핵 안에 철까지 이르는 더 무거운 원소들을 아무리 차곡차곡 쟁인다고 해도, 매우 흥미로운 방식으로 일을 진척시키는 데에 도움이 될 것 같지는 않다.

하지만 최초의 큰 항성들이 폭발하자, 이 파편이 스스로 만들어낸 원소를 우주공간에 심어 우주적 신제품이 꼬리에 꼬리를 물고 생겨났다. 탄소, 산소, 질소, 인, 황 같은 이른바 '생명의 원소'들이 특히 풍부했다. 많은 흔한 암석의 조성에서 중요한 자리를 차지하고 지구형 행성의 질량 대부분을 형성하는 마그네슘, 규소, 철, 알루미늄, 칼슘도 가득했다. 하지만 이렇듯 항성들이 폭발하는 가운데 에너지가 무한히 남아도는 환경에서, 이 원소들은 전에 없던 색다른 방식으로 융합해 26번을 훌쩍 넘어가는 주기율표의 모든 원소를 만들어냈다. 그리하여 더 드문 여러 원소, 다시 말해 귀중한 금과 은, 실용적인 구리와 아연, 유독한 비소와 수은, 방사성 우라늄과 플루토늄 등이 처음으로 미량이나마 나타났다. 뿐만 아니라 이 모든 원소가 우주공간으로 내동댕이쳐졌으므로, 거기서 서로를 발견하고 화학반응을 통해 새롭고 흥미로운 방식으로 한데 뭉칠 수도 있었다.

화학반응은 평범한 원자 하나가 다른 하나와 부딪힐 때 일어난다. 모든 원자는 양전하를 띤 아주 작지만 묵직한 중심핵을 가지고 있고, 음전하를 띤 하나 이상의 전자가 구름처럼 분산되어 핵을 둘러싸고 있다. 분리된 원자핵은 압력솥과 같은 항성 내부의 극단적 환경이 아니면 거의 상호작용하지 않는다. 하지만 한 원자에서 분리된 전자들은 인접한 원자의 전자들과 끊임없이 충돌하고 있다. 화학반응은 둘 이상의 원자가 만나 그 원자의 전자들이 상호작용하고 재배열될 때 일어난다. 그렇듯 전자를 뒤섞어 공유하는 이유는 전자들의 조합 중에서도 특히 전자가 두 개, 또는 열 개, 또는 열여덟 개 단위로 묶인 상태가 각별히 안정하기 때문이다.

빅뱅에 뒤따른 최초의 화학반응들이 원자 몇 개를 하나의 단위로 단단히 묶어 작은 뭉치들—곧 분자를 생성했다. 두 개의 수소 원자가 화학적으로 한데 묶인 수소 분자($H_2$)는 깊은 우주공간의 진공 속에서 형성되었다. 수소 원자들이 항성 속에서 융합을 시작해 헬륨을 형성하기도 전에 말이다. 수소 원자 하나는 전자를 하나밖에 가지고 있지 않고, 이는 전자 두 개가 마법의 수인 우주에서는 다소 불안정한 상황이다. 그러므로 수소 원자 둘이 만나면, 둘은 각자의 자원을 공동출자해 공유전자 두 개로 마법의 수를 갖춘 분자 하나를 형성한다. 빅뱅 이후 수소가 풍부했다는 사실을 놓고 볼 때, 수소 분자는 최초의 항성보다 먼저 등장해 원자가 처음 나타난 이래 우리 우주의 영속적 특징이 된 게 틀림없다.

최초의 초신성이 형성된 데에 이어 갖가지 다른 원소가 우주공간에 파종되자, 다른 흥미로운 분자들도 많이 형성될 수 있었다. 수소 원자 두 개가 산소 원자 한 개와 결합한 물($H_2O$)이 초기의 한 예였다. 아마 질소($N_2$), 암모니아($NH_3$), 메탄($CH_4$), 일산화탄소($CO$), 이산화탄소($CO_2$) 분자도 초신성 부근 우주공간을 비옥하게 만들었을 테고, 이 분자 화학종 모두가 행성 형성과 생명의 기원에서 주요한 역할을 하게 될 터였다.

다음에 온 것이 완벽한 화학식과 질서있는 결정구조를 가진 미세한 일정 부피의 고체, 광물鑛物이다. 최초의 광물들은 광물을 형성하는 원소들의 밀도가 충분히 높고 온도도 충분히 낮아서 원자가 작은 결정 안에 스스로 정렬할 수 있는 곳에서만 형성될 수 있었을 것이다. 빅뱅에서 이삼백만 년밖에 지나지 않은 시점, 처음 폭발하고 있는 항성의 팽창하면서 식어가던 가스체들이 그러한 반응을 위한 완벽한 배경을 제공했다. 순수한 탄소—다이아몬드와 흑연—의 조그만 정자晶子들이 아마도 우주 최초의 광물이었을 것이다. 그 선구적인 결정들은 마치 고운 먼지처럼 각각의 입자를 식별하기 힘들 만큼 작았겠지만, 아마도 우주에 다이아몬드 광채를 약간 더할 만큼은 컸을 것이다. 머지않아 이 결정 형태의 탄소에 다른 고온의 고체들이 합류했다. 마그네슘, 칼슘, 규소, 질소, 산소를 포함한 더 흔한 원소가 주류고, 일부는 친숙한 광물이었다. 예컨대 강옥鋼玉은 알루미늄과 산소의 화합물로, 루비와 사파이어가 바로 강옥의 짙은 색 변종이다. 규산마그네슘으로 이루어진 8월의 준보석급 탄생석인 감람석橄欖石도 미량 나타났고, 요즘에는 합성되어 흔히 다이아몬드의 값싼 대용물로 팔리는 탄화규소, 모이사나이트moissanite도 합류했다. 전체적으로 보자면, 행성 간 먼지를 모체로 흔한 '원시 광물'이 10여 종쯤 탄생했다. 그렇게 최초의 항성들이 폭발함과 동시에, 우주는 점점 더 흥미로워지기 시작했다.

우리 우주에서 (아마도 빅뱅을 제외한다면) 한 번만 일어나는 일은 없다. 먼저 폭발한 항성의 흩어진 파편은 끊임없이 중력의 조직력에 노출되었다. 따라서 선대 항성의 유물들은 새로운 성운을 형성해 거침없이 새로운 항성 집단들의 씨를 뿌렸다. 성운이라 불리는 가스와 먼지로 이루어진 광대한 성간 구름은 저마다 예전에 존재했던 많은 항성의 파멸을 상징한다. 새로운 성운은 모두 이전의 성운보다 철이 풍부했고, 수소는 약간 모자랐다. 옛 항성이 새 항성을 낳으며 서서히 우주의 조성을 바꿔가는 순환이 137억 년 동안 계속되어왔다. 무수한 은하에서 무수한 항성이 출몰해온 것이다.

### 우주적 단서

옛날 옛적, 그러니까 50억 년 전에, 장차 은하계 교외의 우리 땅이 될 자리는 은하수 중심에서 반쯤 벗어난 곳, 아무도 살지 않는 별이 총총한 나선형 팔의 변두리에 있었다. 그 소박한 동네에는 눈에 띄는 것이 거의 없었다. 가스와 얼음 낀 먼지로 이루어진 거대한 성운만이 캄캄한 허공을 몇 광년씩 가로지르며 뻗어가고 있을 뿐이었다. 그 구름은 열에 아홉이 수소 원자였고, 나머지의 열에 아홉은 헬륨 원자였다. 작은 유기분자와 광물 미립자가 풍부한 얼음과 먼지가 나머지 1퍼센트를 차지했다.

우주공간에서 성운은 수백만 년 동안 지속되다가 마침내 어떤 계기로, 예컨대 폭발하는 인근 항성의 충격파를 받아 붕괴하기 시작해 새로운 항성계로 바뀌어갈 수 있다. 45억 년 전, 그러한 어떤 계기가 우리 태양계를 만들었다. 100만 년에 걸쳐, 태양계 이전의 가스와 먼지 덩어리가 지극히 천천히 소용돌이치며 안쪽으로 끌려들어왔다. 빙글빙글 도는 피겨스케이팅 선수처럼, 중력이 가녀린 팔들을 중심으로 끌어당김에 따라 거대한 구름은 점점 더 빠르게 회전했다. 붕괴와 회전속도가 빨라진 구름은 더 짙어지고 납작해지면서, 가운데가 점점 더 불룩해지는 원반 모양이 되었다. 발생기의 태양이 된 것이다. 중심에 수소를 잔뜩 지닌 욕심꾸러기 공은 점점 더 커지다가, 마침내 전체 구름 질량의 99.9퍼센트를 집어삼켰다. 공이 자라나자 내부 압력과 온도가 용융점까지 올라갔고, 태양에 불이 붙었다.

다음에 일어난 일에 대한 단서들은 우리 태양계의 기록 안에—태양계의 행성과 위성, 혜성과 소행성, 풍부하고 다양한 운석 안에—보존되어 있다. 두드러진 특징 한 가지는 모든 행성과 위성이 태양을 중심으로 같은 평면상에서 같은 방향으로 공전한다는 점이다. 뿐만 아니라, 그와 거의 같은 평면과 방향에서 태양과 행성들 대부분이 자전하기도 한다(태양계에서는 금성과 천왕성만 다른 행성들과 반대 방향으로 자전한다—옮긴이). 어떤 운동법칙도 이러한 회전의 공통성을 요구하지 않는다. 행성과 위성은 사방팔방으로—북에서 남으로, 동에서 서로, 위에서 아래로, 아래에서 위로—공전하고 자전해도 여전히 중력의 법칙을 지킬 수 있을 것이다. 먼 곳에 있는 행성과 위성을 되는대로 포착하면 그러한 뒤범벅이 나올지도 모른다. 반면에, 우리 태양계에서 관찰되는 궤도가 거의 균일하다는 사실은 행성과 위성 모두가 펑퍼짐하게 돌고 있던 같은 원반의 먼지와 가스에서 거의 같은 시간에 응집해 생성되었음을 시사한다. 이 웅대한 천체 모두가 소용돌이치는 구름이던 시절부터 같은 회전감각—나눠가진 태양계 전체의 각운동량(회전운동을 하는 물체의 운동량)—을 간직하고 있다.

태양계의 기원에 대한 두 번째 단서는 8대 행성의 독특한 분포에서 찾을 수 있다. 태양에 가까운 네 개의 내행성—수성, 금성, 지구, 화성—은 대부분 규소, 산소, 마그네슘, 철로 이루어진 비교적 작은 석질 세계다. 검은 화산암인 현무암 같은 고밀도 암석이 행성의 표면을 뒤덮고 있다. 반대로 네 개의 외행성—목성, 토성, 천왕성, 해왕성—은 주로 수소와 헬륨으로 이루어진 거대한 가스행성이다. 이들은 고체 표면이 없고, 깊이 들어갈수록 짙어지는 대기로만 구성되어 있다. 세계가 이렇듯 양분된다는 사실은 태양계 역사 초기, 즉 태양이 태어난 지 수천 년 이내에 강력한 태양풍이 남아 있던 수소와 헬륨을 더 차가운 영역까지 멀리 날려보냈음을 시사한다. 이글거리는 태양에서 충분히 멀어진 이 휘발성 기체가 냉각되고, 응축되고, 모여서 나름의 천체가 될 수 있었다. 반대로, 뜨거운 중심 항성 가까이에 남아 있던 더 굵고 광물이 풍부한 먼지 입자들은 재빨리 한데 뭉쳐서 석질의 내행성을 형성했다.

지구와 기타 내행성을 형성한 격렬한 과정의 세부사항은 놀랍도록 다양한 각종 운석 안에 멋지게 보존되었다. 하늘에서 돌들이 떨어져 우리 집을 끊임없이 폭격하고 있다고 생각하면 조금 불안하지 않은가? 사실 민간에는 운석에 관한 각양각색의 일화들—운석 낙하를 목격하고도 무시당한 불운한 프랑스 농부들에 관한 이야기 몇 편을 포함해—이 부족하지 않았는데도, 과학계는 약 200년 전까지 거기에 별로 주의를 기울이지 않았다. 학자들이 운석의 낙하를 더 공식적으로 기술하기 시작했을 때조차, 운석의 출처를 설명하는 것은 고사하고 운석 낙하를 입증하기 위해 모을 수 있는 재현 가능한 과학적 증거라 할 만한 것도 거의 없었다. 미국의 정치가이자 박물학자인 토머스 제퍼슨은 코네

티컷 주 웨스턴에서 운석 충돌이 관찰되었다는 예일 대학의 기술보고서를 읽고 나서 이렇게 빈정거렸다. "하늘에서 돌이 떨어질 거라고 믿느니 두 양키 교수가 거짓말쟁이라고 믿는 편이 더 쉽겠다."

그때부터 2세기가 흐르고 운석 수만 개가 발견된 뒤, 그들의 진실성은 더 이상 문제가 되지 않는다. 운석 전문가가 더 많은 땅을 뒤덮고 탐욕스러운 수집가들이 가장 희귀한 유형의 운석을 찾기 위해 경쟁하면서, 전 세계 박물관과 개인 소장품은 계속해서 불어났다. 한동안은 독특한 철질 운석이 인기가 있었다. 검은 껍질, 기묘하게 조각된 모양, 유난히 높은 밀도 때문에 철질 운석은 여느 다른 암석들보다 두드러졌다. 하지만 1969년에 오염되지 않은 남극 빙원에 운석 수천 개가 놓여 있는 것이 발견된 뒤로는 인식이 바뀌었다.

운석은 우리 행성의 기원에 대한 숨길 수 없는 단서다. 가장 흔하고 오래된 운석들, 즉 45억 6,600만 년 된 콘드라이트chondrite의 기원은 태양계의 행성과 위성들이 형성되기 직전, 태양의 핵반응로가 처음 켜져서 강렬한 복사에너지가 태양을 에워싸고 있는 성운을 달구던 시기로 거슬러 올라간다. 용광로 효과로 태양을 품은 성운의 먼지투성이 원반이 녹아 작고 끈적끈적한 암석 방울의 덩어리가 되었다. '낟알'을 뜻하는 고대 그리스어를 따서 이 암석 방울을 콘드률chondrule이라 부른다. 태양불로 제련한, 비비탄 크기부터 작은 완두콩 크기에 이르는 이 제품들은 반복해 맥동하는 복사열이 태양에서 가장 가까운 영역을 변형시키는 동안 여러 번 다시 녹았다. 이 고대의 콘드률 뭉치가 태양계 이전의 더 고운 먼지 입자와 광물 조각들과 한데 결합해 구성된 고대 콘드라이트가 수백만 개 단위로 지구에 착륙했다. 콘드라이트는 우리에게 태양이 태어난 직후, 행성은 아직 형성되지 않았던 짧은 시간을 가장 잘 조망하게 해준다.

한데 묶어 아콘드라이트achondrite라 불리는, 두 번째로 젊은 종류인 운석의 기원은 태양계 가장 초기의 물질들이 녹거나 부서지거나 그 밖의 방법으로 변형되어 재가공되던 때로 거슬러 올라간다. 아콘드라이트 운석은 놀랄 만큼

**그림 1.1** 콘드라이트와 콘드룰, 아콘드라이트 운석
위: NWA 869 콘드라이트 표본(L4-6형). 알알이 박힌 콘드룰과 금속 박편이 보인다.
중간: 콘드라이트에서 분리한 콘드룰 알갱이. 샬레 아래에 보이는 눈금은 밀리미터 단위다.
아래: 1960년 운석우 때 오스트레일리아에 떨어진 반려암질 아콘드라이트 운석.

다양하다. 반짝이는 쇳덩이, 검은 돌덩어리, 입자가 유리처럼 고운 놈, 1인치 굵기의 빛나는 결정이 박혀 있는 놈. 새로운 종류의 중요한 아콘드라이트가 지구의 가장 외딴 곳들에서 아직도 발견된다.

남극 대륙은 순수한 고대 푸른얼음(단결정으로 이루어진 순수한 얼음. 얼음분자가 빛을 산란시켜 푸른 빛깔을 띤다–옮긴이)으로 이루어진 광활한 평원을 간직하고 있다. 그곳에는 결코 눈이 내리지 않으므로, 얼어붙은 표면은 수천 년 동안 변함없이 유지되었을 것이다. 우주에서 떨어진 암석들이 거기에 그냥 놓여 있다. 생뚱맞은 시커먼 물체가 회수되기만 기다리고 있는 것이다. 국제조약이 이 지역의 상업적 이용을 금지하는 데다 외딴 빙원에 접근하는 데에 한계가 있기 때문에, 이 외계자원은 과학 연구에 쓰일 수 있도록 확실하게 보존된다. 열의로 묶인 과학자 팀 여럿이 헬리콥터와 스노모빌을 타고 험악한 얼음사막을 체계적으로 샅샅이 뒤진다. 그들은 발견하는 모든 것을 하나하나 세심하게 기록하고 포장해 어떤 손길이나 숨결도 표면을 오염시키지 않도록 한다. 이 운석 사냥꾼들은 남극의 하계 활동기가 끝나고 문명세계로 복귀할 때마다 자신들의 보물을 공공의 수집 장소로 배달한다. 그중에서 특히 메릴랜드 주 수틀랜드 교외에 있는 스미스소니언 협회의 보관시설에는 표본 수천 점이 축구장 크기 건물 안의 무균 밀폐 보관실에 보존되어 있다.

조직적으로 회수해 무균 상태로 보존하는 데에는 별로 도움이 안 되지만, 오스트레일리아와 미국 남서부, 아라비아 반도에 있는 지구의 거대 사막에도 똑같이 운석이 풍부하다. 가장 인상적인 곳은 북아프리카의 광대한 사하라 사막이다. 사하라를 건너는 유목민들–투아레그족, 베르베르족, 페잔족–사이에는 운석이 비싼 값을 받을 수 있다는 소문이 파다하다. 21세기 초반에 북아프리카를 흐르는 모래 속 어딘가에서 발견된 희귀한 달 운석 단 한 개가 개인 거래에서 100만 달러에 팔렸다는 말이 떠돌아다닌다. 사막을 지나던 한 사람이 낙타에서 내려 요상한 돌 하나를 다음 마을로 가져가기는 식은 죽 먹기다. 마을에 가면 무허가 운석중개상조합에서 나온 누군가가 위성전화로 연락을 주고받으며 능숙하게 허풍을 떨어 그에게 쥐꼬리만 한 현찰을 제안할 것이다. 암석 자루는 중개인 한 사람 한 사람을 거칠 때마다 값이 뛰다가 마침내 마라케시, 라바트, 카이로에 도달한 뒤 거기서부터 이베이의 구매자들과 대규모 국제 암석 · 광물 전시장까지 여행을 떠난다.

모로코의 외딴 곳으로 지질탐사를 가면 암석이 5~10킬로그램쯤 채워진 부댓자루를 사라는 권유를 한 번 이상 받곤 했다. 상대는 주장했다. "지난주에 발견해서 중개상을 거치지 않고 사막에서 바로 나온 따끈따끈한 운석입죠." 이 현찰박치기 '협상'을 중개하는 곳은 보통 구릿빛 흙벽돌집의 창문 없는 어두컴컴한 뒷방이다. 사막의 이글거리는 태양과 멀리 떨어진 그곳에서는 내놓는 물건을 제대로 보기가 거의 불가능하다. 일단 격식을 차려 인사와 전통 박하차 몇 잔을 나누고 나면, 판매자가 내용물을 양탄자 위로 쏟는다. 암석들 중 일부는 그냥 돌이다. 자갈 말이다. 그것은 당신이 물건을 볼 줄 아는지 모르는지 가늠하는 시험문제와 같다. 두어 개는 올리브나 달걀만 한 가장 흔한 종류의 콘드라이트일 것이고, 그중 일부는 하늘을 뚫고 급속히 떨어질 때 화상을 입어 근사하게 용융된 껍질을 두르고 있을 것이다. 출발가격은 항상 터무니없이 높다. 그건 너무 흔한 놈들이라고 하면, 더 작은 두 번째 자루가 나타날 것이고, 거기엔 아마도 철질 운석이나 한층 더 이국적인 뭔가가 들어 있을 것이다.

안내인 압둘라가 주선해 스쿠라에서 동쪽으로 몇 킬로미터 떨어진 먼지 자욱한 샛길에서 벌인 한 협상을 기억한다. 멀찍이 아는 사람일 뿐 진실성은 의문이던 판매자가 위성으로 전화를 걸어 비밀을 요구했다. "화성에서 왔을지도 몰라." 그가 압둘라에게 말했다. "900그램인데, 2만 디르함만 주시게." 대략 2,400달러다. 만약 그게 진짜라 20여 점의 알려진 화성 출신 운석에 추가될 수 있다면 헐값일 터이다. 둘이 시간과 장소를 잡았다. 밋밋한 차 두 대를 나란히 세우고, 우리 셋은 차에서 내려 빈틈없이 둘러섰다. 문제의 암석이 우단 주머니에서 사랑스럽게 흘러나왔다. 하지만 그것은 (모든 화성 운석이 그렇듯이) 평범한 돌처럼 보였다. 가격이 1만 5,000디르함으로 내려갔다. 다음엔 1만 2,000디르함까지. 하지만 확신할 방법이 없어서 우리는 그냥 왔다. 나중에 압둘라가 자기는 넘어갈 뻔했다고 고백했지만, 운석은 언제나 또 있다. 한탕으로 대박을 내겠다고 지나치게 욕심을 부리지 않는 것이 최선이다. 아무도 진실을 말하지 않고, 모든 협상이 마지막이니까.

남극과 마찬가지로 적도에 있는 사막들도 자연스럽게 분포하는 모든 종류의 운석을 드러내어 초기 태양계의 특성에 대한, 따라서 우리 행성의 기원에 대한 비길 데 없는 단서를 제공한다. 그렇지만 슬프게도, 남극 출신 운석들과 달리 이 표본들은 대부분 결코 박물관에 소장되지 못할 것이다. 최소한 두 가지 이유가 있는데, 우선은 무엇보다 부유한 소수 애호가들이 바람을 넣고, 사하라에서 운석을 발견하기 쉽다는 점이 부채질한 덕분에 점점 커가는 아마추어 수집가 사회가 치열하게 경쟁하기 때문이다. 드문 놈은 뭐든 순식간에 비싸게 팔린다. 그러한 표본들 중 일부는 분명 끝에 가서는 박물관에 기증될 테지만, 대부분은 서툴게 다뤄져서 원래 발견한 물건이 지녔던 과학적 가치의 많은 부분이 맨손, 다용도의 포댓자루, 도처에 널린 낙타 똥으로 오염되어 머지않아 사라진다. 운석이 사막 어디에서 언제 발견되었는지 증명할 만한 서류가 없다는 점도 그에 못지않게 말썽이 된다. 중개인들은 죄다 '모로코'라고 말하겠지만, 대개 거짓말이다. 사하라 사막의 모래땅은 대부분 동쪽의 알제리와 리비아에 있는데, 현재 이 두 나라에서 표본을 수입하는 것은 불법이기 때문이다. 그러므로 엄격한 증거서류를 제시하지 않는 한, 대부분의 박물관이 '모로코산' 또는 '북아프리카산' 운석은 결코 받아들이지 않을 것이다.

사하라 사막의 적대적 불모지나 남극 빙원에 있는 모든 암석은 하늘에서 떨어진 이방의 물체로서 두드러진다. 표본을 추출한 운석 모집단이 그토록 순수한 덕분에 과학자들은 그것을 통해 지구가 형성된 태양계의 가장 초기의 단계들을 더할 나위 없이 잘 조망할 수 있다. 여기서 운석 열 개를 찾으면 콘드라이트가 거의 아홉에 해당하고, 나머지는 다양한 아콘드라이트다. 이들이 속해 있던 최초 수백만 년에 우리의 젊은 태양계는 광포한 성운이었으므로 콘드라이트들은 그 안에서 한데 뭉쳐 점점 더 몸집이 커졌다. 처음엔 주먹 크기로, 다음엔 자동차 크기로, 다음엔 작은 도시 크기로. 지름 몇 킬로미터의 물체 수십억 개가 모두 젊은 태양 주위의 똑같은 좁은 고리 안에서 공간을 차지하려고 경쟁했다.

이 물체들은 로드아일랜드 크기에서 오하이오, 텍사스, 알래스카 크기로 점점 더 커졌다. 그러한 미微행성체 수천 개가 어지럽게 서로 달라붙는 과정을 겪으며 새로운 방식으로 다양해졌다. 미행성체 지름이 80킬로미터를 넘어가자, 동등한 두 개의 열원이 섞여 하나가 되었다. 서로 충돌하고 있는 수많은 작은 물체의 중력 위치에너지는 하프늄이나 플루토늄처럼 빠르게 붕괴하는 방사성원소의 핵에너지와 맞먹을 만큼 강했다. 따라서 이 미행성체를 구성하는 광물들이 열에 의해 변형되는 동안, 내부는 완전히 용융되어 마치 달걀처럼 배열된 별개의 광물지대로 분화했다. 고밀도의 금속이 풍부한 지대가 중심핵(노른자), 규산마그네슘 지대가 맨틀(흰자), 얇고 깨지기 쉬운 지대는 지각(껍질)이 되었다. 가장 큰 미행성체들이 내부에서 열을 받고, 물과 반응하고, 북적대는 태양계 주위에서 자주 일어나는 충돌의 강한 충격을 받아 변질되었다. 아마도 300종의 서로 다른 광물이 그러한 역동적인 행성 형성과정에서 생겨났을 것이다. 그 광물 300종을 원료로 모든 석질행성이 만들어진 게 틀림없고, 모두가 오늘날에도 여전히 지구에 떨어지는 다양한 조합의 운석으로 발견된다.

때때로 두 개의 큰 미행성체가 충분한 힘으로 충돌해, 둘 다 폭파되어 산산이 부서지기도 했다(화성 너머 소행성대에서는 거대 행성 목성의 중력이 간섭하는 탓에 이 격렬한 과정이 오늘날까지 계속되고 있다). 그 결과, 우리가 오늘날 발견하는 다양한 아콘드라이트 운석의 대부분은 파괴된 소행성의 서로 다른 부분을 보여준다. 따라서 아콘드라이트를 분석하는 일은 폭발한 시체를 늘어놓고 해부학 수업을 하는 것과 닮은 데가 있다. 원래 몸의 분명한 그림을 얻으려면 시간과 인내, 그리고 무수히 많은 조각이 필요하다.

미행성체에서는 밀도가 높은 금속성 중심핵을 해석하는 게 가장 쉽다. 마지막에는 철질 운석이라는 뚜렷하게 구별되는 한 종으로 분류되기 때문이다. 한때는 가장 흔한 유형의 운석이라 생각했지만, 편견 없이 남극에서 표본을 채집해보면 철은 모든 낙하물 중에 기껏해야 5퍼센트에 지나지 않는다. 미행성체의 중심핵이 그만큼 작았던 게 틀림없다.

미행성체에서 규산염이 풍부해 중심핵과 대비되는 맨틀은 하워다이트howardite, 유크라이트eucrite, 다이오지나이트diogenite, 우레일라이트ureilite, 아카풀코아이트acapulcoite, 로드라나이트lodranite 같은 수많은 색다른 유형의 운석으로 나타난다. 조성과 재질, 광물학적 특성이 제각기 다르고, 대부분 가장 처음 알려진 예가 회수된 곳의 지명을 따서 이름을 붙였다. 이 운석들 중 일부는 오늘날 지구상에서 발견되는 암석 유형과 매우 유사하다. 유크라이트는 다소 전형적인 현무암, 바로 대서양 중앙해령에서 뿜어져나와 대양저를 덮는 암석 유형에 해당한다. 주로 규산마그네슘 광물로 구성된 다이오지나이트는 지하의 커다란 마그마 저장고에 결정이 침강된 결과물로 보인다. 마그마가 식을 때 주변의 뜨거운 액체보다 밀도가 높은 결정들이 자라난 다음 바닥으로 가라앉아 응집된 덩어리를 형성한 것이다. 오늘날 지구 안쪽 깊은 곳에 있는 마그마굄에서도 똑같은 일이 일어난다.

이따금 유별나게 파괴적인 충돌 도중에, 어떤 운석은 우연히 미행성체의 중심핵-맨틀 경계, 다시 말해 규산염 광물 덩어리와 철이 풍부한 금속이 공존하는 곳에서 한 조각을 잡아채기도 했다. 그게 바로 빛나는 금속과 황금빛 감람석 결정이 근사하게 혼합된 아름다운 팔라사이트pallasite다. 얇게 연마한 팔라사이트 석판은 스테인드글라스처럼 빛이 금속 부분에서는 반사되고 감람석 부분은 통과하므로, 운석 수집계에서 가장 값나가는 표본에 속한다.

중력이 초기의 콘드라이트를 한데 뭉치는 동안―짓이기는 압력, 펄펄 끓는 온도, 부식을 일으키는 물, 격렬한 충격이 성장 중인 미행성체들을 재가공

**그림 1.2** 소행성에서 떨어져나온 운석 조각들. 왼쪽은 소행성 4베스타의 조각에서 떨어져나온 것으로 추정되는 다이오지나이트 운석, 오른쪽은 남극 대륙 동쪽의 퀸알렉산드라 산맥에서 발견된 하워다이트 운석의 사진이다.

하는 동안—새로운 광물이 점점 더 많이 생겨났다. 지금껏 통틀어 250종 이상의 서로 다른 광물이 갖가지 운석 안에서 발견되었다. 10여 종이었던 태양계 이전 원시 광물이 스무 배로 늘어난 것이다. 최초의 고운 점토, 종잇장 같은 운모, 준보석급의 지르콘을 포함한 다양한 고체가 지구와 기타 행성의 구성요소가 되었다. 가장 큰 놈들이 자기보다 작은 놈들을 집어삼키면서, 미행성체는 점점 더 크게 자랐다. 마침내 제각기 작은 행성만 한 커다란 암석 공 20~30개가 거대한 진공청소기 역할을 해서 태양계를 휩쓸고 다니며 먼지와 가스 대부분을 말끔히 치우는 동시에 그것들과 응집해서 원에 가까운 궤도로 정착했다. 어떤 천체가 궁극적으로 어디에 머무느냐는 대부분 그 천체의 질량에 달려 있었다.

## 태양계의 조립

태양계 질량에서 가장 큰 몫을 차지하는 태양이 모든 것을 지배한다. 우리의 항성계가 특별히 육중한 것은 아니므로, 태양은 평범한 항성이다. 부근에 살고 있는 행성에게는 좋은 일이다. 역설적이게도, 항성은 덩치가 클수록 수명이 짧기 때문이다. 큰 항성은 내부온도와 압력이 더 높아 핵융합반응을 점점 더 빠르게 밀어붙인다. 그러므로 우리 태양보다 열 배 더 무거운 항성은 태양의 10분의 1의 시간만큼도 못 살지 모른다. 기껏해야 수억 년, 공전하던 행성이 간신히 생명을 출발시킬 만큼의 시간 동안 지속되다 폭발해 살해자 초신성이 될 것이다. 거꾸로 질량이 태양의 10분의 1인 적색왜성은 태양보다 열 배 이상 오래, 1,000억 년 이상 지속될 것이다. 그렇게 허약한 항성의 에너지 출력이 우리의 찬란한 노란 후원자처럼 실제로 생명을 유지시킬지는 의문이지만 말이다.

우리의 중간 크기 태양은 중용을 취했다. 지나치게 크고 단명하지도 않고, 지나치게 작고 냉정하지도 않다는 말이다. 의존할 수 있는 수소 연소의 예상 시간이 90억~100억 년이라는 것은, 그동안 생명이 시작되기에 충분한 시간이 있었고 그 생명이 계속해서 진화할 시간은 더 충분하다는 뜻이다. 맞다. 40억~50억 년만 더 지나면, 태양은 중심핵 안에 있던 수소가 다 떨어져 헬륨 연소로 전환해야 할 것이다. 그 과정에서 지름이 현재의 100배가 넘는 훨씬 덜 자비로운 적색거성으로 팽창해 불쌍한 작은 수성을 꿀꺽하고, 금성을 펄펄 끓인 다음 집어삼키고, 지구상의 사정도 상당히 불쾌하게 만들 것이다. 그럼에도 불구하고—비록 탄생한 지 45억 년이 지났어도—태양이 변덕스러운 노년기에 들어가 지구에서의 삶이 문제가 되기까지는 아직도 시간이 많이 남아 있다.

우리 태양계는 살아 있는 행성이 되기 위한 중요한 장점을 또 하나 가지고 있다. 대부분의 다른 항성계와 달리, 우리 항성계는 단일항성계다. 강력한 망원경을 사용하는 천문학자들은 우리가 밤하늘에서 보는 별 셋 가운데 둘 정도가 실은 쌍성임을 발견했다. 쌍성계에서는 두 개의 항성이 공통의 중력중심을 기준으로 춤을 추면서 서로를 돈다. 두 항성이 형성되던 때, 수소가 서로 다른 두 곳에 쌓여 큰 가스 공 두 개를 형성한 것이다.

만일 우리 성운이 조금만 더 심하게 소용돌이쳤다면 각운동량이 더 컸을 테고, 결과적으로 질량이 바깥쪽 목성 영역에 더 많이 몰려서 우리 태양계도 십중팔구 쌍성계가 되었을 것이다. 태양은 더 작았을 테고, 목성은 성장해 지금처럼 수소가 풍부한 큰 행성이 되는 대신 수소가 풍부한 작은 항성이 되었으리라. 아마도 생명은 그러한 양극성 사이에서 번성했을 것이다. 어쩌면 항성이 하나 더 있어서 생명을 유지하는 에너지원을 추가로 제공했을지도 모른다. 하지만 두 항성의 중력 동역학은 까다로울 수 있고, 그래서 두 개의 강한 중력끌개가 이쪽저쪽으로 잡아당기는 통에 지구는 결국 기우뚱하게 공전하고 비틀비틀 자전하고 기후가 널을 뛰는, 생명에 적대적인 세계가 되고 말았을지도 모른다.

현 상태의 거대 가스행성들은 얌전한 편이다. 크기도 적당하고 태양 주위를 원에 가깝게 공전한다. 사정거리에서 가장 큰 목성도 체중이 태양 질량의 1,000분의 1이 될까 말까 하다. 그 정도면 이웃 행성들에게 상당한 통제력을 발휘하기에 충분해서, 목성의 중력장이 간섭하는 덕분에 소행성대를 구성하는 미행성체들이 결코 단 하나의 행성으로 뭉치지 않는 것이다. 그러나 목성은 자체 중심핵에서 핵융합반응을 촉발하기에는 턱없이 작다. 바로 그 차이가 항성과 행성을 규정한다. 더 멀리서 고리를 두르고 있는 행성 토성과 더욱더 멀리 떨어져 꽁꽁 얼어 있는 천왕성과 해왕성은 목성보다 훨씬 더 작다.

그럼에도 이 모든 거대 가스행성은, 태양계 안의 작은 태양계처럼 자신의 중력으로 파편을 원반형으로 묶어 붙잡아둘 만큼은 충분히 컸다. 그 결과 네 개의 외행성은 모두 한 벌의 매혹적인 위성을 가지고 있다. 위성 중에는 행성 중력으로 끌려와 궤도 안에 붙잡힌 비교적 작은 소행성도 있고, 거의 제자리에서 행성을 짓고 남은 먼지와 가스로부터 형성된 위성도 있다. 일부는 얼추 네 개의 내행성만큼 커서 나름대로 역동적인 지질작용이 있다. 사실 태양계에서 가장 활동적인 천체는 목성의 위성인 이오다. 이오는 목성과 아주 가까워서(목성의 중심에서부터 약 42만 킬로미터 떨어져 있는데, 참고로 지구 표면에서 달 표면까지의 거리는 약 38만 킬로미터다—옮긴이), 41시간마다 한 번씩 공전을 완료한다. 대규모의 기조력起潮力이 위성의 3,636킬로미터 지름에 끊임없이 응력을 가하고 대여섯 개의 화산에 동력을 공급해, 유황기둥이 표면에서부터 160킬로미터 넘게 뻗어나간다. 태양계의 다른 어떤 위성과도 다른 모습이다. 대충 수성만 하고 거의 같은 비율의 물과 암석으로 구성된 거대 위성인 유로파와 가니메데도 마찬가지로 흥미롭다. 둘 다 목성의 끊임없는 기조력으로 안쪽이 따뜻하게 유지되기 때문에, 얼음으로 덮인 표면 아래 깊은 곳은 대양—미 항공우주국NASA이 진행 중인 외계생명체 탐사가 목표로 삼는 곳—이 에워싸고 있다.

태양의 그다음 외행성인 토성은 위성을 거의 두 다스나 타고났다. 찬란하게 빛을 반사하는 작은 얼음 조각이 대부분을 차지하는 영광의 고리계는 말할 것도 없다. 토성의 위성은 대부분 작은 편인데, 일부는 생포된 소행성이고 다른 일부는 토성을 빚고 남은 가스 찌꺼기에서 형성되었다. 하지만 가장 큰 위성인 타이탄은 수성보다 크고, 짙은 주황빛 대기로 덮여 있다. 유럽우주국의 하위헌스 착륙선이 2005년 1월 14일에 살포시 내려앉은 덕분에, 우리도 근접 촬영한 타이탄의 역동적인 표면을 볼 수 있게 되었다. 얼기설기 갈라지는 강과 시내가 차디찬 액체 탄화수소 호수로 흘러들고, 짙고 다채롭고 광포한 대기에는 유기분자들이 맺혀 있다. 타이탄도 생명의 징후를 탐색해볼 만한 또 하나의 세계다.

거대 가스행성 중에서 가장 멀리 있는 천왕성과 해왕성도 토성 못지않게 흥미로운 위성들을 받았다. 대부분의 위성이 얼음, 유기분자, 그리고 역동적 활동의 징후를 보여준다. 해왕성의 큰 위성 트리톤에는 심지어 질소가 풍부한 대기도 있다. 그리고 천왕성과 해왕성 둘 다 나름의 복잡한 고리계를 지닌다. 비록 이들 고리계는 토성의 얼음 고리를 구성하는 빛나는 입자들과는 사뭇 다른, 자동차만 한 시커먼 고탄소 물질의 덩어리들로 이루어져 있는 게 분명하지만 말이다.

## 석질 세계

고향에 가까울수록, 중력도 기세가 등등했다. 태양이 점화된 뒤 수소와 헬륨 대부분이 바깥쪽 거대 가스행성 구역까지 날아가버린 까닭에 안쪽 태양계에서는 가지고 놀 양이 훨씬 적어서, 내행성 대부분은 단단한 암석들, 곧 콘드라이트와 아콘드라이트 운석 따위로 구성되었다. 가장 작고 가장 건조한 석질행성인 수성이 태양에 가장 가까이 형성되었다. 이 불에 그슬린 적대적 세계는 죽도록 두들겨맞은 모양새다. 수십억 년 동안 격렬히 패인 표면이 공기 없는 하늘 아래 보존되어 있다는 말이다. 만일 태양계 안에서 생명이 없다는 데에 내기를 걸 만한 천체를 들라고 한다면, 수성을 목록의 1순위에 올려놓아야 한다.

다음으로 바깥쪽에 있는 행성인 금성은 크기는 지구와 쌍둥이지만 생명체가 살 가능성은 근본적으로 다른데, 그 이유는 대부분 거의 5,000만 킬로미터나 태양에 더 가까운 궤도 때문이다. 금성도 역사 초기에는 적당량의 물과 얕은 대양까지 가졌을지 모르지만, 물 대부분이 태양열과 태양풍을 받아 끓어 없어져 이 세계를 적시지 못한 것으로 보인다. 짙은 금성 대기의 대부분을 차지하는 기체인 이산화탄소는 태양의 복사에너지를 밀봉해 온실효과를 폭주시켰다. 오늘날 금성의 평균 표면온도는 섭씨 480도가 넘는다. 납을 녹이고도 남을 만큼 뜨거운 온도다.

지구에서 한 정거장 밖에 있는 화성은 크기가 훨씬 더 작아서 질량이 지구의 10분의 1밖에 되지 않지만, 여러 면에서 지구를 가장 많이 닮았다. 모든 석질행성이 그렇듯 화성에도 금속성 중심핵과 규산염 맨틀이 있다. 지구처럼, 화성에도 대기가 있고 물이 많다. 중력이 약한 편이라 빠르게 움직이는 기체 분자들을 대기 위쪽에 잡아두기가 어렵고, 그래서 수십억 년의 세월이 공기와 물을 둘 다 갉아먹었지만, 화성이 아직까지 품고 있는 따뜻하고 축축한 지하 저장고에서 생명이 보잘것없는 피난처를 유지하고 있을지도 모른다. 대부분의 행성 특무비행이 이 붉은 행성을 목표로 해온 것도 이상할 게 없다.

'태양에서 세 번째 암석'인 지구 자신은 생명체가 살 수 있는 '골디락스 Goldilocks'(영국의 전래동화 〈골디락스와 곰 세 마리〉에 등장하는 소녀의 이름에서 유래한 용어로, 동화에서 골디락스가 곰이 끓인 세 가지 수프—뜨거운 것과 차가운 것, 적당한 것—중에서 적당한 것을 먹고 기뻐하는 데에서, 너무 뜨겁지도 않고 너무 차갑지도 않은 최적의 상태를 표현하는 말로 쓰이게 되었다–옮긴이) 지대 한복판에 꽂혀 있다. 지구는 태양에 충분히 가깝고 충분히 뜨거워서 수소와 헬륨 상당량을 바깥쪽 태양계에 양도했지만, 또 그만큼 태양에서 충분히 멀고 충분히 서늘해서 물의 대부분을 액체 형태로 붙들고 있다. 우리 태양계 안의 다른 행성들과 마찬가지로, 지구도 약 45억 년 전에 충돌하는 콘드라이트에서 출발한 다음 수백만 년에 걸쳐서 중력으로 점점 더 큰 미행성체로 뭉쳐 형성되었다.

## 아득히 먼 시간

태양, 지구, 그리고 나머지 우리 태양계가 어떻게 태어났는가를 뒷받침하는 모든 증거 속에는 45억 년하고도 여전히 늘어나는 중인 어마어마한 시간 간격 개념이 켜켜이 들어 있다. 미국인들은 역사에서 유명한 사건이 있었던 날짜를 인용하기를 몹시 좋아한다. 우리는 1903년 12월 17일 라이트 형제의 첫 비행, 1969년 7월 20일 최초의 유인 우주선 달 착륙과 같은 위대한 성취와 발견을 기념한다. 1941년 12월 7일, 2001년 9월 11일 같은 국가적 손실과 비극의 날도 다시 헤아린다. 그리고 생일들을 기억한다. 1776년 7월 4일은 물론 1809년 2월 12일도. 왜냐하면 찰스 다윈과 에이브러햄 링컨이 태어난 날이니까. 우리가 이 역사적 순간들이 유효하다고 믿는 까닭은 망가지지 않은 서면기록과 구전기록이 우리를 그리 멀지 않은 그 과거와 이어주기 때문이다.

지질학자들도 역사적 시간의 이정표를 인용하기를 대단히 좋아한다. 약 1만 2,500년 전, 마지막 대빙하기가 끝나고 인간이 북아메리카에 정착했다. 6,500만 년 전, 공룡을 비롯한 많은 동물들이 멸종했다. 캄브리아기의 경계인 약 5억 4,200만 년 전, 단단한 껍질을 지닌 다양한 동물들이 갑자기 나타났다.

45억여 년 전, 지구가 태양 주위를 도는 행성이 되었다. 하지만 그 연대 추정이 정확하다고 어떻게 자신할 수 있을까? 2,000~3,000년 이전 지구의 고대 연대기라면 서면기록도 없고 쓸 만한 구전기록도 없는데 말이다.

40억하고도 5억이란 거의 헤아릴 수도 없는 숫자다. 현재 장수 부문의 기네스 세계기록은 생전에 122번째 생일을 기념한 프랑스의 한 여성이 보유하고 있다. 인간은 45억 초(약 144년) 동안 살기에도 수명이 한참 모자란다는 소리다. 기록된 인간 역사를 전부 합쳐도 45억 분보다 훨씬 짧다. 그런데도 지질학자들은 지구가 45억 년이 넘도록 활동해왔다고 주장한다.

이 아득히 먼 시간을 쉽게 이해할 방법은 없지만, 나는 가끔 긴 산책으로 이해해보려 시도한다. 메릴랜드 주 아나폴리스 정남쪽에는 화석이 가득한 절벽이 30킬로미터에 걸쳐 장엄하게 물결치며 체서피크 만의 서해안을 둘러싸고 있다. 뭍과 물 사이 좁다란 백사장을 따라 걸으면 멸종한 조개, 나선형 달팽이, 산호, 성게 따위를 잔뜩 찾을 수 있다. 어쩌다 운이 매우 좋은 날에는 15센티미터짜리 톱니 모양의 상어 이빨이나 1.8미터짜리 미끈한 고래 두개골이 나타나기도 한다. 이 귀중한 유물들이 1,500만 년 전의 한때를 알려준다. 당시 그 지역은 더 따뜻해서 오늘날의 하와이 제도 마우이 섬처럼 열대에 더 가까웠고, 위풍당당한 고래들이 새끼를 낳으러 왔고 18미터짜리 괴물 상어들이 약자를 마음껏 잡아먹었노라고. 300만 년의 지구사에 걸쳐 가로놓인 90미터 높이의 퇴적물 안에는 화석들이 우글우글하다. 모래와 이회토泥灰土 층이 아주 살짝 남쪽으로 주저앉아 있어서, 해안을 따라 걸으면 마치 시간의 흐름을 관통해 어슬렁어슬렁 거니는 듯하다. 북쪽으로 발걸음을 옮길 때마다, 약간 더 오래된 층이 노출된다.

지구사 규모에 대한 감을 얻기 위해 한 걸음마다 100년을 거슬러간다고, 다시 말해 한 발짝이 인간의 세 세대보다 길다고 상상해보라. 1마일(1.6킬로미터)을 걸으면 17만 5,000년만큼 과거로 들어선다. 체서피크 절벽 20마일은 300만 년 이상의 기간에 해당한다. 분명 하루에 걷기에는 힘든 거리지만,

지구사에 작은 자국이라도 남기려면 그 속도로 여러 주 동안 쉬지 않고 걸어야 한다. 한 발짝에 100년씩 하루 20마일의 속도로 열심히 스무 날을 걸으면, 7,000만 년을 거슬러 공룡이 몰살당하기 직전의 시기에 도달할 것이다. 20마일 걷기를 다섯 달 하면 5억 4,000만 년 이상을 거슬러갈 것이고, 이때는 캄브리아기 '폭발'이 있던 시기에 해당한다. 단단한 껍질을 지닌 동물들이 거의 동시에 무수히 출현하고 있었다는 말이다. 하지만 한 걸음당 100년의 속도로 거의 3년을 걸어야 생명의 동틀 녘에 도달할 것이고, 4년 가까이 걸어야 지구의 출발점에 도착할 것이다.

어떻게 자신할 수 있느냐고? 지구과학자들이 발굴해온 수많은 일련의 증거가 믿기 힘들 만큼 오래된 지구, 아득히 먼 시간의 실재를 가리킨다. 가장 간단한 증거는 해마다 물질을 층상으로 쌓아올리는 지질학적 현상에 있다. 층수를 세는 것이 곧 연수를 세는 것이다. 그러한 지질학 달력 가운데 최고로 극적인 것이 바로 연층 퇴적물이다. 번갈아 얇게 쌓인 밝은 층과 어두운 층이 각각 입자가 굵은 봄철 퇴적물과 입자가 가는 겨울철 퇴적물에 해당한다. 꼼꼼하게 기록된 스웨덴 빙하호의 한 층서는 1만 3,527년 동안 퇴적층이 쌓였음을 기록하고 있고, 지금도 해마다 새로운 명암층이 쌓이고 있다. 경치 좋은 와이오밍의 깎아지른 협곡들 안에 노출되어 있는, 층층이 가늘게 쌓인 그린리버 셰일은 100만 년이 넘는 기간 동안 해마다 쌓인 층을 보여주는 수직 단면이 계속해서 이어지는 것이 특징이다. 마찬가지로, 남극과 그린란드에서 나오는 수백 미터 깊이의 얼음 시추심도 80만 년 이상 축적된 세월을 한 해 한 해, 눈 한 층 한 층으로 고스란히 드러낸다. 이 모든 층상구조가 엄청나게 더 오래된 암석들 위에 얹혀 있다.

더 느린 지질작용 측정치들은 지구사의 시간 잣대를 더욱더 멀리 잡아 늘인다. 거대한 하와이 제도는 느리고 꾸준한 화산활동이 필요했다. 화산들은 현대의 분출속도를 기준으로 최소한 수천만 년 동안 용암 덮개를 연달아 쌓아올려야 했다. 애팔래치아 산맥을 비롯해 고대의 둥글둥글한 산맥들은 수억 년 동안 점진적 침식으로 형성되었고, 대륙을 이동시키고 대양을 열어온 지각판의 움직임도 수억 년 주기로 작동하므로 간신히 탐지할 수 있다.

물리학과 천문학이 아득히 먼 시간을 뒷받침하기 위해 제공하는 증거도 이에 못지않게 설득력이 있다. 예측이 가능한 탄소, 우라늄, 칼륨, 루비듐 등의 방사성 동위원소 붕괴율은 태양계가 형성된 수십억 년 전까지 거슬러 올라가는 조암造巖사건들의 연대 측정에 쓸 수 있는 예외적으로 정확한 시계다. 방사성 동위원소 100만 개를 모아놓으면, 반감기 동안 그중 절반이 붕괴할 것이다. 예를 들어 우라늄-238 원자 100만 개를 내버려두었다가 그것의 반감기인 44억 6,800만 년이 지난 뒤에 돌아와 보면, 우라늄-238 원자가 약 50만 개밖에 남지 않았음을 알게 될 것이다. 나머지 우라늄은 다른 원소의 원자 50만 개로, 궁극적으로는 납-206의 안정한 원자들로 붕괴되어 있을 것이다. 44억 6,800만 년을 더 기다리면 우라늄 원자는 약 25만 개밖에 남지 않을 것이다. 가장 오래된 원시 콘드라이트의 연대(45억 6,600만 년)를 결정해주는 것이 이 방사성 연대 측정법이다.

하지만 태양계 이전의 수십억 년은 어쩌면 좋을까? 천체물리학자들이 멀리서 움직이는 은하를 관찰해 얻은 측정치는 우주가 45억 년보다 훨씬 더 오래되었음을 가리킨다. 모든 은하가 우리에게서 빠르게 멀어지고 있다. 도플러 편이(이른바 적색편이) 데이터는 은하가 멀면 멀수록 더욱더 빨리 물러나고 있음을 나타낸다. 그 우주적 녹화테이프를 거꾸로 재생하면, 모든 것이 약 137억 년 전의 한 점으로 수렴한다. 그것이 빅뱅이다. 가장 멀리 있는 이 천체들의 일부에서 오는 빛은 130억 년 넘게 우주공간을 가르며 여행하고 있다.

이 점에 관한 데이터는 공격할 여지가 없다. 지구의 나이가 1만 살 이하라는 모든 주장은 과학의 모든 분과에서 관찰되는 압도적이고 명백한 증거에 위배된다. 유일한 대안은 조물주가 1만 년 전에 우주를 실제보다 엄청나게 늙어 보이도록 창조했다는 것이다. 이 결론은 1857년, 미국의 박물학자 필립 고스가 자신의 난해한 논문 「배꼽Omphalos」에서 처음 상술했다('배꼽'을 뜻하는 그리스어로 제목을 지은 이유는 어머니 없는 아담이 여자에게서 난 것처럼 보이도록 배꼽이 달린 상태로 창조되었기 때문이다). 고스는 지구가 지극히 오래되었음을 뒷받침하는 증거를 수백 쪽에 걸쳐 나열한 다음, 한 발 더 나아가 조물주가 만물을 1만 년 전에 훨씬 더 늙어 보이도록 창조했다고 기술했다.

어떤 사람들은 성년창조론이라 불리는, 고색古色이 창조되었다는 이 창조론자들의 개구멍에서 위안을 찾을 것이다. 항성과 은하들이 수십억 광년 떨어져 있다는 천체물리학자들의 관찰 결과에 대해, 성년창조론자들은 우주가 그 항성과 은하를 떠나 이미 지구로 가고 있는 빛과 함께 창조되었다고 응수한다. 그들은 방사성 동위원소와 딸 동위원소의 비가 고대를 가리키는 암석들은 조물주가 실제보다 훨씬 더 오래된 것처럼 보이도록 우라늄, 납, 칼륨, 아르곤을 알맞게 섞어서 창조한 것이라고 주장한다. 만일 당신이 이 성년창조론의 신자라면, 미리 제11장의 '미래'로 건너뛸 것을 권한다. 그렇지 않다면, 당신의 상상력이 거꾸로 수십억 년을 건너뛰어 우리 행성이 태어난 과거 속으로 들어가도록 허락하라.

45억 년 전 지구의 탄생은 우주 역사 내내 헤아릴 수 없을 만큼 무수히 반복되어온 한 편의 드라마였다. 모든 항성과 행성은 진공에 가까운 희박한 우주 공간의 가스와 먼지에서 생겨난다. 물질을 이루는 각각의 입자는 너무 작아서 우리가 일일이 맨눈으로 볼 수 없지만, 은하 건너편에서 항성을 형성하고 있는 어마어마한 구름들은 총량이 워낙 막대해서 관찰할 수 있다. 수십억 년 전, 중력이 태양계의 산파 역할을 했다. 태양은 한배에서 난 꼬마 행성들 속에서 고독한 거인으로 출현했다. 핵반응이 태양의 표면에 불을 질러 이웃 행성들을 빛과 온기로 가득 채웠다. 그렇게 우리 고향은 살아 있는 세계가 되는 방향으로 머뭇머뭇 첫 발을 내디뎠다.

그러한 웅장한 사건들만큼 생경하게 들릴지도 모르지만, 우리 모두가 우리 삶에서 날마다, 결국 지구를 형성한 것과 똑같은 우주적 현상을 경험한다. 지구를 구축한 것과 똑같은 원소와 원자들이 우리의 몸과 집도 구성한다. 먼지와 가스에서 항성과 행성을 조립했고 원소들을 벼려 항성으로 만들었던 힘과 똑같은 중력이라는 보편적 힘이 우리를 우리의 고향 행성에 단단히 잡아두기도 한다. 보편적인 물리와 화학 법칙들에 관한 한, 태양 아래 새것은 없다.

돌, 별, 삶이 주는 교훈도 마찬가지로 분명하다. 지구를 이해하려면, 인간의 삶을 재는 불합리한 시간 잣대 또는 공간 잣대와 결별해야만 한다. 우리는 저마다 1,000억 개의 항성을 거느린 1,000억 개의 은하로 이루어진 우주 안에 있는, 단 하나의 코딱지만 한 세계에서 살고 있다. 마찬가지로, 우리는 수천억 날을 살아온 우주 안에서 하루하루를 살아간다. 우주 안에서 의미와 목적을 찾겠다는 사람이 인간 존재에 매인 선택된 순간이나 장소에서 그것을 찾지는 않을 것이다. 시공간의 규모는 상상할 수도 없을 만큼 너무나 크다. 하지만 자연 법칙들로 묶인 전체로서의 우주가 필연적으로 거침없이 하나의 우주를 낳고 그 우주가 과학 연구의 본질적인 제안대로 자신을 알 가능성을 약속한다면, 그런 우주는 의미로 충만한 우주다.

# 02

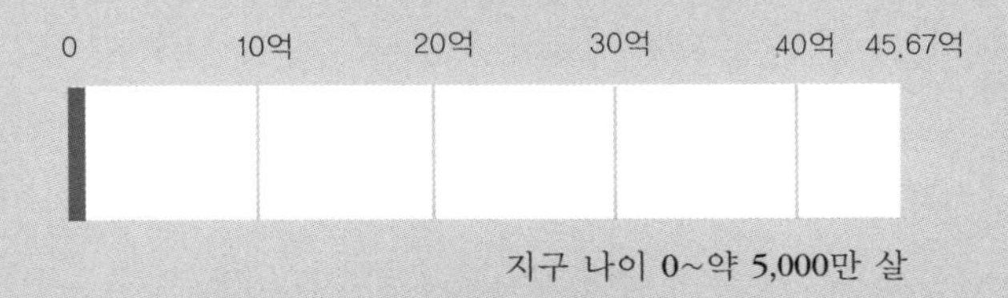


지구 나이 0~약 5,000만 살

# 대충돌
## —달의 형성

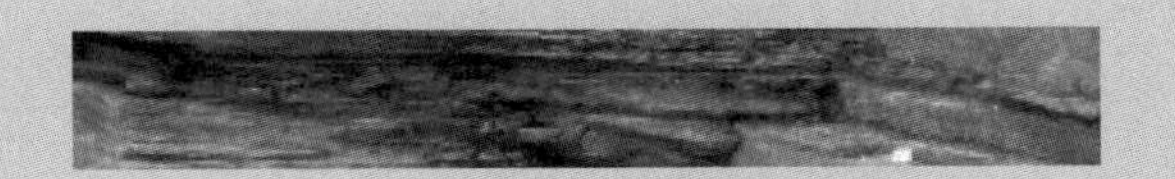

이 책의 한 가지 중심 원리는, 행성계는 진화한다는 것이다. 다시 말해 시간이 흐르면 변한다. 뿐만 아니라 새로운 진화 단계는 모두 연달아 이어져온 전 단계에 의존한다. 변화는 흔히 점진적이므로 한 행성의 환경이 바뀌려면 수백만 년이나 심지어 수십억 년이 걸리지만, 난폭하고 돌이킬 수 없는 돌발사건들이 한 세계를 몇 분 만에 영원히 바꿔놓을 수도 있다. 지구의 경우도 그랬다.

무수히 흩어져 있던 조각이 비교적 순식간에, 어떤 추정치에 따르면 기껏해야 100만 년 만에 지구를 형성했다. 이 과정이 끝을 향해 치달을 때, 제각기 지름이 수백 킬로미터에 달하는 미행성체 수십 개가 원시 지구와 같은 공간을 공유하고 있었다. 약 10만 년에 걸쳐 우리 행성이 현재 크기에 가까워지는 동안, 지구 형성과정의 마지막 단계는 헤아릴 수 없이 격렬한 사건들을 겪으며 진행되었다. 수천 년에 한 번씩, 소행성이 원시 지구에 꽂혀 통째로 삼켜졌다.

그 격동의 시간 동안 지구는 간간이 땅덩어리가 갈라져 빨갛게 타오르고, 화산에서 마그마가 분수처럼 솟아오르며, 운석이 끊임없이 충돌하는 뜨겁고 시커먼 천체였다. 거대한 물체가 지구에 충돌해 꽂힐 때마다 증발된 암석이 궤도 안으로 날아갔고, 부서진 표면 전체가 녹아서 시뻘겋게 달아오른 암석 진창이 되었다. 그러나 우주공간은 차다. 거대한 충돌이 있은 뒤에는 항상, 공기 없는 지구 표면은 순식간에 식어 다시 검어졌다.

## 이상한 달

지구의 기원에 관한 이 이야기는 깔끔한 것 같지만, 딱 한 가지 세부사항이 거슬린다. 달이다. 달은 무시하자니 너무 크고, 지난 두 세기 내내 입증되었듯 설명하기는 대단히 어렵다. 작은 위성들은 쉽게 이해할 수 있다. 화성을 도는 울퉁불퉁한 도시 크기의 암석인 포보스와 데이모스는 생포된 소행성으로 보인다. 이들보다 훨씬 더 큰, 목성, 토성, 천왕성, 해왕성을 도는 수십 개의 위성도 모母행성에 비하면 질량이 1,000분의 1에도 못 미치는 꼬맹이들이다. 가장 큰 위성들은 모행성을 형성하고 남은 주인 없는 먼지와 가스 찌꺼기로 형성되어,

마치 축소판 태양계 안의 행성처럼 거대 가스행성 주위를 돈다. 반면에, 지구의 달은 모행성에 견주어 상대적으로 큰 편이다. 지름이 지구의 4분의 1이 넘고 질량도 80분의 1쯤 된다. 이러한 변칙성은 어디에서 왔을까?

역사과학, 특히 지구와 행성의 과학은 창의적인 이야기 짓기에 의존한다(이야기가 거의 사실과 일치하기는 하지만). 만일 하나 이상의 이야기가 관찰과 들어맞는 것 같으면, 지질학자들은 '다중 작업가설'로 알려진 조심스러운 입장을 채택한다. 추리소설을 즐기는 사람이라면 누구에게나 친숙한 전략이다.

1969년에 아폴로호의 역사적인 달 착륙이 시작되어 오염되지 않은 월석을 회수하고 조심스럽게 달 내부의 지구물리학적 측량을 시작할 수 있게 되기 전에, '육중한 달 사건'에서 가장 유력한 용의자는 셋이었다. 맨 처음 널리 받아들여진 과학적 가설은 1878년에 조지 하워드 다윈(박물학자였던 아버지 찰스보다는 훨씬 덜 유명한)이 제안한 분열이론이었다. 조지 다윈의 각본에서는 용융된 원시 지구가 너무 빠르게 자전한 나머지 길게 늘어나다가 마침내 (태양이 끌어당기는 중력에서 약간의 도움을 얻어) 마그마 덩어리를 표면에서 궤도 안으로 내동댕이친다. 이 가설에서, 달은 자유롭게 풀려난 지구의 싹이다. 이 극적인 이야기의 상상력 넘치는 한 변형에서는 태평양 해분海盆이 숨길 수 없는 흔적으로—곧 어머니 지구가 입은 출산의 상처로—남아 있다.

분열이론과 대립되는 가설인 포획이론은 달이 별도로 형성되었다고, 신생 태양계 안에서 더 작은 미행성체로 지구와 거의 같은 우편번호에 거주하고 있었다고 보았다. 두 천체가 서로 충분히 가깝게 지나치던 어느 시점에, 더 큰 지구가 자신보다 작은 달을 붙잡아 고리를 그리는 궤도 안으로 홱 끌어들였고, 그 궤도가 점차 정착되었다는 것이다. 욕심꾸러기 중력 기제가 화성의 더 작은 석질위성들한테는 충분히 잘 먹히는 것 같았으니, 지구에도 적용해 보면 안 될까?

세 번째 가설인 동시응축이론은 달이 현재의 자리와 다소 가까운 곳에서 지구 궤도 근처에 남아 있던 큰 파편 구름에서 만들어졌다고 가정했다. 이 그럴듯한 발상은 태양과 태양에 딸린 행성들뿐만 아니라 거대 가스행성과 그 위성들에 관해 우리가 아는 내용과 닮은꼴이다. 더 작은 천체들이 더 큰 천체 근처에 있는 먼지, 가스, 암석 구름에서 응축해 만들어진다는 이 공통 주제는 태양계 안에서 몇 번이고 다시 보인다.

경쟁하는 세 가설 중에서 어떤 것이 옳을까? 사람들의 탐구심은 월석—여섯 군데의 아폴로호 착륙 현장에서 채집한 380킬로그램 이상의 암석 표본—에서 데이터가 나오고 나서야 충족될 수 있었다.

## 달 착륙

아폴로호의 달 특무비행은 여러 면에서 행성과학을 바꿔놓았다. 물론, 그것은 미국 과학기술의 용맹과 허세를 과시할 목적에서는 대적할 상대가 없는 공개 행사였다. 군산복합체에 엄청난 활력을 불어넣은 점도 의심할 여지가 없다. 소형 컴퓨터에서 고분자를 거쳐 탱Tang급 잠수함(3,000톤급의 구형 잠수함)에 이르는 무수한 혁신을 고무해, 특무비행이 제공한 경제적 동력이 해당 임무에 사용된 200억 달러를 몇 배로 갚았다고 해도 과언이 아니다. 달의 과학이 아니라 국가적 자존심과 '우위' 경쟁이 그 비싸고 위험한 초기 달 특무비행을 수행한 1차적 동기였다고 해도 놀랄 일은 아니다.

그렇다고 해도, 아폴로호 특무비행과 그것이 가져다준 월석이라는 보물이 우리 세대 지구과학자들에게 미친 영향력은 아무리 강조해도 지나치지 않을 것이다. 인간사를 통틀어 언제나 달은 감질나게 가까이, 100만 킬로미터의 반도 못 되는 거리에 있었다. 청명한 여름 저녁, 불그레한 보름달이 떠오를 때는 마치 손만 뻗으면 달에 닿을 수 있을 것처럼 느껴진다. 하지만 우리에게는 달이 무엇으로, 언제, 어디에서 만들어졌는지 확실하게 말해줄 표본이 하나도 없었다. 처음으로 달 표본을 수확함과 동시에, 우리는 인류사에서 최초로, 말 그대로 달을 만질 수 있었다(오늘도 스미스소니언 박물관을 방문하면 누구나 만져볼 수 있다).

문자 그대로, 달 표본을 처음 호흡할 기회는 내가 MIT 4학년이던 1969년에서 70년으로 넘어가던 겨울에 찾아왔다. 아폴로 11호가 역사적 특무비행을 수행한 지 반 년도 지나지 않은 때였다. 무대는 그보다 두세 달 전인 1969년 7월 24일, 달 위를 걸은 최초의 인간들이 지구로 돌아왔을 때 이미 마련되어 있었다. 달 탐사 초기에는 외계미생물이 우주비행사와 그들이 가져온 표본을 오염시킬지 모른다는 염려 때문에 엄격한 검역정책을 시행했다. 그래서 착륙선이 하와이 부근 태평양에 첨벙 떨어지자마자 닐 암스트롱, 버즈 올드린, 마이크 콜린스를 구출한 미 해군전함 호넷은 지체 없이 그들을 미 항공우주국 이동식 검역시설로 옮겨 우주에서 가져온 값을 매길 수 없는 20킬로그램의 암석 및 토양과 함께 밀폐시켰다. 당국은 하와이에서 회수한 모든 것을 신설한 달 시료연구소가 있는 휴스턴으로 보냈고, 우주탐사자들과 귀중한 표본을 그곳에 거의 3주 동안 감금했다. 정말 고약한 뭔가가 그들을 따라 지구로 들어왔을 경우에 대비하기 위해서였다.

아폴로호 특무비행은 그다음 3년 동안 연달아 이어졌다. 아폴로 12호 달 착륙선 인트레피드는 우주비행사 찰스 콘래드 2세와 앨런 빈을 싣고 1969년 11월 19일에 달에 착륙했다가 1주일 뒤에 귀환했다. 그들이 가져온 약 32킬로그램의 월석과 월토月土도 휴스턴의 격리시설 속으로 휙 사라졌다. 운 좋게도, 명석하고 열정적인 내 논문 지도교수 데이비드 워니스가 아폴로 12호 달 표본 예비조사팀의 일원이었다. 그 작은 과학자 군단은 분석기계라는 최신 병기를 갖추고, 두 번째로 수송된 귀중한 달 표본을 샅샅이 살펴보는 영광스러운 모험에 참여했다. 데이비드의 전문 분야는 화성火成암석학이었다. 마그마에서 형성되는 암석의 기원을 연구하는 학문인데, 아폴로 11호와 12호의 월석은 모두 태생이 화성암이었으므로 그는 지질학의 천국에 있는 셈이었다.

그러나 여러모로 고된 임무였다. 한 달 중 대부분의 시간 동안 극도로 진지한 다른 과학자 두세 명과 함께 갇힌 채, 수집 역사상 가장 비싸고 중요한 암석 표본 일부에 관해 아무도 반박할 수 없는 데이터를 모아야 한다는 압박감에 시달리는 일이었으니. 하지만 다른 세계에서 온 암석과 토양-우리에게 달의 기원을 마침내 완전히 알려줄 우주의 물질-을 다루는 최초의 인간들 사이에 끼어 있다는 것은 믿을 수 없을 만큼 흥분되는 일이기도 했다.

데이비드가 MIT로 돌아오던 날, 처음으로 달을 코앞에서 일별할 기회가 내게 왔다. 친환경 건물 12층에서 엘리베이터 문이 열리던 기억이 난다. 거기에 데이비드가 서 있었다. 보통 키에 안경을 쓴 그의 곁에 제복을 입고 총을 멘 우람한 연방요원 두 명이 붙어 있었다. 그들이 경호하고 있는 것은 달 표본이었다. 당시에 수집가들에게 내다 팔면 수백만 달러는 받을 물건이었으므로, 1밀리그램이라도 일일이 소재를 확인해야 했다. 데이비드는 피곤하고 예민해 보였다. 오랫동안 떠나 있었고 끊임없이 조사를 받는 데다 아직도 할 일이 남아 있었다.

달 표본 얘기가 나오면 대부분의 사람들은 즉시 월석을 떠올린다. 아마도 손에 쥘 수 있는 덩어리진 어떤 것이려니 하고. 하지만 아폴로호 시료의 상당 부분은 달의 토양, 곧 표토였다. 표토 중에서도 입자가 가장 고운 일부는 너무 작게 분쇄되어 현미경으로도 분석할 수 없는 부스러기다. 강력한 소행성을 비롯해 끊임없는 태양풍까지, 온갖 우주적 폭행에 얻어터진 결과다. 이 초미세 분말에는 이상한 성질들이 있는데, 가장 눈에 띄는 것은 마치 복사기 토너처럼 건드리는 모든 것에 달라붙는 성질이다. 데이비드의 과제는 근처 실험실들에 배분하기 위해 이 분말의 일부를 C전지(주로 벽시계나 손전등에 사용하는 크기)만 한 유리병에서 AAA전지만 한 더 작은 병 서너 개로 옮기는 일이었다.

듣기엔 쉽다. 큰 병에서 사방 3인치의 반질반질한 약포지 위로 분말을 쏟은 다음, 소량을 가만히 떠서 더 작은 병에 담으면 된다. 데이비드는 비슷한 조작을 수백 번이나 수행했고, 그렇게 하는 데에는 1분도 걸리지 않았을 게 틀림없다. 하지만 이번에는 위험성이 더 높았다. 유머라곤 없는 경호원들이 양편에 버티고 서 있는 데다 학생들까지 삼삼오오 곁에서 맴돌고 있었으니까. 그래서 큰 유리병을 기울이는 데이비드의 손은 약간 떨리고 있었다. 그 끈끈한 분말은

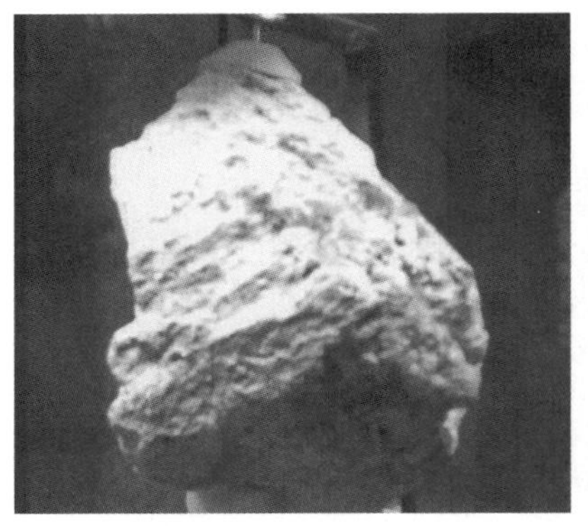

**그림 2.1** 월석과 표토. 왼쪽 사진은 아폴로 16호가 가져온 사장암 표본이고, 오른쪽 사진은 작은 것은 현미경으로도 분석할 수 없을 만큼 고운 입자들로 이루어진 표토에 우주비행사의 발자국이 찍힌 사진이다. (NASA 사진)

유리 쪽으로 달라붙어 떨어지려 하지 않았다. 그는 집게손가락으로 유리병을 가볍게 두드려보았다. 아무 일도 일어나지 않았다. 다시 톡톡.

그러자 갑자기 그 모든 달 먼지—실은 겨우 키세스 초콜릿만 한 작은 더미였지만, 그 상황에서는 산더미처럼 보였다—가 한꺼번에 푹 하고 떨어져나오더니, 다음엔 휘익 날아올라 데이비드의 손가락을 감싸고 약포지 테두리를 넘어 작업대 위로 쏟아졌다. 우리 모두 공중에 뜬 가장 고운 입자를 약간씩 들이마셨으리라. 누구 하나 입도 뻥끗하지 않았다.

그래도 진정한 재난은 아니었다. 잃은 것은 거의 없었고, 분말은 결국 옮겨졌고, 그걸 먹은 사람들이 결국엔 등분한 물질을 넘기러 다른 실험실로 떠났기 때문이다. 다들, 돌이켜보면 정말 재미있는 일이라고 생각했다. 그리고 이틀 뒤, 우리는 사방 3인치의 약포지를 깔끔하게 액자에 넣어 표토를 옮기는 임무를 완수한 실험실 작업대 위에 걸었다. 데이비드 워니스의 왼손 집게손가락 자국이 거의 완벽하게 찍힌 달 먼지와 함께.

아폴로호의 달 착륙은 그 뒤로도 네 차례 더 이어졌고, 1972년 12월에 아폴로 17호가 달의 화산작용이 의심되는 지역인 타우루스-리트로 계곡에서 100킬로그램이 넘는 표본을 가지고 귀환하는 것으로 정점을 찍었다. 그것이 마지막 특무비행이었고, 지난 40년 동안은 아무도 달에 간 적이 없다. 그럼에도 불구하고, 휴스턴에 있는 미 항공우주국 존슨 우주센터의 달 표본 건물 무균저장실에 조심스럽게 안치된 월석들은 (만약을 위해 텍사스 주 샌안토니오의 브룩스 공군기지에 소장된 여벌과 함께) 계속해서 연구자들에게 놀랍도록 풍성한 기회를 제공하고 있다.

마지막 아폴로호 특무비행이 이루어진 지 2, 3년 뒤, 그 표본들이 나에게 최초의 진정한 직업을 제공했다. 카네기 연구소 산하 지구물리연구소의 박사후연구원으로서 나는 아폴로 12호, 아폴로 17호, 그리고 루나 20호(소련에서 실시한 세 차례 무인 특무비행 가운데 하나로, 약 55그램의 달 표본과 함께 귀환했다)에서 얻은 '미립자' 더미들을 조사했다. 월토의 고운 먼지에는 실트(모래와 찰흙의 중간 굵기의 흙)와 모래 크기의 수많은 입자가 온통 흩뿌려져 있었고, 나의 가혹한 임무는 이 수천 개의 입자를 하나하나 자세히 조사하는 일이었다. 나는 현미경 앞에서 여러 시간을 보내며 눈부시게 멋진 작은 초록과 빨강 결정과 조그맣고 화려한 황금빛 유리알들을 뚫어져라 들여다보았다. 모두 수십억 년 동안 운석의 폭격을 받아 격심하게 폭파된 암석의 잔재들이었다.

일단 좋은 결과가 기대되는 얼룩들을 수십 개 분리한 다음, 특이한 입자마다 세 종류의 분석을 실시했다. 첫 번째인 단결정 X선 회절(결정에 X선을 비출 때, 들어간 X선의 방향과는 다른 몇 개의 특정한 방향으로 강한 X선이 진행하는 현상 때문에 생기는 회절回折 모양을 해석해 결정구조를 해명하는 방법–옮긴이)은 내가 어떤 종류의 결정을 다루고 있는지 말해주었다. 내 연구대상은 대부분 흔한 광물인 감람석, 휘석輝石, 첨정석尖晶石에 집중되어 있었다. 좋은 결정을 찾으면, 두 번째로 조심스레 그 입자의 방위를 맞추어 광학적 흡수 스펙트럼(결정이 서로 다른 파장의 빛을 빨아들이는 방식)을 측정하곤 했다. 예컨대 풀빛 감람석 결정은 보통 붉은빛 파장을 흡수하고, 붉은빛 첨정석 결정은 반대로 풀빛 파장을 더 많이 흡수한다. 나는 특이한 유리구슬들의 스펙트럼도 측정하면서, 흡수 스펙트럼 안에 숨길 수 없는 돌출 부위나 꿈틀거림이 없는지도 감시했다.

그것은 크롬이나 티탄 같은 더 드문 원소를 가리키기 때문이다. 625나노미터에서 작은 봉우리를 발견한 일은 기억할 만한 '유레카'의 순간이었다. 이렇게 붉은빛과 주황빛 사이의 파장을 약간 흡수하는 양상은 지구상의 크롬과는 전혀 다른, 달에서만 산출되는 크롬 원소의 특징이다.

X선 작업과 광학적 작업이 끝나면 마지막으로 전자미세탐침이라는 환상적인 분석기계를 써서 내 표본의 정확한 원소비를 결정했다. 나는 다른 사람들이 이미 발견한 다음과 같은 사실을 몇 번이고 다시 확인했다. 달 표면을 구성하는 광물들은 주요 원소 면에서 보면 지구 표면의 광물과 비슷하지만, 세부적으로 약간 다르다. 달 광물에는 티탄이 더 많고, 크롬도 지구의 것과 다르다.

이를 비롯해 아폴로호 암석에서 나온 기타 단서들은 달이 어떻게 생겨났는가에 관한 여러 이론에 심각한 제약 조건을 부과했다. 무엇보다, 달은 밀도가 훨씬 더 낮다는 점에서 지구와는 극적으로 다르다는 사실이 드러났다. 달에는 커다란, 고밀도 철로 이루어진 금속성 중심핵이 없다. 지구의 중심핵은 전체 지구 질량의 거의 3분의 1을 차지하지만, 달의 보잘것없는 중심핵 질량은 전체 달 질량의 3퍼센트 미만이다. 둘째, 월석에는 휘발성이 가장 높은—주변이 따뜻해지는 순간 증발하는 경향이 있는—원소들이 거의 털끝만큼도 들어 있지 않다. 지구 표면에는 그토록 흔한 질소, 탄소, 황, 수소가 달의 먼지에서는 보이지 않는다. 이 결핍은 아폴로호 특무비행에서 종류를 막론하고 물을 함유한 광물은 가지고 돌아온 적이 없음을 뜻한다. 달은 액체 상태의 물로 덮여 있고 토양에 진흙이나 운모처럼 물이 풍부한 광물이 잔뜩 들어 있는 지구와는 다르다는 뜻이다. 뭔가가 달을 폭파시키거나 구워버려서 그러한 휘발물질들을 없애버린 것이 틀림없다. 달의 표면은 지금 사정없이 메마른 곳이기 때문이다.

아폴로호 특무비행으로 발견된 세 번째 주요 단서는 산소 원소, 더 구체적으로는 산소 동위원소 분포에 기반을 둔다. 모든 화학원소는 핵 안에 있는 양전하를 띤 양성자 수에 의해 정의된다. 그 수는 고유하다. 다시 말해, 산소란 '양성자가 여덟 개인 원자'의 다른 이름일 뿐이다. 원자핵은 다른 종류의 입자,

곧 전기적으로 중성인 중성자도 붙잡고 있다. 우주에 있는 산소 원자의 99.7퍼센트 이상은 중성자가 여덟 개이지만(양성자 여덟 개 더하기 중성자 여덟 개는 산소-16이라는 동위원소다), 중성자가 아홉 개 또는 열 개인 더 드문 동위원소들(각각 산소-17과 산소-18)도 몇 분의 1퍼센트 비율로 존재한다.

산소-16, 산소-17, 산소-18은 화학적 성질 면에서는 사실상 동일하지만—당신은 이들 셋을 어떻게 섞은 혼합물에서도 호흡할 수 있을 것이고 차이를 알아차리지도 못할 것이다—질량이 다른 건 사실이다. 산소-18은 산소-16보다 무겁다. 그래서 산소를 함유하는 화합물이 고체에서 액체로, 또는 액체에서 기체로 상태가 변할 때마다 덜 무거운 산소-16이 더 쉽게 움직일 수 있다. 광포한 발생기 태양계 안에서는 그러한 상태변화가 흔했으므로, 결국 산소 동위원소 상당량이 자리를 옮겼다. 산소-16 대 산소-18의 비는 행성에 따라 다르고, 형성 당시 태양에서 행성까지의 거리에 따라 매우 민감하게 변화함이 밝혀졌다. 아폴로의 암석들은 달의 산소 동위원소비가 지구의 것과 사실상 동일함을 나타냈다. 다시 말해, 지구와 달은 태양에서부터 대략 같은 거리에서 형성되었음이 틀림없다.

이러한 발견들은 서로 경쟁하던 달 형성의 세 가설과 도대체 어디서 어긋났을까? 동시응축이론은 출발부터 문제가 있었다. 달이 지구의 찌꺼기에서 형성되었다면, 평균 조성도 비슷해야 한다. 맞다. 달과 지구가 산소 동위원소 분포 면에서 일치하는 건 사실이지만, 동시응축이론은 철과 휘발물질 비율의 큰 차이를 설명할 수 없다. 지구와 같은 내용물로 형성되었다고 하기에는, 달의 전체적 조성이 지구와 너무 다르다.

조성의 불일치는 포획이론에도 극복할 수 없는 문제를 부과했다. 행성운동의 이론적 모형이 시사하는 대로라면 포획된 미행성체는 태양에서 지구까지와 거의 같은 거리에 있던 태양계 성운 안에서 형성되었어야 하므로, 평균 조성도 거의 같아야 한다. 달은 그렇지 않다. 물론 달 크기 천체가 태양계 성운의 어딘가 다른 구역에서 형성된 다음 지구를 가로지르는 궤도를 택했을지도 모르지만, 궤도동역학 컴퓨터 모형에 따르면 그러한 달은 지구보다 상대속도가 높아야 하므로, 그러한 포획 각본 자체가 거의 불가능해진다.

그러면 남는 것은 조지 하워드 다윈의 분열이론이다. 이 이론은 지구와 달의 산소 동위원소 조성의 유사함(지구와 달은 하나의 계다)과 철의 차이(지구의 중심핵은 이미 형성되어 있었고, 달을 형성하게 될 방울은 이미 지구로부터 구분된, 철이 부족한 맨틀 덩어리였다)를 성공적으로 설명할 수 있다. 달의 한쪽 면이 언제나 지구를 향한다는 사실도 멋지게 수용한다. 지구의 자전과 달의 공전이 지구의 축을 중심으로 같은 회전운동을 하니까, 다시 말해 같은 회전감각을 가졌으니까 그런 것이다. 하지만 큰 문제가 남는다. 지금 달에는 없는, 빠진 휘발물질들은 어디로 갔을까?

물리학의 법칙들도 분열이론을 가로막는다. 아폴로호 특무비행이 실시되었을 무렵에는 행성 형성에 관한 컴퓨터 모형화 기술이 상당히 진보해, 빠르게 회전하는 지구 크기 마그마 공의 동역학 정도는 이론가들이 자신 있게 연구할 수 있는 경지에 도달해 있었다. 간단히 말해서, 분열은 작동할 수 없다. 용융된 암석이 큰 방울을 만들어 궤도 안으로 튕겨나가도록 내버려두기에는 지구 중력이 너무 강하다. 실은, 용융된 지구가 달 크기 덩어리를 내동댕이치려면 믿을 수 없는 속도로—한 시간에 한 번쯤은—자전해야 한다. 지구-달 계는 결코 그런 일이 일어날 만큼의 각운동량을 가지고 있지 않다.

### 월석의 증언

행성과학자들은 대단히 훌륭한 이야기꾼이다. 아폴로호에서 얻은 관찰 결과들은 달의 형성에 관해 그들이 1969년 이전에 세웠던 세 가설이 전부 그릇됨을 증명했지만, 그들은 머지않아 논쟁의 여지 없는 사실들에서 새로운 구상을 떠올렸다. 아폴로호를 통해 새로이 얻은 조성 관련 단서들은 다음과 같은 하나의 열쇠를 제공했다. 달은 다소간 지구를 닮았다. 달은 철이나 휘발물질은 너무 적지만, 지구와 산소 동위원소의 조성도 같고 주요 원소도 대부분 같다. 이 조성 데이터를 우리가 수천 년 전부터 알고 있었던 다음의 궤도 관련 단서들과 통합해야 했다. 달도 태양 주위의 다른 행성들과 같은 평면 안에서 같은 방향으로 지구를 돈다. 지구는 신경 쓰이게도 자전축이 23도 기울어 있다(그래서 계절이 생긴다). 달의 한쪽 면은 항상 우리와 마주본다.

이전의 달 형성 모형은 지구-달 계 너머의 궤도 단서들은 무시하는 경향이 있었다. 무시 대상에는 우리 태양계의 일반 패턴과는 두드러지게 어긋나는 몇 가지 예외도 포함되었다. 금성은 다른 모든 행성과 반대 방향으로 자전한다. 이 점은 중요하지 않아 보일 수도 있지만, 금성은 지구와 크기도 엇비슷하다—그런데 혼자서 틀린 방향으로 돌고 있다니! 육중한 천왕성은 더욱더 특이하다. 태양계에서 세 번째로 큰 행성인 천왕성은 자전축이 옆으로 누워 있어서, 태양을 중심으로 하는 공전궤도를 따라 데굴데굴 구르는 모양새다. 다른 행성의 위성들에도 기묘한 습성이 있다. 해왕성의 가장 큰 위성으로 크기가 지구의 달과 맞먹는 트리톤은 행성의 자전에 대해 가파른 각도로, 나머지 태양계와는 반대 방향으로 공전한다.

과학의 문화에는 그 경기장 밖의 사람들에게는 당혹스러울 묘한 측면이 있다. 한편으로 우리는 깔끔한 이론을 떠올려 많은 기묘한 사실을 하나로 묶는다. 그러므로 모든 행성과 위성이 태양을 중심으로 같은 평면에서 같은 방향으로 돈다는 사실은 그 모두가 하나의 소용돌이치는 성운에서 기원했음을 가리킨다. 하지만 다음 순간 규칙에 대한 예외를 발견하면, 그 예외는 신기한 변칙으로 제쳐둔다. 금성이 틀린 방향으로 자전해? 트리톤이 틀린 방향으로 공전해? 문제없어. 그만한 탈선이야 더 큰 도식에 따르게 마련이지.

같은 종류의 상황이 많은 공청회를 복잡하게 만든다. 가령 지구 온난화에 대한 공청회가 그렇다. 많은 과학자들이 대기 조건이 바뀌었으니 지구 평균 온도가 몇 도 높아질 것이라 예측한다. 하지만 그러한 변화들은 한편으로 극단적인 날씨를 초래할 수 있다. 미국 남부에서 눈보라가 심해진다는 뜻일 수도 있고, 멕시코 만류와 같은 해류의 성질을 변화시켜 궁극적으로 북유럽을 훨씬 더 차가운 시베리아형 냉장고로 바꿔놓을 수도 있다. 이와 같은 변칙들이 지구 온난화를 부인하는 사람들에게 연료를 공급한다. 과학자들께서는 세계가 뜨거워지고 있다고 말하지만, 나는 지금 막 우리 지역 역사상 가장 큰 눈보라를 헤치고 나왔거든요? 어떻게 답해야 할까? 합당한 답은, 자연은 경이롭다는 것이다. 자연은 풍성하고, 다양하고, 복잡하고, 난해하고, 뒤죽박죽인 긴 역사를 가지고 있다. 행성의 궤도든 북아메리카의 날씨든, 변칙은 그냥 쓱쓱 털어내면 되는 성가신 세부사항이 아니다. 변칙이야말로 실제로 무슨 일이 일어났는지, 만물이 실제로 어떻게 작동하는지 이해하는 데에 꼭 필요한 본질이다. 우리는 자연의 작동방식을 본떠 웅대하고 일반적인 모형을 만든 다음, 기묘한 세부사항들을 활용해 원래의 불완전한 모형을 다듬는다(만일 예외가 규칙을 압도하면, 새로운 모형을 중심으로 사실들을 다시 추려서 모은다). 그래서 훌륭한 과학자들은 변칙을 한껏 즐긴다. 우리가 모든 것을 이해하고 예측할 수 있다면, 아침에 일어나 실험실로 향해봐야 아무 쓸모도 없을 것이다.

달의 기원 같은 경우에는, 체계적인 경향에 대한 예외들—그 신경 쓰이는 궤도 변칙들—때문에 결국 1970년대 중반에 '대충돌Big Splash' 모형이 대두했다. 1984년에 하와이에서 열린 어느 중추적인 협의회에서는, 원래 관계는 있었으나 제대로 결속되지 않았던 일련의 가설들이 통설로 병합되었다. 거기에서 행성 형성 전문가들이 모여 모든 선택지를 저울질했다. 그토록 어지러운 환경에서는 오컴의 면도날—어떤 문제에 대해 사실과 일치하는 가장 간단한 답을 그럴듯한 정답으로 여기라는 요구—이 세를 장악한다. 대충돌이 제격이다.

이 급진적 발상을 이해하기 위해 45억 년 이상을 되돌아가, 더 작은 몸으로 경쟁하던 모든 미행성체에서 행성들이 막 형성되었을 때를 생각해보라. 지구는 현재의 지름인 1만 2,800킬로미터에 다가가며 성장하는 동안, 연달아 어마어마한 충돌을 일으키며 근방에 남아 있던 거의 모든 물체를 집어삼켰다. 수백 킬로미터 건너편의 천체들과 충돌하던, 지구 형성 끝에서 두 번째 단계도 장관이었겠지만, 이들 충돌은 훨씬 더 육중한 원시 행성 지구에는 거의 아무 영향도 미치지 못했다.

하지만 모든 충돌이 동등한 것은 아니다. 지구사에서 딱 하나의 사건이—다른 어떤 날보다 더 기억할 만한 하루가—눈에 띈다. 약 45억 년 전, 태양계가 5,000만 살쯤 되었을 때, 검은 원시 지구와 약간 더 작은 행성 크기의 경쟁자가 태양계가 소유한 땅의 가느다란 띠 하나를 놓고 앞서거니 뒤서거니 다투고 있었다. 더 작은 행성 지망생(달을 낳은 티탄족 여신의 이름을 따서 테이아Theia라고 부르는)도 행성의 지위를 얻을 만했다. 아마도 크기가 화성의 두세 배(또는 질량이 지구의 3분의 1 정도)는 되었을 것이다. 천체물리학의 규칙 중 하나는 어떤 행성도 같은 궤도를 공유할 수 없다는 것이다. 마침내 두 행성은 충돌할 것이고, 언제나 더 큰 행성이 이긴다. 지구와 테이아도 그랬다.

점점 더 생생해지는 컴퓨터 모의실험은 일어났을지도 모르는 일을 이해하려는 과학자들에게 중요한 방법이 되어준다. 큰 충돌은 물리 법칙의 지배를 받으므로, 온갖 종류의 초기 조건을 입력해 모의실험을 수천 번 돌리면 그 결과로 달이 생기는지 안 생기는지를 볼 수 있다. 해답은 출발하는 매개변수들, 곧 원시 지구의 질량과 조성, 테이아의 질량과 조성, 둘의 상대속도, 타격의 각도 및 정확도와 긴밀한 연관이 있다. 대부분의 조합은 전혀 효과가 없다. 어떤 달도 형성되지 않는다는 말이다. 하지만 소수의 모형은 놀랍도록 성공적으로 우리가 오늘날 보는 것과 상당히 닮은 지구-달 계를 만들어낸다.

자주 묘사되는 판본에서 일어나는 충돌은 확실한 측면공격이다. 큰 몸집의 테이아가 더 큰 몸집의 지구 옆구리를 강타한다. 우주공간에서 바라보는 사건은 느린 동작으로 펼쳐진다. 접촉하는 순간, 두 세계는 처음엔 부드럽게 입맞춤하는 것처럼 보인다. 그다음 사오 분에 걸쳐, 테이아는 동그랗고 말랑한 반죽 덩어리가 바닥을 때릴 때처럼 지구에는 별다른 영향을 미치지 않고 혼자서 뭉개진다. 10분 뒤, 테이아는 꽤 많이 으스러지고, 지구는 둥근 상태에서 벗어나 변형되기 시작한다. 충돌에 들어간 지 반 시간 뒤, 테이아는 완전히 지워지고, 손상된 지구는 더 이상 대칭적인 구형이 아니다. 그동안 열과 충격에 의해 기화된 뜨거운 암석들이 입을 벌린 상처에서 빛줄기처럼 뿜어져나와 혼란스러운 세계를 가린다.

또 한 편의 널리 인용되는 각본은 하버드-스미스소니언 천체물리연구소의 이론가 앨라스테어 캐머론이 발전시켰다. 1970년대에 처음 제안하고 그다음 20년에 걸쳐 다듬은 그의 흥미로운 도식에 등장하는 테이아는 질량이 원시지구의 약 40퍼센트였다. 이번에도 중심에서 빗나간 충돌이 일어났지만, 이 판본에서는 테이아가 지구에 어느 정도 쿵 부딪쳤다가 기름한 방울로 튀어나온 다음, 다시 끌려들어가며 최후의 일격을 가했다. 이 두 번째 대충돌에서, 테이아는 영원히 사라졌다.

어떤 경우든 격변이 테이아를 괴멸시켰고, 완전히 증발한 테이아는 백열광을 뿜는 수만 도의 거대한 구름이 되어 뜨겁게 지구를 둘러쌌다. 테이아는 지구에 피해를 입히는 자신의 역할도 완수했다. 지구의 지각과 맨틀도 뭉텅이로 증발되고 뿜어져나가 테이아의 흩어진 잔재들과 뒤섞였다. 일부 물질은 깊은 우주공간으로 탈출했지만, 테이아에 물어뜯긴 나머지 물질의 대부분은 지구 중력의 단단한 손아귀에 붙들려 궤도 안에 머물렀다. 이 혼탁한 구름 안에서 양쪽 세계의 중심핵에서 증발한 고밀도 금속들이 한데 섞였다가 다시 식어 액체 상태로 가라앉아, 지구를 위해 더 큰 새로운 중심핵을 형성했다. 맨틀 물질들도 뒤섞이고 증발해 지옥처럼 뜨겁게 지구를 에워싸는 기화된 암석 구름을 형성했다. 며칠 또는 몇 주의 광포한 시간 동안, 지구에서는 주황빛의 뜨거운 규산염 방울들이 끊임없이 빗발쳐 붉게 빛나는 가없는 마그마 대양과 융합했다. 마침내 지구는 테이아였던 것의 대부분을 움켜쥠으로써 더 육중한 행성으로 거듭났다.

그러나 테이아의 모든 것이 지구에 붙들린 건 아니었다. 지구는 궤도 위 더 높은 공간에 막대하게 쌓인 암석 충돌의 파편들로 둘러싸였다. 파편은 대부분 두 행성의 맨틀이 잘 섞인 혼합물이었다. 식어가는 암석 방울들이 한데

**그림 2.2** 원시 지구와, 달을 낳은 티탄족 여신의 이름을 딴 행성 지망생 테이아의 충돌을 그린 모식도. 대충돌 모형에서는 이 둘의 대충돌로 부서져나온 파편들이 서로 달라붙어 점점 커지면서 달이 형성되었다고 본다.

달라붙으면서, 더 큰 덩어리가 더 작은 덩어리들을 쓸어모았다. 말하자면 태양계에서 초기 행성들이 형성되었던 것처럼 중력에 의한 응집이 순간적으로 재연되면서, 달이 급속히 합체되고 2, 3년 만에 현재의 크기에 어느 정도 근접했을 것이다.

행성 형성에 관한 물리학은 달이 형성될 수 있는 자리를 지시한다. 모든 육중한 천체 둘레에는 로슈 한계라는 보이지 않는 영역이 있다. 이 한계 안쪽에서는 중력이 너무 커서 위성이 형성되지 못한다. 그래서 토성 표면에서 약 8만 킬로미터 이내에는 어마어마한 고리들은 있지만 위성은 하나도 없는 것이다. 토성의 중력이 그 얼음 입자들이 합체되어 하나의 위성이 되지 못하게 하기 때문이다.

지구의 로슈 한계는 자전하는 천체의 중심에서부터 계산하면 1만 8,000킬로미터쯤이고, 표면에서부터는 약 1만 1,000킬로미터다. 따라서 달 형성 모형들은 새로운 위성의 위치를 안전거리인 약 2만 4,000킬로미터 위에 둔다. 거기라면 위성이 대충돌로 흩어진 조각 대부분을 쓸어모아 단정하게 자랄 수 있을 것이다. 그리하여 대개의 과학자들이 추산하길 아마도 45억 년 전, 달이 태어났다. 지구는 어느 날 문득, 자신의 곁에서 대부분 자신의 조각들로 형성된 동반자를 발견했다.

과학자들은 대충돌이론을 냉큼 받아들였다. 모든 주요 단서를 다른 어떤 모형보다 훌륭하게 설명하기 때문이다. 달에 철로 된 중심핵이 없는 이유는 테이아의 철이 대부분 지구 안쪽으로 말려들어갔기 때문이다. 달에 휘발물질이 없는 이유는 충돌하는 동안 테이아의 휘발물질이 날아갔기 때문이다. 달의 한 쪽 면이 항상 지구를 마주보는 이유는 지구와 테이아의 각운동량이 짝을 이루어 하나의 회전계가 되었기 때문이다.

대충돌은 이전의 어떤 각본도 제대로 다루지 못한 요인인, 지구의 축이 변칙적으로 23도쯤 기운 이유를 설명하는 데에도 도움을 준다. 테이아 충돌이 지구를 문자 그대로 옆으로 쓰러뜨린 것이다. 뿐만 아니라, 거대한 충격이 달을 형성했다는 깨달음을 바탕으로 우리 태양계에 속한 다른 행성들의 변칙에 관한 추측이 나오기도 했다. 어쩌면 이런저런 종류의 뒤늦은 대충돌 사건은 흔할지도, 심지어 꼭 필요할지도 모른다. 어쩌면 금성이 틀린 방향으로 자전하고 물을 그토록 많이 잃어버린 이유도 대충돌로 설명될지 모른다. 아마 천왕성도 뒤늦은 거대한 충돌 때문에 누워서 돌게 되었을 터이다.

## 다른 하늘

달의 형성은 지구사에서 주축이 되는 순간으로 아주 놀랍고도 광범위한 결과를 낳았지만, 이제야 주목을 받고 있다. 45억 년 전의 달은 우리가 오늘날 보는 낭만적인 은쟁반이 아니었다. 오래전 그것은 훨씬 더 을씨년스럽고 위압적이었으며, 지구의 표면 근처 환경에 상상할 수 없을 만큼 파괴적인 영향을 미쳤다.

그 모두는 한 가지 놀라운 사실로 귀결된다. 달은 지구 표면에서 겨우 2만

4,000킬로미터 높이, 다시 말해 워싱턴 DC에서 오스트레일리아 멜버른까지의 비행거리와 별 차이가 없는 거리에서 형성되었다는 사실이다. 그에 반해, 오늘날의 달은 지구 표면에서 38만 5,000킬로미터 밖에 떨어져 있다. 거대한 달이 그처럼 맥없이 떠내려갈 수 있다니 언뜻 보기에는 전혀 그럴 법하지 않지만, 측정치는 거짓말을 하지 않는다. 아폴로호 우주비행사들은 달 표면에 반짝이는 거울을 남겼다. 지구에서 쏜 레이저 광선이 그 거울에 맞고 튀어나와 가르쳐주는 지구와 달 사이의 거리 측정치는 단 1밀리미터도 틀리지 않는다. 1970년대 초부터 해마다, 달은 일 년에 평균 3.82센티미터씩 멀어져갔다. 듣기에는 별것 아니지만 시간 범위를 넓혀 합산하면, 현재의 속도로 4,000년마다 1마일(1.605킬로미터)씩 멀어지는 셈이다. 거꾸로 재생한 테이프가 가리키는 45억 년 전의 상황은 지금과 아주 많이 다르다.

우선, 달은 겉모습부터 완전히 달랐다. 2만 4,000킬로미터 거리에 있는 지름 3,475킬로미터짜리 달은 우리가 보아온 어떤 것과도 다른, 거인 같은 모습이었을 것이다. 당시의 달은 하늘에서 거의 8도 각도—태양의 겉보기 지름의 열여섯 배 정도—에 걸쳐 있었고 오늘날 달이 가리는 창공의 250배가 넘는 넓이의 하늘을 가로막고 있었다.

그게 다가 아니다. 초기의 달은 우리가 지금 보는 정적인 은회색 천체와는 사뭇 다른, 화산이 맹렬하게 활동하는 난폭한 천체였다. 표면은 검게 보였을 것이고, 갈라진 틈 사이로 이글거리는 시뻘건 마그마와 화산분지들을 지구에서도 쉽게 볼 수 있었을 것이다. 원시의 보름달도 똑같이 극적이었다. 표면이 지금의 달보다 수백 배나 많은 햇빛을 반사했으므로 달의 찬란한 조명 아래 한가롭게 책을 읽을 수도 있었겠지만, 천문학적 관찰은 하나 마나였을 것이다. 젊은 달이 내뿜는 눈부신 빛을 제치고 눈에 보일 항성이나 행성은 하나도 없었을 테니.

당시에 모든 것이 얼마나 빨리 움직였는가도 극적인 효과에 보탬이 되었다. 우주에는 마찰이 없으므로 회전하는 물체는 수십억 년 동안 마냥 회전을 계속한다. 지구-달 계의 회전에너지 총량, 곧 각운동량은 두 가지 친숙한 원운동을 조합해 측정한다. 첫째는 지구의 자전으로, 자전속도가 빠를수록 각운동량도 커진다. 반면에 달의 각운동량은 주로 달이 지구를 중심으로 공전하는 거리와 속도에 달려 있다. 달의 자전은 방정식에서 중요한 부분이 아니다.

지구 자전의 각운동량에 달 공전의 각운동량을 더한 총량은 지난 수십억 년 동안 그다지 크게 달라지지 않았지만, 두 운동의 상대적 중요성은 많이 변했다. 오늘날 지구-달 계의 거의 모든 각운동량은 지구로부터 38만 5,000킬로미터 거리에서 29일 주기로 공전하는 달과 관련되어 있다. 중심에서 더 육중한 몸으로 느긋하게 24시간에 걸쳐 하루를 돌리는 지구의 각운동량은 달의 것에 비하면 미미한 일부일 뿐이다(같은 원리로, 중심에 있는 태양이 태양계 질량의 99.9퍼센트를 가지고 있지만, 태양계의 각운동량을 거의 다 싣고 있는 것은 멀리 떨어진 거대 가스행성들이다).

하지만 45억 년 전에는 사정이 전혀 달랐다. 달이 겨우 2만 4,000킬로미터 밖에 있었으므로, 팔을 끌어들여 회전속도를 높인 피겨스케이팅 선수처럼 모든 것이 우스꽝스러울 만큼 빨리 돌고 있었다. 무엇보다, 지구가 다섯 시간마다 한 번씩 자전했다. 지구가 태양을 한 바퀴 도는 데는 그때도 꼬박 1년(약 8,766시간)이 걸렸고, 그 시간은 태양계의 역사에서 그다지 변하지 않았다. 하지만 짧은 하루가 1년당 1,750일이 넘었고, 태양은 다섯 시간마다 한 번씩(!) 떠올랐다.

이러한 추정은 기괴하고 검증할 수도 없을 것처럼 보이지만, 최소한 두 가지 직접적 측정치가 옛날의 하루가 더 짧았다는 발상을 입증한다. 산호초가 설득력 있는 형태의 증거 중 하나다. 산호 일부 종이 보여주는 지극히 촘촘한 성장선은 하루의 주기를 희미하게, 1년의 주기는 좀 더 분명하게 기록하고 있다. 현대의 산호들은 예상대로 해마다 약 365개의 일일 성장선을 보인다. 하지만 약 4억 년 전 데본기에 살았던 고대 화석산호들은 1년에 400개가 넘는 일일 성장선을 보여줌으로써, 지구의 자전속도가 지금보다 더 빨랐다는 사실을 가리킨다. 하루가 약 22시간밖에 되지 않았던 당시, 달은 아마도 1만 6,000킬로미터 더 지구와 가까웠을 것이다.

이를 보완하는 두 번째 측정치는 얇게 적층된 퇴적물이 조수의 일주기, 월주기, 연주기를 드러내는 조석 리듬층이라는 현상을 바탕으로 한다. 유타 주 빅코튼우드 협곡의 9억 년 된 암석에서 채취한 조석 리듬층을 현미경으로 들여다보는 고된 연구는 지구의 하루 길이가 18.9시간밖에 되지 않았고, 1년에 464일—464번의 일출과 일몰—이 있던 세계를 나타낸다. 35만 1,000킬로미터로 계산되는 당시의 지구-달 거리는 달의 후퇴속도가 1년당 3.91센티미터라는 그 시점부터 지금까지의 평균 달 후퇴속도와 매우 비슷했음을 암시한다.

## 미치광이 세계

10억 년 전 이전 지구의 조수주기를 뒷받침하는 직접적 증거는 아직 없지만, 45억 년 전의 정황이 월등히 더 거칠었음은 자신할 수 있다. 지구만 하루가 다섯 시간이었던 게 아니라, 이웃한 달도 가까운 궤도에서 훨씬, 훨씬 더 빨리 돌았다. 달이 지구를 한 바퀴 도는 데에는 84시간—현대 시간으로 사흘 반—밖에 걸리지 않았다. 지구가 그토록 빨리 자전하는 데다 달도 그만큼 빨리 공전했으므로, 초승달, 상현달, 보름달, 하현달의 익숙한 주기가 빨리 감기는 비디오처럼 미친 듯이 빠른 속도로 펼쳐졌다. 다섯 시간짜리 하루가 며칠만 지나면, 새로운 월령의 달이 보였다.

이 사실로부터 많은 결과가 뒤따라오는데, 어떤 결과는 다른 결과보다 덜 온순하다. 그토록 큰 달이 하늘을 가로막고 그렇게 빨리 공전했으니, 식蝕이 잦았다. 달이 새로운 공전주기에 들어가는 84시간마다 지구와 태양 사이에 위치하면 개기일식이 일어났을 것이다. 몇 분 동안 햇빛은 완전히 가려지고, 반면 수많은 항성과 행성이 검은 하늘을 배경으로 불쑥 튀어나오고, 불을 뿜는 달 화산과 마그마 대양이 검은 달의 원반을 배경으로 새빨갛게 도드라졌을 것이다. 개기월식도 거의 42시간 뒤마다 시계처럼 규칙적으로 일어났으리라. 보름달이 뜰 때마다 지구가 정확히 태양과 달 사이에 놓이면, 커다란 지구의 그림자가 밝게 빛나는 달의 거대한 얼굴을 완전히 가렸을 것이다. 수많은 항성과 행성이 다시 한번 검은 하늘을 배경으로 불쑥 튀어나오고, 달의 화산이 붉게 타는 쇼를 상연했을 것이다.

괴물 같은 조석潮汐은 달이 처음에는 지구와 매우 가까웠기 때문에 생긴 훨씬 더 난폭한 결과였다. 지구와 달이 둘 다 완벽한 강체(힘을 가해도 모양과 부피가 변하지 않는 가상적인 물체-옮긴이)라면, 오늘날의 모습도 45억 년 전의 모습과 흡사할 것이다. 2만 4,000킬로미터 떨어진 거리에서 급속히 자전하고 공전하며 빈번하게 식을 보여줄 것이라는 말이다. 하지만 지구와 달은 단단하지 않다. 이 두 천체를 이루는 암석들은 유연하게 구부러질 수 있으며, 특히 용융된 상태라면 조석과 함께 부풀어오르기도 하고 물러나기도 한다. 2만 4,000킬로미터 거리의 젊은 달은 지구의 암석에 대해 엄청난 조석력을 발휘했고, 바로 그 순간 지구는 대부분 용융된 상태의 달에게 동등한 크기로 반대 방향의 중력을 발휘했다. 그 결과 일어난 마그마 조석이 얼마나 엄청났을지는 상상하기도 어렵다. 녹아 있던 지구의 암석 표면이 몇 시간마다 1킬로미터 이상 달 쪽으로 불룩해지면서 안쪽에 엄청난 마찰을 일으켜 더 많은 열을 가함으로써, 행성이 혼자일 때보다 훨씬 더 오래도록 표면을 용융 상태로 유지시켰을 것이다. 지구의 중력은 지구와 마주보는 쪽의 달을 바깥쪽으로 부풀려 완벽한 원형이던 우리의 위성을 찌그러뜨리는 것으로 신세를 갚았다.

이 웅장한 조석의 훼방이, 달이 지구에서 계속 멀어지는 핵심적 이유다. 겨우 2만 4,000킬로미터 밖에 있던 폭 3,475킬로미터 크기의 천체가 어떻게 38만 5,000킬로미터까지 떠내려갔을까? 그 답은 각운동량 보존법칙에서 찾을 수 있다. 지구 자전에너지와 달 공전에너지의 합은 일정해야 한다. 물리학의 법칙에 따르면, 지구-달 계가 생겨날 때 지닌 각운동량이 얼마였든, 오늘날에도 거의 그만큼을 여전히 가지고 있어야 한다.

45억 년 전에는 거대한 조석 팽창 현상이 몇 시간마다 행성 지구를 휩쓸고 다녔다. 하지만 달이 지구의 축을 중심으로 공전하는 속도(84시간마다 한 번)보다 지구 표면이 같은 축을 중심으로 자전하는 속도(5시간마다 한 번)가 더 빨랐기 때문에, 질량을 넉넉히 가진 지구의 조석 팽창이 언제나 세를 주도하며 중력의 힘으로 달을 끊임없이 잡아당겨, 달이 공전할 때마다 점점 더 빨리 가게 만들었다. 약 400년 전 독일 수학자 요하네스 케플러가 처음 제안한 불변의 행성운동법칙에 따르면, 위성은 공전속도가 빨라질수록 중심 행성에서 멀어져야 한다. 하지만 달이 지구를 점점 더 빨리 공전해 점점 더 멀리 떠내려가면, 각운동량도 늘어나야 한다.

지구의 조석 팽창이 달을 당기는 것과 동시에, 조석에 의해 찌그러진 달이 동등한 중력을 가지고 지구를 반대 방향으로 도로 잡아당기므로, 지구는 자전할 때마다 속도가 느려졌다. 바로 이 대목에서 각운동량 보존이 들어온다. 달은 빨리 공전할수록 지구로부터 멀어져야 했고 그래서 각운동량이 늘어났다. 이를 상쇄하기 위해, 지구는 더욱더 느리게 자전해 지구-달 계의 각운동량을 보존해야 했다. 팔을 한 번 더 밖으로 뻗어 자신의 회전을 늦추는 피겨스케이팅 선수를 생각하면 된다. 45억 년에 걸쳐 지구의 자전은 5시간마다 한 번에서 24시간마다 한 번으로 느려져온 반면, 달은 더 멀어졌고 그 과정에서 많은 각운동량을 얻었다.

모든 행성-위성 계가 이 줄거리를 따라야 하는 것은 아니다. 행성의 자전속도가 위성의 공전속도보다 느리면, 거침없이 제동효과가 뒤따른다. 행성 표면의 조석 팽창은 뒤처질 것이고, 달은 공전할 때마다 느려져 파멸의 나락으로 더욱더 다가갈 것이다. 대충돌을 주제로 한 또 한 편의 변주곡에서, 달은 빙글빙글 돌면서 행성 안으로 떨어져 마침내 완전히 삼켜질 것이다. 어쩌면 그래서, 틀린 방향으로 회전하는 금성에는 위성이 없는지도 모른다. 한때 공전하던 위성이 그렇듯 격렬한 변고로 사망한 까닭에, 금성이 물을 잃고 지금의 적대적인 타는 듯한 무생물 세계가 되었는지도 모를 일이다.

지구-달 계 역사의 초기에는 느려지는 지구에서 빨라지는 달로의 각운동량 교환이 오늘날보다 엄청나게 더 컸다. 달이 형성된 뒤 처음 1세기 동안, 두 천체는 모두 구부러질 수 있고 모양을 바꿀 수 있는 사나운 마그마 대양으로 둘러싸였다. 지구 위의 거대한 마그마 조수와 달 위에서 비슷하게 부풀던 마그마가 아마도 달을 해마다 3킬로미터씩 후퇴시켰을 테고, 바로 그 순간 지구의 자전도 처음의 미친 듯한 속도에서 꾸준히 느려졌을 것이다. 하지만 이 거대한 육지 조수는 오래 지속될 수 없었다. 지구와 달의 거리가 멀어질수록 조석력은 더욱더 약해졌다. 거리가 두 배가 되면 중력이 4분의 1로 깎였다는 말이다. 거리가 세 배가 되면 중력은 이전 강도의 9분의 1밖에 되지 않았다.

반복되는 조석의 압박은 세계가 굳어지는 과정을 지연시켰지만 중단시킬 수는 없었다. 대충돌을 겪은 지 수백만 년 안에, 지구와 달의 표면은 둘 다 단단한 검은 암석으로 포장되었다. 육지 조수-고체 암석의 변형-는 그러한 유년기에도 여전히 무시할 수 없었겠지만, 날마다 힘차게 부풀어오르던 이전의 마그마 바다에 비하면 아무것도 아니었다.

달은 지금도 여전히, 우주란 창조와 파괴가 얽히고설킨 곳임을 명료하게 상기시키는 존재다. 우리는 오늘날에도 대재앙을 가져오는 우주적 폭행에서 자유롭지 않다. 살해자 소행성과 혜성들이 아직도 시시때때로 지구 궤도를 넘어온다. 수백만 년 전에는 큰 돌덩이 하나가 공룡들을 죽였고, 지금부터 수백만 년 뒤에는 다른 큰 돌덩이가 필연적으로 자신의 목표물을 발견할 것이다. 인간의 생존이 하나의 종으로서 우리가 따라야 할 가장 절박한 집단적 명령이라면, 하늘에서 눈을 떼지 않는 게 좋을 것이다. 우리의 가장 가까운 우주 이웃이 말없이 증거를 제시하듯 변화는 대개 점진적이고 은근하지만, 정말로 운수 사나운 날들이 올 수 있기 때문이다.

# 03

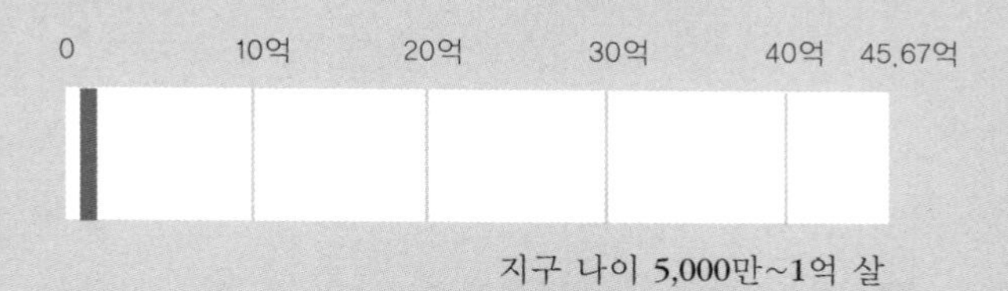


지구 나이 5,000만~1억 살

# 검은 지구
## —최초의 현무암 지각

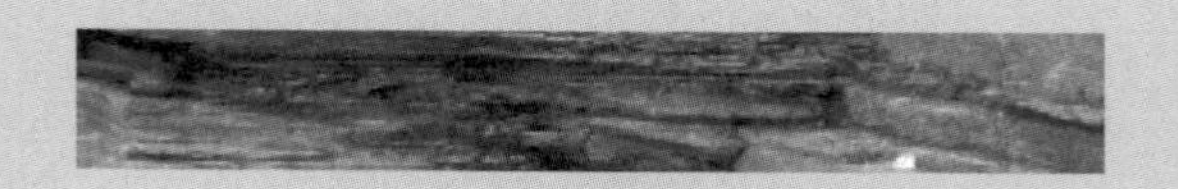

지구는 그 긴 역사에서 모습이 돌변하는 사건을 두세 번 이상 겪었다. 대충돌이 분명 가장 파괴적이었을 테고, 결과적으로 달을 형성하는 과정이 아마도 가장 광범위한 효과를 미쳤을 것이다. 하지만 그러한 결과—휘발물질로 가득한 행성을 도는 크고 고독한 달—는 결코 화학 및 물리 법칙의 필연적인 결과가 아니다. 오래전 지구와 테이아 사이에서 일어난 상호작용의 세부사항이 조금만 다르게 펼쳐졌어도, 달이 형성되는 사건은 매우 다르게 나타났을 수 있다. 충돌이 정면으로 한복판을 더 잘 겨냥했다면 테이아 질량의 훨씬 더 많은 부분이 지구의 일부가 되었을 것이고, 우리에게는 십중팔구 위성이 없었을 것이다. 테이아와 지구가 합쳐져 하나의 더 커다란, 달이 없는 세계가 되었을 것이기 때문이다. 그러지 않고 테이아가 그냥 지구를 빗나갔다면, 궤도가 너무 달라져서 안쪽으로 금성을 향해 던져지거나 바깥쪽으로 화성을 향해 던져져 어쩌면 지구 동네를 영원히 떠났을지도 모른다. 테이아가 지구를 더 비스듬하게 때렸다면, 파편이 흩어져 분포해 훨씬 작으나마 여러 개의 달이 생겨나서 지구의 밤하늘에 운치를 더했을지도 모른다.

우연은 우리의 역동적인 우주 동네 구석구석에서 중요한 역할을 한다. 태양계의 역사는 명중과 간발의 빗나감이 거듭되는 지루한 이야기다. 공룡을 몰살시키는 데에 일조한 소행성이 그냥 표적을 빗나가서 티라노사우루스와 그의 후손들을 구하고 수천만 년을 더 진화시키는 일도 얼마든지 가능했을 것이다. 그랬다면 아마도 뇌가 큰 새들이 지능을 발달시켜 날아다니는 도구 제작자가 되었을 테고, 아마 그 연장된 중생대의 왜소한 포유류들은 결코 수가 늘어나지 않았으리라. 여기나 저기가 조금만 비틀렸어도, 지구는 다른 경로를 택했을 것이다.

하지만 우주의 어떤 측면들은 피할 수 없다. 결정론적이라는 말이다. 우주는 태생적으로 빅뱅 순간부터 막대한 숫자의 양성자와 전자를 생산하고 그에 상당하는 양의 수소와 헬륨을 생산할 수밖에 없었다. 항성이 형성된 것은 막대한 양의 수소와 헬륨이 생산된 데에 따른, 달리 어쩔 도리가 없는 결과였다. 핵융합반응과 초신성에 의해 다른 모든 원소가 합성되는 일도, 수소가 풍부한 항성이 형성됨에 따라 똑같이 예정되어 있었다. 그리고 온갖 흥미로운 행성—지구형, 화성형, 목성형 외에도 이제야 발견되고 있는 수십 가지 다른 유형의 행성들—의 응축도 그 모든 화학원소의 합성에 확실히 뒤따르는 결과였다.

테이아 이후의 지구가 결국 식어가며 자기조직되는 격동의 시기로 들어간 것도 마찬가지다. 그 발생기의 세계는 어땠을까? 지질학자들은 그 시기가 온통 지옥 같은 조건이었을 게 틀림없다고 인식해, 지구의 첫 5억 년을 명왕이언(Hadean Eon, 冥王累代)이라 불러왔다. 정보를 토대로 지구의 명왕이언을 추측한 그림은 화산이 유황을 내뿜고, 이글거리는 용암이 강물처럼 흐르고, 소행성과 혜성들이 끊임없이 지구 표면을 폭격해 들쑤시는 장관으로 그려진다. 그럼에도 불구하고, 지구의 첫 수억 년에 대해 조금이라도 자세히 알고자 하면 심각한 난관에 부닥친다. 물증이 전혀 없기 때문이다.

지구의 기원에 관해서라면, 태양계라는 풍부한 기록이 있다. 태양과 태양에 중력으로 묶여 있는 무수한 천체 말이다. 수만 개의 운석을 관찰하면 미행성체 시대의 가장 깊은 안쪽을 엿볼 수 있다. 달의 기원에 관한 세부사항은 모든 월석과 월토에서 찾아볼 수 있다. 하지만 지구의 가장 어린 시절부터 살아남은 것은, 최소한 지구 자체 위에는 알려진 것이 전혀 없다. 암석 한 쪽도 광물 한 톨도.

놀랍게도, 그러한 증거가 운석의 형태로는 아직 존재할지 모른다. 수십억 년 전 거대한 충돌이 일어나는 동안 지구의 가장 초기 표면에서 튀어나왔다가 다시 지구 위로 또는 근처의 달 위로 착륙한 표본이라면 아마도 풍부히—일부는 그동안 내내 거의 변치 않은 상태로—존재할 게 틀림없다. 실제로, 우리는 달로 돌아가기 위한 수많은 과학적 명분 가운데 하나로 가장 초기의 지구가 남긴 유물 탐구를 내세워왔다. 달 표면을 지질학적으로 엄격하게 조사하다가, 운이 좋으면 길을 잘못 든 명왕이언 암석을 찾아 접근할 수 없는 지구의 과거에 관한 진실을 밝힐지도 모른다고.

하지만 맨 처음 단단해진 지구 표면의 한 조각을 손에 쥐는 것도 그만큼 좋을 것이고, 우리가 완전히 속수무책인 것은 아니다. 지구는 몇 번이고 반복해서 변해온 반면, 화학과 물리학의 법칙은 그러지 않았기 때문이다. 큰 충돌이나 기타 행성 규모의 골칫거리가 더 이상 없을 뿐, 화학과 물리학의 법칙은 언제나처럼 45억 년 전에도 세상을 지배했다.

## 원소의 필연성

지구의 초기 진화는 우주화학(원소를 만드는)과 암석화학(암석을 만드는)이라는 두 가지 화학적 현실이 서로 얽힌 결과였다. 우주화학이 먼저 와서, 항성이 모든 중重원소를 생산했다. 주기율표 첫 줄의 1번과 2번 원소인 수소와 헬륨 이후의 모든 원소를 만들어냈다는 말이다. 우리 우주에서는 그러한 화학원소들 중 몇 종이 득세할 운명이었다. 산소, 규소, 알루미늄, 마그네슘, 칼슘, 철은 다른 중원소들보다 훨씬 중요하며, 석질의 지구형 행성에서는 각별히 더 그렇다. 이 원소 여섯 종이 지구 질량의 98퍼센트를 구성하며, 마찬가지로 지구의 달과 수성, 금성, 화성의 질량도 구성한다.

이 '6대' 원소는 저마다 독특한 화학 이야기를 들려준다. 이들은 제각기 나름의 방식으로, 지구를 빅뱅 이후 필연적으로 도달하게 될 상태로 만드는 데에 도움을 주었다. 열쇠는 화학결합이다. 원자가 서로 달라붙는 때는 원자의 희미한 전자구름이 상호작용하고 뒤섞여 더 안정한 배열을 형성할 때임을 기억하라. 특히, 원자가 전자를 마법의 수만큼—2개 또는 10개 또는 18개—가지는 상태가 안정하다. 이런 종류의 교환이 일어나려면, 어떤 원자는 전자를 내주어야 하는 반면 어떤 원자는 그것을 받아야 한다.

산소는 지구의 주된 전자받개(전자수용체)다. 모든 산소 원자는 핵 안에 양전하를 띤 여덟 개의 양성자를 가지고 있으며, 이 양성자는 음전하를 띤 여덟 개의 전자와 전기적으로 균형을 이루고 있다. 하지만 산소는 언제나 전자 두 개를 더 찾아 전자 열 개라는 마법의 수를 채우려 한다. 이 끊임없는 탐욕 때문에 산소는 자연에서 가장 활동적으로 부식을 일으키는 기체에 속한다. 정말로 꽤나 고약한 놈이다.

우리들 대부분은 산소라고 하면 가장 먼저 대기의 필수적인 일부(우리의 목숨을 지켜주는 21퍼센트가량)를 떠올린다. 하지만 대기가 그렇게 쾌적해진 것은 지구사에서 비교적 최근에 일어난 변화다. 최소한 처음 20억 년 동안의 지구 대기에는 산소가 전혀 없었다. 오늘날도 지구 산소의 거의 전부(99.9999퍼센트)는 암석과 광물 안에 갇혀 있다. 장엄한 바위투성이 산을 오를 때나 바람이 몰아치는 암석의 노두 위에 서 있을 때, 당신이 밟고 있는 원자 대부분은 산소다. 모래사장에 누워 있을 때도, 당신의 몸무게를 떠받치는 원자 셋 중 거의 둘은 산소다.

산소가 전자받개로서 이 결정적인 화학적 역할을 하려면, 자신의 전자를 산소에게 내주거나 산소와 공유할 수 있는 원자도 많아야 한다. 가장 풍부한 전자주개(전자공여체)인 규소는 지구의 지각과 맨틀에 거의 네 원자당 하나 꼴로 들어 있다. 규소는 핵 안에 양전하를 띤 양성자를 열네 개 가지고 있는데, 이들은 보통은 음전하를 띤 전자 열네 개와 균형을 이루고 있다. 규소는 흔히 전자 네 개를 내주고 마법의 수인 전자 열 개를 달성하면서, 양전하를 띤 규소 이온이 된다. 지구의 석질 지각과 맨틀에서는 그 양도된 전자 네 개를 거의 항상 두 개의 산소 원자가 게걸스레 먹어치우면서 음전하를 띤 산소 이온이 된다. 그 결과로 강한 규소-산소 결합이 거의 모든 암석에서 발견되며, 가장 주목할 만한 암석은 규소 원자와 산소 원자가 1 대 2로 섞인 석영(石英, $SiO_2$)이다. 튼튼한 반투명의 석영 입자들은 오래도록 지속된다. 석영은 해안선을 따라 수조 단위로 막대한 양이 쌓이므로, 바닷가 모래 가운데 단연코 가장 흔한 광물이다. 아마 모나게 깎은 반투명의 아름다운 석영 결정 표본을 뉴에이지 상점에서 '파워 크리스탈'이라는 이름으로 팔고 있는 것을 당신도 본 적이 있으리라. 그러한 보물을 손에 쥘 때에도, 당신이 쥐고 있는 것의 3분의 2는 산소다.

**그림 3.1** 규산염 광물들. 왼쪽 위부터 시계방향으로 석영, 장석, 운모 원석, 백운모에 얹힌 석면 섬유의 사진이다.

통틀어 규산염으로 불리는, 규소-산소 결합을 가진 결정은 지구에서 가장 흔한 광물로, 알려진 종만 1,300종이 넘는다(그리고 거의 매달 추가된다). 규소-산소 결합의 융통성 때문에 규산염은 원자구조와 성질이 매우 다양하다. 석영과 장석長石의 풍화에 견디는 튼튼한 구조도, 반짝이는 초록빛 감람석과 붉은빛 석류석石榴石(각각 8월과 1월의 탄생석이기도 한 준보석들)의 덩어리 배열도, 일부 석면石綿의 악명 높은 형태인 바늘 같은 규산염 사슬도, 한때 창유리를 값싸게 대체하는 용도로 쓰였던 운모雲母의 얇고 납작한 판 형태도 그 다양성을 보여주는 예다.

규소보다는 덜하지만 칼슘, 마그네슘, 알루미늄 원소도 모두 지구의 지각과 맨틀 방방곡곡에 가장 흔한 규산염 암석 안에서 주요한 구조적 역할을 한다. 더 많이 분포하는 사촌 규소와 마찬가지로, 이 원소들이 양이온의 형태로 이따금씩 산소하고만 결합해도 우리가 잔디에 주는 석회라고 알아보는 산화칼슘, 드문 화합물인 산화마그네슘, (산화알루미늄에 더 희귀한 원소인 크롬이나 티탄이 혼입되면) 값비싼 보석인 루비나 사파이어가 형성된다.

6대 원소 가운데 월등히 다재다능한 원소는 여섯 번째 원소인 철이다. 다른 다섯 원소—산소, 규소, 알루미늄, 마그네슘, 칼슘—는 제각기 우세한 화학적 성질을 한 가지씩 가지고 있다. 산소는 거의 항상 전자 두 개의 받개로 작용하고, 규소는 거의 항상 전자 네 개의 주개로 작용하며, 알루미늄은 전자 세 개의 주개로, 마그네슘과 칼슘은 전자 두 개의 주개로 작용한다. 하지만 26번 원소인 철은 뚜렷하게 구별되는 세 가지 화학적 역할을 한다.

철의 다재다능함은 지구의 층상구조를 통해 강조된다. 산소가 지배하는 지각과 맨틀은 원소 열 개 가운데 하나 정도가 철인 반면에, 금속성인 중심핵은 90퍼센트 이상이 철이다. 이 뚜렷한 대비는 이 원소의 전자 개수인 26이 가장 가까운 마법의 수인 18과 거리가 너무 멀어서 철이 탁월한 전자주개가 된다는 사실에서 비롯한다. 철이 전자 여덟 개를 한꺼번에 내줄 수 있는 방법은 없으므로(어떤 원자도 그렇게 많은 수는 받지 않을 것이다), 어쩌다 존재하는 아무 받개에게든 전자를 받는 역할을 맡겨야 한다.

때때로 철은 마치 마그네슘처럼 작용해 전자 두 개를 넘겨주고 +2 이온이 된다. 이 2가 상태의 철은 많은 광물과 여러 화학물질에 독특한 초록빛이나 푸른빛을 부여한다. 보석인 페리도트(철을 함유하는 감람석의 일종)의 특징적인 풀빛과 산소에 굶주린 정맥혈 색깔인 청록빛은 숨길 수 없는 2가 철의 신호다. 이런 외모의 철은 산소와 일대일로 결합한다. 그리고 마그네슘과 철 원자는 크기가 비슷해서, 두 원소는 지구의 지각과 맨틀을 이루는 흔한 광물들 속에서 곧잘 자유롭게 치환된다. 지구에서 가장 풍부한 광물 가운데 감람석, 석류석, 휘석, 운모를 포함하는 일부에는 100퍼센트 마그네슘인 무색 판본부터 100퍼센트 2가 철인 거무스름한 종까지, 거의 모든 마그네슘 대 철 비를 보여주는 변종들이 있다.

그러나 철은 +2 상태로만 제한되어 존재하지 않는다. 전자받개가 많으면, 즉시 세 번째 전자를 넘겨주고 +3 이온이 된다. 이 3가 형태의 철은 자신의 주인에게 특징적인 붉은 벽돌빛을 부여한다. 붉은 녹, 붉은 흙, 붉은 벽돌, 산소가 풍부한 붉은 피의 선명한 색조는 모두 3가 철에서 비롯한다. 역시 +3 상태를 채택하는 알루미늄처럼, 3가 철도 산소와 2 대 3의 비로 결합해 $Fe_2O_3$—붉은 핏빛 때문에 적철석赤鐵石이라는 이름을 얻은 흔한 광물—를 형성한다. 마그네슘이 종종 철의 2가 형태를 대신하듯, 철의 3가 변종은 알루미늄과 자리를 바꾸는 일이 잦다. 석류석, 각섬석角閃石, 운모 광물들은 상상할 수 있는 모든 알루미늄 대 철 비를 보여주며, 철이 풍부한 변종은 풀빛보다 붉은빛에 가깝게 보인다.

따라서 +2 상태와 +3 상태를 왔다갔다하는 무척이나 유용한 재주를 지닌 (20억 년 뒤, 생명이 처음 등장할 때 이 주목할 만한 능력에 다시 초점을 맞출 것이다) 철은 겉보기에 2가일 때나 3가일 때나 6대 원소의 다른 구성원들과 비슷하게 작용한다. 하지만 잠깐! 철에게는 지구에서 하는 결정적인 역할이 하나 더 있다. 철은 상당히 쉽게 금속을 형성할 수 있다.

지금까지 소개한 모든 유형의 화학결합에는 전자의 교환이 수반되고, 그 결과 이온이 생긴다. 규소, 알루미늄, 마그네슘, 칼슘, 철께서 전자를 주시고, 산소께서 그것을 거두나니. 그래서 이러한 결합방식을 이온결합이라 부른다. 그러나 금속은 매우 다른 결합전략을 채택한다. 금속에 들어 있는 원자는 저마다 하나 이상의 전자를 넘겨주고 양전하를 띤다. 하지만 참정권을 빼앗긴 그 전자들은 금속 안을, 일종의 음전하를 띤 끈끈한 바닷속을 배회한다. 그 바다에는 양전하를 띤 모든 원자도 당밀 속에 줄맞추어 다닥다닥 박아넣은 비비탄처럼 함께 담겨 있다. 철 금속이란 위치를 옮겨다니는 그러한 전자들을 집단적으로 공유하는 방대한 철 원자들의 무리다.

이 단체행동의 결과는 엄청나다. 우선, 공유하는 모든 전자가 자유롭게 돌아다니므로 금속은 뛰어난 전도체가 된다(전기란 전자의 흐름을 통제한 것일 뿐이다). 반면에 산소에 마그네슘이나 규소가 이온결합해 만들어진 물질은 모든 전자가 자리에 너무 단단히 고정되어 있어서 전기가 도저히 흐를 수 없다. 금속결합의 다른 한 가지 특징은 금속이 깨지는 대신 휘는 경향이 있다는 것이다. 원자를 둘러싼 전자의 바다가 총체적 강도를 간직한 채 접히고 뒤틀릴 수 있으므로, 금속은 대부분의 깨지기 쉬운 암석이나 광물과는 딴판으로 행동한다.

명민한 독자들은 오로지 철만 금속을 형성하는 묘기를 부리는 건 아님을 알아차렸을 것이다. 흔해빠진 게 알루미늄 금속으로 만든 깡통, 호일, 가정용 전선이고, 마그네슘 합금은 첨단 경주용 자동차와 여러 장난감의 대들보이며, 반금속인 규소도 모든 전자장치(그러므로 실리콘밸리)의 중심을 차지하고 있다. 하지만 금속 상태의 알루미늄, 마그네슘, 규소는 현대 화학산업의 경이다. 이 고집스러운 원소들을 산소에서 떼어내려면 막대한 에너지가 들어가므로, 이 원소들의 금속 상태는 자연에서는 거의 형성되지 않는다.

철은 산소에 대한 충성심이 덜해서 화학결합의 상대를 더 자주 갈아치운다. 규소, 알루미늄, 마그네슘, 칼슘과 달리 철은 다른 전자받개들과 엮여도 완벽하게 만족하며, 특히 황과 기꺼이 결합한다. 철의 황화물은 반짝이는 광물인 황철석으로, 바보의 황금이라고도 불린다. 다른 원소들과 달리, 철은 곧바로 고밀도의 금속을 형성해 행성의 중심으로 가라앉아 육중한 중심핵을 형성한다.

## 용융된 지구

6대 원소는 제각기 폭발하는 항성과 지구형 행성들이 진화한 데에서 필연적으로 얻은 결과인 동시에, 지구에서 가장 풍부한 암석들을 만들어낸 원인이기도 하다. 이들의 독특한 화학적 행동양식이 정한 돌이킬 수 없는 변형의 경로를 따라, 우리 행성은 우리가 오늘날 거주하는 세계가 되었다. 하지만 암석이 형성될 수 있으려면, 먼저 지구가 식어야 했다.

달을 형성한 충돌에 뒤따랐을 격동의 세월을 다시 한번 상상해보라. 며칠에서 몇 주 동안은 지구가 될 부분과 달이 될 부분이 아직 분류되는 중이었다. 그러한 테이아 이후 초기 시절에는 지구에도 달에도 단단한 표면 따윈 없었다. 이 병합 중인 한 쌍의 구체를 둘러싼 마그마 대양이 곧 경계였고, 넘실거리며 붉은 빛을 내뿜는 대양에 수천 도의 온도에서 용융되어 백열광을 뿜는 규산염 비가 퍼붓고 있었다.

테이아의 잔해가 사라지고 공기가 맑아지자 용광로 같은 지구에서 우주의 차가운 진공 속으로 열이 발산되면서 행성의 외피를 거침없이 냉각시키기는 했지만, 우주적 사건들이 공모해 지구의 표면을 한동안 더 용융 상태로 유지했다. 무엇보다도 커다란 소행성들이 계속해서 행성을 때려부쉈고, 소행성이 충돌할 때마다 열에너지가 더해져서, 충돌의 영향권을 과열시키고 안정한 지각을 형성하려는 모든 시도를 좌절시켰다. 가까이 있던 달도 중력으로 맹렬한 조석 현상을 유도해 지구를 액체 상태로 유지하는 데에 일조했다. 적도에 불룩 솟은 마그마의 격랑이 다섯 시간마다 행성을 휩쓸고 돌아다니며, 조직되는 고형의 박판이란 박판은 다 부숴버렸다. 넉넉히 비축된 지구의 고高방사성원소들도—단명하지만 열을 내는 알루미늄과 텅스텐 동위원소, 수명이 긴 우라늄·토륨·칼륨의 방사성 동위원소 모두—계속해서 더욱더 많은 열을 보탰다. 성장 중인 젊은 대기도 화산이 분출하는 이산화탄소와 물이 풍부한 증기를 연료로 삼아 '초온실' 상태를 만듦으로써 이 효과들을 증폭시켰을 것이다.

정확한 기간은 알려지지 않았지만 아마도 100년 내지 10만 년—지질학적으로는 눈 깜박할 새—동안 지구는 온통 용융된 상태였을 것이다. 하지만 냉각되고 굳어지는 일도 예정되어 있었다. 열역학 제2법칙의 요구대로 뜨거운 물체는 상당량의 에너지를 새로 투입하지 않는 한 식어야 하며, 물체가 뜨거울수록 더 빨리 식는다.

세 가지 친숙한 작용 원리가 이 열전달을 촉진한다. 먼저 전도가 있다. 더 뜨거운 물체가 더 차가운 물체에 닿으면, 열에너지가 뜨거운 것에서 차가운 것으로 흘러야 한다. 볕에 달구어진 보도를 디뎌서 발을 데어보았거나 가스레인지 점화구를 건드리는 바람에 손에 물집이 잡혀본 적이 있다면 아프도록 잘 알 이 과정은 원자들이 끊임없이 씰룩거려서 생기는 일이다. 물체가 뜨거울수록 그 안의 원자들은 더 격렬히 움직인다. 원자들이 꾸물대고 있는 차가운 물체가 원자들이 미친 듯 날뛰고 있는 뜨거운 물체에 접촉하면, 원자 대 원자 충돌을 통해 격렬한 움직임 중 일부가 전달된다. 충분히 뜨거운 물체에 손을 대면, 뜨거운 물체가 피부 안의 분자들을 들쑤셔 세포를 죽이고 화상을 입힐 수도 있다. 전도는 열을 국지적으로, 곧 한 물체에서 인접한 물체로 전달하기에는 괜찮은 방법이지만, 행성 규모로 열을 전달하기에는 안쓰러운 선택이다. 하나의 꼬물거리는 원자에서 다음 원자로 열을 옮기는 데에 시간이 너무 오래 걸리기 때문이다.

행성을 식히는 데에는 대류가 더 나은 선택이다. 뜨거운 원자가 무리를 지어 열에너지를 대량으로 옮기는 방법이니까. 우리는 물을 끓일 때마다 대류를 경험한다. 냄비에 물을 붓고, 열을 가하고, 기다린다. 이 과정은 처음에는 느리다. 뜨거운 냄비가 찬 물에 접촉해 전도로 열을 전달하기 때문이다. 꼬물꼬물, 냄비 안의 금속 원자들이 나아가 물 분자들을 밀친다. 하지만 곧 또 다른 작용이 더 중요해진다. 바닥에서 가열된 다량의 물이 팽창해 더 차고 밀도도 더 높은 위쪽의 물을 뚫고 올라가기 시작하면서, 열을 한꺼번에 표면으로 전달한다. 동시에, 더 차고 밀도도 더 높은 표면의 물은 뜨거운 바닥으로 가라앉는다. 열교환이 점점 더 빨리 진행되면서 물기둥이 오르락내리락하다가, 마침내 물이 펄펄 끓는 지점에 도달한다. 뜨거운 물이 올라가고 차가운 물은 내려가는 대류성 순환을 통해, 다량의 물이 빠르고 효율적으로 춤을 추면서 액체 전체로 열을 퍼뜨린다.

지구라는 웅장한 규모에서도 대류는 반복해서 나타난다. 여름날 바닷가의 시원한 산들바람에서, 적도부터 북극까지 휩쓰는 거대한 해류에서, 번개가 내리치는 사나운 뇌우의 전선에서, 끓는 온천과 뿜어져나오는 간헐천에서. 지구 안쪽에서도 마찬가지다. 표면 가까이에 있던 더 차갑고 밀도가 더 높은 마그마와 암석이 가라앉으면, 깊이 있던 더 뜨겁고 밀도가 더 낮은 마그마가 표면으로 올라간다. 지구사를 통틀어, 대류는 행성을 식히는 첫 번째 동력이었다.

다음으로 열전달의 세 번째 작용 원리, 복사가 있다. 모든 뜨거운 물체는 더 차가운 주변으로 열을 복사하며, 그 열은 적외선의 형태로 진공을 뚫고 초당 30만 킬로미터를 여행한다. 당신이 휴식을 취하며 빛나는 태양광선을 흡수할 때마다 실컷 볼 수 있는 이 친숙한 형태의 에너지는 행동거지가 가시광선의 파동과 비슷하다(복사열은 파장이 약간 더 길지만). 아마도 적외선 에너지의 가장 명백한 출처는 태양일 것이다. 태양이 복사한 적외선은 약 8분 19초 만에 우주의 진공을 건너와 지구를 흠뻑 적신다. 전기난방기, 벽난로 안의 훈훈한 불, 구식 온수방열기 등도 복사의 낯익은 예다. 모든 따뜻한 물체는 더 차가운 주변으로 열을 복사하며, 우리 몸도 예외가 아니다. 그래서 붐비는 강당이 그토록 불쾌하게 뜨뜻해질 수 있는 것이다. 한 사람 한 사람이 100와트 전구처럼 열을 복사한다. 이 사실은 야간투시경을 써보면 쉽게 알 수 있을 것이다. 이 안경을 쓰면 적외선을 방출하는 사람이나 동물들은 어둠 속에서 밝게 빛나기 때문이다.

전도에 의해서든, 대류에 의해서든, 복사에 의해서든, 열이 전달되는 속도는 더 뜨거운 물체와 더 차가운 물체 사이의 온도차에 달려 있다. 온도차가 클수록 전도는 더 신속하고, 대류도 더 격렬하고, 복사는 훨씬 더 강렬하다. 지구는 따뜻한 행성이다. 늘 그렇듯 우주공간의 냉기 속에서 태양을 공전하면서, 허공 속으로 항상 열을 복사하고 있다. 하지만 시뻘겋게 달아오른 테이아 이후의 지구는 현대와는 비교도 안 되는 속도로 과량의 열에너지를 우주공간으로 뿜어냈다. 검은 우주공간에서 문자 그대로 빛을 발했다.

## 최초의 암석

지구의 막대한 열이 우주공간으로 사라지는 이상, 석질의 지각이 형성되는 것은 필연이었다. 아마도 조석의 압박을 덜 받던 지구의 양극 중 한 곳 부근 어딘가에서, 용융된 표면이 딱 최초의 결정을 형성할 만큼 식었을 것이다. 하지만 냉각도 결정화도 간단한 사건과는 거리가 멀었다. 우리가 매일 보는 많은 물질에는 액체가 식어가다가 고체가 되는, 명확하게 선이 그이는 온도가 있다. 우리가 익히 아는 어는점이다. 액체 상태의 물은 섭씨 0도에서, 은빛 수은 금속은 −39도에서, 에탄올(술에 들어 있는 흔한 알코올)은 −117도에서 언다. 하지만 마그마는 다르다. 어는점이 단 하나가 아니라는 게 마그마의 신기한 점이다(섭씨 1,370도가 넘는 마그마의 맥락에서 어는점이라니 뭔가 모순어법인 듯하지만).

45억 년 전 테이아 직후의 연옥에서 시작하자. 당시 지구와 달은 빛을 뿜는 규산염 증기로 이루어진 섭씨 5,500도의 대기를 공유하고 있었다. 그 지옥을 채우고 있던 기체 상태의 암석이 급속히 식어서 마침내 작은 방울들로 응축되어 새로운 쌍둥이 세계 위로 마그마 비를 내리자, 온도는 2,800도 아래로, 다음엔 2,200도로, 다음엔 1,600도로 거침없이 떨어졌다. 바로 그때 결정들이 최초로 형성되기 시작했다.

그러한 지구 최초의 암석 이야기는 실험암석학자들의 영역이다. 이들은 지구 안쪽 깊은 곳과 같은 조건을 만들기 위해 기발한 실험기법들을 고안해 암석을 굽고 짓누른다. 암석의 기원을 좇다보면 두 가지 기술적 난관에 맞닥뜨린다. 먼저 믿을 수 없을 만큼 높은 온도—집에 있는 어떤 오븐이나 화덕보다 훨씬 뜨거운—인 수천 도를 제어해야 한다. 그러기 위해 과학자들은 백금 선으로 공들여 만든 촘촘한 코일에 큰 전류를 통과시켜 극한의 온도를 얻는다. 더욱 큰 난관은 대기압의 수백만 배나 되는 압력으로 표본을 짓누르면서 이 온도를 적용해야 한다는 것이다. 이 힘든 과제를 위해 연구자들은 육중한 양수기와 거대한 바이스 모양의 압착기를 동원한다.

내 과학 일생의 본가인 카네기 연구소 산하 지구물리연구소가 지구의 깊은 진실을 좇는 이 영웅적 탐구에서 100년 넘게 중심에 있었다. 나는 실험암석학 선구자들 가운데 한 명이자 현무암의 기원에 관해서는 세계 최고의 전문가였던 해튼 요더 2세가 의료사고로 불시에 세상을 떠나기 전, 잠시 동안 그와 나란히 작업할 기회가 있었다. 요더는 당당하고 활기차고 열정적이고 세심했으며, 해당 분야에서 문자 그대로 우뚝 솟은 인물이었다. 제2차 세계대전 때 해군장교로 복무한 그는 거대한 금속제 병기라면 손금 보듯 훤했다. 1950년대에 지구물리연구소에 합류한 그는 전함의 일부였던 과거를 보여주는 잿빛 페인트를 아직 두른 채인, 해군에서 남아도는 포신과 장갑판을 써서 고압 실험실을 지었다. 그 실험실은 그의 반세기 경력뿐만 아니라 우리가 자신이 서 있는 땅을 이해해가는 과정에서도 든든한 배경이 될 것이었다.

요더 장치의 핵심은 '폭탄'이다. 지름 30센티미터, 길이 50센티미터의 거대한 강철 원기둥에 지름 2.5센티미터의 구멍을 뚫어 만든 그 폭탄에는 한쪽 끝에 가스펌프, 압축기, 증폭기가 줄줄이 달려 있어서 지구 표면의 40킬로미터 아래에서 발견되는 압력과 같은 1만 2,000기압이라는 어마어마한 기체 압력을 낼 수 있었다. 함께 억눌린 에너지는 만약 장치가 갑자기 고장이라도 난다면 다이너마이트 한 발과 동등한 폭발력을 발휘할 터였다. 폭탄의 반대편 구멍에는 30센티미터 길이의 암석 표본 조립물과 지름 15센티미터의 거대한 육각너트가 들어갔다. 우리는 길이 90센티미터, 무게 9킬로그램의 렌치로 너트를 조여 장치를 밀봉했다.

장치의 백미는 빻은 암석과 금속 표본을 작은 황금 관에 장전하고, 관을 원통형 전열기로 감싼 다음, 전체 조립물을 폭탄의 가압실 안쪽에 감금할 수 있다는 점이었다. 펌프로 압력을 높이고 전열기를 켜기만 하면 폭탄이 모든 일을 알아서 했다. 장치는 실험을 실시할 때마다 작은 금관을 여섯 개까지 지탱했고, 몇 분에서 며칠까지 가동을 지속했다. 이 놀라운 발명품은 지구의 지각과 상부 맨틀에서 암석이 진화하는 과정을 연구하는 데에 안성맞춤이었다.

해튼 요더와 동료들이 발견한 내용은 이렇다. 6대 원소가 풍부한 눈부신 용융물은 일반적으로 식어서 섭씨 1,500도 아래로 내려가면 규산마그네슘인 감람석(Mg/Fe)$_2$SiO$_4$ 결정을 형성하면서 굳어지기 시작한다. 지구와 달 모두에서, 그 오래전 냉각기 동안 조그맣고 아름다운 풀빛 결정들이 마그마 안에서 미세한 씨앗으로 자라기 시작해 비비탄, 완두콩, 포도알 크기까지 커졌다. 하지만 감람석은 보통 자신을 성장시키는 주위 액체보다 밀도가 높기 때문에, 최초의 결정들은 가라앉기 시작했다. 결정은 크게 자랄수록 점점 더 빨리 가라앉아 거의 순수한 결정을 엄청난 깊이로 잔뜩 쌓아올려, 듀나이트라는 근사한 풀빛 암석을 형성했다. 듀나이트는 오늘날 지구상에는 비교적 드물어, 깊은 곳에서 형성된 독특한 고밀도 감람석 더미가 융기와 침식이라는 조산활동으로 노출되는 특별한 경우에만 지표면에 나타난다.

감람석 결정들이 계속해서 가라앉자, 지구와 달 안쪽에서 식어가던 마그마가 점차 변질되었다. 마그네슘이 점점 고갈되어 칼슘과 알루미늄 농도가 높아지면서, 남아 있던 뜨거운 용융물의 조성이 변한 것이다. 달 표면에서는 마그마 대양이 계속해서 식어가면서, 두 번째 광물이 형성되기 시작했다. 칼슘, 알루미늄, 규소로 이루어진 회장석(灰長石, CaAl$_2$Si$_2$O$_8$)이 감람석 곁에서 결정화해 창백한 덩어리를 형성하기 시작한 것이다. 감람석과 달리, 회장석은 모액母液보다 밀도가 낮아 위로 뜨는 경향이 있다. 달에서는 엄청난 양의 회장석이 마그마 대양의 표면으로 튀어올라, 장석 산맥들이 둥둥 떠 있는 용융된 표면 위로 6킬로미터나 솟은 광대한 지각을 형성했다. 빛을 반사하는 달의 은빛 얼굴의 65퍼센트를 아직까지 차지하고 있는 이 회백색 땅덩이를 달 고지라 부른다. 마그마 대양에서 직접 솟아올랐으니, 알려진 달 위 지층들 가운데 가장 오래된 셈이다. 아폴로 표본들은 이 독특한 고대 사장암(斜長巖: 회장석 성분이 많이 들어 있는 사장석이 주가 되는 암석–옮긴이)들의 나이가 젊은 놈은 39억 살에서 시작해서 거의 45억 살까지, 곧 달 대충돌 직후 태생까지 넓은 범위에 걸쳐 있음을 보여준다.

구성성분에 물이 더 많고 마그마 대양도 더 깊어서 내부온도와 압력이 훨씬 높았던 지구에서는 다소 다른 각본이 펼쳐졌다. 아마도 지구사 초기, 표면 근처의 어딘가 저압 환경에서 소량의 회장석이 결정화했겠지만, 그것은 그다지 중요하지 않은 광물이었다. 대신 사슬 모양의 규산염 광물들 가운데 가장 흔한 광물인, 마그네슘이 풍부한 휘석이 잔뜩 나타나 두꺼운 결정 진창 안에서 감람석과 뒤섞였다. 따라서 지구 최초의 암석들은 주로 감람석과 휘석이 들어 있는 단단하고 검푸른 암석 감람암이었다. 갓가지 감람암이 지구 바깥쪽 80킬로미터에 걸쳐 결정화하기 시작했는데, 아마도 45억 년 전 이전에 시작해 수억 년 동안 계속되었을 것이다.

감람암 역시 예전에는 풍부했지만, 오늘날의 지구 표면에서는 비교적 드물다. 설득력 있는 한 가지 각본에 의하면, 식어서 굳어진 감람암 뗏목들이 처음으로 지구에 일시적으로 단단한 표면을 형성했다. 하지만 식고 있는 감람암은 그 전신인 듀나이트처럼, 자신을 형성한 뜨거운 마그마 대양보다 밀도가 상당히 높다. 그래서 감람암 표면층은 갈라지고 뒤틀리며 다시 맨틀 속으로 가라앉아 더 많은 마그마를 쫓아냈고, 쫓겨난 마그마는 식어서 더 많은 감람암을 형성했다. 지구 바깥쪽 80킬로미터에서 작동하던 일종의 감람암 컨베이어벨트를 타고, 수억 년에 걸쳐 맨틀 자체가 서서히 굳어졌다. 마그마에 비해 고밀도인 고체 감람암이 많아지다가, 대부분 고체인 감람석-휘석으로 이루어진 암석이 마침내 상부 맨틀이 되었다.

### 중심핵의 진실

맨틀 속 더 깊은 곳, 지각으로부터 80~320킬로미터 아래에서 일어난 냉각과 결정화 역시, 더 느리기는 해도 비슷한 방식으로 진행되었음이 틀림없다. 자세한 과정은 여전히 불분명하지만—다음 세대의 고압·고온 장치는 복잡한 사항들을 정리하기 위해 노력을 기울여야 한다—표면에 더 가까운 환경에서와 마찬가지로, 아마도 결정이 가라앉거나 떠오르면서 용융물에서 분리되는 과정이 중요한 역할을 했을 것이다.

그 숨겨진 깊은 영역에 관해 우리가 아는 내용은 대부분 지진학에서 나온다. 지구의 깊은 내부를 빠르게 통과하는 음파를 연구하는 학문 말이다. 지구는 초인종처럼 끊임없이 울리고 있다. 돌진하는 조수, 우르릉거리는 트럭, 크고 작은 지진, 모두가 합심해 지구를 뒤흔들며 지진파를 전한다. 가파른 협곡 안의 음파처럼, 지진파도 표면에 부딪히면 반향을 일으킨다. 지진파는 지구 내부가 복잡하게 층을 이루고 있는 곳임을 나타낸다.

가장 기초적인 해부학 수준에서, 지구는 3층이다. 표면에는 얇은 저밀도 지각이 있고, 중간에는 두꺼운 고밀도 맨틀이 있고, 중심에는 더 두껍고 밀도가 아주 높은 금속성 핵이 있다. 세 영역에는 저마다 그 이상의 층상구조가 들어 있다. 예를 들어 맨틀은 상부 맨틀, 전이대, 하부 맨틀, 이렇게 세 개의 하위 층으로 나뉜다. 감람암이 대부분을 차지하는 상부 맨틀은 아마 모호면(모호로비치치 불연속면: 지각과 맨틀의 경계가 되는 불연속면–옮긴이)에서부터 400킬로미터 깊이까지는 이어질 것이다. 그보다 깊은 곳에서는 압력이 감람석 안에 원자들을 강제로 채워넣어 규산염(규산의 수소 원자가 알루미늄, 칼슘, 마그네슘, 나트륨 따위의 금속 원자와 치환된 물질–옮긴이)의 결정 형태가 더 치밀해지는데, 와드슬레이트라 불리는 이 형태가 맨틀 전이대의 주된 광물이다. 전이대에서 240킬로미터 더 아래에 있는 하부 맨틀은 규산마그네슘이 더욱더 치밀하게 모여 있다. 하부 맨틀의 압력은 지표면의 수십만 배나 될 만큼 높아서, 여기서는 규소–산소 결합이 더욱더 치밀하고 효율적으로 원자가 배열되는 페로브스카이트라는 형태를 채택한다.

지진 연구가 광물학적으로 구별되는 맨틀 층들 각각의 성질과 범위를 실증하며, 맨틀 한 층에서 다음 층으로 바뀌는 변화는 대체로 깔끔하다. 변화가 일어나는 정확한 깊이는 곳에 따라—예컨대 대륙 밑이냐 대양 밑이냐에 따라—20~30킬로미터씩 차이가 나기는 하지만, 모든 경계가 비교적 평탄하고 단정해 보인다. 반면 지진학이 감질나게 제공하는 증거들은 중심핵–맨틀 경계가 깔끔한 맨틀–맨틀 경계와는 사뭇 다르게 유난히 복잡한 지대임을 시사한다. 대략적으로는 중심핵-맨틀 경계도 예측 가능한 강한 반향을 일으킨다. 실은 규산염 맨틀과 금속질 중심핵의 밀도가 엄청나게 극단적으로 대비되어, 둘 사이에 공기와 물 사이의 경계만큼 또렷한 물리적 경계가 생기고, 지구의 심부에 반사되어 나오는 지진파 신호들 가운데 가장 강한 신호를 만들어낼 정도다. 이 분할은 지진학자들이 100년도 더 된 옛날에 처음으로 발견한 지구 심부의 숨은 특징들 가운데 하나였다.

완벽하게 매끈하고 규칙적인 경계에서 반사해 나오는 지진파는 또렷하게 초점이 맞을 것이고, 이 반향반응은 지진계에 뚜렷이 구분되는 뾰족한 봉우리로 기록될 수 있을 것이다. 하지만 중심핵-맨틀 경계에서 반사되는 지진파 신호들은 흔히 지저분하게 뭉그러지거나 갈라져 있다. 아래쪽 경계 부근에 암석 파편 덩어리나 더미 같은 추가구조가 불규칙하게 존재하는 것이다. (항상 기억하기 쉬운 용어를 쓰는 걸로 이름나지는 않은) 지구물리학자들은 이 울퉁불퉁하고 혼잡한 지대를 D"(디 더블 프라임)층이라 부른다(갈색왜성, 적색거성, 암흑에너지, 블랙홀처럼 상상력 넘치는 용어를 만들어낸 천체물리학자들은 과학적 작명 게임에서 더 성공한 축에 낀다).

D"층 생김새가 복잡한 것은 부분적으로는 중심핵에 균질하게 분포하는 철질 금속의 밀도와 맨틀을 채우고 있는 갖가지 고산소 광물의 밀도가 뚜렷이 대비되기 때문이다. 모든 맨틀 광물이 물 위의 코르크처럼 밀도 높은 중심핵 위에 떠 있지만, 이 다양한 광물의 밀도는 매우 다를 수 있다. 규산염은 원시 마그마 대양에서 일부는 가라앉았지만, 일부는 떴다. 그 결과, 가장 먼저 결정화한 큰 고체 덩어리가 맨틀을 뚫고 줄곧 아래로 가라앉아, 금속성 중심핵 위에 뗏목처럼 둥둥 떴다. 일부 지진학자들은 중심핵-맨틀 경계 위에 밀도 높은 광물 더미가 불규칙하게 얹힌 480킬로미터 높이의 '산악지대'가 있어 지진파 신호를 제멋대로 빗나가게 한다고 상상한다.

놀랍게도, 중심핵-맨틀 경계에는 커다란 웅덩이와 연못도 있을 수 있다. 유달리 밀도가 높은 그 규산염 액체에는 어쩌면 알루미늄과 칼슘 원소뿐만 아니라 지구 바깥층의 물품 목록에서는 사라진 것처럼 보이는 '불호정성不好晶性(결정이 되기보다 액체로 있기를 좋아하는—옮긴이) 원소'들도 많을지 모른다. 쉽게 확신할 방법은 없지만, 지진학자들은 중심핵-맨틀 경계 바로 위인 D"층에 군데군데 존재하는 '초저속지대'를 가리킨다. 여기서는 지진파가 인접한 암석에서보다 약 10퍼센트 더 느리게 이동하는데, 느린 지진파는 보통 숨길 수 없는 액체의 신호다. 깊은 곳에 그런 액체 호수와 연못이 있다면, 신경 쓰이는 사라진 원소 문제에 대해서 깔끔한 해답을 제공할 수 있다. 모든 불호정성 원소를 접근 불가능한 D"층에 집어넣기만 하면 된다. 그 원소들은 수수께끼 같은, 불균일한 광물학적 쓰레기 지대 안에 영원히 격리된다.

그렇다면 중심핵 자체는 어떨까? 지구가 아주 어렸을 때, 지름이 3,200킬로미터가 넘는 밀도 높고 철이 풍부한 중심핵은 이미 완전히 형성되어 있었고, 아마도 완전히 용융된 상태였을 것이다(그때와 달리, 오늘날의 내핵은 지름 1,200킬로미터의 고체 철 결정들로 이루어진 점점 커지는 공처럼 보인다). 중심핵과 맨틀을 가르는 선명한 그 선의 온도는 섭씨 5,500도가 넘었을 테고, 압력은 현대 대기압의 100만 배가 넘었을 것이다.

뜨거운 중심핵은 맨 처음부터 있었고, 오늘날에도 여전히 액체 상태인 금속이 소용돌이치며 흐르는 역동적인 곳이다. 이 흐름 덕분에, 일찍부터 지구에 자기장—거대한 전자석과도 같은 자기권—이 생성되었다. 자기장은 전기를 띤 입자의 경로를 꺾으므로, 지구의 자기권은 일종의 보이지 않는 전향轉向판이 되어 태양풍과 우주선의 강렬한 폭격을 차단해준다. 이 장벽이 아마도 생명의 기원과 생존을 위한 선행 조건 중 하나일 것이다.

중심핵은 또한 중요한 열에너지 원천으로서 맨틀을 대류시키는 데에 도움을 준다. 오늘날에도 뜨거운 마그마의 상승류가 중심핵-맨틀 경계에서 표면까지 거의 3,000킬로미터 이상 올라와 하와이나 옐로스톤 같은 화산 열점으로 들어간다. 놀랍게도, 고정된 상승류의 표면상 위치를 지시하는 것은 깊은 곳의 지형일 것이다. D"층에 있는 480킬로미터 높이 산들이 뜨거운 중심핵을 덮는 단열재로 작용할 것이므로, 열점의 기원은 숨겨져 있는 웅장한 산들 사이에서 열을 방출하는 가장 깊은 계곡에 있을 수 있다.

## 현무암

알고 보면, 광물의 진화 이야기는 계승될 운명이던 암석 유형들을 기초로 한다. 광물을 형성하는 모든 단계가 전 단계에서 논리적으로 뒤따라온다. 지구 최초의 감람암 지각은 결정적이지만 순식간에 지나가는 청소년기였고, 모태는 원시 마그마 대양이었다. 마침내 식어서 굳어진 순간, 감람암은 어디든 표면 근처에 남기에는 밀도가 너무 높다고 판명되어 지구 깊은 곳으로 다시 가라앉았다. 지구를 둘러싸려면 그보다 밀도가 낮은 다른 암석이 필요했다. 그게 바로 현무암이다.

검은 현무암은 모든 지구형 행성 표면 근처에서 가장 두드러지는 암석이다. 소행성이 때린 흉터를 지닌 수성의 외부도 대부분 현무암이다. 불에 타버린 산 같은 금성의 표면과 풍화되어 붉은 화성의 표면도 마찬가지다. 잿빛 사장암으로 이루어져 다소 창백한 달 고지와 아주 선명히 대비되는, 시커멓게 얼룩진 달의 바다도 검은 현무암으로 이루어진 거대한 호수가 굳어져 남은 것이다. 또한 지구에서도, 모든 대양 바닥을 포함한 행성 표면의 70퍼센트가 현무암 지각을 기초로 한다.

현무암은 여러 가지 특색으로 출시되지만, 본질적으로 두 가지 규산염 광물이 대부분을 차지한다. 주요 광물 중 하나인 사장석은 지구형 행성과 위성에서 단연코 가장 중요한 알루미늄 함유 광물이며 지구의 지각에서 가장 흔한 광물이다. MIT에서 나를 가르친 데이비드 워니스 교수는 일찍이 조언했다. 누군가 정체불명의 암석을 보여주면서 광물학에 관한 문제를 내거든 무조건 '사장석'이라고 말해야 한다고, 그러면 90퍼센트는 맞을 거라고 말이다. 현무암의 본질을 이루는 두 번째 광물성분은 휘석으로, 감람암 안에서도 발견되는 흔한 사슬형 규산염이다. 휘석은 6대 원소를 모두(그리고 훨씬 많은 덜 흔한 원소들도)

**그림** 3.2 현무암을 이루는 광물 성분들. 왼쪽 위부터 시계방향으로 편광현미경으로 본 사장석 표본, 감람석 현무암(암석에 박혀 있는 동그랗고 빛나는 알갱이가 감람석 결정이다), 휘암을 이루고 있는 휘석 표본이다.

포함할 수 있는 얼마 안 되는 흔한 광물들 가운데 하나다.

현무암을 이루는 두 가지 본질적인 광물 성분인 사장석과 휘석의 기원을 이해하려면, 암석이 얼 때와 녹을 때 보여주는 이상한 습성을 고려해야 한다. 45억 년 전, 지구의 마그마 대양이 식자 가장 먼저 감람석이, 다음엔 약간의 회장석이, 마지막으로 휘석이 다량 형성되었다. 그 결과 생긴 규산마그네슘 암석인 감람암이 상부 맨틀 대부분을 형성했다. 형성되었다 가라앉은 감람암 덩어리는 다시 가열되어 부분적으로 다시 녹았다.

우리가 날마다 경험하는 녹는다는 현상은 고체에서 액체로의 변화가 특정한 온도에서 일어남을 시사한다. 얼음은 섭씨 0도에서, 대부분의 가정용 양초는 약 54도에서, 고밀도 금속인 납은 327도에서 녹는다. 하지만 암석의 용융은 그렇게 간단하지 않다. 대부분의 암석은 어떤 고정된 온도에서 완전히 녹지 않기 때문이다. 감람암을 섭씨 1,100도쯤으로 가열하면, 첫 번째 용융물이 나타날 것이다(감람암에 휘발성인 물과 이산화탄소가 풍부하다면, 더 낮은 온도에서도 용융물이 나타날 것이다). 그 첫 번째 미세한 방울들의 조성은 대부분의 감람암 조성과 극적으로 다르다. 첫 용융물에는 칼슘과 알루미늄이 훨씬 더 많이, 철과 규소가 조금 더 많이, 마그네슘은 훨씬 더 적게 들어 있다. 또한 이 최초의 액체는 모암인 감람암보다 밀도가 훨씬 더 낮다. 그 결과 맨틀에서 감람암이 5퍼센트만 녹아도 많은 마그마가 생겨나 광물 입자의 경계를 따라 축적되고, 암석 사이의 갈라진 틈과 마그마 주머니 안에서 모여 표면을 향해 올라간다. 이 마그마가 결국 현무암이 될 것이다. 수십억 년의 지구사에 걸쳐, 감람암이 부분적으로 녹으면서 수억 세제곱킬로미터의 현무암질 마그마를 생산해왔다.

용융된 현무암은 두 갈래 상호보완적인 길을 거쳐 행성 표면으로 간다. 더 볼 만한 것은 화산 분화를 통하는 길이다. 가령 하와이나 아이슬란드에서 화산이 분화하면 불덩이 같은 마그마가 분수처럼 솟아 강물처럼 흐른다. 그렇듯 극적인 분화는 지하 1킬로미터가 넘는 깊은 곳에서 고압에 의해 규산염 액체 안에 갇혀 있던 물과 기타 휘발물질들이 표면 근처에서 폭발적으로 기화한 결과다. 그렇게 폭발적인 화산활동은 재와 유독가스를 저 높이 성층권까지 내뿜을 수도 있고, 자동차만 한 화산 '폭탄'을 1킬로미터 너머까지 내던져 주변의 전원지대를 박살낼 수도 있다.

용암과 재라는 이 현무암 분출물이 한 층 한 층 쌓이면, 몇 킬로미터 높이의 산을 세우고 수천 제곱 킬로미터를 검은 바위로 덮을 수도 있다. 이 유형의 현무암 용암류와 재는 극도로 입자가 곱고 유리질이 풍부하다. 액체가 너무 급속히 식는 바람에 결정이 형성될 시간이 없어서다. 그 결과가 바로, 굳은 용암으로 이루어진 아무 특징도 없는 검은 지각이다. 그 밖에 30킬로미터 이하 비교적 얕은 깊이에서 감람암이 부분적으로 용융될 때에만 생기는 독특한 감람석 현무암에는 용융물이 굳어지는 첫 단계에 지하에서 형성된 반짝이는 감람석 결정들이 약간 들어 있다. 그 풀빛 결정이 칙칙하기만 한 검은 암석을 장식한다.

마그마가 표면까지 뚫고 나오려면 큰 폭발력이 필요하므로, 현무암질 마그마의 상당 부분은 결코 땅 위로 도달하지 못한다. 대신, 이 시뻘겋게 달구어진 액체는 멀리 지하에서 발이 묶인 채 더 천천히 식어 1인치 선반 모양의 장석 및 휘석 결정을 형성하는데, 이 결정들을 포함한 암석을 휘록암輝綠巖 또는 반려암斑糲巖이라 한다. 때때로 마그마가 표면 아래 암석에 수직에 가깝게 벌어진 틈 속으로 들어가면, 매끄러운 면을 가진 암맥巖脈이 형성된다. 만일 모암이 물러서 수백만 년 뒤 침식되어 떨어져나가면, 길게 곧추선 휘록암 벽만 남아 무너져가는 고고학 현장과 오싹하게 닮아 보일 수도 있다. 그러는 대신 마그마가 평평하게 누워 있는 퇴적암층 사이로 주입되면, 두터운 담요 같은 암상巖床이 형성될 수도 있다. 뉴욕 시에서 허드슨 강 서쪽 강변을 따라 조금만 상류로 가면 눈에 띄는 팰리세이즈 절벽은 일련의 현무암 암상들 중 하나가 서쪽으로 살짝 주저앉고, 그와 병행해 뉴저지 북부와 뉴욕 남부에 고지들(동시에 가장 비싼 부동산의 일부)이 형성된 결과다. 또 어떤 때는 액체가 불규칙한 마그마방에 들어앉은 채 식는데, 마그마방은 수 킬로미터 지하에 형성되어 수 킬로미터를 가로질러 뻗어나갈 수도 있다. 하지만 최종 형상이야 어떠하든, 휘록암과 반려암은 참으로 정확하게 현무암을 닮았다.

현무암 지각이 필연적으로 형성되자, 지구는 난생 처음으로 둥둥 뜰 수 있으면서도 튼튼한 고체 표면을 누리게 되었다. 지각이 생성되기 전, 마그마와 감람암만이 행성 표면을 규정하던 때에는 어떤 특징적 지형도 평균 고도를 넘어 상당한 높이까지 오래 올라갈 수 없었다. 시뻘겋게 달구어진 감람암 곤죽은 산을 떠받치기에는 턱없이 약하다. 하지만 밀도가 비교적 낮으면서도 단단한 현무암은 얘기가 다르다. 현무암은 감람암보다 평균 밀도가 10퍼센트 이상 더 낮다. 10킬로미터 두께의 현무암 덩어리가 떠 있으면, 그중 1킬로미터 이상이 마그마 대양 위로 튀어나올 거라는 뜻이다. 급속히 쌓인 화산추火山錐는 더욱더 높이, 어쩌면 평균을 넘어 3킬로미터 이상 올라갈 수 있었을 것이다. 그 결과, 지구의 여드름 돋은 표면에 진정한 개성이 발달하기 시작했다.

## 적대적인 세계

우주에서—예컨대 젊은 달의 안전거리에서—본 지구의 현무암 박판은 짙은 검은빛으로 보였고, 구불구불 빨갛게 금이 가고 군데군데 밝은 지점에서는 거대한 화산들이 분수처럼 뿜어져나오며 표면을 깨뜨리고 있었다. 재를 실어 지저분한 하얀빛으로 분사되는 수증기가 지구에서 휘발물질이 가장 풍부한 화산추와 그 일대를 부분적으로 가리고 있었다.

44억 년 이상 시간을 거슬러 그 명왕이언 지구가 갓 찍어낸 검은 표면에 도달했다고 상상해보라. 그 가혹하고 이질적인 풍경 속에서 당신은 오래 살아남지 못했을 것이다. 운석들이 끊임없이 표면을 폭격해 얇고 깨지기 쉬운 검은 지각을 쩍쩍 갈라놓고, 산산이 부서진 암석과 마그마 덩어리를 평지 전역에 퍼붓고 있다. 폭발적으로 방출되는 수증기와 온갖 휘발물질이, 무수히 솟아올라 수천 미터 높이까지 꾸준히 자라고 있는 화산추의 어마어마한 마그마 분수에 동력을 공급한다. 이 휘발물질들이 언젠가 맑은 날 충분히 식으면 대양과 대기가 되겠지만, 생명을 유지하게 해주는 산소는 흔적도 찾을 수 없다. 이 인정머리 없는 젊은 지구에 서면 고약한 황화합물 냄새가 코를 찌르고, 분출하는 수증기에 살갗이 데이고, 뜨거운 독가스에 눈이 화끈거린다. 이토록 적대적인 세계에서, 당신을 고문하는 죽음의 고통만은 짧을 것이다.

달은 물러나는 중에도 지각을 형성하는 데에 주요한 역할을 계속했다. 비록 테이아의 사망 이후 처음 수 세기보다는 덜 극단적이었지만, 전 지구에 걸친 암석과 마그마의 조석 현상이 반복해서 지구 표면을 쪼개고 뒤틀었다. 벌어진 틈새마다 시뻘건 암석 곤죽이 줄줄 흘렀고 고체 표면 형성은 좌절되었다. 불편할 정도로 가까운 달은 또한 지구의 정신없이 빠른 자전을 영속시켰다. 다섯 시간짜리 하루가 지속되면서, 오늘날의 기상 채널에서 과대선전하는 어떤 날씨보다 훨씬 더 심각한 메가톤급 폭풍과 초강력 토네이도가 동시에 일어났다.

하지만 그 처참한 표면 밑에서는 살아 있는 세계를 향한 지구의 거침없는 진화가 이미 시작되었다. 용융되어 잘 뒤섞여 있던 내부가 일정 부피의 독특한 성분들로 분리되기 시작했다. 이 물질들이 대륙과 대양지각, 대기와 대양, 식물과 동물이 될 것이었다. 가열과 냉각과 결정화, 침강과 부상에 따른 결정 분리, 감람암 축적, 부분적 용융—이 과정들이 45억 년 전 지구가 유아기를 거치는 내내 지구의 형상을 빚었고, 현재까지도 지속되고 있다.

이 장의 중심 주제인 지구 내부에 있는 막대한 열 저장고는 우리 고향 행성의 형상을 빚는 일에서 변화를 주도하는 역할을 계속한다. 오늘날 이 깊고 뜨거운 영역의 가장 명백한 분신은 마그마가 불길처럼 뿜어져나오고 시뻘겋게 단 용융된 암석이 강물처럼 흐르는 간헐화산이다. 분출하는 간헐천과 유황온천도 지표 밑에 숨어 있는 지옥 같은 영역을 슬쩍 내비친다. 지구의 45억 6,700만 년 역사 내내, 열이 백열광을 뿜는 중심에서 파쇄된 지각을 거쳐 우주의 냉기 속으로 거침없이 밖을 향해 제 갈 길을 가는 동안, 지구 표면은 그 공격을 정면으로 받아왔다. 소용돌이치며 대류하는 맨틀에 농락당하고 끊임없이 잡아당기는 달에게 압박당한 지각은 구부러지고, 찌그러지고, 갈라지고, 뒤틀렸다. 지각판들이 열의 힘으로 쉬지 않고 춤추는 동안 대륙들은 끊임없이 지구 전역을 왕복하면서 찢겨나가고, 충돌하고, 서로를 지나치다 긁히곤 했다. 우리가 사는 동안 지구 내부의 열은 날마다 우리가 딛고 사는 암석을 재생산하고, 우리가 마시는 물을 재활용하고, 우리가 마시는 공기를 바꿔놓는다.

열 때문에, 지구는 잠깐 동안 현무암 박판을 두른 검은 세계가 될 운명이었다. 하지만 그 덧없는 청소년기는 오래갈 수 없었다. 화산에서 새로 태어난 찬란한 파란 층이 지구를 에워쌀 참이었다.

# 04

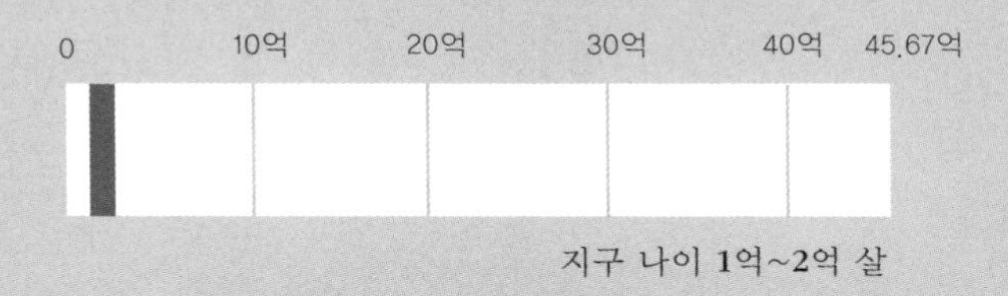


지구 나이 1억~2억 살

# 파란 지구
## —대양의 형성

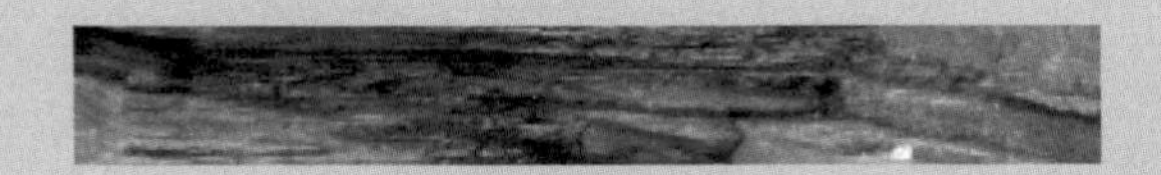

지구의 유아기인 탄생 후 5억 년가량은 신비에 싸여 있다. 암석과 광물이 실재하는 증거를 제공해 우리 행성의 유서 깊은 과거 대부분을 뒷받침하지만, 가장 오래된 명왕이언부터 지금까지 살아남은 암석이나 광물은 거의 없다. 그 결과, 지구가 처음에 식었고 이어서 검은 표면에 물이 쏟아졌다는 내용의 이야기들은 어떤 것이든 추측을 기반으로 했음이 틀림없다. 실험, 모형, 계산에 의한 정보를 근거로 했다고 해도, 어느 정도의 불확실성은 언제나 남을 것이다.

그것은 나쁜 게 아니다. 실험실의 하루하루를 새롭고 흥분되는 날로 만드는 것이 바로, 우리가 '모른다는 걸 알고 있는 대상'은 얼마든지 있으므로 오늘도 뭔가 작은 단서를 발견하면 진실에 더 다가갈 수 있으리라는 가능성이다. 우리를 더욱더 감질나게 하는 것은 자연계에서 '우리가 모른다는 사실을 우리도 몰랐던' 측면을 발견할 수도 있다는 전망이다. 그러한 발견은 신비의 외연을 넓힌다.* 예컨대 단순히 '광물의 화학적 · 물리적 성질은 어떠한가?'를 묻기보다 '광물은 어떻게 진화했나?'를 묻는 새로운 질문 방식이 돌파구로 가는 길을 닦는다.

우리가 모르는 것의 목록을 만드는 일이 중요하다. 모든 증거가 달은 웅장한 충돌로 형성되었음을 시사하지만, 우리는 그 충돌이 정확히 언제 일어났는지, 테이아의 마지막 궤도에서 어떤 점이 미묘하게 달랐는지 확신할 수 없다. 그 거대한 충돌 다음에 백열광을 뿜는 규산염 비가 몸부림치는 지구의 마그마 대양 위로 퍼붓는 모습을 상상할 수는 있지만, 그토록 과열된 세계가 냉각된 기간과 속도에 대해서는 마땅한 제약이 없으므로 이는 앞으로도 수십 년 동안 많은 논쟁의 주제로 남아 있을 것이다. 새로 형성된 달이 지구와 얼마나 가까웠는지, 어떤 속도로 후퇴했는지도 초기 지구의 동역학과 진화를 이해하는 데에 결정적이지만, 똑같이 불확실하다. 마찬가지로, 대양이 언제 처음 형성되

---

* 흔히 도널드 럼스펠드의 2002년 연설이 출처로 지목되지만, 이 말은 그보다 몇 년 앞선 1997년에 맥신 싱어와 내가 공동저술한 『블랙홀은 왜 검지 않을까?』의 서문에 처음 등장했다.

었는지 아는 사람도, 정확히 어떤 모습이었는지 아는 사람도 없다. 하지만 형성된 것은 사실이고, 다음 이야기는 구할 수 있는 최상의 증거를 기반으로 하므로 당분간은 도달할 수 있는 최선이다.

검은 지구는 검은빛을 오래 유지할 수 없었다. 지구 규모의 화산활동이 뜨거운 질소, 이산화탄소, 유독한 황화합물, 수증기를 짙어가는 대기 속으로 하루에 수십억 톤의 속도로 토해냈다. 그러한 휘발성 원소와 화합물이 급속히 진화 중이던 지구에서 많은 역할을 했다. 그와 똑같은 분자들이 예전에는 성운의 다양한 얼음을 형성했고, 지금은 호흡하는 당신의 몸으로 들어가 복잡한 조직들을 구성한다. 뜨거운 물이 석질 마그마와 섞이자 마그마의 녹는점이 떨어졌고, 과열된 수프로 변한 마그마는 표면을 향해 올라갔다. 표면에 접근하자 그 마그마 수프에 녹아 있던 기체가 액체 상태에서 격렬하게 팽창하는 기체로 바뀌면서, 흔들린 탄산수가 갇혀 있던 캔에서 뿜어져나오듯 대규모 화산 폭발을 일으켰다. 물이 풍부한 유체도 희유원소(지구상에서 존재량 또는 산출량이 적은 원소의 총칭-옮긴이)들을 녹여서 농축시켰다. 베릴륨, 지르코늄, 은, 염소, 붕소, 우라늄, 리튬, 셀레늄, 금을 비롯한 많은 희유원소가 결국은 다양화하던 지구의 지각을 이루는 거대한 광체鑛體들이 될 것이었다. 혼돈 상태의 표면에서는 포효하는 강과 돌진하는 파도가 주요한 동인이 되어 암석을 침식시키고, 지구 최초의 모래사장을 형성하고, 연안 삼각주의 퇴적물을 두껍게 축적시켰다. 한마디로, 물은 지구 고체 표면의 건축 책임자가 되었다.

어떤 식으로든 대양과 대기에 초점을 맞추는 태도는 어느 정도 인간 중심의 관점을 반영한다. 이 유체는 행성 전체를 기준으로 보면 사소한 성분이기 때문이다. 오늘날 대양은 겨우 지구 질량의 약 0.02퍼센트에 해당하고, 대기는 전체 양의 100만 분의 1에 지나지 않는다. 그럼에도 불구하고, 대양과 대기는 지구를 지금과 같은 유일무이한 세계로 만드는 데에 그 양에 걸맞지 않은 큰 영향력을 줄곧 발휘하고 있다.

주전 선수 넷—질소, 탄소, 황, 물—이 지구의 기동성 있는 기체 성분으로서 주도적 역할을 맡고 있다. 이 구성요소들은 모두 큰 항성에서 풍부하게 생산되고, 초신성 폭발로 널리 분산되며, 45억 6,000만 년도 더 이전에 가장 초기 고탄소 콘드라이트 운석 안에 농축되었다.

콘드라이트 운석의 평균 조성은 여러 면에서 오늘날의 지구의 조성과 거의 일치한다. 제3장에서 이야기한 6대 원소(산소, 규소, 알루미늄, 마그네슘, 칼슘, 철) 비율이 놀랍도록 비슷하고, 수많은 덜 흔한 원소도 마찬가지다. 하지만 그 매혹적인 고대 천체들을 대충만 눈여겨보아도, 지구의 원래 휘발물질 목록 가운데 다수가 오늘날의 행성에서는 빠져 있다는 게 드러난다. 가장 원시적인 콘드라이트는 평균적으로 3퍼센트 이상이 탄소로 구성되어 있지만, 지금 지구상에 저장되어 있는 것으로 알려진 모든 탄소는 다 더해야 0.1퍼센트도 되지 않는다. 마찬가지로, 콘드라이트의 물 함량도 현대 지구의 평균 함량보다 훨씬 많다. 아마 100배는 더 많을 것이다. 그러한 총체적 조성의 불일치는 무질서하고 난폭했던 과거를 가리킨다. 지구의 휘발물질 대부분이 우주공간으로 사라졌거나 우리의 채집 능력을 한참 넘어서는 깊은 곳에 묻힌 게 틀림없다.

지구가 초기에 지독히도 황량한 검은 행성에서 더 시원하고 생명이 살 수 있는 파란 행성으로 바뀐 과정을 이해하기 위한 열쇠는 지구를 떠돌아다니는 휘발물질의 이야기 속에 들어 있다. 하지만 지구의 첫 5억 년부터 변치 않은 상태로 살아남은 휘발물질은 하나도 없다. 거의 모든 질소와 탄소, 모든 황과 물이 무수히 재활용되어왔고, 그동안 똑같은 원자들이 사용되고 또 사용되어 왔다. 콘드라이트 운석은 우리의 추측에 정량적인 출발점을 제공한다. 지구의 첫 5억 년에서 유래한 것으로 알려진 얼마 안 되는 암석과 광물 표본이 달을 비롯해 태양계에 속한 다른 천체에서 나오는 자료와 짝을 지어, 우리가 하는 추측의 윤곽을 더 선명하게 그려준다. 그리고 지구의 첫 수억 년 동안 이루어진 맨틀과 지각의 진화뿐만 아니라 그보다 오래전에 항성이 형성되는 과정을 이해할 때도 그랬듯, 모든 그럴듯한 각본에 대한 열쇠는 문제의 원소들이 지닌 불변의 특성에 대한 지식이고, 이 경우 그 지식은 휘발성 질소, 탄소, 황, 물의 물리적 · 화학적 성질이다.

이 네 가지 성분 중에서 질소가 가장 다루기 쉽다. 질소는 화학적으로 불활성 기체라 광물을 거의 형성하지 않으므로 암석 형성에 거의 아무 역할도 하지 않고 대기 안에 농축되는 경향이 있다. 생명체가 생겨난 이후에야 비로소 질소 순환이 지구의 바깥층에 많은 영향을 미쳤다. 탄소와 황도 지구가 생겨나고 10억 년 내지 20억 년이 지나서 생명체가 고산소 대기와 더불어 표면 영역을 바꿔놓았을 때에야 훨씬 더 두드러지게 되었다. 하지만 네 번째 성분인 물은 처음부터 늘 지구 이야기의 중심에 있었다.

### 물: 약력

지질학에서 물이 담당하는 온갖 역할은 수소산화물의 독특한 화학적 성질에서 자연스레 따라나온다. 수소는 1번 원소인 반면 산소는 8번 원소임을 상기하라. 두 원소 모두 가지고 있는 전자 수가 마법의 수(2 또는 10)보다 적다. 전자받개인 산소 원자는 저마다 전자 두 개를 더 찾아 마법의 수 10에 도달하고자 하는 데에 반해, 공유할 전자가 하나인 수소 원자는 전자 하나를 더 원한다. 그래서 생기는 분자가 바로 수소와 산소가 2 대 1로 결합한 $H_2O$다. 이 간결한 단위 안의 원자들은 큰 산소 원자를 중심으로 미키 마우스의 귀처럼 두 개의 수소 혹이 달려 V자를 형성한다. 수소 원자 두 개에서 전자를 빌려온 산소 원자는 음전하를 띠는 반면, 수소 원자 각각은 그에 상응해 양전하를 띤다. 그 결과, 물은 양전하를 띤 부분과 음전하를 띤 부분(미키의 귀와 턱)이 대립하는 극성분자가 된다.

물 분자에 내재하는 극성이 물의 독특한 성질 중 많은 것을 설명해준다. 극성인 물이 뛰어난 용매인 까닭은 양의 말단과 음의 말단이 강한 힘을 발휘해 다른 분자들을 갈라놓을 수 있기 때문이다. 그 결과 소금, 설탕 등 많은 성분이 물에 빠르게 녹는다. 대부분의 암석은 녹는 데에 시간이 조금 더 걸리지만, 수백만 년이 흐르자 거의 모든 화학원소가 대양에 풍부해졌다(그 결과, 바닷물

1세제곱킬로미터마다 약 44킬로그램의 금이 녹아 있다. 최근 상한가로 250만 달러 이상의 값어치가 있는 양이다. 우리에게 추출할 기술만 있다면 말이다). 다른 화학물질을 녹여 옮기는 이 독보적 능력 덕분에 물은 생명을 낳고 진화시키기에 이상적인 매질이기도 하다. 지구상의 모든 생명이 물에 의존하며, 아마 우주 안 모든 생명도 그러할 것이다.

물 분자의 극성은 물 분자를 서로 강하게 결합시킨다. 한 분자의 양극 쪽이 다른 분자의 음극 쪽을 끌어당긴다는 말이다. 그래서 얼음은 매우 강한 분자성 고체다(스케이트를 타다 호되게 넘어진 적이 있다면 이 사실을 쉽게 잊지 못할 것이다). 분자간 결합이 유별나게 강한 데에서 비롯한 또 다른 결과가 물의 유달리 높은 표면장력이다. 이 매혹적 성질은 작은 곤충들이 문자 그대로 물 위를 걸을 수 있게 해준다. 또한 표면장력은 모세관 작용을 낳아, 물이 관다발식물 줄기를 통과해 올라가도록 함으로써 나무가 땅 위로 수십 미터씩 치솟게 해준다. 물 분자의 강한 상호 인력에 의해 한데로 당겨진 동그란 빗방울들은 표면장력의 또 다른 화신으로, 유난히 빠른 지구의 물 순환을 유지하는 데에 없어서는 안 될 연결고리다. 메탄이나 이산화탄소처럼 극성을 띠지 않는 휘발성 분자들은 그렇게 작은 방울을 형성할 수 없다. 이 분자들은 그냥 널리 퍼지는 매우 고운 안개 형태로 대기 중에 부유할 것이므로, 이 기체들이 대기를 주름잡는 행성에서는 '비'가 무엇인지 알 수 없을 것이다.

분자들 사이의 결합이 강하다는 점에서 물의 가장 신기하고 중요한 성질 가운데 또 하나가 나온다. 바로 액체 상태 물이 고체 상태의 물보다 밀도가 약 10퍼센트 더 높다는 것이다. 알려진 거의 모든 화합물의 경우에는, 고체가 그 화합물 액체 속으로 가라앉는다. 이 상황이 직관적으로 논리적인 이유는 규칙적으로 반복해 채워진 고체 안의 분자들이 마구잡이로 분포하는 액체 안의 분자들과 뚜렷이 대조되기 때문이다. 신발가게 뒷방에 신발 상자들을 보관한다고 생각해보라. 가로세로로 말끔하게 정렬된 상자들(고체 결정구조 안에 완벽하게 정렬된 분자들)이 아무렇게나 쌓인 상자 더미(액체 안에서 무질서하게 굴러다니는 분자들)보다 부피를 훨씬 덜 차지한다. 하지만 물의 경우에는, 분자들이 실제로 질서 있는 얼음 결정에서보다 마구잡이 액체 상태에서 더 효율적으로 채워진다.

그로 인해 일어나는 중요한 결과가 바로 얼음이 물에 뜨는 것이다. 음료에 든 각얼음이든, 얼어붙은 강이나 시내 위의 얼음판이든, 거대한 빙산이든 마찬가지다. 이 유별난 특성만 없다면, 많은 수역이 겨울마다 표면에 두꺼운 얼음층을 형성해 물을 보호하는 대신 바닥부터 꼭대기까지 꽁꽁 얼어붙을 것이다. 그토록 꽁꽁 언 세계에서는 수중 생물이 심각한 도전을 받고, 생명에 필수적인 물의 순환도 거의 정지될 것이다. 신기하게도, 같은 현상이 스케이트 타기와 스키 타기에서는 도움이 된다. 스케이트 날이 고체 얼음을 눌러서 가하는 높은 압력 덕분에 밀도가 더 높은 얇은 액체 물의 층이 생겨, 당신이 그 위로 미끄러지듯 나아갈 수 있는 것이다. 날이 지나치게 추워져 기온이 약 섭씨 −73도 아래로 내려가면, 윤활제 구실을 하는 물 층이 형성되지 않아 스케이트와 스키 타기가 한층 더 힘들어진다.

'순수한' 물의 또 다른 독특한 성질은 순수성 결핍이다. 아무리 조심스레 여과하거나 증류해도 물은 결코 전부가 $H_2O$ 분자로 구성되지 않는다. 세 개의 원자로 이루어진 단위분자들 가운데 일부는 필연적으로 양전하를 띤 수소 이온(히드론hydron, 곧 $H^+$이온은 사실상 붙어 있는 전자가 없어서 양전하를 띠는 개별 양성자일 뿐이다)과 음전하를 띤 수산기 이온($OH^-$이온)으로 갈라진다. 히드론은 금세 물 분자에 매달려 $H_3O^+$, 히드로늄 이온을 생성한다. 우리가 실온에서 순수한 물이라 부르는 것에는 히드로늄 양이온과 수산기 음이온이 같은 수만큼 들어 있으며, 이 농도를 pH 7(화학용어로, '수소이온지수power of hydrogen'가 리터당 히드로늄기 $10^{-7}$몰)이라 정의한다.

지구 최초의 대양에 관한 추측에서 가장 중점을 둬야 할 것은 대양의 pH와 염 함량이다. 물은 많은 불순물을 쉽게 녹이며, 불순물 일부는 나트륨 이온($Na^+$)이나 칼슘 이온($Ca^{2+}$)처럼 양전하를 띠고 일부는 염소 이온($Cl^-$)이나 탄산($CO_3^{2-}$) 이온처럼 음전하를 띤다. 경험 법칙에 따르면 총체적 수용액의 알짜 전하는 0이어야 한다. 양전하 총수와 음전하 총수가 동등하게 균형을 이루어야 한다는 말이다. 실온 조건의 순수한 물에서는 $10^{-7}$몰의 $H_3O^+$가 $10^{-7}$몰의 $OH^-$와 완벽하게 균형을 이룬다. 그러나 산에서는 과량過量의 $H_3O^+$가 음이온(가령 염산, 즉 HCl에서는 염소 이온)과 균형을 이루어야 한다. 염기에서는 과량의 $OH^-$가 양이온(가령 수산화나트륨, 즉 NaOH에서는 나트륨 이온)과 균형을 이루어야 한다.

산과 염기의 강도는 pH 눈금으로 수량화한다. pH 값이 작은 쪽이 산성 용액으로, $H_3O^+$ 이온이 $OH^-$이온보다 많음을 가리킨다. pH 6(처리하지 않은 수돗물의 전형적 pH)의 약산성 용액은 pH 7인 중성 용액보다 히드로늄 이온이 10배 더 많이 들어 있다. 더 강한 산성 액체에는 커피(pH 5, $H_3O^+$가 100배 더 많음), 식초(pH 3, $H_3O^+$가 1만 배 더 많음), 레몬즙(pH 2, $H_3O^+$가 10만 배 더 많음) 등이 있다. 반대로 염기는 $H_3O^+$보다 $OH^-$가 더 많은 액체이므로 pH 값이 7보다 크다. 흔한 염기에는 제빵용 소다(pH 8.5), 마그네시아유乳(pH 10, 제산제로 사용하는 수산화마그네슘 현탁액), 가정용 암모니아 세제(pH 12) 등이 있다. 앞으로 살펴보겠지만, 지구 최초 대양의 pH와 염도를 놓고는 여전히 뜨거운 논쟁이 벌어지고 있다.

## 물, 물, 사방천지에 물

물은 우주에서 가장 풍부한 화학물질 가운데 하나다. 보면 볼수록 눈에 더 많이 뜨이고 다른 행성과 위성과 혜성에도 물이 존재한다는 사실은, 지구상에 물이 풍부한 이유에 대해서뿐만 아니라 우주 안에서 물에 의존하는 생명이 있을지 모르는 장소에 대해서도 단서를 제공한다. 물이 풍부한 지구 대기가 더 멀리 있는 $H_2O$는 가장 짙게 쌓여 있는 경우를 빼고는 모두 가리는 경향이 있기 때문에, 망원경으로 관찰하는 일은 까다로울 수 있다. 그럼에도 불구하고, 아득히 먼 우주에 있는 천체들 중 일부는 물 분자가 특징적으로 흡수하는 적외선 파장을 통해 얼음 낀 표면을 드러낸다.

이 분광학적 지문은 일부 혜성과 소행성이 동결된 물을 상당량 포함하고 있다는 사실을 나타낸다. 천문학자들은 명왕성에서부터 그 동반자인 위성 카론을 거쳐 토성의 찬란한 얼음 고리까지, 우리 태양계 안에 수많은 얼음 세계가 있음을 입증해왔다. 모든 거대 가스행성은 주로 수소와 헬륨으로 이루어져 있지만, 짙은 대기 안에 상당량의 수증기를 저장하고 있다. 목성의 거대 위성 유로파와 칼리스토는 이제 수 킬로미터 두께의 얼음판 아래 훨씬 더 깊은 곳에 물로 이루어진 대양이 표면을 둘러싸고 있는 모습으로 그려진다.

우리 고향에 더 가까운 다른 지구형 행성들은 언뜻 보기에도 다소 건조해 보인다. 수성은 태양에 너무 가까운 나머지 십중팔구 표면 근처에 있는 물이 모두 바싹 말라버려 가장 뜨거운 행성인 동시에 가장 건조한 행성이 되었을 것이다. 수성 바깥에 있는 다음 행성 금성도, 처음엔 지구와 비슷한 몫의 물을 할당받았겠지만 오늘날의 표면 근처에는 $H_2O$가 거의 없는 것으로 보인다. 두껍고 과열된 이산화탄소 대기가, 금성이 형성되었을 때는 거기 있었을지도 모르는 표면 근처 물이란 물은 모조리 폭주하는 온실효과로 인해 아주 옛날에 사라져버렸음을 말해준다.

화성은 얘기가 완전히 다르다. 화성 극지에서는 하얀 빙모氷帽가 687일 주기인 화성 계절에 맞추어 세력을 확장했다 후퇴한다. 천문학자들은 오래전부터 이 붉은 행성이 축축한 생물 세계일지 모른다고 추측해왔다. 1870년대에는 화성 궤도가 지구에 유달리 가까워진 동안 이탈리아 천문학자 조반니 스키아파렐리가 화성의 어두운 줄무늬들을 기록으로 남기면서, 그것이 자연물이며 물이 지나는 통로channel일 가능성도 있다고 해석했다. 이탈리아어로 된 그의 원래 묘사에서는 카날리canali인 단어를 영어로 옮기면서 실수로 운하canal라 표기하여 첨단의 공학적 구조를 함축하는 바람에, 멸종한 지적인 존재 화성인이라는 관념이 저절로 생겨났다. 화성 생명체의 존재를 믿는 광신자들 중에서 가장 저명한 인물이 바로 하버드 대학에서 공부한 천문학자 퍼시벌 로웰이다.

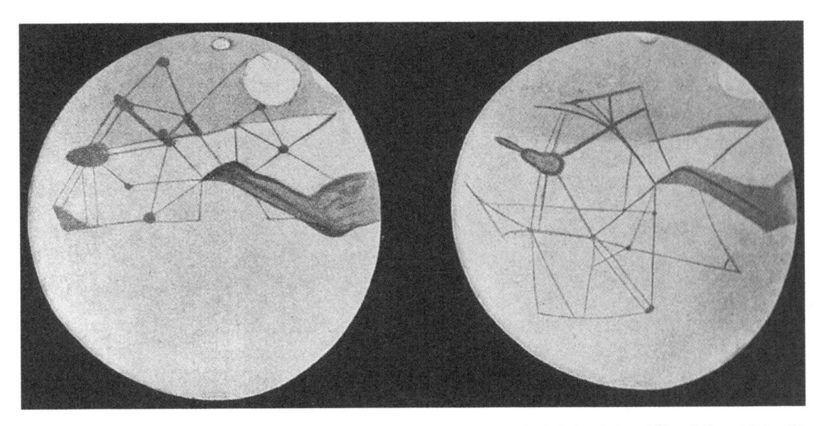

**그림 4.1** 화성인의 존재를 굳게 믿었던 퍼시벌 로웰이 그린 화성 운하의 계절적 변화. 로웰은 화성 표면의 지형이 비자연적인 것(운하)이고, 극관에서 물을 대기 위해 발달한 기술이기 때문에 계절에 따라 바뀐다고 주장했다.

1890년대에 스키아파렐리가 발견한 사실에 천착하게 된 그는 가문의 부를 이용해 애리조나 주 플래그스태프에 사설천문대를 세우고 거기서 화성 연구에 전념했다. 애리조나의 맑은 하늘 아래서 24인치 첨단 망원경을 사용하면, 얼음으로 덮여 있다고 추정되는 극지부터 건조한 적도까지 그물처럼 뻗어 있는 광대한 운하가 선명히 보일 것이라고 상상했던 것이다. 로웰은 엄청나게 인기를 끈 저서 『화성』(1895), 『화성과 운하』(1905), 『생명이 거하는 화성』(1908)에서 운하를 물에 굶주려 사라진 인종이 필사적으로 이루어낸 최후의 과학기술적 걸작으로 묘사한다.

로웰의 화려한 상상은 웰스의 1898년 고전 『우주 전쟁』을 포함해 과학소설의 물결을 일으키는 데에는 일조했지만, 과학계에는 화성이 살아 있기는커녕 젖어 있다고 믿게 하는 데에도 거의 보탬이 되지 못했다. 1세기가 넘도록 점점 더 큰 망원경을 써서 연구를 계속했고, 정교한 화성 근접 특무비행(1965년에 마리너 4호로 시작한)이니 인공위성(1971년에 쏜 마리너 9호가 최초인)이니 착륙선(1976년에 바이킹호로 출발한)이니 한바탕 법석을 떨어가며 지원했음에도 불구하고, 화성에 물이 상당량 저장되어 있다는 결정적 증거를 붙잡기는 어려운 것으로 판명되었다. 북극 지역에 물로 된 얼음이 존재한다는 사실은 1970년대 후반에 스펙트럼 측정 임무를 완수한 바이킹호가 최종적으로 명백하게 입증했지만, 화성의 막대한 진짜 물과 그 물을 담고 있는 저장소의 본성은 2000년 이후 최신 인공위성에 병기고 하나 분량의 기기들을 싣고, 착륙선 피닉스와 탐사로봇 스피릿 및 오퍼튜니티에 표본을 긁어내는 도구들을 장착하고서야 비로소 드러나고 있다.

오늘날 화성의 물은 대부분 표면 아래 영구동토층의 형태로 눈에 띄고, 아마 더 깊고 따뜻한 구역에서는 지하수로 존재할 것이다. 어쩌면 거대한 저수지가 건조한 가장 바깥층으로부터는 감춰진 채로 남아 있을 수 있다는 말이다. 2002년에 '마스 오디세이' 우주선이 싣고 간 정교한 중성자 분광계가 이 표면 아래 물의 규모에 대한 단서를 제공했다. 화성 표면에 우주선宇宙線을 쏘면 우주선이 수소가 풍부한(즉, 물을 함유한) 퇴적물로부터 중성자를 쫓아낼 수 있다. 분광계는 화성 표면 적도에서부터 고위도까지, 넓은 구획에서 분사되어 나오는 그러한 중성자들을 검출하도록 설계되어 있었다. 그러나 이 흥미로운 결과는 내놓은 답만큼이나 많은 의문을 불러일으켰다. 물의 정확한 형태—액체인지, 얼음인지, 아니면 광물에 결합되어 있는지—는 판별할 수 없었기 때문이다.

2007년에는 미 항공우주국의 '마스 르네상스 오비터'가 지하 투과 레이더를 사용해서 이 묻혀 있는 물 사진을 훨씬 더 선명하게 찍어 보냈다. 이 선구적 측정 덕분에, 중남부 위도에서 빙하 크기로 쌓인 얼음을 탐지할 수 있었다. 더 근래에는 유럽우주국의 '마스 익스프레스 오비터'가 비슷한 레이더 장치를 써서 행성을 더 폭넓게 가로지르는 깊은 얼음을 탐지했다. 남극 근처 일부 영역에서 드러나는 얼음이 풍부한 지대의 깊이는 450미터가 넘는다. 실제로 화성은, 전 지구에 걸쳐 있는 수십 미터 깊이의 대양과 맞먹는 양의 동결된 물을 표면 아래에 지니고 있을 것이다. 따라서 지구의 대양에게도, 한때는 화성에 사는 사촌이 있었으리라.

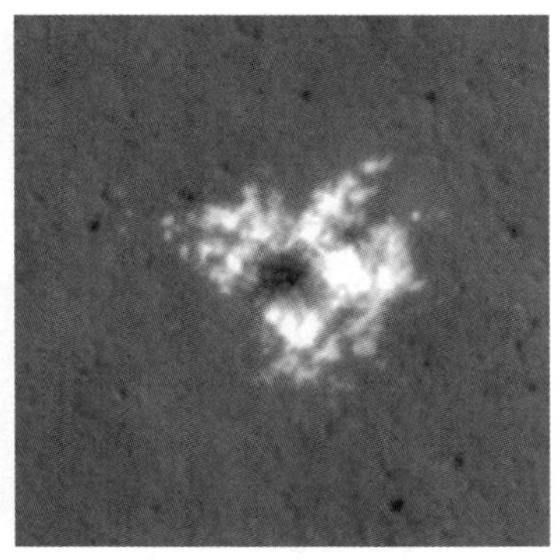

**그림 4.2** 화성에는 지구의 대양만큼의 물이 있을 것이다. 왼쪽은 미 항공우주국이 발사한 화성 탐사로봇 오퍼튜니티이고, 오른쪽은 마스 르네상스 오비터가 화성용 영상 분광계를 이용해 찍은 얼음의 흔적이다. (NASA 사진)

물은 독특한 암석이나 광물의 존재에 의해서 드러날 수도 있다. 미 항공우주국의 착륙선 피닉스와 용감한 탐사로봇 스피릿, 오퍼튜니티는 물과 암석이 상호작용해 형성된 광물의 형태를 띤 보완 증거를 잔뜩 발견했다. 화성 표면 근처의 환경에는 물이 풍부한 점토 광물(점토 상태로 산출되는 규산염 광물-옮긴이)이 흔하다는 사실이 밝혀졌는데, 몇 년 앞서 중성자 실험으로 관찰했던 수소가 풍부한 물질 중 많은 부분이 이에 해당할 것이다. 말라버린 호수나 대양 특유의 증발암(바다나 염분이 많은 호수의 물이 증발해 마른 뒤에 생긴 퇴적암을 통틀어 부르는 이름-옮긴이) 광물도 흔하고, 단백석蛋白石도 흔하다. 단백석은 결정화가 되다 만 석영 종류 중 하나인데, 보통 대양저의 젖은 퇴적물 속에서 형성된다.

행성과학자들이 붉은 행성을 새로운 눈으로 조사하면서, 한때는 물이 자유롭게 흐르며 침식된 화성 표면을 가로질렀다는 증거도 점점 더 많이 보인다. 고해상도 사진들이 표석漂石이 흩뿌려진 오래된 하곡河谷과 우곡雨谷, 눈물방울 모양의 섬, 움푹 팬 구렁, 망상하천網狀河川의 수로 등을 드러내어 보여준다. 이 지형들은 얕은 호수나 바다 속에 가로누운 것으로 보이는 퇴적층들을 가르며 지나간다. 뿐만 아니라, 화성의 북반구를 에워싸는 해안단구를 닮은 지형도 북위의 대양이 한때는 화성 표면의 3분의 1 이상을 덮었을 것이라고 암시한다. 그랬다면 더 시원했을 화성은 지구보다 수백만 년 먼저 생명을 주는 파란 행성이었을 것이다.

다음엔 달이다. 달도 더 큰 동반자인 지구에 물이 생겨나게 된 역사를 이해하기 위한 열쇠 중 하나다. 통념에 의하면 달은 해골처럼 바싹 마른 곳이다 (실제로는 해골보다 더 푸석하다. 해골은 사막의 태양 아래 통구이가 되어도 물 성분을 상당히 보유한다). 여러 갈래의 증거가 이 달의 건조함을 지목한다. 달은 지구에 위치한 망원경 관찰에서도 물 특유의 적외선 흡수를 드러내지 않고, 여섯 군데의 아폴로 착륙 지점에서 가져온 월석에서도 (최소한 1970년의 분석기준에 의하면) 물이 들어 있다는 흔적조차 찾아낼 수 없었으며, 달 표면에서 40억 년을 보내고도 녹슬지 않은 철질 금속이 발견된다는 사실은 썩은 물 한 방울마저도 배제하는 것처럼 보일 것이다.

그렇지만 통념이란 재미있는 거라서, 결국 누군가는 다른 모든 이가 사실로 알고 있는 것에 도전하고, 이따금 정말로 흥미로운 뭔가를 발견하게 마련이다. 1994년에는 클레멘타인 특무비행 중 단 한 차례의 근접비행에서 나온 레이더 측정치가 물로 된 얼음을 가리켰다. 당시에는 많은 행성과학자들이 설득되지 않았지만, 4년 뒤 '루나 프로스펙터'도 중성자 분광계를 써서 상당한 농도의 수소 원자를 탐지했고, 이는 어쩌면 극지 부근의 물로 된 얼음이나 물을 함유한 광물에서 유래하는 것일지도 몰랐다. 그래도 많은 전문가들은 이 신호의 더 그럴듯한 출처로 태양풍이 심은 수소 이온을 지목했다. 2009년 10월에는 미 항공우주국이 아틀라스 로켓의 상단을 물이 있을 가능성이 있는 크레이터 중 하나(달 남극 근처 캐비우스 크레이터)에 때려박은 다음, $H_2O$의 징후를 찾아 충돌 후 피어오르는 파편기둥을 면밀히 살폈다. 아니나 다를까, 그 먼지 돌풍에는 적지만 유의미한 양의 생명을 주는 재료가 섞여 있었다. 달의 물과 그것의 기원에 대한 관심을 환기하는 데에는 충분한 양이었다. 같은 해 10월에 『사이언스』에 다닥다닥 실린 세 편의 논문이 이제는 달 위에 물이 있음을 뒷받침하는 증거가 모호하지 않다는 사실을 확실히 보여주었다.

여기에 카네기 연구소의 에릭 하우리와 동료들을 들여보내자. 하우리 팀은 이온 미세탐침—아폴로 표본을 연구한 첫 세대 과학자들은 구할 수 없었던 고감도 장치—을 써서 1976년에 내가 달 얼룩 골라내기를 하면서 연구한 종류의 화려한 유리구슬들로 되돌아와 있었다. 다른 과학자들이 수십 년 먼저 물의 징후를 찾아 그 유리구슬들을 조사했지만, 그들의 검출 능력은 측정치가 100만분의 1인치 단위인 이온 미세탐침의 분해능에는 상대가 되지 않았다. 하우리와 공동연구자들은 갖가지 유리구슬을 연마해 이온 탐침 안에서 둥근 단면이 드러나도록 했다. 구슬의 바깥 테두리는 매우 건조해 물이 2~3ppm밖에 들어 있지 않은 것으로 밝혀졌지만, 가장 큰 구슬의 중심부에는 물이 10ppm이나 들어 있다. 유리구슬에 원래 들어 있던 물 대부분이, 수십억 년에 걸쳐 중심부보다 바깥쪽에서 더 많이 공간 속으로 증발한 것이다. 그러나 구슬 안쪽 깊은 곳에 남아 있는 상당량의 물을 토대로, 하우리와 동료들은 원래 달 마그마의 물 함량이 750ppm이나 되었을 것이라고 계산한다. 지구상의 화성암에 맞먹는 많은 양이고, 수십억 년 전의 폭발적 분화 과정에서 마그마를 분산시켰을 달 표면의 화산작용을 구동하고도 남는 양이다.

과거에 그렇게 많은 물이 달 화산에 동력을 공급했다면, 다량의 물이 아직도 달의 얼어붙은 내부 어딘가에 갇혀 있어야만 한다. 그리고 달은 주로 테이아가 지구의 원시 맨틀을 대대적으로 굴착해 형성되었으므로, 우리 행성의 내부 깊은 곳에도 아마 보이지 않는 막대한 양의 물이 담겨 있을 것이다.

## 눈에 보이는 물의 순환

우리가 화성이나 달에서 아무리 많은 물을 발견하더라도(지금은 물이 많이 있는 것으로 보이지만), 지구는 여전히 우리 태양계의 하나뿐인 물 세계다. 지구의 물 이야기—얼마나 많이 있는지, 어떤 형태를 띠는지, 어디에 살고 있는지, 어떻게 움직이는지—는 상당히 복잡하다. 1990년대까지만 해도, 우리는 접근 가능한 지구 물 재고량의 약 96퍼센트를 저장하고 있는 대양이 단연 가장 큰 저수지라고 생각했다. 오늘날 접근 가능한 물 총량에서 약 3퍼센트를 차지하는(그리고 빙하의 전진이 절정에 달했던 빙하기에도 아마 전체의 5~6퍼센트를 넘지 않았을) 빙모와 빙하가 뚝 떨어져 2위를 차지한다. 지하수(경계가 명확한 대수층帶水層 안의 물과 더 널리 흩어져 저장된 물 둘 다를 아우르는, 표면 근처의 모든 $H_2O$)가 1퍼센트를 차지하는 반면, 모든 호수, 강, 시내, 연못에 대기까지 합쳐도 기껏해야 지구의 표면 근처 물 공급량의 0.01퍼센트 정도에 지나지 않는다.

이 모든 물이 끊임없이 움직이면서, 며칠 내지 수백만 년 단위로 한 저수지에서 다른 저수지로 이동한다. 생명을 유지시키는 역동적인 물 순환은 영구히 변화하는 우리 행성에서 가장 명백한 변화의 출처를 상징한다. 수십억 년 동안 존재해온, 산소 원자 하나와 수소 원자 두 개로 형성된 물 분자 하나의 가능한 순회를 상상해보라. 지구 표면 근처의 물 분자 대부분이 오랜 시간을 보내는 곳, 위대한 태평양 안에 들어 있는 분자에서 시작하라. 찬물이 흐르는 거대한 대양의 강, 캘리포니아 해류가 분자를 휩쓸어 알래스카 근방에서 남쪽으로 캘리포니아 해안을 따라 적도까지 데려간다. 분자를 에워싼 물이 따뜻해져 상승하면, 우리의 물 분자도 대양 표면 근처에 도달해 북태평양을 중심으로 시계방향으로 웅대한 여정을 시작한다. 먼저 북적도 해류가 서쪽으로 흐르다 일본을 지나며 방향을 틀면, 북태평양 해류가 동쪽으로 전진해 북아메리카에 도착한다. 다시 한번 캘리포니아에 접근한 우리의 물 분자는 어쩌다 햇빛이 비치는 대양 수면까지 올라왔다 증발해 구름이 형성되기 시작하고 있는 대기 속으로 들어간다.

탁월풍이 짙어지는 비구름 덩어리를 동쪽으로 휩쓸고 사우스웨스트 사막을 건너, 높이 솟은 로키 산맥 지대로 들어간다. 구름이 올라가다 더 높고 찬 고도로 들어가면, 비의 형태로 떨어지기 시작한다. 우리 분자는 마침내 빗방울의 일부로 지구에 내려온 다음, 구불구불한 경로를 따라 개울에서 시작해 샛강을 거치고, 시내를 거치고, 불어난 강에 도달해 강둑으로 넘쳐흐른다. 이 시점까지의 물 분자 움직임은 신속했다. 한두 해 만에 태평양 전체를 일주했고, 하루나 이틀 만에 구름에 합류해 비로 떨어졌고, 1주일여 만에 구릉지대를 가로질러 흘렀다. 하지만 땅속으로 더 깊이 스며들어 감춰진 방대한 대수층에 합쳐진 분자는 지하 방방곡곡을 기어다니며 수천 년을 보낼 것이다.

여기서 인간의 행위가 자연의 오래된 리듬을 바꿔놓는다. 물에 굶주린 농부들이 엄청난 양의 심층수를 뽑아내어 비가 적은 남서부에서 농사를 짓기 때문이다. 인간이 지속 가능한 속도를 넘어서 물을 뽑아올리는 탓에 대수층은 완전히 말라가고 있다. 우리 분자는 이 추세를 못 이기고 다시 지표면에서 텍사스 옥수수밭 위로 뿌려지는 자신을 발견하는 것도 잠시, 거기서도 금세 증발해 다시 구름 한 점 없는 하늘로 들어가 동쪽으로 여행을 계속한다.

이 이야기는 끝없이 돌고 돈다. 어떤 분자들은 일시적으로 히드로늄 이온과 수산기 이온으로 쪼개지지만, 그래 봐야 다시 합쳐져서 새로운 원자를 동반한 새로운 물 분자가 될 뿐이다. 어떤 분자들은 얼어서 두꺼운 남극의 얼음이 되어 수백만 년 동안 그대로 그곳에 갇혀 있을 것이다. 또 어떤 물 분자들은 화학반응을 겪고 토양 속 점토 광물의 일부가 된다.

생명체도 물 순환에 없어서는 안 되는 부분이다. 식물은 물 분자와 이산화탄소를 흡수하고 태양이 구동하는 광합성 과정에서 그것들을 조합해 뿌리, 줄기, 잎, 열매를 제조한다. 그 영양가 높은 식물 조직들이 동물에게 먹혀 호흡이라는 대사의 기적에 의해 분해되었을 때, 우리가 숨을 쉴 때마다 내뱉는 폐기물이 바로 재조립된 이산화탄소와 물 분자다.

## 심층수의 순환

1980년대 중반 들어 지구과학자들은 지구 규모의 물에 관해 진지하게 생각하기 시작했다. 표면 근처의 물 순환이 이야기의 전부일 수는 없기 때문이다. 수십 내지 수백 킬로미터 아래에서 생겨나는 마그마가 폭발적인 화산작용을 일으킬 만큼 충분한 물을 머금고 있음을 알기에, 우리는 우리 행성 안쪽 깊은 곳에서 결정화한 규산염 광물들이 어떻게든 $H_2O$를 가두고 있음이 틀림없다고 가정할 수 있다. 물의 순환에는 지구가 언제 어떻게 오늘처럼 대양에 잠긴 행성이 되었는지에 관해 많은 것을 말해줄 수 있는 부분이 깊이 숨어 있는 게 분명하다.

심층수에 실험적으로 접근하면서 초점을 맞춰온 것은 가장 흔한 광물들—감람석, 휘석, 석류석과 밀도가 더 높은 지구 심부 출신 변종들—이 맨틀 조건에서 소량의 물을 포함할 수 있을 가능성이었다. '명목상 무수無水인' 광물을 가지고 물을 연구하는 것이 1990년대 고압광물학의 주요한 초점이 되었고, 깜짝 놀랄 만한 결과들이 나왔다. 고압과 고온에서 일부 광물들은 비교적 쉽게 다량의 수소 원자를 포함하는 것으로 드러났다. 수소 원자는 광물학적으로 물과 동등하다(이 광물들에서는 수소 원자들이 산소와 결합하기 때문이다). 온도와 압력이 낮은 얕은 지각 환경—폭발적인 화산작용이 물이란 물은 모두 방출시키는—에서는 언제나 건조한 광물들이 깊은 맨틀에서는 어느 정도 젖어 있을 수 있는 것이다.

원리적으로 보면, 실험의 전략은 아주 간단하다. 감람석 또는 휘석의 표본에 물을 보태고 압착하면서 가열한 다음, 물이 어디로 가는지 보면 된다. 그런데 실제로는 그게 그렇게 쉽지가 않다. 더 깊은 맨틀 조건을 재현하려면, 표본을 대기압의 수십만 배(1센티미터당 수십만 킬로그램에 해당하는)까지 가압하는 동시에 섭씨 2,200도까지 가열해야 한다. 이 위업을 달성하기 위해 과학자들은 두 가지 상호보완적인 방법을 써서 고압에 접근한다.

일부 과학자들은 웬만한 방 하나만큼 거대한 금속 프레스에 의존한다. 조그만 표본에 수 톤의 압력을 가하는 이 프레스는 반백년 전 해튼 요더가 만든 압력 폭탄의 정교한 변종이다. 흔히 사용하는 실험기구 중 하나는 마트료시카(인형 안에 크기가 점점 더 작은 같은 모양의 인형들이 들어 있는 러시아 공예품—옮긴이)처럼 차례로 네 단계를 품는다. 각 단계가 다음 단계를 감싸안고 어마어마한 압력을 점점 더 작아지는 부피 위에 집중시킨다는 말이다. 먼저 거대한 한 쌍의 금속판이 최대 수천 톤에 달하는 가공할 힘으로 위아래에서 다음 단계를 짓누른다. 거대한 판들이 단단히 틀어쥐고 있는 기발한 두 번째 단계는 약간 굽은 상태로 맞물리는 강철 모루 여섯 개—위에 세 개, 아래에 세 개—로 구성되며, 여섯 개의 모루는 차례로 모든 방향에서 균일하게 세 번째 단계를 압박한다. 세 번째 단계에는 정육면체 모양으로 한 덩어리를 이루는 텅스텐 탄화물 모루 여덟 개가 달려 있다. 분쇄한 광물에 물을 더한 표본은 가장 안쪽인 네 번째 단계 안에 밀봉하는데, 흔히 금이나 백금으로 안을 덧대어 반응물이 밖으로 분출되지 않도록 한다. 생성되는 압력만으로는 성에 차지 않는다는 듯, 표본 용기 안쪽에 깊숙이 묻은 전열기로 표본을 달구기도 해야 하며, 특수한 선으로 섬세하게 만든 열전쌍이라는 고리를 가지고 온도도 계속 측정해야 한다.

지구의 깊은 내부를 모사하기 위해 사용하는 또 다른 인기 있는 실험적 접근법은 다이아몬드 모루실—끝이 평평한 다이아몬드 두 개를 같이 짓눌러 극한의 압력을 생성하는 장치—을 사용하는 것이다. 먼저 구식 결혼반지에 박힌 돌처럼 찬란히 깎은 전형적인 반 캐럿짜리 다이아몬드 두 개를 마련해 바닥의 뾰족한 끝을 평평하게, 둥근 표면이 지름 13밀리미터가 되도록 갈아낸다. 모루 면이 될 부분이다. 그런 다음 정밀하게 조정해 일직선상에 맞춘 금속 바이스 안에 다이아몬드를 장착하고, 조그만 구멍이 뚫린 얇은 금속 조각을 두 개의 다이아몬드 사이에 끼운다. 마주보는 다이아몬드 모루 중심에 구멍을 맞춘 다음, 그 구멍에 물과 광물 분말을 넣어 모루로 짓누른다. 모루가 워낙 작아서 힘이 집중되기 때문에, 다이아몬드에 큰 힘을 가하지 않아도 어마어마한 압력이 생긴다. 다이아몬드 모루실은 지구의 내핵에서 발견되는 300만 기압과 동등한 기록적인 고압을 내는 일을 도맡아왔다. 다이아몬드 모루실의 백미는 투명한 보석을 통해 압착되는 표본을 볼 수 있다는 점이다. 그래서 분석을 위해 수많은 분광기법을 동원할 수 있고, 표본을 맨틀 조건까지 가열하기도 쉽다. 역시 투명한 다이아몬드 모루를 통과해 빛날 수 있는 고성능 레이저를 쓰면 된다.

모든 일이 잘 풀리면—원하는 압력과 온도에 도달해 그 상태가 유지되고, 열전쌍이 망가지지 않고, 표본이 새지 않는다면—까다로운 분석 과제가 시작된다. 점토와 운모처럼 물을 함유하는 일부 광물들은 쉽게 알아볼 수 있지만, 완전히 마른 표본 속에 들어 있는 2~3ppm의 물은 어떻게 측정할까? 이온 탐침이 선택지 중 하나인데, 높은 감도와 공간 해상도 덕분에 에릭 하우리도 달의 화산 유리에서 미량의 물을 발견했다. 산소와 수소 특유의 결합을 보여줄 수 있는 적외선 분광계도 쓸 만한 도구다. 수소와 산소 사이에 결합이 새로 형성되면 적외선과 결정의 상호작용 방식이 바뀐다. 이 변화가 광물구조 속으로 들어가는 물을 보여줄 수 있다. 그럼에도 불구하고, 신중한 동료들(그리고 선수를 빼앗길까 봐 노심초사하는 경쟁자들)은 언제나 실험에 결함이 있거나 분석기법이 너무 둔감할 가능성을 제기할 것이다. 이렇듯 까다로운 측정에서는 한 방울의 액체—너무 작아서 현미경으로도 볼 수 없는 미세한 물주머니—만 포함되어도 가짜 신호가 나올 수 있다.

모든 새로운 과학적 노력이 그렇듯 이러한 실험들이 보편화되기까지는 시간이 한참 걸렸지만, 과학자들이 들여다보면 볼수록 더 많은 광물이 심층수의 그럴듯한 모체로 모습을 드러냈다. 지각 하단에 있는 감람석과 휘석은 상당히 건조해 물이 0.01퍼센트밖에 들어 있지 않다. 하지만 압력과 온도를 맨틀 조건인 10만 기압과 섭씨 1,100도까지 올리면 감람석은 와드슬레이트로 바뀌고, 이 광물은 터무니없게도 3퍼센트나 되는 물을 포함할 수 있다. 그에 대응하는 지구층인 약 410~660킬로미터 깊이의 맨틀 전이대는 행성에서 가장 촉촉한 장소들 중 한 곳으로, 대양에 담긴 모든 물의 9배를 보유하고 있을 것이다. 하부 맨틀의 광물들은 덜 촉촉하지만, 막대한 부피—지구 총부피의 절반—로 그 점을 상쇄하므로 하부 맨틀은 지구 대양에 담긴 물의 16배를 추가로 보유하고 있는 것으로 추정된다. 그 밖에도 물이 풍부한 광물은 많을 것이고 아마 지구의 철질 핵도 다량의 수소를 보유할 것임을 감안하면, 지구의 깊은 내부에는 대양 80개 이상에 해당하는 물이 저장되어 있을 것이다.

### 최초의 대양

조심스럽게 추정하자면, 원시 지구가 원래 확보한 휘발물질 예산은 현대 수준의 100배가 넘었다. 실은, 지구 휘발물질의 역사를 모형화하는 일에서 맞닥뜨리는 주요한 난관 중 하나가 바로 그 예산이 얼마나 많이 사라졌고 어떻게 빠져나갔는지를 알아내는 것이다.

우리가 확신할 수 있는 것들 중에서 일부만 보자. 첫날부터, 휘발물질들은 깊은 안쪽에서 막대하게 방출되었다. 거대 화산들이 엄청난 양의 수증기를 뽑아내어 급속히 짙어가는 대기 속으로 들여보냈기 때문이다. 원시 지구가 존재한 처음 수백만 년 동안의 대기는 현대 세계의 대기보다 몇 곱절 더 짙었을 것이다. 물이 액체 형태의 표면 위로 쏟아져나와 최초의 암석들을 식히고, 수천만 년 안에 넓고 얕은 바다를 형성했을 것이다.

그런 다음 대충돌이 그 모두를 날려버렸다. 힘겹게 표면에 도달한 거의 모든 분자가 우주공간으로 사라졌다. 거대한 재시동 단추를 누른 꼴이었다. 그 단 한 번의 사건으로 지구에 저장되어 있던 질소, 물, 기타 휘발물질들 가운데 얼마나 많은 양이 사라졌는지에 관한 타당한 추정치는 없지만, 많이 사라진 것만은 분명하다. 그다음 5억 년 동안에도 지름 100킬로미터가 넘는 암석들이 더 작은 규모로 수십 번 충돌하면서 상상할 수 없는 혼란을 일으켰고, 그때마다 대양의 상당 부분이 증발해 휘발물질 재고는 더욱더 줄어들었다.

그럼에도 불구하고, 대충돌이 일어난 지 수백만 년 안에 수증기는 다시 원시 대기의 주성분이 되어 전 지구에 먹구름이 요동치는 폭풍우를 일으키고, 바람을 휘몰아대고, 번개를 내려치고, 줄기차게 비를 퍼붓고 있었다. 폭풍우가 몰아친 현무암 지각 표면이 식어 굳어지자, 낮은 곳에 있는 분지들이 점차 채워지면서 서서히 대양을 형성했다. 그렇게 점점 넓어지는 바다는, 얇게 덮여 있던 표면의 물이 크고 작은 틈새로 스며들어 아래쪽의 뜨거운 암석과 접촉한 다음 으르렁대는 수증기와 과열된 물이 거대한 간헐천이 되어 표면으로 되돌아가는 과정에서, 한동안 온 지구를 사우나로 만들었다. 이렇듯 격렬한 물과 암석의 상호작용이 지각의 냉각을 재촉하는 구실을 하면서, 더 깊은 연못에게, 그다음엔 호수에게, 그다음엔 대양에게 길을 내주었다.

전 지구적으로 대양이 형성된 정확한 시점은 모르지만, 사람 감질나게 하는 증거가 지구에서 가장 오래된 결정의 형태로 모습을 드러내왔다. 지구상에서 가장 오래된 암석 중 일부는 잭힐스라 알려진 서부 오스트레일리아의 건조한 양 방목지에 있는 30억 년 된 퇴적층들이다. 그 퇴적층을 구성하는 모래 크기의 광물과 암석 조각들은 지금은 사라진 암석층군에서 침식되었을 터이므로, 원래의 암석층군은 훨씬 더 오래되었을 게 틀림없다. 그 모래알 중 100만분의 1을 넘지 않는 아주 작은 일부가 자연에서 가장 튼튼한 재료들 중 하나인 지르코늄 규산염($ZrSiO_4$), 곧 지르콘 광물로 구성되어 있다.

보통 이 문장 끝에 달린 마침표보다 작은 지르콘 낱알들은 처음에는 화성암 안에 부수적으로 수반되는 광물로 형성되었다. 지르코늄 원소가 미량 들어 있는 용융물에서 굳어가고 있는 현무암을 상상해보라. 드문 것이든 흔한 것이든, 화학원소의 대부분은 쉽게 휘석, 감람석, 장석의 결정구조 속으로 들어간다. 하지만 지르코늄은 흔한 광물들 안에서 쉴 곳을 찾는 대신 자기 나름의 스타일을 추구해, 아주 작은 고립된 지르콘 결정을 형성한다.

이 쉽게 간과되는 지르콘 결정들이, 여러 요인이 함께 작용해 가장 초기 지구에 관한 통찰의 독보적인 출처가 된다. 먼저, 지르콘은 거의 영원히(최소한 지구사의 전 기간 동안) 지속할 수 있다. 지르콘의 단결정 하나가 어떤 암석(아마도 지르콘이 처음 결정화한 모화성암)에서 침식된 다음 퇴적으로 만들어진 사암의 일부가 되었다가, 수십억 년 동안 몇 번이고 다시 침식될 수 있다. 똑같은 지르콘 입자 하나가 열두 가지 다른 퇴적암층을 거치며 재활용될 수 있다는 것이다.

둘째, 지르콘 결정은 시간을 말해준다. 생성될 때 우라늄 원소를 즉시 끌어들여 그것으로 원자의 1퍼센트 이상을 구성할 수 있기 때문이다. 반감기가 약 45억 년인 방사성 우라늄은 자연이 만든 궁극의 스톱워치다. 일단 지르콘 결정 하나가 형성되면, 그 결정의 우라늄 원자들은 안에 갇혀 꾸준한 속도로 붕괴하기 시작한다. 원자들의 절반이 평균 45억 년마다 붕괴해 마침내 제각기 안정한 납 원자로 바뀐다. 감소하는 우라늄 모원자와 증가하는 납 딸원자 비에서 지르콘 결정의 연대를 정확하게 추정할 수 있다.

마지막으로, 지르콘 원자 세 개 가운데 두 개 꼴로 들어 있는 산소가 결정이 형성된 온도에 관한 단서를 제공한다. 달 형성에 관한 증거 중 한 갈래가 산소의 안정한 동위원소들이 이루는 특유의 비였음을 상기하라. 지구와 달이 가지고 있는 산소-16과 산소-18의 비율이 같다는 사실은 지구와 달이 태양에서부터 비슷한 거리에서 형성되었다는 의미를 함축한다. 비슷한 추리에 따르면, 어떤 지르콘 결정에 들어 있는 산소-16과 산소-18의 비는 그 결정이 성장한 온도를 가리키기도 한다. 표본에 무거운 산소-18이 풍부할수록 낮은 온도에서 형성되었다는 것을 가리킨다는 말이다. 화성암의 경우, 이 온도는 지르콘 결정을 성장시킨 마그마의 물 함량을 가리키는 민감한 지표가 될 수 있다. 물은 결정이 성장하는 온도를 낮추기 때문이다. 뿐만 아니라, 동위원소비는 지구의 표면에 가까운 물일수록 무거운 산소가 더욱더 풍부한 경향이 있으므로, 산소-18 함량이 극히 높은 지르콘 결정은 표면수와 상호작용해온 것으로 해석되어왔다.

이와 같이, 지구의 가장 초기 암석들에서 나오는 지르콘 결정은 수없이 되풀이되는 침식과 퇴적에서 살아남을 수 있는 한편 원래 환경의 상세한 연대, 온도, 물 함량까지 보존한다. 그 모든 정보가 현미경 없이 간신히 보일락 말락 하는 작은 결정에서 수집되는 것이다!

결론은 오스트레일리아의 잭힐스에서 나오는 많은 지르콘 결정들 하나하나가 40억 살이 넘었다는 것이다. 고대의 모래알 하나는 연대 측정에서 놀랍게도 44억 살을 기록했다. 그 가장 오래된 지르콘 결정—실은 살아남은 지구의 고체 조각으로 알려진 것들 가운데 가장 오래된 것—은 놀랍도록 무거운 산소 동위원소비를 보여준다. 그래서 일부 과학자들은 44억 년 전, 지구가 약

1억 5,000살밖에 안 되었던 당시 표면은 비교적 차고 축축했다고, 그러므로 대양이 있었다고 결론을 내린다.

다른 전문가들은 그렇게까지 확신하지는 않는다. 그들은 지르콘 결정이 믿을 수 없을 만큼 복잡할 수 있다고 지적한다. 다시 말해 44억 살 먹은 모래알뿐만 아니라 그보다 약간 손아래인 잭힐스 출신 동반자들도 사실상 전부 다 중심부에 고대 결정을 지니고 있지만, 결정 하나하나를 자세히 도면화하면 연로한 층을 중심으로 더 젊은 지르콘층이 동심원을 그리며 성장한 모습이 드러난다. 단 하나의 알갱이가 중심부에서 테두리까지 10억 년의 연령 분포를 보여주는 일도 드물지 않다. 산소 동위원소도 그에 따라 복잡하게 변화한다. 만일 근래에 결정이 일정 간격으로 성장하는 동안 더 오래된 중심부가 변질되었다면, 지구의 고대 표면이 지녔던 진정한 성격은 애매해질지도 모른다.

지르콘 이야기의 궁극적 결말이 무엇이든, 대부분의 전문가들이 다음에 동의한다. 대충돌 이후 꼭 1억 년이 지났을 때, 지구는 이미 1.5킬로미터 깊이의 대양이 둘러싸고 있는 눈부시게 파란 물의 세계가 되어 있었다. 우주에서 본 지구는 짙은 쪽빛 공깃돌처럼 보였을 것이다. 물론 하얀 구름 다발이 표면을 휘감고 있었겠지만, 대부분은 숨이 멎을 만큼 파랬으리라(대양의 색깔은 간단한 물리학 원리에서 생겨난다. 표면에 내리쬐는 햇빛은 무지개의 모든 색깔—빨강, 노랑, 초록, 파랑—로 이루어져 있지만, 물은 스펙트럼에서 붉은 쪽 끝의 파장을 더 쉽게 흡수하므로 우리 눈은 산란된 빛에서 우세한 파란 파장을 지각하는 것이다).

그렇다면 육지는 어땠을까? 오늘날은 대륙이 지구 표면의 거의 3분의 1을 차지하지만, 우리 행성이 동틀 무렵, 지옥 같은 명왕이언 동안에는 대륙이 아직 형성되지 않은 상태였다. 원시의 파란 대양을 깨뜨리는 것이라곤 여기저기서 파도를 뚫고 올라와 수증기를 내뿜고 있는 화산섬들뿐이었다. 극지에서 적도까지 지구에 아무렇게나 찍혀 있던 그 섬들의 봉긋한 윤곽과 좁다랗게 잡석이 쌓인 검은 해안만이 물의 단조로움을 깨는 유일한 지형이었다.

지구의 가장 초기로 돌아가 전 지구에 걸쳐 있는 대양을 생각하다 보면, 그 바다가 어땠을지 궁금해진다. 뜨거웠을까? 아마 처음엔 그랬을 것이다. 아래쪽에서 마그마 대양이 여전히 식고 있는 중이었다면 말이다. 민물이었을까, 아니면 짠물이었을까? 소금은 아마 현대 바닷물의 가장 독특한 성질이겠지만, 지구 최초의 대양은 용존 화학물질이 거의 없는 민물로 출발해 점진적으로 우리가 오늘날 발견하는 염도에 도달했을 뿐이라고 가정하는 편이 합리적으로 보일지도 모른다. 반면에, 근래의 증거는 뜨거운 초기 대양이 순식간에 오늘날보다 훨씬 더 짜졌음을 시사한다. 식탁에서 흔히 보는 소금인 염화나트륨(NaCl)은 뜨거운 물에 즉시 녹는다. 오늘날 지구 소금의 약 절반은 육지로 둘러싸인 암염 돔이나 말라버린 염호와 관계가 있는 증발암 퇴적물 속에 묶여 있다. 이 소금은 대부분 땅속 깊이 두껍게 켜켜이 격리되어 있지만, 지구의 처음 5억 년 동안에는 소금이 정박할 대륙이 없었다. 따라서 최초 대양의 염도는 현대 세계의 염도보다 두 배는 높았을 것이다. 거기다 따뜻한 바닷물에 녹아 있던 다른 원소들—주로 현무암의 주성분인 철, 마그네슘, 칼슘—도 더 고농도로 존재했을 것이다.

과학자들은 명왕이언의 대양이 산성이었을까 아니면 염기성이었을까도 궁금해한다. 대양의 pH와 염도를 조절하는 가장 결정적인 요소를 하나만 꼽으라면, 대기의 이산화탄소다. 대부분의 계산에 따르면, 초기 대기의 이산화탄소 함량은 400ppm에 약간 못 미치는 오늘날의 수치(해마다 급속히 높아지고 있어서 곧 그 수준을 넘어서겠지만)보다 수천 배 더 높았다. 명왕이언의 공기에 이산화탄소가 훨씬 더 많았다는 것은 물속에도 이산화탄소가 훨씬 더 많았음을 뜻하므로, 이산화탄소는 pH와 염도 둘 다에 유의미한 영향을 미쳤음이 틀림없다. 이산화탄소는 빗물과 결합해 탄산($H_2CO_3$)을 형성한다. 대양에서 이 탄산염은 부분적으로 수소 이온과 중탄산염($HCO_3^-$)으로 해리되며, 해리된 수소 이온은 히드로늄 이온(여러 산에 들어 있는 $H_3O^+$)을 형성한다. 최종적으로 $H^+$가 추가된 대양은 더 산성으로 변해, 아마 pH가 5.5까지 떨어질 것이다. 대양이 그만큼이나 산성이었다면, 자연스레 현무암과 기타 암석의 풍화속도도 높여서 안 그래도 짠 대양에 더욱더 많은 용질을 추가했을 것이다.

### 희미한 태양의 역설

세세한, 때때로 모순되는 지구 최초의 대양 이야기로는 논쟁거리가 충분치 않다는 듯, 씨름해야 할 큰 주름살이 하나 더 있다. 갈수록 정교해지는 천문학 관찰과 천체물리학 계산에 따르면, 우리의 태양과 같은 항성들은 일생 동안 서서히, 거침없이 밝아지고 있다. 이 추정치에 따르면, 44억 년 전의 젊은 태양은 오늘날보다 25~30퍼센트 덜 밝았을 뿐만 아니라 그 뒤로도 최소한 15억 년 동안은 기분 나쁘게 희미했을 것이다. 만일 오늘날의 태양이 갑자기 그만큼 극단적으로 어두워진다면, 지구는 금세 파국적인 냉장고 국면으로 들어가 대양은 극지에서 적도까지 꽁꽁 얼 것이고, 지구상의 생명체 대부분이 죽을 것이다. 표면 아래 깊은 곳의 미생물들, 화산과 한통속으로 보호되는 열수대에서 사는 동물들 같은 가장 강인한 유기체들만이 그토록 파국적인 기후변화에서 살아남을 수 있을 것이다.

초기 태양이 그토록 더 차가웠다면, 지구는 분명 순식간에 완전히 얼음으로 뒤덮였을 것이 틀림없다. 그럼에도 불구하고, 최소한 40억 년 전만큼 먼 과거에도 표면에 물이 풍부했음을 뒷받침하는 지질학적 증거는 분명하다. 얕은 물 환경에서 비롯한 퇴적물도 흔하고 깊은 물 환경에서 비롯한 퇴적물도 흔하다. 그 구간 사이에서 생명이 시작해 번성했다. 그렇다면 어떻게 초기 대양이 액체일 수 있었을까?

훨씬 더 희미한 태양 때문에 모자라는 열의 일부는 그만큼 더 뜨거운 지구가 보충했음이 틀림없다. 원시 마그마 대양이 지각을 형성한 다음에도, 표면을 덥힐 뜨거운 용융 상태 암석과 화산활동은 아직 많이 있었다. 그러한 행성 위의 대양은 아래쪽에서 계속 가열되었을 것이고, 그동안 검은 지각은 서서히 두꺼워지며 식어갔을 것이다.

희미한 태양의 역설을 설명하는 유력한 가설은 그 근거로 지극히 높은 대기 중 이산화탄소 농도 탓에 과대해진 온실 온난화 효과를 지목한다. 당시에는 이산화탄소 농도가 아마도 현재의 대기압보다 10배 이상 높았으리라는 것이다(이산화탄소 농도가 그만큼 높았다면, 대양의 산도와 염도도 높았을 것이다).

두 번째 기발한 각본에서는 지구가 초기의 검은빛 단계와 다음의 파란빛 단계에서 오늘날의 지구 표면보다 훨씬 고효율로 태양에너지를 흡수했다고 가정한다. 오늘날 대양은 육지보다 더 많은 햇빛을 흡수한다. 오래전 초기 대양에서는 고농도로 녹아 있던 철 때문에 이 효과가 비정상적으로 컸을 것이다. 그렇게 태양열을 많이 흡수하는 데에 더해 빛을 산란시키는 구름도 많지 않았을 가능성이 높다. 오늘날에는 식물이 생성하는 입자와 화학물질이 구름의 핵을 형성하는 데에서 주된 역할을 하지만, 수십억 년 전에는 구름의 형성을 촉발할 식물이 전혀 없었기 때문이다.

또 다른 가설에서는 초기의 대기 안에 강력한 온실기체인 메탄을 잔뜩 집어넣는다. 메탄이 풍부한 대기 때문에 높은 곳에서 화학반응이 일어났을 것이다. 자외선 복사가 갖가지 유기분자의 합성을 촉발했을 테고, 합성된 분자들 가운데에는 생명의 구성요소가 될 만한 것들도 들어 있었을 것이다. 그러한 유기분자들이 스모그처럼 짙은 안개를 일으켜 파란 지구를 토성의 큰 위성 타이탄과 다름없는 특유의 주황빛 세계로 바꿨을지도 모른다. 그렇게 해서 우리는, 아직 여러 요인들의 정확한 조합은 모르지만, 지구가 어떻게 어는점을 훌쩍 넘는 온도를 유지했는가에 관한 설명은 차고 넘치도록 가지게 되었다.

우리가 자신 있게 말할 수 있는 것은, 일단 형성되자 대양이 행성 가장 바깥층의 형체를 빚었다는 점이다. 육지를 조각한 면에서도 그렇고, 광물의 왕국을 점점 더 다양하게 진화시킨 면에서도 그렇고, 생물권의 기원이 된 면에서도 그렇다. 물은 아직도 우리 삶의 모든 면에서 요술을 부린다. 광물적 부의 선광기로, 표면을 변화시키는 주된 동인으로, 모든 생명을 위한 매체로.

05

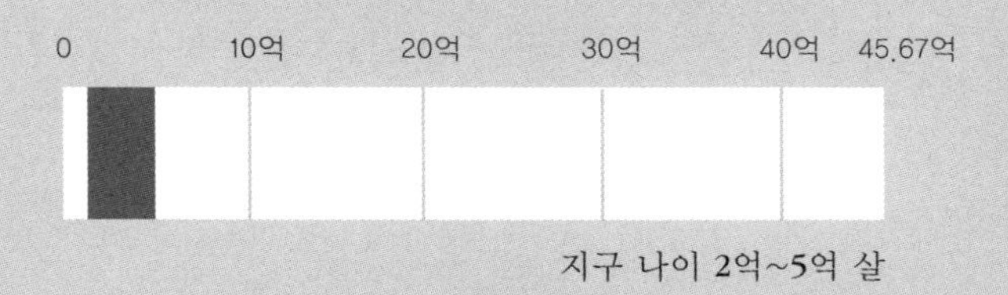


지구 나이 2억~5억 살

# 잿빛 지구
## —최초의 화강암 지각

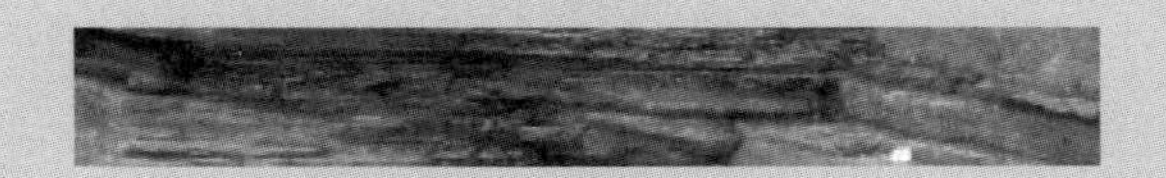

오늘날 지구는 대비가 뚜렷한 세계다. 3분의 1은 땅이고 3분의 2는 물인, 우주에서 보면 파란빛, 밤빛, 풀빛과 소용돌이치는 하얀빛이 매력적으로 뒤섞인 혼합물이다. 44억 년 전에는 그렇지 않았다. 당시에는 넓게 흩어져 있는 대칭형의 검은 현무암 화산추만이 빈약한 몇 필지 마른 땅으로 얕은 바다의 파란 단조로움을 뚫고 올라와 있었다. 그 모두가 화강암—대륙의 울퉁불퉁한 초석—의 발명과 함께 일변할 참이었다.

지구 이야기는 분화分化의 무용담이다. 원소들이 이합집산해 새로운 암석과 광물이 되고, 대륙과 바다가 되고, 궁극적으로 생명이 되는 파란만장한 이야기. 이 주제는 몇 번이고 다시 상연되어왔다. 석질 내행성—수성, 금성, 지구, 화성—이 형성된 것은 맹렬히 맥동하는 태양풍이 수소와 헬륨을 무거운 6대 원소들과 분리했을 때, 즉 가벼운 기체 원소들을 휩쓸어 거대 외행성—목성, 토성, 천왕성, 해왕성—영역으로 보냈을 때였다. 지구상에서도 밀도 높은 용융된 철이 중심으로 가라앉으면서, 금속질 중심핵과 감람암이 풍부한 맨틀이 분리되었다. 감람암이 부분적으로 녹아 현무암이 되었고, 규소, 칼슘, 알루미늄이 풍부한 이 암석은 감람암과 분리되어 지구 최초의 얇고 검은 지각을 형성했다. 현무암이 폭발적으로 분출해 표면 위로 쏟아지면서, 물과 기타 휘발물질들이 현무암질 마그마와 분리되어 최초의 대양과 대기를 형성했다. 열이 구동하는 모든 단계가 원소들을 분리시키거나 집중시켰고, 모든 단계가 결과적으로 행성을 점점 더 층화하고 분화했다.

대륙의 부상도 지구를 분화하는 과정에서 또 하나의 중요한 단계였다. 식어 굳어진 바깥쪽 지각 현무암층이 뚜껑처럼 열을 가두는 덮개가 되어, 아래에서 미친 듯 날뛰는 맨틀을 덮었다. 아래에서 다시 가열된 현무암은 비교적 낮은 온도—특히 물이 있으면 섭씨 650도라는 으스스한 온도—에서 녹기 시작했다. 온도가 높아지자, 녹고 있는 현무암이 차지하는 백분율도 높아졌다. 처음엔 5퍼센트였던 용융물이 다음엔 10퍼센트가 되었고, 마침내 25퍼센트에 도달했다. 감람암이 녹을 때와 마찬가지로, 결과물인 마그마는 원래의 모母현무암과 조성이 뚜렷하게 달랐다. 이 새로운 용융물에는 무엇보다도 특히, 규소가 훨씬 더 풍부했고 나트륨과 칼륨 성분도 상당히 보강되어 있었다. 이 뜨거운 유체 안에 물이 농축되었고, 수십 가지 미량의 희유원소들—베릴륨, 리튬, 우라늄, 지르콘, 탄탈 등—도 농축되었다. 이 규소가 풍부한 새 마그마는 모암보다 밀도가 훨씬 낮아서, 필연적으로 표면을 향해 밀고 올라와 최초의 화강암을 형성했다.

대부분의 화강암은 광물학적으로 단순한 네 가지 다른 종을 품고 있다. 화강암에는 무색투명한 석영—순수한 규소산화물—결정이 풍부하다. 이 튼튼한 석영 입자들이 침식되어 지구 최초의 백사장을 생성할 것이다. 두 종류의 장석, 곧 칼륨이 풍부한 장석과 나트륨이 풍부한 장석은 지구의 가장 초기 화강암에 단조로운 회백색을 부여했다. 그리고 모든 화강암에 흩뿌려져 있는 것이 네 번째의 철을 함유하는 더 어두운 광물인데, 뭉툭한 휘석일 때도 있고 판형 운모일 때도 있고 가늘고 긴 각섬석일 때도 있다. 다음에 연마된 화강암 조리대나 욕실 비품을 보거든, 이 간단한 조합의 네 광물을 한번 찾아보기 바란다.

더 드문 원소들이 있으면 이 추가된 광물들—예컨대 지르코늄이 집중된 지르콘 같은 것들—은 종종 더 미세한 입자의 형태로 흩어진다. 제4장에서, 저 멀리 오스트레일리아 잭힐스에서 캐낸 붉은빛의 자잘한 보석 지르콘 결정들이 44억 년 전의 초기 대양에 대한 단서를 제공한다고 했음을 돌이켜보라. 비교적 차고 습한 조건에서 형성된 것으로 보이는 똑같은 결정들이 초기에 화강암 형성이 시작되었다는 사실도 가리킬 수 있다. 잭힐스의 지르콘들은 차고 습한 곳에서 기원한 광물 특유의 징후로서 무거운 산소 동위원소를 함유한다. 뿐만 아니라, 40억 년 된 소수의 결정들은 석영도 함유하고 있다. 석영은 화강암 도래 이전에는 거의 생산되지 않은 광물이므로, 일부 전문가들은 이 나이 많고 근사한, 석영을 함유하는 지르콘 결정들이 가장 초기 화강암 지각의 마지막으로 살아남은 유물이 아닐까 하고 생각한다.

화강암의 기원에 이르러, 처음으로 지구의 광물 진화가 이웃 행성들의 광물 진화와 상당히 어긋나는 것이 보인다. 화강암이 형성되려면 행성 표면 근처에 현무암이 풍부해야 할 뿐만 아니라 강렬한 내부의 열이 그것을 다시 녹여야 한다. 지구보다 작은 행성인 화성과 수성은 물론 지구의 달도 화강암 형성에 필수적인 현무암 박판으로 둘러싸여 있지만, 양이 너무 적어서 화강암을 많이 만들 수는 없다. 꼭 필요한 내부의 열도 부족하다. 소량의 화강암은 이 세계에서도 분명히 생성되었지만, 깊이 뿌리내린 지구의 화강암 대륙에는 결코 견줄 수 없다.

### 부력

검은 현무암으로 이루어진 지구의 원시 지각은 아래에서 열을 받아 물러진 데다가 밀도가 물보다 세 배쯤이나 높아서 결코 많은 지형을 지탱할 수 없었다. 소수의 거대한 화산 건축물이 평균보다 2~3킬로미터 위로 솟아올랐을 테니 흩어진 검은 섬들이 바다 위로 올라오기에는 충분했겠지만, 대륙이 부상하기 전에는 거대한 산맥도 심해분지도 전혀 없었다. 현무암보다 평균 밀도가 상당히 낮은(물 밀도의 약 2.7배) 화강암이 그 동역학을 바꿨다. 화강암은 필연적으로 현무암과 감람암 위에 뜨기 때문에, 산더미처럼 쌓이면 물 위에 뜨는 빙산처럼 표면 위로 수 킬로미터를 솟아오른다.

물보다 10퍼센트 정도 밀도가 낮은 얼음이 우리에게 친근한 유사 사례다. 이 밀도 차이 때문에, 빙산 부피의 약 10퍼센트는 물 위로 튀어나온다. 삐죽한 높이 60미터짜리 빙산은 일반적으로 9미터 이상 표면 위로 노출될 것이다. '빙산의 일각'이라는 표현이 여기서 나온다. 마찬가지로, 위에 뜨는 화강암도 아래의 현무암보다 밀도가 10퍼센트 낮다. 부분적으로 용융된 지구의 현무암 지각에서 화강암이 겹겹이 생겨나자, 빙산을 닮은 돌출부가 형성되기 시작했다. 1킬로미터 두께의 화강암체는 현무암 지각의 평균 높이보다 200미터쯤 위로 튀어나온 동산을 만들어냈을지도 모른다. 하지만 시간이 흐르면서 누적된 화강암 지각 덩어리의 두께는 수십 킬로미터에 이르렀다. 그에 따라 깊이 뿌리

내렸던 대륙의 육괴들이 대양 위로 점점 더 높이 올라갔고, 동시에 일부 산맥들이 수면 위로 수 킬로미터씩 솟아올랐다. 미국 서부에 있는 오늘날의 로키산맥은 60킬로미터 깊이의 화강암 뿌리 위로 4,000미터가 넘는 수많은 봉우리를 뽐낸다. 북아메리카 대륙의 이 웅대한 등뼈는 화강암의 부력을 보여주는 우뚝 솟은 증거다.

1970년대에 내가 MIT에서 처음 지질학 수업을 맡았을 때만 해도, 부력이 지질학적 변화의 동력이라는 것이 여전히 교과서의 정설이었다(우리는 영국 지질학자 아서 홈스가 쓴, 도판이 풍부한 고전 『자연지질학의 원리』 1965년판을 썼다). 그 이론을 '지각평형설isostasy'이라 불렀는데, '수직 지구조地構造운동'의 동력은 '지각 평형의 재조정'이라는 것이었다. 19세기의 지질학 교과서에 실렸던 것과 거의 똑같은 깔끔한 목판화 한 장이 서로 다른 높이의 네모난 나무토막들이 물 위에 줄지어 떠 있는 모습을 보여주었다. 마치 산처럼, 키가 더 큰 토막은 물 밖으로 더 높이 튀어나왔다. 우리는 어떻게 대양분지가 두꺼운 퇴적물들의 층으로 채워지고, 어떻게 그 퇴적물이 용융되어 더 많은 화강암체를 형성했는지를 배웠다. 뒤이어 어떻게 그 부력을 지닌 화강암 중심부에서 산들이 솟아났는지도. 당시엔 그 모두가 완벽하게 말이 되었고, 그것은 여전히 지구의 가장 초기 지각이 40억 년보다 더 오래된 과거에 어떻게 형성되었는지를 설명하는 유력한 가설이다.

지구사의 초기, 어쩌면 심지어 처음 2억 년 안쪽에, 깊이 쌓인 현무암이 부분적으로 녹고 있는 열점들 위쪽으로, 부력을 지닌 잿빛 화강암으로 이루어진 적당한 크기의 육괴들이 형성되기 시작했음이 틀림없다. 아서 홈스가 가르친 대로, 초기 시절에는 수직 지구조운동과 지각 평형이 대세였을 것이다. 그 처음 분리된 화강암 대륙 조각들은 철저한 불모지였으므로, 강한 바람에 노출되고 격렬한 파도에 두들겨맞았다. 침식된 석영 조각은 서서히 쌓여 보잘것없는 모래사장을 이루었고, 장석은 풍화되어 점토가 풍부한 토양의 얇은 층들을 형성했다. 최초의 화강암 섬들은 외따로 놓았는데, 그저 그런 크기에 그리 눈길을 끄는 것도 아니어서 다가올 대륙의 규모에 대해서는 아무런 암시도 주지 않았다.

## 돌아온 충돌?

그렇다면 초기 지구는 어떻게 화산들이 점점이 박힌 현무암 세계에서 잿빛 화강암 대륙들이 폭넓게 펼쳐진 행성으로 바뀌었을까? 처음에는 얼마 없었던 외로운 화강암 섬들이 어떻게 우리가 오늘날 보는 지구 절반에 걸친 육괴들로 확장되었을까? 지구과학자들이 가설을 고안하는 데에 소심했던 적은 한 번도 없었다. 다른 것보다 좀 더 흥미를 끄는 발상들 가운데 하나는 대륙을 형성하는 연쇄작용이 친숙한 우연의 동인—위태롭게 달리던 소행성—에 의해 촉발되었다고 가정한다.

테이아가 지워지고 달이 형성된 뒤에도 10억 년 동안, 거대한 충돌은 간간이 일어났다. 여기에는 논란의 여지가 없다. 전문가들은 지구가 형성되던 무한히 긴 시간 동안 최대 지름 150킬로미터의 큰 소행성—최초의 행성들이 형성되던 시기의 방황하는 잔재—수십 개가 지구와 충돌했음이 틀림없다고 추정한다. 40억 년 전의 각본을 상상해보라. 젊은 대양지각 밑에서 뜨거운 마그마 상승류가 올라온다. 수십 개는 되었을 상승류가 지구 깊은 곳에서 올라와 효율적인 대류 과정을 통해 내부의 열을 전달했음이 틀림없다. 모든 상승류 위쪽에서 거대한 화산들이 분화해 현무암질 용암을 토해냈고, 그 순간 다시 녹은 현무암 지각이 화강암 성분을 생성해 육지를 두껍게 만들었다.

그런 다음 재난이 온다. 지름 45킬로미터의 소행성이 밀집한 화산들을 강타해 반지름 450킬로미터 이내의 모든 육지를 흔적도 없이 뿌리뽑는다. 충돌은 거대한 사발 모양의 마그마 호수를 생성하는 한편, 용융된 끈끈한 용암 방울과 부서진 돌들을 호수 근처 표면에 소나기처럼 쏟아붓는다. 이 우주적 폭행에 가로막힌 맨틀 상승류는 표면으로 가는 새로운 경로를 찾아야 한다.

이 기발한 각본에 따르면, 충돌 이후의 상승류는 경로를 바꾸어 현무암질 뿌리와 성장 중인 화강암 박판과 함께 소형 대륙을 밑에서 찍어 올린다. 일단 상승류가 열을 가두는 두꺼운 현무암 뚜껑 밑에 자리잡으면, 이 새로운 열원이 일정 간격으로 새로운 화강암을 잔뜩 생산해 육지를 확장하고 두껍게 한다.

이 검증할 수 없는 이야기는 아마 가장 초기의 지구에 대륙이 형성되던 과정의 일부일 것이다. 소행성 충돌에 의해 보강된 수직 지구조운동이 10억 년 동안, 현무암과 화강암이 섞인 중심부를 지닌 대양의 화산섬들의 목록을 끊임없이 늘려갔을 것이다. 육지가 점차 바다에서 솟아올랐다. 40억 년 전 무렵에는 지구 곳곳에 마구잡이로 분포한 큰 섬들이 지구 표면에서 적당한 비율을 차지하고 있었을 것이다.

하지만 그때 판 지구조운동plate tectonics이 등장했고, 지구 표면 근처의 진화는 기어를 고속으로 전환했다.

## 표류하는 대륙들

판 지구조운동이 지구의 주된 지질작용이라는 것을 발견하게 된 경위는 그 자체가 현대 과학 대부분에 걸쳐 있는 이야기다. 비록 적어도 4세기에 걸친 관찰에 의해 예상되긴 했지만, 대륙 전체가 어떻게든 지구 표면을 가로질러 이동할 수 있다는 발상은 처음엔 가망성 없고 이단적인 것이었다가, 1960년대에 국제적으로 수많은 발견들이 쏟아진 뒤에야 비로소 확실하게 주목받고 폭넓게 인정받게 되었다. 하지만 일단 봇물이 터진 증거가 쌓이기 시작하자, 지구과학은 과학사에서 가장 급속한 패러다임 전환 가운데 하나를 겪었다. 실제로, 내가 MIT 학부에 재직하던 5년 안에, 곧 1970년대 중반까지, (지각평형설에 기초한) 수직구조론이라는 예전 정설이 거의 삭제되면서 모든 지질학 교과서가 완전히 다시 쓰여야 했다.

돌이켜보면, 수직구조론에 반하는 증거들 가운데 일부는 명백했을 게 틀림없다. 오늘날 로키 산맥이 아무리 우뚝 서 있다고 해도 거의 9킬로미터 높이의 에베레스트 산과 거대한 히말라야 산맥에 대면 난쟁이가 된다. 마찬가지로, 대양의 평균 깊이가 3킬로미터인 데에 반해, 남태평양 마리아나 군도 연안에 위치하는 지구에서 가장 깊은 해구는 놀랍게도 11킬로미터까지 곤두박질친다. 그러한 극단적인 지형들은 지각평형설의 세계에서는 아마도 유지될 수 없을 것이다. 수직구조론이 이야기의 전부일 수는 없었다.

수평 지구조운동lateral tectonics, 곧 지구의 지질학적 진화에서 가로 방향 운동이 하는 역할에 대한 미묘한 암시는 신세계의 해안선을 처음으로 정확히 그린 지도와 함께 찾아왔다. 1600년대 초가 되자, 아메리카의 동쪽 해안선과 유럽 및 아프리카의 서쪽 해안선이 뚜렷하게 일치하는 것이 분명해 보였다. 똑같이 굽이진 모양, 똑같은 만입부와 돌출부, 남서아프리카 극단의 둥근 윤곽선과 일치함을 암시하듯 동쪽으로 꼬부라진 남아메리카의 끝자락. 태곳적의 조각그림 맞추기라도 되는 것처럼 모두가 꼭 들어맞았다.

몇 가지 기묘한 가설들이 이 감질나게 하는 대서양 건너편 대륙들의 일치를 설명하겠다고 나섰다. 달이 분열에서 기원했다(빠르게 자전하던 지구에서 용융된 방울이 우주공간으로 내던져져 달이 되었다)는 조지 다윈의 이론을 지지하던 하버드 대학 천문학자 윌리엄 헨리 피커링은 달이 태평양으로부터 찢겨나가면서 동시에 지구 반대편에서 대서양이 활짝 열렸다고 가정했다. 어떤 이들은 대서양의 거대한 S자에서 신의 손길을 보았다. 대서양의 해안선은 아마도 노아의 대홍수의 기슭이었을 것이고, 2,000~3,000년 전에 풀려난 그 큰물이 거대한 바다를 창조하며 '땅을 갈랐다'는 것이다.

체계적인 지질학적 조사가 그 문제를 푸는 데에 도움이 되었을지도 모르지만, 400년 전에는 체계적인 조사연구는커녕 지질학이라는 이름조차 없었다. 18세기 후반에 이루어진 가장 이른 시기의 지질학적 조사를 경제적으로 뒷받침하는 동력이었던 광업과 농업은 엄격한 국사國事였다. 정치적 경계를 넘어 지층들을 짝지으려 애쓰는 일도 거의 없었고, 한 공국의 부자들이 다른 공국 부자들과 어떤 식으로든 일관성 있게 연결된다고 보지도 않았다. 황금은 정말 문자 그대로 당신이 발견하는 곳에 있었다. 그렇듯 국수적인 지도 제작 환경에서, 광활한 대서양을 넘어 지질학적 특성을 맞추어보는 일은 도저히 우선권을 얻을 수 없었다.

대서양을 넘나드는 자세한 지질학적 비교를 처음으로 한 사람은 별로 그럴 법하지 않은 학자, 다름 아닌 기상학자 알프레트 베게너였다. 생애의 오랜 기간을 북극에서 보낸 그는 혹한의 그린란드 빙판 위에서 영웅적인 동절기 구조 임무를 수행하다가 쉰 살 나이에 죽었다. 비록 직업적인 삶은 주로 날씨의 기원을 연구하는 데에 바쳤지만, 영원히 기억할 만한 그의 업적은 그가 '대륙이동continental drift'이라 부른, 시대를 앞서는 바람에 많이 얕보였지만 수평 구조론에 공헌한 개념과 관계가 있었다. 이 생뚱맞은 지질학적 탈선을 위한 영감이 찾아온 것은 그가 제1차 세계대전 동안 독일군 예비역 중위로 복무할 때였다. 벨기에에서 군사작전 도중 목을 관통당한 베게너는 전선 복무에서 풀려나 회복기를 연구에 바치도록 허가받았다.

베게너도 그의 많은 선배들처럼 대서양 건너편 대륙들이 서로 명백히 들어맞는 것에 충격을 받았다. 많은 과학자들이 그것을 우연의 일치라며 무시했지만, 베게너는 더 넓은 안목으로 동아프리카, 남극, 인도, 오스트레일리아의 여러 해안선에서도 비슷한 일치를 볼 수 있음을 깨달았다. 뿐만 아니라, 지구의 모든 대륙을 우아하게 한데 뭉쳐 하나의 초대륙으로 만들 수도 있었다. 그는 그 초대륙에 판게아(pangaea: '모든 육지'를 뜻하는 그리스어에서 땄다)라는 이름을 달아주었다. 베게너는 뜻이 맞는 한 줌의 지지자들과 함께 당시에 막 발표된 유럽, 아프리카, 아메리카 해안지대의 지질학 조사 결과에서 증거를 인용했다. 그 논문들은 광활한 대서양 전역에서 사람 감질나게 하는 상관관계들을 보여주었다. 대륙들을 나란히 놓으면 브라질과 남아프리카의 광범위한 금과 다이아몬드 매장지 같은 거대한 광구들이 하나의 큰 광상으로 보인다. 마찬가지로, 독특한 화석 양치류인 글로소프테리스*Glossopteris*와 멸종한 파충류 메소사우루스*Mesosaurus*를 품고 있는 암석층들도 거의 정확히 정렬한다. 그는 그렇듯 상세한 지질학·고생물학적 상관관계는 단순한 우연의 일치일 수 없다고 주장했다.

베게너의 대륙이동설이 처음 활자로 등장한 때는 1915년이었다. 독일어판이 제3판까지 연달아 나왔고 판을 거듭할수록 이론이 더 자세해졌을 뿐만 아니라, 1924년에는 『대륙과 대양의 기원』이라는 제목으로 영어판이 출간되고 다른 많은 판들이 뒤를 이었다. 새로운 자료들이 쏟아져 들어와 대륙들이 한때는 모두 합쳐져 있었다는 발상을 뒷받침했다. 1917년에는 고생물학자들로 구성된 어느 위원회가 독특한 화석을 품고 있으면서 대양을 가로질러 일치하는 지층의 사례를 10여 개 모아 목록으로 만들었다. 그들은 이 데이터를 이해하려면 모종의 오래된 육교가 필요하다고 해석했다. 베게너의 발상에 각별히 매혹된 남아프리카 지질학자 제임스 뒤 투아는 카네기 연구소에서 연구비를 얻어 남아메리카 동부를 시찰했다. 그는 대양을 가로질러 일치하는 지층의 예들을, 다시 말해 광물, 암석, 화석이 동일한 인상적인 사례를 더 많이 기록했다.

대륙이 일렬로 정렬된다는 것을 뒷받침하는 증거가 쌓여가도, 지구과학계는 꿈쩍도 하지 않았다. 많은 지질학자들은 베게너의 추측을 공공연히 비웃었는데, 대륙 규모의 방랑을 뒷받침하는 그럴듯한 기제가 없었기 때문이다. 이렇게 베게너를 비판하는 동안 그들에게 힘을 실어준 것은 힘이 없으면 아무 일도 일어나지 않는다는 뉴턴의 제1운동법칙이었다. 전 지구 규모의 웅장한 힘을 불러낼 수 있을 때까지, 대륙이동은 기껏해야 아마추어 지질학자의 정신 나간 발상으로 보일 것이었다. 케임브리지 대학의 물리학자 해럴드 제프리스는 1923년에 대륙이동설에 대한 영국의 관점을 이렇게 요약했다. "베게너가 제안하는 물리적 원인들은 우스꽝스러울 만큼 부적절하다." 미국 지질학자들도 납득하지 못하기는 마찬가지였다. 시카고 대학 지질학과의 롤린 체임벌린은 1926년의 심포지엄에서 대륙이동설을 이렇게 질타했다. "베게너의 가설은 일반적으로 자유분방한 유형이다. 우리 지구를 상당히 제멋대로 가지고 논다는 점에서, 그리고 대부분의 경쟁하는 다른 이론들보다 제약이 덜하거나 꼴 보기 싫은 사실들에 덜 매인다는 점에서… 베게너의 가설을 믿으려면 우리는 지난

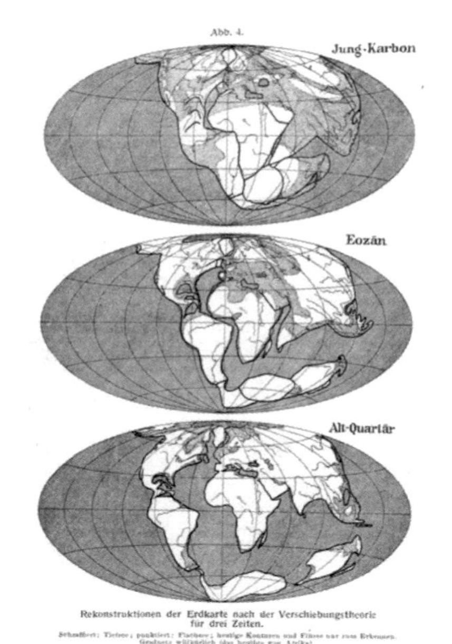


**그림 5.1** 알프레트 베게너의 『대륙과 대양의 기원』에 실린 대륙이동설을 나타낸 그림.

70년 동안 배운 것을 모두 잊고 처음부터 다시 시작해야만 한다."

그래도 소수의 지구과학자들은 베게너와 그 지지자들이 발견한 내용에 흥미를 느낀 나머지 대륙이동을 위해 기발한 기제를 고안하기까지 했다. 한 학파는 지구가 수축하고 있다고 가정했다. 아마도 깊은 안쪽에서 냉각이 일어남에 따라, 또는 가스로 채워진 빈 공간들이 무너짐에 따라 표면의 일부가 부서진 아치형 통로처럼 점차 안쪽으로 떨어지는 게 틀림없다고 말이다. 이 수긍할 수 없는 모형에서는 대륙들이 한때 아메리카 서해안에서 아프리카와 아시아 동해안까지 쭉 이어지는 광활한 육지를 뽐냈다. 오늘날의 대서양은 거대한 아치형 육로가 맨틀 속으로 무너져내린 것이라 보았다. 이 수축하는 지구 모형을 좌절시킨 것은 기초적인 유클리드 기하학이었다. 단순한 아치형 통로는 무너질 수 있지만, 그 발상을 구형의 물체로 옮겨올 경우에는 대서양 면적을 덮을 만한 부피의 대륙이 무너져 들어갈 수 있는 방법이 아무것도 없다는 말이다.

또 다른 일군은 지구가 지질시대를 거치는 동안 풍선처럼 부풀고 있었다는 정반대의 관점을 제안했다. 옛날 옛적에는 대륙지각만 있었는데 행성이(어떤 설명에 따르면 깊은 곳에서 발생해 팽창하는 뜨거운 가스에 의해) 부풀어오르자 그것이 금이 가 쪼개졌다. 만일 팽창하고 있었다고 가정되는 지구의 가상 비디오테이프를 거꾸로 재생하면, 모든 대륙이 미끄러지듯 깔끔하게 합쳐져서 지름이 현대 지구의 약 5분의 3인 구를 덮는 상태에 도달할 수 있다. 널리 인정되는 대서양 형성 기제가 달리 없었으므로, 이 가설이 일부 지질학계에서 1920년대부터 자그마치 1960년대까지 존속한 뒤에야 설득력 있는 새 발상이 그 자리를 대신했다.

## 숨겨진 산들

테이프를 빠르게 앞으로 감아 제2차 세계대전 이후, 과학에서 기술적 혁신과 낙관주의가 엄청난 위력을 떨치던 시기로 가보자. 대잠수함 교전에서 개발되었으나 1950년대에 기밀에서 해제되는 동시에 해양학자들이 채택한 두 가지 기술에서부터 역동적 지구에 관한 혁신적 발견이 이루어졌다.

음파를 써서 거리와 방향을 측정하는 수중 음파탐지기는 할리우드 잠수함 영화를 본 적이 있는 사람이라면 누구나 잘 알고 있을, 1세기 전의 과학기술이다. 핑 소리가 들린 뒤 조금 있으면 반향된 핑 소리가 더 약하게 답을 한다. 음파가 잠수함의 단단한 선체에 맞고 튀어나온 것이다(시청자에게 미치는 효과는 영화의 관점이 사냥꾼이냐 아니면 사냥감이냐에 달려 있다). "핑…… 핑", "핑…… 핑", "핑…… 핑". 잠수함의 위치가 정확히 조준되면 반향이 더 빨리 온다. 긴박한 음악이 고조되고, 폭뢰(물속에서 일정한 깊이에 이르면 저절로 터지도록 만든 수중폭탄—옮긴이)가 투하된다.

정확히 같은 기술을 과학 쪽에서는 대양의 깊이를 연구하는 데에, 따라서 대양저 지형을 연구하는 데에 쓸 수 있다. 아무리 깊은 해곡과 해구도 음파로 측량할 수 있다. 1870년대에 이미 영국 과학자들은 영국 군함 챌린저호에 실린 조잡한 심해 측심測深기를 써서 대서양 한복판 바닥에 거대한 산들이 있는 것 같다고 보고했다. 동시대의 낭만주의자 일부는 이 사람 감질나게 하는 결과를 사라진 대륙 아틀란티스와 연관지었다. 1912년의 타이타닉호 재난을 겪은 뒤 빙산을 탐지하기 위해 처음 개발된 원시적인 반향 측심 기술은 독일 잠수함이 기웃거리기 시작한 제1차 세계대전 동안에 급속히 개선되는 호사를 누렸다. 1920년대에는 처음으로 수중 음파탐지기를 대양저 지도를 작성하는 데에 체계적으로 적용해, 거대한 산맥이 지구의 모든 대양 아래에 숨어 있다는 사실을 급속히 깨달았다. 그러나 이 선구적인 대양 조사에 함축된 지질학적 의미는 거의 주목받지 못했고, 해양학적 노력들은 대공황과 임박한 제2차 세계대전 탓에 대부분 위축되었다.

전쟁이 끝나자, 해양학자들은 새 세대의 고감도 수중 음파탐지기로 무장하고 대양저 지형 전체의 지도를 그릴 수 있었을 뿐만 아니라 더 깊은 암석층에 부딪혀 반사되어 나오는 음파까지 탐지할 수 있었다. 대서양 바닥의 일반적인 지형들이 쉽게 확인되었다. 예를 들어 대륙붕은 대개 대서양 해안선에서 멀어질수록, 최대 수백 킬로미터 거리까지 점차 깊어진다. 이 대륙붕의 가장자리는 금을 그은 것처럼 갑자기 깊이 3킬로미터, 폭 1,600킬로미터의 심해평원—육지의 어떤 곳보다 훨씬 넓고 평탄한 지형—으로 뚝 떨어진다. 그리고 대양은 광범위한 산맥, 곧 대서양 중앙해령에 의해 양분되어 있다.

모든 증거가 이전 발견들과 일치했지만, 대양지각의 두께는 엄청난 놀라움으로 다가왔다. 지질학자들은 대양의 뿌리가 육지보다 얕으며, 대양지각은 해안에서 멀어지면서 점차 얇아질 거라고 예측했던 터였다. 이 점진적 전이 대신에 그들이 발견한 것은 두꺼운 지각에서 얇은 지각으로 놀랍도록 갑작스럽게 일어나는 반전이었다. 암석이 대륙 밑에는 수십 킬로미터 깊이로 깔려 있는 것과 달리, 대양지각의 두께는 약 8~10킬로미터밖에 되지 않았다. 바로 대륙붕 가장자리 절벽에서 뚜렷한 전이가 일어났다. 대륙과 대양 사이의 경계선이 그토록 좁다는 것은 지각평형설 모형과 어긋나는 사실이었다.

과학자들은 해마다 배를 타고 넓은 대양을 수백 번 왕복했지만, 횡단할 때마다 번번이 같은 결과가 나왔다. 길이 3만 킬로미터가 넘는 지구상에서 가장 큰, 광대한 산맥이 파도 밑에서 대서양을 정확히 양분하고 있었다. 대륙의 해안선을 따라 길게 펼쳐지는 곡선과 똑같은 곡선이 바다 아래에 숨어 있는 대서양 중앙해령 꼭대기에 그대로 모사되어 있었다. 게다가 (바뀌어가는 모래 해안선이 아니라) 심해평원으로 날카롭게 떨어지는 수중절벽을 대륙의 가장자리로 간주하면, 대륙들이 오싹할 만큼 서로 일치했다. 마치 깨진 사기접시가 깔끔하게 도로 맞는 것 같았다. 과학은 더 이상 해안선의 일치를 단순한 우연의 일치로 무시할 수 없었다.

과학자들이 대서양 다각측량을 더 많이 완수하고 측정치를 더 자세히 비교하자, 새로운 패턴이 모습을 드러냈다. 대서양 중앙해령은 결코 평범한 산맥이 아니었다. 육상의 산맥은 대부분 산맥의 축을 따라 최고봉들이 한 줄로 내려가지만, 대서양 중앙해령 정중앙에는 폭이 30킬로미터쯤 되고 동쪽이나 서쪽의 인접한 봉우리보다 1.5킬로미터 이상 더 깊은 골이 넓게 패여 있었다. 우리는 이 지형을 이제 열곡裂谷이라 부른다. 게다가 해령과 열곡은 북에서 남까지 매끄럽게 이어지는 곡선을 따르지 않는다. 열곡은 오히려 중심에서 동쪽이나 서쪽으로 150킬로미터 이상 반복해서 벗어난다. 지각이 끊겨 자리를 옮긴 장소인 변환단층變換斷層이 그렇게 명확한 경계를 드러내어 전체 해령에 우툴두툴하고 망가진 외모를 선사했다. 어쩌다 그리 되었을까?

이렇듯 암시적인 발견들은 전후 과학계에 눈사태처럼 밀어닥친 찬란한 발견들 속에서 쉽게 묻힐 수도 있었다. 어떤 의미에서는, 자료가 더 늘어난 것뿐이었다. 하지만 대양저 프로젝트를 인솔한 연구자들은 결코 평범한 홍보담당자가 아니었다. 컬럼비아 대학 라몬트-도허티 지질관측소(현재는 라몬트-도허티 지구관측소로 이름이 바뀌었다) 해양지구물리학자인 브루스 헤이즌과 마리 사프는 새롭고 극적인 지구 표면 지형도를 고안했다. 이들의 지도도 다른 지형도와 마찬가지로 색깔로 대륙의 고도를 나타냈다. 풀빛과 노란빛에서 출발해서 더 높아지면 밤빛으로, 마침내 눈 덮인 산까지 올라가면 하얀빛으로 높이를 구분했다. 거대 산맥들—히말라야, 안데스, 알프스—은 분명하게 두드러졌다. 헤이즌과 사프의 예술적 혁신은 해수면 아래에 있는 엄청난 산맥을 정확히 같은 식으로, 다만 다양한 색조의 파란빛으로 부각시킨 것이었다. 이 기법으로 대서양 중앙해령과 기타 심해 지형이 전 지구 규모에서 기념비처럼 두드러졌다. 그리고 그 절묘한 지도의 중심을 대서양에 맞춤으로써, 그들은 해안선과 해령의 동일한 모양을 오해의 여지 없이 부각시켰다. 1960년대 이전에 헤이즌과 사프의 지도는 이미 상징적인 지위에 올라 있었다. 이렇듯 지형이 나란해진 원인이 무엇이든, 모종의 유전적 고리가 있다는 사실만은 모두에게 명백했다 (브루스 헤이즌—철자는 Heezen이지만 '헤이즌'으로 발음하는—과 널리 기려지는 그의 공헌에 대한 이야기는 내 이력에서 특별한 의미가 있다. 왜냐하면 내가 1966년 가을 MIT에 도착했을 때, 지질학 교수진에서 가장 연배가 높은 분들까지 나를 깍듯이 존중하며 나와 악수하기를 고대하는 것을 보고 깜짝 놀랐기 때문이다. 명문가의 혈통이라는 건—비록 동음이의어의 사생아일지언정—과학에서 장점이 없지 않다).

## 확장되는 바다

대서양 중앙해령이 드러나고 동태평양과 인도양 수면 아래에서도 화산작용으로 만들어진 비슷한 해령들이 발견되자, 과학자들은 다시 기운을 차려 대륙이 수평으로 운동할 가능성과 맞붙었다. 베게너의 신조어는 대륙이 정처 없이 떠다니고 있다는 느낌을 줄지도 모르지만 분명히 그건 아니므로, 지질학자들은 지구의 표면을 극적으로 재배열할 수 있을 만한 숨은 힘을 찾아나섰다.

발견에 발견이 꼬리를 물면서 끊임없이 도착하는 새로운 자료들은 전문가들을 당황시켰다. 1956년, 브루스 헤이즌과 그의 라몬트-도허티 지질관측소 상사인 지진학자 모리스 유잉은 대서양 중앙해령의 중심을 가르는 열곡의 위치와 크지 않은 대양저 지진들이 지구 곳곳으로 뻗어나가며 그려내는 5만 5,000킬로미터 길이의 패턴 사이에 놀라운 연관성이 있다는 것을 입증했다.

어떤 식으로든 열곡이 지진과 관계가 있으므로, 해령은 역동적이고 가변적인 지형임이 틀림없었다.

대양저의 암석들도 많은 지질학자들을 놀라게 했다. 그들은 대서양 중앙해령이 전형적인 하나의 산맥이며, 거기에 마치 (옛날에 바다에 잠겨 있었던-옮긴이) 캐나다 로키 산맥처럼 풍화에 잘 견디는 해양성 석회석이 덮여 있을 것이라고 예측했다. 하지만 해령을 따라 광범위하게 물 밑을 훑는 동시에 대서양의 많은 섬들을 관찰했더니 온통 현무암, 그것도 비교적 젊은 현무암밖에는 나오지 않았다. 얇게 덮인 물렁한 퇴적물들을 빼면 대양지각은 거의 전적으로 화산성 현무암으로 이루어져 있는 것으로 드러난다. 동서로 폭이 4,000킬로미터가 넘는 대양저에 현무암이 포장도로를 이루고 있는 것이다.

게다가 변하지 않는 방사성원소 붕괴율을 기반으로 조심스럽게 연대를 추정하면, 이 암석들의 나이에서 단순한 패턴이 드러난다. 대서양 중앙해령의 정중앙에 있는 열곡에서 수집한 현무암은 갓 주조된 것으로, 100만 살이 채 안 된다. 그리고 열곡에서부터 동쪽 또는 서쪽으로 멀어질수록 현무암의 나이가 많아지다가 마침내 대륙 가장자리에 접근하면 1억 살이 넘어간다. 외곽의 암석은 그토록 늙었는데, 대양 중심부의 암석은 어째서 젊을까? 한 가지 논리적인 결론은 대서양 중앙해령이 일련의 화산이라서 새로운 현무암 지각을 토해내고 있다는 것이다. 하지만 해분海盆 가장자리에 있는 훨씬 더 늙은 암석들은 어디에서 왔을까?

핵심 자료, 곧 판구조론의 움직일 수 없는 증거는 자력계라는 두 번째 잠수함사냥 기술에서 나왔다. 제2차 세계대전에서 쓰인 잠수함은 큰 덩치에 철이 풍부한 합금이라 자성을 띤다. 자력계가 개발된 덕분에, 잠수함을 사냥하는 비행기들은 대양 표면 위를 날면서 근처에 있는 적군 잠수함의 자기磁氣적 편차를 잡아낼 수 있었다. 거대한 전투가 끝나자, 지구물리학자들은 자기장의 작은 변화를 훨씬 더 쉽게 감지할 수 있는 새로운 유형의 자력계를 발명했다. 그들은 이 장치를 개조한 다음 연구선 뒤에 매달아, 바다 밑바닥 바로 위쪽에서 끌려오도록 했다.

그들의 목표물은 대양저의 현무암이었다. 이 현무암은 산화철로 이루어진 광물인 자철석磁鐵石의 자디잔 결정 형태로 약한 자기신호를 띤다. 지구의 자기장은 해마다 약간씩 바뀐다고 알려져 있는데, 이 현상을 영년永年변화라 한다. 현무암질 마그마가 식으면, 자철석 결정들이 조그만 나침반 바늘처럼 지자기장 방향으로 동결된다. 따라서 대양저 현무암은 그 암석이 굳어진 정확한 날짜의 지자기장 방위를 보존하고 있다. 현무암과 기타 암석 안에 갇힌 이 보이지 않는 자기력장을 연구하는 이 고古지자기학이 최근에 융성하고 있다(마른 땅에서는 시간이 흐르며 대륙지각이 습곡작용이나 단층작용 등의 지질학적 왜곡을 겪은 결과 뒤죽박죽된 자기신호가 그러한 패턴을 어지럽힌다).

1950년대 초부터 해양학자들은 전략적으로 해저 가까이 배치한 자력계를 배에 달고 해령을 가로지르는 긴 횡단면 위를 휩쓸고 다녔다. 그들이 고지자기를 측정하면 얻을지도 모른다고 기대한 것은 대양저에서의 영년변화를 더 잘 보여주는 그림이었다. 그 대신 그들이 찾은 것은 깜짝 놀랄 만큼 규칙적이면서도 복잡한, 기묘한 자기 패턴이었다. 대서양과 태평양 둘 다에서, 중앙열곡에 가까운 현무암은 정상적인 자기 방위를 보여주었다. 곧, 충실하게 현대의 자북磁北 방향을 가리켰다. 하지만 열곡의 동쪽이나 서쪽으로 몇 킬로미터만 가면 자기신호가 180도 완전히 뒤집힌다. 자북이 거의 정확히 현재 위치의 반대편에, 그러니까 자남이 있어야 할 곳에 있고, 자남은 자북이 있어야 할 곳에 있다는 말이다. 어느 방향으로든 몇 킬로미터를 더 항해하면 자기장이 다시 맞는 방위로 180도 뒤집힌다. 다시, 또 다시, 수십 번, 주어진 어떤 횡단면의 암석에서도 동결된 자기장의 반전이 관찰된다.

추가 분석을 통해 세 가지 핵심적인 사실이 밝혀졌다. 첫째, 자기장이 뒤집힌 암석들은 길고 좁은 남북 방향의 띠를 형성하며 이 띠들은 대서양과 태평양 둘 다에서 해령과 정확히 평행을 이룬다. 중앙의 열곡이 변환단층에 의해 끊겨서 갈라져나온 곳 역시 자기 띠를 형성한다. 둘째, 이 자기 띠들의 패턴은 해령축을 중심으로 대칭이다. 중심에서부터 동쪽으로 향해하건 서쪽으로 향해하건, 일부는 더 넓고 일부는 더 좁은 정방향과 역방향 띠들이 정확히 같은 순서로 나타난다는 말이다. 셋째, 전 세계 해령계에서 이 현무암들의 연대를 방사선동위원소법으로 측정해보면 모든 반전이 저마다 좁고 정확하게 한정된 연대에 걸쳐서 동시에 일어났음이 입증된다. 따라서 자기 반전은 일종의 대양저 연대표 구실을 한다.

머리가 어질어질하다면, 그에 따른 두 가지 논리적 결론은 다음과 같다. 첫째, 지구의 자기장은 미친 듯이 변할 수 있다. 평균 50만 년마다 180도 뒤집히고, 최소한 지난 1억 5,000만 년 동안 계속 그래왔다. 지자기장이 이렇듯 변덕스러운 이유는 이제 어느 정도 자세히 알려져 있다. 우리 행성은 거대한 전자석이며, 이 자석의 자기장은 유체 상태로 대류하는 지구의 외핵 안에서 소용돌이치는 전류에서 발생한다. 열이 이 대류를 구동한다. 내핵과 외핵의 경계에서 뜨거운 고밀도 액체가 팽창해 올라가면, 더 차고 더 밀도 높은 액체가 위에서 가라앉아 그 자리를 대신한다. 지구물리학자들은 지구의 자전 때문에 대류가 더 복잡하고 혼란스럽게 뒤틀리는 것을 정교한 컴퓨터 모형을 사용해 보여준다. 이렇게 움직인 결과 약 50만 년마다 자기장이 뒤집히는 것이다. 지구의 자전은 자극磁極을 구속해 자극이 안정한 자전축에 가깝게 정렬된 상태로 대부분의 시간을 보내도록 하기도 하지만 중심핵이 불안정한 시기 동안에는 자기장이 폭넓게 방황하고 뒤집힐 수 있는데, 아마도 그 기간이 100년 이내인 듯하다.

두 번째 결론은 중앙해령들이 매년 1인치(약 2.54센티미터) 이상의 속도로 새로운 현무암 지각을 생산한다는 것이다. 더 오래된 현무암이 동서 양 방향으로 움직여 해령에서부터 멀어지면 새로운 용암이 자리를 잡는다. 따라서 해령계는 새로운 대양저를 토해내고 있는 웅장한 양방향 컨베이어벨트다. 대서양 중앙해령에서 갓 생겨난 현무암이 대서양을 확장하고 있으므로, 대서양은 매년 2인치씩 더 넓어지고 있다. 대략 3만 년마다 새로운 대양저가 평균 1마일

(약 1.6킬로미터)씩 생겨나는 셈이다. 테이프를 1억 5,000만 년 전으로 돌려보면, 대서양은 존재하지 않았다. 그 시기 이전의 아메리카는 알프레트 베게너가 제안한 대로 유럽 및 아프리카와 합쳐져 있었음이 틀림없다.

이 놀라운 발견을 발표해 학계에 가장 큰 영향을 미친 논문들 가운데 하나는 1961년의 『미국지질학회보』에 모습을 드러냈다. 캘리포니아에 있는 스크립스 해양학연구소 소속의 영국인 지구물리학자 로널드 메이슨과 미국인 전자공학 전문가 아서 래프가 거의 10년 동안 공동작업을 하면서 북아메리카 서부연안 대양저의 자기磁氣조사 자료를 남김없이 수집했다. 그들이 발표한 논문의 꽃은 후안 데 푸카 해령의 자기를 상세히 그린 지도였다. 이 해령은 미국 오리건 주, 워싱턴 주, 캐나다 브리티시컬럼비아 주의 항구들에서 배로 한나절쯤 걸리는 거리에 있는 태평양 해양저에 우뚝 솟은 지형이다.

메이슨과 래프의 삭막한 흑백 지도—흰 띠와 검은 띠는 각각 정방향과 역방향의 자기장을 나타낸다—는 수십 개의 남북 방향 띠를 보여준다. 대양지각의 큰 구획들 안쪽은 대체로 균일하고, 구획마다 폭이 수백 킬로미터이며, 구획마다 열곡을 중심으로 띠들이 대칭적인 패턴을 이룬다. 하지만 인접한 구획들 사이에서는 그 패턴이 망가진다. 변환단층선에 의해 중심에서 벗어난 구획들이 마치 입체파 그림처럼 엇물린다. 이러한 단층들 가운데 한 곳인 멘도시노 파쇄대(破碎帶: 단층을 따라 암석이 부스러진 부분—옮긴이)를 따라 지맥을 분석하면 지각이 옆쪽으로 1,000킬로미터 넘게 움직였다는 사실이 현저히 드러난다. 내부의 웅장한 과정이 작용해 지구의 지각을 교란시키고 있음이 틀림없다.

전 지구의 해령계에서 비슷한 증거들이 쌓이자 지질학자, 지구물리학자, 해양학자들이 새롭게 힘을 모아 서로 대화를 시작했다. 대양저지형학, 지진학, 지자기학, 암석 연대의 상관관계가 모두 같은 결론을 가리켰다. 대양지각은 전 세계 해령계에서 만들어지며, 해령계는 역동적인 활화산 지대다. 해저의 확장 속도는 대칭적 패턴으로 나타나는 자기 띠와 현무암의 나이에 기록되어 있다.

영향력 있는 논문들이 쏟아져나와 지질학의 사고방식을 총체적으로 바꾼 끝에, 1960년대 중반쯤에는 거의 모든 사람이 한때 이단이었던 것을 확신하게 되었다. 대륙은 움직이고 있고, 대서양은 1억 년이 넘도록 지금까지 해마다 점점 더 넓어지고 있음을.

### 사라지는 지각의 문제

판구조론 혁명 초기는 급속한 발견과 함께 패러다임이 바뀌는 시기였던 만큼, 새로운 질문들에 당혹한 시기이기도 했다. 해답이 나오지 않은 질문 하나가 개중 도드라졌다. 어떻게 1마일 너비의 기다란 새 현무암 지각이 대서양, 태평양, 인도양의 3만 마일이 넘는 중앙해령을 따라 3만 년마다 더해질 수 있었을까? 그 모든 새 지각이 어떻게 꼭 들어맞았을까? 지구가 커지고 있는 게 아니라면—1950년대와 1960년대 초의 짧은 막간에는 브루스 헤이즌을 포함한 작지만 강경한 지질학자 집단이 이 이치가 닿지 않는, 확장 중인 지구 각본을 실제로 옹호하기도 했다—이전의 지각은 어딘가로 가야만 했다.

지진학자들이 해답을 찾았다. 1960년대의 냉전 상황에서는 핵무기가 지진학의 중점(그리고 주요 자금원)이 되었다. 1962년의 쿠바 미사일 위기를 겪은 뒤, 미국과 소련은 핵무기의 지하 폭파시험을 규제하는 부분핵실험금지조약에 동의했다. 조약을 준수하는지를 검증하기 위해 지구 방방곡곡에 배치한 광범위한(이라고 쓰고, '비싼'이라고 읽는) 일련의 진동 감지 기구들을 써서 지진을 계속 감시하기로 했다. 그 결과 짜인 전세계지진관측망(WWSSN)은 정거장 120개를 미국 지질조사국 지부가 있는 콜로라도 주 골든의 중앙전산소로 연결했다. 사상 최초로, 작은 지진(그리고 큰 폭발)이 지구상 어디에서 일어나도 정확한 위치, 깊이, 크기, 움직임을 집어낼 수 있게 되었다.

지구과학이 얻은 부가혜택은 엄청났다. 새로운 도구로 무장한 지구물리학자들은 예전에는 탐지할 수 없었던 지구의 움직임을 수천 건 감지할 수 있었고, 따라서 예전에는 깨닫지 못했던 지구 전체의 지진 패턴을 입증할 수도 있었다. 그들은 지각의 느닷없는 거동들 거의 모두가 맹렬한 지진활동을 하는 좁은 선—중앙해령과 같은 곳—을 따라 일어난다는 것을 발견했다. 그 밖에도 많은 흔들림이 대륙 연변부에 연이어 있는 화산들 가까이에서, 예컨대 악명 높은 '환태평양 화산대' 주변에서 일어난다. 필리핀, 일본, 알래스카, 칠레, 기타 위험지대를 포함해 이 태평양 테두리에 위치한 격렬해지기 쉬운 지역들은 하나의 공통 패턴을 형성했다.

비교적 얕은(3, 4킬로미터 깊이에서 오는) 지진은 그냥 대양저 위 깊은 해구 부근의 연안에서 생겨나는 반면, 더 깊고 깊은(때때로 150킬로미터도 넘는 깊이에서 오는) 지진은 해안에서 멀고 먼 내륙에서 일어난다는 사실은 오래전부터 알려져 있었다. 알려진 가장 깊은 지진은 흔히 워싱턴 주에 있는 세인트헬레나 산과 레이니어 산처럼 연달아 있는 위험한 폭발성 화산들—보통 상당히 먼 내륙에 위치하는 화산들—밑에서 일어난다.

1960년대 말쯤 되자, WWSSN에서 나온 새 자료들 덕분에 심해의 해구, 지진, 화산 사이의 관계가 자세히 해명되었다. 해구에서 내륙으로 가면서 지진의 깊이가 깊어지는 뚜렷한 패턴에서, 거대한 대양지각판이 섭입대攝入帶라 불리는 경계를 따라 대륙 밑의 맨틀 속으로 뛰어드는 그림이 나왔다. 오래된 현무암 지각은 뜨거운 맨틀보다 훨씬 차고 따라서 밀도가 더 높으므로, 문자 그대로 지구에게 삼켜진다. 섭입하는 현무암이 인접한 지각에 부딪히는 동시에 부딪힌 지각을 아래쪽으로 끌어내리면서 심해의 해구가 형성된다. 해령에서 새 지각이 1킬로미터 생길 때마다 1킬로미터의 옛 지각이 섭입대에서 사라진다. 새것과 옛것이 정확하게 균형을 이룬다.

마치 장막이 걷힌 것처럼, 판구조론이라는 새로운 과학이 또렷하게 초점에 들어왔다. 해령과 섭입대가 이동하는 판 10여 장의 경계를 정한다. 판들 각각은 차갑고(더 깊은 맨틀에 비해), 딱딱하고(그래서 지진으로 쉽게 깨지고), 두께는 수십 킬로미터밖에 안 되지만 너비가 수백에서 수천 킬로미터에 이른다. 이 단단한 판들이 단순히 더 뜨겁고 더 물렁한 맨틀을 가로질러 미끄러지는 것이다. 환태평양 화산대가 큰 판 하나의 경계를 정하고, 남극과 남극을 둘러싼 바

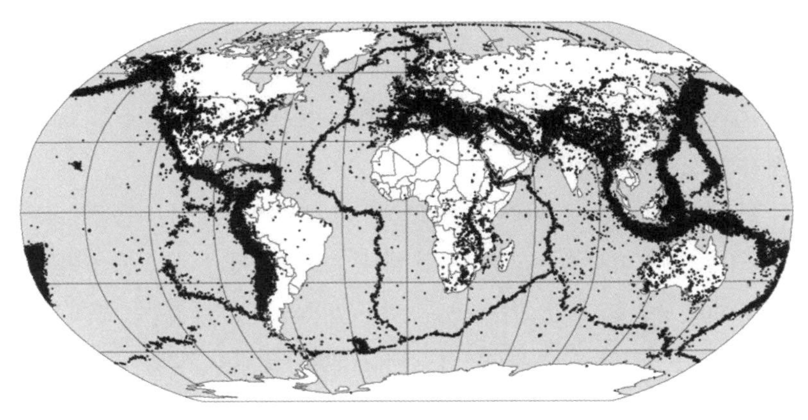

**그림 5.2** 1996년부터 1998년까지 일어난 지진의 진앙지를 측정해서 점으로 나타낸 세계지도. 지진 대부분이 해령과 섭입대가 결정하는 지각판의 경계와 주요 화산대에서 일어난다는 것을 한눈에 알아볼 수 있다. (NASA 그림)

다가 또 하나의 판의 경계를 정한다. 남북아메리카판은 대서양 중앙해령에서부터 곧장 아메리카 태평양 해안까지 서쪽으로 뻗어가는 반면, 유라시아판은 대서양 중앙해령에서 동아시아 태평양 해안까지 동쪽으로 뻗어간다. 대서양 중앙해령을 서쪽 기점으로 해서 동쪽 인도양 중간까지 뻗어가는 아프리카판은 지구의 역동적 표면이 지닌 흥미로운 측면을 보여준다. 아프리카 대륙은 새로운 열곡이 형성되면서 갈라지기 시작하고 있다. 호수와 활화산들이 한 줄로 늘어서 있을 뿐 아니라, 세계에서 가장 빠른 장거리달리기 선수들을 규칙적으로 배출하는 높은 고도가 그 표식이다. 언젠가 아프리카는 두 개의 판이 되고, 그 사이에 새로이 확장되어가는 대양을 가지게 될 것이다.

해령이 새로운 판 물질을 생산하고 섭입대가 오래된 판 물질을 삼킬 때, 각본은 유클리드에 의해 다시 한번 복잡해진다. 지구는 둥글다는 말이다. 동그란 구에 얹힌 판이 성장하고 섭입하려면, 기하학적으로 일부 판들은 들쑥날쑥한 변환단층 선을 따라 서로 긁혀야 한다. 그래서 메이슨과 래프의 유명한 후안 데 푸카 해령 자기지도에 들어 있는 지맥 띠가 생겨나는 것이다. 캘리포니아에 잊지 못할 많은 지진을 유발해온 난폭한 산안드레아스 단층도 그러한 봉합선 가운데 하나다. 날마다 그 단층을 따라 더 많은 응력이 생겨난다. 막강한 북아메리카판이 막강한 태평양판에 대해 남서쪽으로 움직이기 때문이다. 날마다 이 거침없는 판운동이 로스앤젤레스와 샌프란시스코 주민들을 그다음 '대지진'으로 더 가까이 데려간다.

판구조론 기하학에 대해서는 이쯤 해두자. 판운동에 동력을 공급해야 하는 웅장한 힘은 어찌 되는 걸까? 무엇 때문에 전 대륙이 수억 년 동안 이동하고, 긁히고, 충돌할 수 있었을까? 답은 지구 안쪽의 열이다. 지구는 뜨거운 반면 우주공간은 차다. 우주의 전면적인 핵심 개념인 열역학 제2법칙은 말한다. 열은 언제나 뜨거운 물체에서 차가운 물체로 흐른다고. 열은 점차 확산되어야 하며, 어떻게든 균등해질 길을 찾아야 한다고.

열에너지의 전달을 돕는 세 가지 친숙한 기제를 떠올려보라. 모든 따뜻한 물체는 적외선 복사의 형태로 주위에 열을 전달한다. 비록 효율은 훨씬 떨어지지만, 열은 직접적 접촉인 전도에 의해 이동하기도 한다. 열은 대류에 의해 이동하기도 하는데, 이때는 뜨거운 영역과 차가운 영역 사이에서 유체가 흐른다. 지구도 열역학 제2법칙에 따라야 한다. 하지만 열이 어떻게 타는 듯한 중심핵에서부터 차가운 지각까지 효율적으로 움직일 수 있을까? 적외선 복사는 암석과 마그마가 가로막고, 굼뜬 전도는 그다지 효율적이지 않다. 그러므로 캐러멜처럼 말랑한, 뜨거운 맨틀 암석의 대류가 열쇠다.

암석은 지구 표면에서는 단단하고 부서지기 쉬운 물질이지만, 맨틀이라는 깊은 곳의 과열된 압력솥 안쪽에서는 버터처럼 흐물흐물해진다. 수백만 년에 걸쳐 깊은 내부의 응력을 받은 암석은 변형되고, 스며들어, 흐른다. 뜨겁고 밀도 낮은 암석은 점차 표면을 향해 올라가는 반면, 차고 밀도 높은 암석은 깊이 가라앉는다. 제각기 폭이 수천 킬로미터, 깊이가 수백 킬로미터에 달하는 거대한 대류세포들이 보이지 않는 웅장한 바퀴를 그리며 지구의 맨틀을 뒤집어엎는다. 이 행성 규모의 뒤섞기는 보폭도 어마어마하다. 대류세포가 한 바퀴 돌아가는 데에만도 1억 년 이상이 걸릴 것이다.

처음엔, 아마도 10억 년 넘게, 지구의 균일한 현무암 지각 밑 맨틀 대류는 무질서하게 소용돌이치는 뒤범벅이었음이 틀림없다. 여기저기서 저밀도 화강암의 뜨거운 용융물이 제멋대로 뛰고 솟구쳐올라 표면에 쌓여서 차가운 고밀도 현무암을 들쑤셔놓았다. 그 차가운 지각에서 분리된 고밀도 덩어리가 내부로 서서히 가라앉으며, 전 지구 규모의 열 교환으로 들어갔다.

그다음 5억 년에 걸쳐서는 맨틀 휘젓기가 좀 더 조직화되었다. 저마다 마그마 상승류와 판들이 위로 올라가고 지각 덩어리들이 아래로 내려오는 작은 대류세포 수십 개가 합체해서 깊이 수백 킬로미터, 폭 수천 킬로미터의 웅대한 바퀴 몇 개를 구성했다. 뜨거운 새 현무암 지각은 이 대류세포들이 위로 올라가는 곳에서 성장 중인 해저의 해령을 따라 형성되었고, 반면 차가운 옛 현무암 지각은 가파른 각도로 맨틀 속으로 뛰어들었다. 이곳이 바로 판 지구조 운동의 새로운 변형 과정들이 점차 우세해지던 지구 안의 섭입대다. 단면으로 본 지구의 격동하는 바깥쪽 층은 옆을 향해 도는, 한 번 도는 데에 1억 년 이상이 걸리는 소용돌이의 집합처럼 보였을지도 모른다.

그때도 지금처럼, 지구의 진화 중인 표면은 저 아래에서 일어나고 있는 웅장한 과정을 반영했다. 현무암 화산들로 이루어진 거대한 해령은 마그마가 올라오는 대류지대 위쪽에서 성장했다. 베인 상처와도 같은 해구들은 섭입하는 옛 지각이 맨틀 속으로 내리꽂히면서 인접한 대양저를 꺾어 구부리는 곳에서 형성되었다. 섭입은 또한 무엇보다 중요한 화강암 생산을 가속시켰다. 차갑고 젖은 상태로 섭입한 현무암 지각은 더 깊이 꽂혀 지구 속으로 다시 삼켜지자, 가열되어 녹기 시작했다. 완전히는 아니고 아마도 20~30퍼센트쯤 녹았을 그 화강암질 마그마가 점점 불어나 표면으로 올라가서, 잿빛 화산섬들을 수백 킬로미터 길이로 줄줄이 생산했다. 대륙이 지어질 무대가 마련된 것이다.

### 회전

화강암은 뜨고, 현무암은 가라앉는다. 그것이 대륙의 기원에 대한 열쇠다. 화강암으로 구성된 마그마는 모암인 현무암질 암석보다 밀도가 훨씬 낮으므로, 이 갓 생성된 용융물은 서서히, 필연적으로 위로 올라가 표면 근처의 암괴로 결정화하거나 분석噴石과 재를 표면 위로 겹겹이 토해내는 화산을 통해 분출된다. 수십억 년의 지구사에 걸쳐서 무수한 화강암 섬들이 이 연속적 과정에 의해 형성되어왔다.

판 지구조운동은 이 화강암에서 기원한 열도를 생산했을 뿐만 아니라, 열도를 대륙으로 조립하기도 했다. 열쇠는 화강암은 섭입할 수 없다는 단순한 사실에 있다. 밀도 높은 현무암은 쉽게 맨틀 속으로 가라앉지만, 현무암 위에 뜬 화강암은 부력을 지닌 코르크와 같아서 일단 형성되기만 하면 표면에 그대로 보존된다. 섭입이 더 많은 섬들을 생산하면, 화강암의 총면적은 돌이킬 수 없이 늘어난다.

섭입 중인 대양지각판에 가라앉지 못하는 화강암 섬들이 점점이 박혀 있다고 상상해보라. 현무암은 섭입하지만, 섬들은 섭입하지 않는다. 섬들은 표면에 머물러야 하므로, 결국 섭입대 바로 위에 한 가닥 육지를 형성한다. 수천만 년이 지나면, 점점 더 많은 화강암 섬들이 누적되어 점점 더 넓은 띠를 형성하고, 동시에 섭입 중인 석판에서 갓 녹은 화강암이 다량 올라와 성장하고 있는 대륙의 두께와 폭을 늘린다. 섬들이 붙어서 원시 대륙을 형성하고, 원시 대륙들이 붙어서 대륙을 형성한다. 우리 태양계의 콘드라이트들이 붙어서 일단 미행성체를 형성하고, 미행성체들이 붙어서 행성을 형성한 것과 마찬가지다.

판 지구조운동의 웅장한 순환은 우리의 세계를 변형시킨다. 지구의 얇고, 차갑고, 잘 부서지는 표면은 끓고 있는 국솥의 더껑이처럼 갈라지고 이동한다. 새로운 현무암 지각이 화산 해령에서부터 쏟아져나와 깊은 대류세포가 올라오는 장소를 알려준다. 오래된 지각이 섭입대에서 삼켜져서 대류세포가 내려가는 장소를 나타낸다. 하지만 지구의 가장 격렬한 표면 교란들—가장 강렬한 지진, 가장 막강한 화산—도 깊은 내부의 어마어마하게 더 정력적인 전 지구 규모의 움직임에 비하면 하찮고 지엽적인 일시적 상황 변화다.

판구조론은 지구과학에도 혁명을 일으켰다. 수직구조론이 지배하던 과거 암흑기에는 모든 지질학 분야가 분리되어 있었고, 다른 어떤 분야와도 관계가 없는 것 같았다. 혁명 이전에 고생물학자는 지진학자에게 말을 걸 필요가 없었고, 화산학은 광석지질학과 관계가 거의 없었고, 지구물리학자는 생명의 기원과 진화에 관심이 없었고, 한 국가의 암석은 먼 대양저의 암석은 고사하고 다른 국가의 암석과도 명백한 관계가 없었다.

판구조론이 지구에 관한 모든 것을 통합했다. 이제는 희귀한 화석 유기체들의 산지를 광활하게 펼쳐진 대양을 가로질러 정밀하게 짝지을 수 있다. 사화산 지대는 해당 섭입대에서 대륙의 암석으로 굳어진 이후 오래도록 숨어 있던 귀중한 광상으로 광부들을 인도한다. 지구물리학을 연구하면 대륙의 이동이 동식물의 진화에 주요한 영향을 끼쳤다는 사실을 알게 된다. 판구조론이 보여주는 지구는 지각에서 중심핵까지, 나노 규모부터 전 지구 규모까지, 단 하나의 통일원리가 시공간을 관통하는 통합된 행성계다.

화강암이 만들어낸 작품이 상승류가 주도하는 섬들에서 섭입이 주도하는 대륙까지, 즉 수직 지구조운동의 무질서한 조각보에서 조화로운 조립물로 이동하기까지는 시간이 걸렸다. 하지만 지구가 15억 살이 되었을 무렵에는, 대류로 열을 보내는 맨틀-지구의 질량과 열에너지 대부분을 품고 있는 2,900킬로미터 두께의 지대-이 우리 행성의 표면을 돌이킬 수 없이 변형시킨 상태였다. 성장 중인 불모의 화강암 육괴들은 검은 현무암과 달리 희끄무레한 잿빛, 곧 전형적인 석영과 장석의 혼합색으로 보였다. 만일 당신이 30억 년 전의 그 고대 세계로 가는 시간여행자라면, 친숙한 지형들을 약간 발견할 것이다. 식물이라곤 없고 북극권의 어지간히 우툴두툴한 해안선과, 그와 다름없이 깔쭉깔쭉한 언덕과 깎아지른 계곡뿐이지만, 원시 대륙 위에 설 수 있을 것이다. 사나운 날씨가 한동안 계속되다가 맑고 푸른 하늘과 흰 뭉게구름이 며칠간 반짝하는 경험을 하게 될 것이다. 대양은 용존광물로 포화되어 있고, 칼슘과 마그네슘 탄산염을 포함한 이 용존광물이 이따금 결정 형태로 층을 이루어 현무암

해저 위에 퇴적되어 있음을 발견할 것이다. 그 시원하고 푸른 대양 옆, 잿빛 화강암에서 침식된 튼튼한 석영 입자가 풍부한 최초의 백사장 위에 누울 수도 있을 것이다. 하지만 질소와 이산화탄소만 많고, 생명을 주는 산소의 기미는 조금도 없는 가혹한 대기 안에서 순식간에 질식하고 말 것이다.

대륙—튼튼한 화강암 지각으로 지어진 육괴—의 발명은 지구의 장엄한 진화의 행렬에서 하나의 심심풀이에 지나지 않았다. 어디에나 있는 표면 근처 현무암이 깊은 곳에서 올라오는 열에 의해 부분적으로 용융되어 형성된 화강암 지대는 그것만 빼면 원래와 같은, 물에 잠긴 우리 행성의 검은 살갗 위에서 자라나는 잿빛 딱지와 같았다. 늘 그렇듯 더 밀도 높은 현무암 기초 위에 떠서 점차 두꺼워지던 화강암 뗏목이 해수면 위로 떠오를 수 있었던 덕분에, 그것을 뿌리로 거대하게 자라난 모든 대륙을 우리가 오늘날 인류 중심의 관점에서 단단한 지구로 지각하는 것이다.

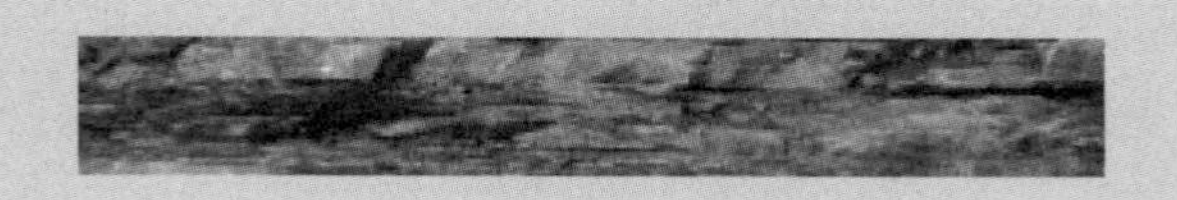

06

지구 나이 5억~10억 살

# 살아 있는 지구
## —생명의 기원

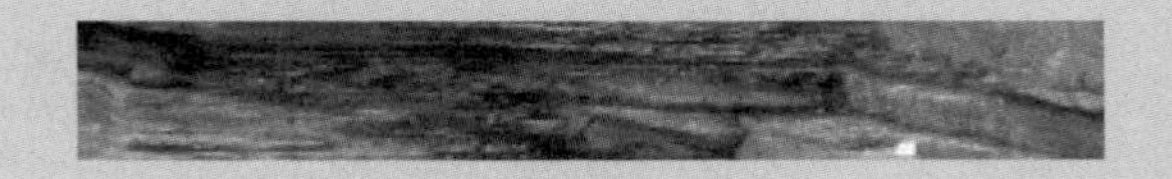

5억 살 먹은 유아기 지구는 자신이 머지않아 얼마나 어른스러워질지에 관해 거의 아무런 암시도 주지 않았다. 지구가 극적인 화산작용을 뽐낸 것은 분명하지만, 우리 태양계 안의 몇몇 다른 행성과 위성들도 그랬다. 지구는 행성 전체에 걸친 대양으로 우아하게 장식되었지만, 초기 시절에는 화성도 그랬고, 목성의 거대 위성 유로파와 칼리스토도 얼음에 덮인 깊이 80킬로미터가 넘는 대양으로 둘러싸여 훨씬 더 높은 비율의 귀중한 액체를 표면에 보유하고 있었다. 우리 행성은 판 지구조운동의 도움으로 바뀌었지만, 초기 시절에는 금성에도, 그리고 어쩌면 화성에도 나름대로 변형된 대류 주도 지구조운동이 있었을 것이다.

화학이 지구만 따로 간수한 것도 아니다. 현무암과 화강암은 모든 석질행성의 초석이다. 산소, 규소, 알루미늄, 마그네슘, 칼슘, 철이 이 행성들의 조성을 지배했다. 지구는 자기 몫의 탄소와 질소와 황을 가지고 있었지만, 우리 태양계 안의 다른 세계들도 생명 유지에 필수적인 그 원소들을 똑같이 부여받았다. 거의 모든 잣대를 들이대어 보아도, 40억 년 전의 지구는 다소 평범한 행성으로 보였다.

하지만 지구는 머지않아 알려진 세계들 사이에서 독보적인 존재가 되었다. 물론 지구 말고는 알려진 어떤 행성이나 위성도 5억 살 전에 그토록 전면적인 변화의 사건들을 견뎌오지 않았다는 점에서, 지구는 이미 독보적이었다. 지구 말고 그렇게 철저하게, 그토록 자주 겉모습을 바꿔온 행성은 하나도 없었다. 하지만 이러한 변신에서 달라진 것은 오직 규모이지 종류가 아니었다. 가장 역동적인 행성 변화의 엔진—지구를 따로 간수하는 주인공—은 아직 출현하기 전이었다. 오로지 지구만 살아 있는 행성이 되었다. 생물권이 생겨나고 진화했다는 점에서, 지구는 알려진 다른 모든 행성 및 위성과 구별된다.

## 생명이란 무엇인가?

살아 있다는 것은 무슨 뜻일까? 이 현상이 무엇이기에 지구를 나머지 알려진 우주와 그토록 다르게 만드는 것일까? 우리가 한 묶음의 독특하면서도 얽히고설킨 특성들—움직이고, 성장하고, 적응하고, 번식하는 능력을 갖춘 복잡한 구조—로 생명을 묘사하려 애쓰는 것도 무리가 아니다. 그러한 세포 특유의 속성들 대신 하나의 세포막이나 여러 가닥의 긴 유전분자 DNA를 가리키면 어떨까. 하지만 진단용 특성의 목록이 아무리 길어도, 예외는 항상 있는 것 같다. 지의류는 움직이지 않는다. 노새는 번식하지 않는다(암말과 수탕나귀의 이계교배로 생겨난 1대 잡종인 노새의 수컷은 생식불능이다—옮긴이).

화학은 생명을 정의하는 데에 더 확실한 기초를 제공한다. 모든 살아 있는 것은 조직된 분자계로서 놀랍도록 복잡하고 조화로운 화학반응들을 수행하기 때문이다. 모든 생명 형태는 별개의 분자 조립물(세포)로 이루어져 있고, 이 조립물도 분자 장벽에 의해 외부(환경)와 분리된다. 이 영리하게 수집된 화학물질들이 진화시켜온 두 가지 독립적인 자기보존 방식, 즉 대사와 유전이 힘을 합쳐 생물을 무생물과 명확히 구분한다.

대사代謝란 다양한 한 벌의 화학반응으로, 모든 생명 형태가 이것을 써서 주변의 원자와 에너지를 더 많은 세포 내용물로 바꾼다. 세포들은 마치 조그만 화학공장처럼, 분자 원료와 연료를 섭취하고 힘들게 얻은 그 자원들을 써서 운동, 수리, 성장, 그리고 때때로 번식을 돕는다. 그리고 화학공장과 마찬가지로, 다시 말해 사나운 산불이나 처음으로 원소를 생성하는 항성의 핵 연쇄반응과 달리, 세포는 양성 되먹임positive feedback과 음성 되먹임negative feedback을 써서 이 반응을 절묘하게 통제하고 조절한다.

생명을 정의하려면 대사만으로는 충분치 않다. 무생물 환경과 달리 세포는 DNA분자 형태의 정보를 싣고 있으며, 그 분자정보를 복사해 한 세대로부터 다음 세대로 전달할 수 있다. 뿐만 아니라, 그 정보는 돌연변이를 일으킬 수도 있다. 분자들이 종종 오류와 함께 복사되어, 그 오류가 유전적 변이를 제공하는 것이다. 그래서 돌연변이가 화학적 신제품을 홍보하면, 그 혁신이 해당 개체군의 세포들로 하여금 덜 효율적인 다른 개체군을 상대로 경쟁할 수 있도록, 또는 때때로 환경이 변하는 동안 생존할 수 있도록, 또는 새로운 환경의 생태적 지위로 올라갈 발판을 확대할 수 있도록 해준다.

따라서 대사와 유전은 둘이 함께 살아 있는 물질의 특성을 기술해야 한다. 하지만 놀랍게도, 생물학자들은 지금껏 단 하나의, 보편적으로 인정되는 생명의 정의를 고안하지 못했다. 생명의 기원과 다른 세계에 생명이 있을 가능성을 조사하는 것이 임무인 미 항공우주국의 우주생물학 프로그램이 아마도 그 정의에 가장 근접했을 것이다. 1994년, 스크립스 연구소의 제럴드 조이스를 수장으로 한 미 항공우주국 심사단이 다음의 미끈한 한 문장에 동의했다. "생명이란 자력으로 살아가며 다윈의 진화를 겪을 수 있는 화학계다."

실험실에서 생명을 만들려는 시도(합성생물학이라 불리는 미래 분야)의 선도자 가운데 한 명인 조이스가 최근에 이 기준을 만족시켰다. 분명 주목할 만한 도약이다. 그가 고안한 수천 가지 분자모둠은 시험관 테두리 안에서 상호작용하며 자력으로 살아가기도 하고 진화하기도 한다. 밀폐된 유리 안에서도 이 복잡한 과정의 결과로 일정 부분이 진화했다. 비록 생겨난 것은 실험을 시작할 때부터 이미 존재했던 다양한 분자의 정확한 복제품이었지만 말이다. 조이스는 단지 분자 복제품을 지겹도록 휘젓는 화학계라면, 설사 그 분자들의 상대적 비율이 시간이 가면서 진화한다고 하더라도 분자 복사기에 지나지 않는다는 것을 깨달았다. 반면에 자연의 생물계는 돌연변이를 일으키고 잠재적으로 완전히 새로운 일을 할 능력이 있다. 장차 새로운 환경을 탐색할 수도 있고, 예기치 않은 환경의 변화에서 살아남을 수도 있고, 새로운 과제를 수행할 수도 있고, 이웃보다 앞서 자원을 획득할 수도 있는 것이다. 그래서 조이스는 자신의 정의를 수정해 다음과 같이 새로움이라는 특성을 포함시켰다. "생명이란 자력으로 살아가며 새로움을 도입하고 다윈의 진화를 겪을 수 있는 화학계다." 이 발전에 관해 가장 언급할 만한 사항은 아마도 제럴드 조이스가 실험실에서 최초로 생명을 창조했다는 역사적 공훈(좀 프랑켄슈타인 같다는 느낌이 들긴 하지만)에 대한 소유권을 주장하는 대신, 생명의 미묘함을 깨닫고 겸손하게 미 항공우주국의 정의를 수정했다는 점일 것이다.

## 원료

무생물 행성이던 지구가 어떻게 대사와 유전의 얽히고설킨 특성들을 발명했을까? 생명의 기원 업계에 속한 우리들 대부분은 최초의 세포의 출현이 지구화학적으로 필연적인 과정이 아니었을까 생각한다. 지구는 꼭 필요한 원료를 모두 지니고 있었다. 대양, 대기, 암석, 광물에 필수 원소인 탄소, 산소, 수소, 질소, 황이 지천으로 들어 있었다. 에너지도 풍부했다. 태양복사와 지구 내부의 열이 가장 든든한 에너지원이 되어주었지만, 번개, 방사능, 운석 충돌과 다른 많은 형태의 에너지도 기여했을지 모른다(그리고 그 결과, 생명의 기원에 관한 이론도 최소한 존재하는 원소와 에너지의 출처만큼 많다).

한 점에 대해서만큼은 거의 모든 사람이 동의한다. 주기율표에서 가장 다재다능한 원소인 탄소가 주역을 맡았다는 점. 그만큼 분자 설계가 풍부하거나 그토록 분자 기능이 다양한 원소는 달리 없다. 탄소 원자는 다른 탄소 원자뿐만 아니라 무수한 다른 원소들—특히 수소, 산소, 질소, 황—과도 단번에 네 개까지 결합을 형성하는 비길 데 없는 능력을 소유하고 있다. 탄소는 원자들의 긴 사슬이건, 맞물린 고리들이건, 복잡하게 가지를 치는 배열이건, 상상할 수 있는 거의 모든 형태를 형성할 수 있다. 그래서 단백질과 탄수화물도, 고체 지방과 액체 지방도, DNA와 RNA도 탄소가 등뼈를 형성하는 것이다. 다재다능한 탄소를 기반으로 하는 분자들만이 생명을 정의하는 쌍둥이 특징인 번식 능력과 진화 능력을 공유하는 것으로 보인다.

우리가 베어무는 모든 음식, 우리가 삼키는 모든 약물, 우리를 비롯해 모든 생물의 모든 몸구조 하나하나에 탄소가 실려 있다. 탄소 기반 화학물질은 어디에나 있다. 페인트와 풀과 염료와 플라스틱에도, 옷의 섬유와 신발의 밑창에도, 이 책의 책장과 표지와 잉크에도, 석탄과 석유에서 천연가스와 휘발유에 이르는 고에너지 연료에도. 그리고 제11장에서 보겠지만, 탄소 기반 연료와 기타 화학물질에 대한 우리의 의존도가 점점 커지고 있다는 사실은 지구의 표면 근처 환경이 말썽을 일으키며 왔다갔다하는 데에서 눈치챌 수 있다. 아마 수백만 년 안에 있었던 어떤 변화도 지금 일어나고 있는 변화의 속도에 대적할 수 없을 것이다.

아무리 그래도, 탄소가 지구화학에서 생화학으로의 주목할 만한 진전을 혼자서 겪었을 수는 없다. 지구를 변형시키는 거대한 세력들—물, 열, 번개와 암석의 화학에너지—모두가 생명의 발생에 총동원되었다.

### 1단계: 벽돌과 회반죽

오래전의 무생물 세계에서 생물 세계로의 전이가 정확히 어떻게(또는 언제) 일어났는지는 아직 아무도 모르지만, 전 세계 수십 군데의 실험실에서 집중적으로 연구한 결과 기본 원리들은 모습을 드러내고 있다. 생물 발생은 일련의 단계로 일어났음이 틀림없다. 각 단계가 진화 중인 세계에 화학적 복잡성을 더했을 것이다. 먼저 분자를 구성하는 요소들이 존재해야 했다. 다음엔 그 작은 분자들이 선별되고, 농축되고, 조직되어 생명의 필수 구조들—막, 중합체 같은 세포의 기능적 성분—이 되어야 했다. 어느 시점에는 그 분자들의 모둠이 자신의 복제물을 만드는 한편, 한 세대에서 다음 세대로 유전정보를 전달할 수단을 고안해야 했다. 그런 다음 다윈의 자연선택에 의한 진화가 전권을 넘겨받았고, 생명이 출현했다.

생물 합성에서 첫 단계이자 가장 잘 알려져 있는 단계는 생명의 분자 구성요소인 당, 아미노산, 지질 등을 맹렬히 생산하는 단계였다. 모두 다 다재다능한 탄소 원소를 기반으로 하는 이 필수 화학물질들은 에너지가 이산화탄소나 물과 같은 단순한 분자들과 상호작용하는 모든 곳에서 출현한다. 생명의 원료는 번개가 대기를 관통하는 곳에서도, 화산의 열이 깊은 대양을 펄펄 끓이는 곳에서도, 심지어 지구가 태어나기 전 아득히 먼 우주공간 속의 분자 구름에 자외선이 내리쬐는 곳에서도 형성되었다. 생체분자들이 하늘에서 쏟아져

내리고 깊은 데에서 솟아올랐으므로, 고대 지구의 바다에는 생명의 재료들이 점점 더 짙어지게 되었다.

생명의 기원에 대한 현대적 연구는 1953년, 오늘날까지도 여전히 생물 발생에서 가장 유명한 실험과 함께 시작되었다. 노벨상을 수상한 화학자이자 시카고 대학 교수인 해럴드 유리와 그의 불굴의 대학원생 스탠리 밀러가 실험대 위에 초기 지구를 모방하는 간단하고 정밀한 유리장치를 설계했다. 뭉근하게 끓는 물로 뜨거운 명왕이언의 대양을 대신하고, 단순한 기체 혼합물로 지구의 원시 대기를 흉내내는 한편, 전기 스파크로 번개를 모방했다. 2, 3일 뒤, 들어 있던 무색의 물이 연분홍으로, 다음엔 밤빛으로 바뀌면서 복잡한 유기분자 혼합물이 생겼다. 투명한 유리가 끈끈하고 시커먼 유기물 곤죽으로 더러워졌다.

밀러의 일상적인 화학분석 결과, 다수의 아미노산과 기타 생물 구성요소들이 드러났다. 1953년에 『사이언스』에 실린 그의 논문이 결과를 공표함과 동시에 전 세계에서 선정적인 기사 제목들이 쏟아져나왔다. 머지않아 화학자들이 생물 발생 이전의 화학을 연구하겠다고 떼를 지어 몰려들었다. 밀러-유리 실험에 들어갔던 기체의 정확한 조합에 대해서는 의문이 제기되었지만, 그 주제를 변형한 수천 건의 후속 실험들 덕분에 초기 지구에 생명에 필수적인 분자들이 풍부했음이 틀림없다는 생각만은 모든 의심을 넘어 확실히 정립되었다. 실은, 1953년의 스파크 실험과 그 자손들의 성공이 너무도 눈부셨던 나머지 이 분야의 많은 이들이 기원의 수수께끼는 이제 대부분 풀렸다고 생각했다.

이 애초의 열정과 뒤따른 주목은 오는 길에 상당한 대가를 치렀을 것이다. 밀러의 능숙한 실험은 생명의 기원 연구를 유기화학자 진영에 당당히 배치했고 생명이 생물 이전의 수프에서—아마도 '따뜻한 작은 연못에서부터'(거의 100년 전 찰스 다윈의 개인적 사변을 되풀이하자면)—출현했다는 패러다임을 확립했다. 1950년대의 실험주의자들 가운데 자연의 (지금처럼 낮/밤, 냉/온, 건/습 등 일日주기에 의해 바뀌는) 지구화학적 환경의 어마어마한 복잡성을 고려한 사람은 거의 없었다. 그들은 광범위한 자연적 변화도—예컨대 화산의 마그마가 차가운 바닷물에 접촉할 때의 온도 변화도, 민물 줄기가 짠 바다로 들어갈 때의 염도 변화도—고려하지 않았다. 그리고 밀러의 실험들 가운데 암석과 광물을 포함시킨 실험은 하나도 없었다. 수십 가지 다수 및 소수의 원소들은 물론 정력적으로 반응하는 결정면面들을 가지고 있어서 화학적으로 다양하기 그지없는 암석과 광물을 말이다. 그들은 지구의 표면 중에서도 볕이 드는 곳에서 모든 작용이 일어났음이 틀림없다고 가정했다.

밀러의 영향력은 강했고, 그와 추종자들이 생명의 기원계를 30년 이상 지배했다. 출판물이 홍수처럼 잇따랐고, 새로운 학술지들이 발간되고, 온갖 훈장과 상이 수여되는 한편, 정부자금은 '밀러 추종자들'에게로 흘러 들어갔다. 그러다 1980년대 후반에 심해에서 연기 열수공熱水孔 생태계가 발견되면서 '원시 수프'의 그럴듯한 대안이 제기되었다. 볕이 드는 대양 표면과는 거리가 먼 그 깊고 어두운 지대에서, 광물이 풍부한 유체가 뜨거운 화산지각과 상호작용해 대양저에 간헐온천과 같은 분출공을 생성한다. 펄펄 끓는 물이 뿜어져나와 차디찬 심해와 접촉해 광물들을 끊임없이 침전시킨다(이 미세한 입자들이 검은 '연기'를 만들어낸다). 그 깜짝 놀랄 만한 숨겨진 장소에, 지각과 대양 사이 경계면의 화학에너지를 연료로 해 생명이 바글거린다.

기원 패러다임을 둘러싼 전투는 과학의 사회학에 관해 많은 것을 폭로한다. 한편으로, 밀러-유리 과정은 생명이 실제로 사용하는 것과 깜짝 놀랄 만큼 비슷한 한 벌의 생체분자를 생산했다. 아미노산, 탄수화물, 지질과 염기의 혼합물은 거의 균형 잡힌 하나의 식품처럼 보인다. 해럴드 유리는 이렇게 농을 했다. "신이 이렇게 하지 않았다면, 그는 확실한 내기를 놓친 것이다." 하지만 밀러 진영의 진정한 신도들은 단순히 번개가 씨가 되어 원시 수프가 생겼다는 발상을 지지하는 것 이상의 일을 했다. 그들은 맹렬하게, 경쟁하는 발상이란 발상은 모조리 공공연히 내쳤다.

라호이아 도당(유리는 나중에 라호이아로 옮겨가 캘리포니아 대학 샌디에이고 캠퍼스에 화학과를 창립했다—옮긴이)의 의사진행방해주의는 위에 묘사한, 살아

**그림 6.1** 해저의 연기 열수공. 해저의 지하에서 뜨거운 물이 솟아나오는 구멍을 열수공이라고 하는데, 심해 열수공 가운데 금속이 다량으로 용해된 고온의 열수를 배출해 열수와 저층해수가 혼합될 때 금속 침전물이 형성되어 검은 연기처럼 보이는 열수공을 연기 열수공이라고 한다.

있는 연기 열수공이 발견되는 기절초풍할 사건이 미 항공우주국의 강력한 영향력 및 원대한 야망과 짝을 이루면서 효력이 떨어지기 시작했다. 해저에 연기 열수공이 존재한다는 사실은 극한의 환경—이전 세대의 생물학자라면 들여다보지도 않았을 곳—에도 생명이 가득하다는 점점 커가는 자각을 강력히 뒷받침했다. 우리는 이제 광산 폐기물에서 흘러나오는 산성 물줄기나 화산대 위쪽의 끓는 웅덩이에도 미생물이 번성함을 알고 있다. 미생물은 남극의 꽁꽁 언 암석 안쪽에서도 생계를 이어가고, 지표면에서 몇 킬로미터 위에 있는 성층권의 먼지 입자들에 붙어서도 견딘다. 단단한 지표면에서 몇 킬로미터 아래에 광대하게 펼쳐져 있는 미생물 생태계, 세포들이 더없이 비좁은 암석 균열부 틈바구니에서 살면서 변변찮은 광물의 화학에너지로 연명하는 그곳에서 지구 생물량의 절반—모든 나무와 코끼리와 개미와 사람을 합친 양—을 차지한다 해도 지나치지 않을 것이다. 그토록 극한 환경을 좋아하는 생물이 번성할 수 있다면, 다시 말해 소행성과 혜성의 맹렬한 공격으로부터 보호되는 깊은 환경에서 지구 생명체의 상당 부분이 생존한다면, 생명이 거기서 기원할 수 없는 이유가 무엇인가?

위대한 발견이 예상되면 꼼짝 못 하고 과학자금을 지원하는 미 항공우주국이 이 가능성에 당장 달려들었다. 만일 생명이 밀러-유리 각본대로 물에 젖은 세계의 햇볕 내리쬐는 표면에서 발생하도록 제약된다면, 지구만이 우리 눈길이 닿는 범위에서 유일하게 그럴듯한 생물 세계일 것이고 어쩌면 화성(가장 초기의 단계인 처음 5억 년 동안) 정도가 포함될 수 있을 것이다. 하지만 만일 생명이 표면 아래의 검고 뜨거운 화산대 깊이에서 출현할 수 있다면, 그 밖에도 많은 천체가 탐험을 유혹하는 목표물이 된다. 오늘날 화성에는 깊은 열수대가 있음이 틀림없고, 어쩌면 지금까지도 거기에서 생명체가 견디고 있는지도 모른다. 목성의 위성 가운데 몇 개도 생물학적으로 조사할 시기가 무르익었고, 토성의 위성 중 유기물이 풍부하고 크기가 지구만 한 타이탄도 마찬가지다. 심지어 큼직한 소행성들 중 일부에도 깊은 곳에 생명을 생산하는 뜨겁고 습한 지대가 있을 수 있다. 만일 생명체가 지구 깊은 곳에서 발생했다면, 우주생물학을 위한 미 항공우주국의 탐사(그리고 자금 지원)는 분명 수십 년 동안 지속될 것이다.

카네기 연구소 동료들과 나는 생명의 기원 게임에 비교적 늦게 뛰어들었다. 미 항공우주국이 후원해 우리 실험실에서 1996년에 수행한 첫 실험들은 명확하게 연기 열수공 체제, 곧 고온과 고압이 지배하는 곳에서의 유기합성을 시험하도록 설계되어 있었다. 밀러와 마찬가지로, 우리도 간단한 기체 혼합물을 빡센 조건에 노출시켰다. 우리의 경우는 그 조건이 바로 깊은 화산대에서 찾아볼 수 있을 열과 화학적으로 반응성 높은 광물 표면이었을 뿐이다. 밀러처럼 우리도 아미노산, 지질 등 생체 구성요소들을 만들어냈다. 이제는 수많은 실험실에서 재현하고 확장한 우리의 결과들은 생명의 분자 한 벌이 얕은 지각의 압력솥 조건에서 쉽게 합성될 수 있다는 것을 의심의 여지 없이 보여준다.

탄소와 질소를 함유한 화산가스가 흔한 암석 및 바닷물과 즉시 반응해 생명의 기본 구성요소들을 사실상 전부 만들어낸다.

게다가 이 합성 과정들을 다스리는 것은 산화환원 반응이라는 비교적 온화한 화학반응이다. 철이 녹슬거나 설탕이 캐러멜이 되는 것이 친숙한 예다. 이는 생명체가 대사에서 사용하는 것과 같은 종류의 화학반응으로, 번개나 자외선 복사의 격렬한 이온화 효과와는 뚜렷하게 대비된다. 실제로 가혹한 번개는 작은 생체분자들의 생산을 촉진하는 한편, 똑같이 쉽게 그 구성요소들을 분자 조각들로 찢어발기기도 할 것이다. 기원 게임에 몸담은 우리 중 다수는 지구가 덜 정력적인 화학반응을 써서, 즉 오늘날 세포가 하는 것과 어느 정도 같은 방식으로 생명 이전의 분자들을 만들었다는 쪽을 훨씬 더 쉽게 납득한다.

스탠리 밀러와 그의 추종자들은 우리의 결론을 진압하고 우리 연구 프로그램을 중단시키려고 안간힘을 다했다. 우리를 비난하는 출판물들로 한바탕 난리를 피우면서, 그들은 화산 분출공의 고온이 종류를 막론하고 쓸 만한 생체분자들은 금세 파괴하고 말 것이라고 주장했다. 밀러는 "분출공 가설은 진정한 패자입니다"라며 1998년 인터뷰에서 이렇게 불평했다. "저는 왜 우리가 그것에 관해 논의를 해야 하는지도 모르겠습니다." 그들의 주장은 생체분자가 끓는 물에서 분해되는 용의주도한 실험들을 토대로 했다. 하지만 이 극단적으로 단순화한 연구들은 원시 지구의 복잡성을 본뜨지 못했다. 극단적으로 변하는 깊은 대양의 온도와 조성, 화산 분출공의 급류와 순환, 광물이 풍부한 바닷물의 화학적 복잡성, 또는 보호막이 되어주는 암석 표면이 빠져 있었다. 암석 표면에 생체분자들이 결합한다는 것은 이제 널리 알려진 사실이다. 어쨌든 기원 분야는 이제 밀러-유리 각본을 넘어섰고, 오늘날의 생물 발생 게임에서는 많은 전문가들이 지구의 깊고 어두운 지대에 우선적으로 초점을 맞춘다.

앞서 언급했듯이, 에너지원과 함께 탄소를 함유한 작은 분자들을 가지고 있었던 고대의 모든 환경이 아마도 제몫의 아미노산, 당, 지질과 기타 생명의 분자 구성요소들을 생산했을 것이다. 번개가 내리쳤거나 가혹한 방사선에 노출된 대기도 여전히 생물 발생이론 중 하나로 승산이 있고, 연기 열수공을 비롯한 깊고 뜨거운 환경들도 그러하다. 생체분자는 소행성이 충돌하는 동안에도, 대기 중에 높이 떠서 햇빛을 흠뻑 쏘인 먼지 입자들 위에서도, 우주선線에 노출된 아득히 먼 우주의 분자 구름 안에서도 형성된다. 45억 년이 넘도록 그래왔듯이, 유기물이 풍부한 먼지가 해마다 몇 톤씩 대기권 바깥 우주에서부터 지구 표면으로 쏟아져내린다. 우리는 이제 생명의 구성요소들이 우주에 널려 있다는 것을 알고 있다.

### 2단계: 선별

반세기 전의 기원 연구에서 가장 큰 난관은 원료를, 그러니까 생명의 벽돌과 회반죽에 해당하는 분자들을 합성하는 것이었다. 21세기가 동틀 무렵에는 그 문제가 대부분 해결되었다. 과학자들은 지구가 생명에 꼭 필요한 성분들로 이루어진 묽은 국물로 둘러싸여 있었음이 분명하다는 것을 깨달았다. 이제 초점의 많은 부분은 생체 조각들을 선별하고 농축해 거대 분자로 조립하는 단계로 이동했다. 세포를 둘러싸는 막, 세포 화학반응을 촉진하는 효소, 한 세대에서 다음 세대로 정보를 전달하는 유전 중합체로 말이다.

두 가지 보완적 과정이 아마도 어떤 역할을 했을 것이다. 그중 하나인 자기조립self-assembly 과정에서는 한 떼의 긴 분자들—지질—이 자발적으로 한데 뭉쳐 막을 형성한 다음 최초의 세포들을 감쌌다. 지질은 탄소 원자 10여 개로 이루어진 홀쭉한 뼈대를 특징으로 하는데, 일정한 조건하에서 자기조립해 속이 빈 극히 작은 공이 되는 경향이 있다. 길게 늘어난 분자들이 민들레 머리에 달린 꽃씨들처럼 나란히 정렬하는 것이다. 역사상 가장 큰 영향력을 미친 기원 관련 출판물 가운데 하나에서, 캘리포니아의 생화학자 데이비드 디머는 자신이 탄소가 풍부한 머치슨 운석(지구가 생겨나기 전 아득히 먼 우주에서 형성된 한 덩어리의 화학물질들)에서 이 다재다능한 유기분자 한 벌을 추출했고 그 분자들이 스스로 급속히 조직화해 조그만 세포처럼 안쪽과 바깥쪽을 가진—물속의 조그만 기름방울 같은—구가 되는 것을 발견했다고 기술했다. 몇 년 전 디머와 나는 고온고압의 연기 열수공 조건에서 형성되는 고탄소 분자들도 흡사한 방식으로 행동한다는 사실을 발견했다. 이를 비롯한 기타 실험들은 막에 갇힌 소포체가 생물 이전 세계의 필연적 특성이며, 지질의 자기조립이 생명의 기원에서 주요한 역할을 했음이 틀림없다는 사실을 드러낸다.

다른 생체 구성요소들은 대부분 자기조직되지 않지만, 요소들을 보호해주는 암석과 광물의 안전한 표면 위에 농축되고 배열될 수 있다. 이 두 번째 종류의 선별 과정을 '주형 기반 합성'template-directed synthesis이라 한다. 카네기 연구소에서 지난 10년에 걸쳐 수행한 실험들은 생명을 구성하는 가장 필수적인 단위분자들 중 많은 것이 사실상 모든 천연광물 표면에 달라붙는다는 사실을 보여준다. 아미노산, 당을 비롯해 DNA와 RNA 성분들도 장석, 휘석, 석영 등 현무암과 화강암에 들어 있는 지구에서 가장 흔한 조암광물들 전부에 흡착된다. 뿐만 아니라, 똑같은 결정의 땅뙈기를 놓고 경쟁할 때에는 대개 여러 분자가 협력해 흡착과 조직화를 더욱 촉진할 나름의 복잡한 표면구조를 만들어낸다. 우리는 생물 이전 대양이 광물과 접촉한 곳의 형태 없는 묽은 수프에서 고도로 농축되고 다양하게 배열된 생명의 분자들이 출현했을 것이라고 결론지었다.

여기서 경고장을 발부해야 한다. 생명의 기원을 연구하는 과학자들은(그리고 아마 다른 학문 분야 대부분의 과학자들도) 자기 개인의 과학적 전공을 부각시키는 모형에 끌린다. 유기화학자 스탠리 밀러와 그의 지지자들은 생명의 기원이 본질적으로 유기화학에 속한 문제라고 보았다. 반면에 지구화학자들은 그동안 온도, 압력, 화학적으로 복잡한 암석 같은 변수를 끌어들이는 더 뒤얽힌 기원 각본에 초점을 맞추는 경향이 있었다. 막을 형성하는 지질 분자를 연구하는 전문가들은 '지질 세계'를 홍보하는 반면, DNA와 RNA를 연구하는 분자생물학자들은 'RNA 세계'가 기원 게임에서 승리할 모형이라 생각한다. 바이러스나 대사나 점토나 깊은 생물권을 연구하는 전문가들도 그들 특유의 편견을 가지고 있다. 우리 모두가 그렇다. 우리 모두가 자신이 가장 잘 아는 것에 초점을 맞추고, 그 렌즈를 통해 세상을 보는 것이다.

나는 광물학 교육을 받았으므로, 내가 어떤 기원을 선호할지는 쉽게 짐작할 수 있다. 다 내 탓이로소이다. 하지만 나 말고도 많은 기원 연구자들이 그러한 결론에 정착했다. 정말이다. 두세 명 이상의 저명한 생물학자들도 저절로 광물에 끌려왔다. 대양과 대기만 포함하는 생명의 기원 각본은 분자를 선별하고 농축시키는 효율적 기제를 설명하는 데에서 극복할 수 없는 문제들과 맞닥뜨리기 때문이다. 단단한 광물들은 분자를 선별, 농축, 조직할 수 있는 비할 데 없는 잠재력을 지니고 있다. 그러므로 광물이 생명의 기원에서 중심역할을 했을 게 틀림없다.

## 왼쪽과 오른쪽

생화학은 서로 엮인 회로와 그물처럼 연결된 분자 반응들 때문에 복잡하기 짝이 없다. 이 얽히고설킨 겹겹의 과정이 작동하려면 분자들의 크기와 모양이 꼭 맞아야 한다. 분자 선별은 각각의 생화학적 임무를 수행하는 데에 가장 적합한 분자를 찾는 일이고, 지금으로선 광물 표면에서 주형鑄型을 기반으로 선별하는 방식이 자연이 택한 방식의 유력 후보다.

아마도 분자 선별에서 가장 위압적인 난관은 키랄성chirality, 즉 생명의 보편적인 '손 대칭성'일 것이다. 생명의 분자들 중 다수는 거울상이 쌍을 이루고 있다. 양손처럼 왼손 형태와 오른손 형태가 있는 것이다. 키랄성 분자 한 쌍은 화학적 조성, 녹는점과 끓는점, 색깔과 밀도, 전기 전도도 등 많은 면에서 동일하다. 하지만 왼손 분자와 오른손 분자는 호환할 수 없는 다른 모양을 가지고 있다. 왼쪽 장갑을 오른손에 끼려고 해본 적이 있다면 이 특징이 친숙할 것이다. 생명은 믿기지 않을 만큼 까다롭다. 세포들은 거의 배타적으로 왼손형 아미노산과 오른손형 당만을 사용한다는 말이다.

키랄성은 중요하다. 신기한 인공 방향제 리모넨의 경우, 이 간단한 고리 모

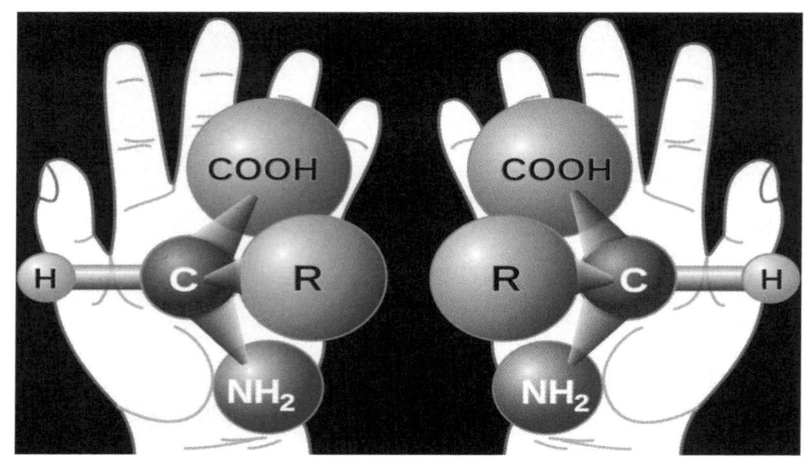


**그림 6.2** 키랄성을 지닌, 호환되지 않는 왼손 형태의 분자와 오른쪽 형태의 분자 한 쌍을 나타낸 그림. 생명의 분자들 가운데 다수는 거울상이 쌍을 이루는데, 세포들은 거의 왼손형 아미노산과 오른손형 당만을 사용한다.

양의 분자가 오른손형은 오렌지 향이 나는 반면 왼손형은 레몬 향이 난다. 코에 있는 냄새수용체가 키랄성에 민감하므로, 오른손형 리모넨과 왼손형 리모넨이 뇌에 약간 다른 신호를 전달한다. 맛봉오리는 오른손형 당과 왼손형 당 사이의 차이에 덜 민감하다. 둘 다 단맛이 나지만, 정교하게 조율된 우리 몸의 소화계는 오른손형만을 처리할 수 있다. 칼로리 없는 왼손형의 당 대체품인 인공 감미료 타가토스가 이 성질을 이용한 제품이다. 비극적인 탈리도마이드 이야기도 손 대칭성에 기초한다. 이 약의 오른손형은 임산부의 입덧을 완화했지만, 필연적으로 딸려 들어간 왼손형은 선천적 장애의 원인이 되었다. 오늘날 미 식품의약국FDA은 엄격한 요건을 갖추어야만 키랄성 면에서 순수한 약이라는 자격을 준다. 이 규제는 생명을 구하지만 소비자에게 해마다 약 2,000억 달러로 추정되는 추가 제조비용을 부담시킨다.

생체분자를 합성하는 (밀러-유리 실험과 열수 실험을 포함한) 대부분의 실험에서는 왼손형 분자와 오른손형 분자가 같은 양 생성되며, 대부분의 자연적 과정은 왼손형 분자와 오른손형 분자를 정확히 같은 것으로 취급한다. 실제로,

무생물 자연계는 대부분 좌우 구분에 무관심하다. 하지만 생명체는 절대적으로 정확한 모양을 요구한다. 왼손형 아미노산과 오른손형 당이 아니면 안 된다는 말이다. 손 대칭성이 반대인 분자들은 전혀 쓸모가 없다. 그래서 우리 연구팀은 어떻게 생명체가 오른손형 아미노산을 누르고 왼손형 아미노산을, 그리고 왼손형 당을 누르고 오른손형 당을 거의 배타적으로 선별하는가 하는 문제에 달려들었다.

우리의 최근 실험은 키랄성을 지닌 광물 표면이 어느 한 손의 분자를 선별하는 데에서, 그리고 어쩌면 생명을 낳는 데에서도 주역을 맡았을 가능성을 탐구했다. 2000년에 나와 동료들은 당시엔 놀라웠지만 지금은 당연하게 여겨지는 뭔가를 깨달았다. 키랄성 광물 표면은 자연 속 어디에나 있다는 사실을. 모든 암석과 토양에 들어 있는 가장 흔한 광물들의 넘쳐나는 표면에서 원자들이 분자 규모의 옴폭 들어간 '손잡이'를 형성한다. 일부는 왼손을 찔러넣을 수 있고 일부는 오른손을 찔러넣을 수 있다. 자연계에서는 이 왼손잡이 광물 표면과 오른손잡이 광물 표면이 통계적으로 같은 비율로 산출되므로, 전체 규모의 지구는 왼쪽도 오른쪽도 편애하지 않는 것으로 보인다. 하지만 개별 분자 하나하나는 자신이 어디에 거하게 될지에 확실히 신경을 쓴다. 우리 실험은 일정한 왼손형 분자들이 한 묶음의 결정 표면에 모일 수 있는 반면, 거울상인 오른손형의 상대쪽 분자들은 똑같이 쉽게 다른 묶음의 광물 표면에 모일 수 있음을 보여주었다. 손 대칭성을 가진 분자들이 분리되고 농축되는 동안, 결정 각각의 표면은 분자의 선별과 조직을 시험하는 조그만 실험장치가 된다.

자연이 광물과 분자를 가지고 했던 그러한 실험들 가운데 어떤 것도 혼자 힘으로 생명을 낳았을 법하지는 않다. 하지만 수조 곱하기 수조 곱하기 수조 개의 무수한 표면이 저마다 분자가 풍부한 유기물 국물에 잠겨 있고, 그 조그만 자연실험을 수억 년 동안 거듭 반복한다고 생각해보라. 지구는 마침내 작은 분자들의 사실상 모든 조합을 어딘가에서 언젠가는 시험했음이 틀림없다. 그 모든 분자 조합들 가운데 더 쉬운 자기조립을 과시하거나, 광물 표면에 더 강하게 결합하도록 발전하거나, 고온과 고압에서 더 큰 안정성을 누린 미미한 비율이 생존해서 아마도 성장하고 아마도 새로운 재주들을 익혔을 것이다.

있을 수 있는 무수한 분자와 광물조합 가운데 정확히 어떤 조합에서 생명을 닮은 조직이 나왔는지는 아직 모르지만, 분자 선별과 조직의 원리들은 이제 모습을 드러내고 있다. 생체분자들이 풍부히 합성되었고, 그 분자들 일부가 계속해서 나아가 점점 더 큰 덩어리를 형성했다. 우리의 실험은 거기에서 전하가 큰 역할을 했음을 시사한다. 일부 분자는 양전하를 약간 띠고, 다른 일부는 음전하를 약간 띠며, 또 다른 일부는 물처럼 같은 분자에 양전하를 띤 쪽과 음전하를 띤 쪽이 있어서 극성을 나타낸다. 광물들도 일부는 양으로, 일부는 음으로 대전된 표면을 가지고 있다. 이 대전된 조각들을 모두 더하면, 항상 양전하가 음전하에 끌리면서 자발적으로 정돈된다. 그렇게 해서 생물 이전 지구의 축축하고 광물이 풍부한 거의 모든 환경에서 다양한 분자 조립물이 산출된 것이다.

### 3단계: 복제

배열된 화학물질들은 패턴이 아무리 복잡하다 해도, 자신을 복사할 수 없는 한 살아 있는 게 아니다. 생명의 가장 뚜렷한 표식은 번식—분자들의 조합 하나가 둘이 되고, 둘이 넷이 되기를 계속하면서 기하급수적으로 팽창하는 것—이다. 생물 합성 이야기에서 가장 큰 불가사의는 여전히, 분자들이 자기를 복제하는 최초의 체계가 어떻게 출현했을까 하는 것이다. 기발한 실험들이 그럴법한 번식회로들을 부분적으로 복제한다. 아직까지 그 형언하기 힘든 생화학적 묘기를 실험실에서 완전히 베낀 적은 없지만, 그래도 시공간의 어느 한 점에서는 조직된 분자들 모둠 하나가 다른 분자들('먹이')을 희생해 자신을 복제하기 시작했다.

5억 살 된, 대략 40억 년 전의 지구를 상상해보라. 유기분자가 풍부한 국물이 있었고, 수조 곱하기 수조 군데의 쉽게 반응하는 광물 표면이 있었고, 가지고 놀 시간이 수억 년 있었다. 대부분의 분자 환경은 관심을 끌 만한 어떤 일도 하지 않았고, 유용한 기능도 전혀 보여주지 않았다. 하지만 유기분자들 중 소량이 광물 표면에 배열해 기능이 보강된 모종의 구조를 생산했다. 그 기능은 아마도 강화된 표면 부착력이거나 어쩌면 분자들을 공동체로 더 많이 끌어들이는 수단, 또는 경쟁하는 분자 종들의 파괴를 촉진하는 경향이었을 것이고, 아니면 심지어 자신을 복사하는 능력이었을지도 모른다. 자연계는 그러한 혁신을 후하게 보상하므로, 일단 확립된 생명은 순식간에 지구의 거주 가능한 모든 구석과 틈새로 떼 지어 몰려들었다.

하지만 한발짝만 물러나자. 분자들의 모둠 하나가 무엇하러 자발적으로 자신을 복사하기 시작하겠는가? 답은 진화의 양대 기둥인 변이와 선택에 있다. 모든 계는 두 가지 이유로 진화한다. 첫째, 계가 막대한 숫자의 서로 다른 가능한 배치들을 과시해서. 그것이 변이다. 둘째, 그 배치들 가운데 일부가 다른 배치들보다 생존할 가능성이 훨씬 더 높아서. 그것이 선택이다. 생물 발생 이전의, 서로 다른 분자 수십만 개로 구성된 모둠 하나를 상상해보라. 분자들은 모두 탄소, 수소, 산소, 질소로 만들어졌고, 아마도 황이나 인이 약간 투입되었을 것이다. 생물 발생 이전의 (스탠리 밀러풍의) 합성도 자연의 표본(예컨대 데이비드 디머의 운석)도 이 정도의 분자 변이는 과시한다. 하지만 모든 분자가 평등하게 창조되지는 않았다. 일부 분자들은 비교적 불안정했으므로, 분해되어 경쟁에서 순식간에 제거되었다. 다른 일부는 한데 뭉쳐서 쓸모없는 타르 비슷한 덩어리가 되어 떠내려가거나 대양저로 가라앉았고, 거기서는 더 이상 아무 역할도 할 수 없었다. 하지만 어떤 분자들은 현저히 안정한 것으로 드러났다. 아마도 같은 종류의 다른 분자나 남달리 끌리는 광물 표면과 결합할 수 있었다면 더욱더 안정했을 것이다. 이러한 분자들은 살아남았고, 가장 부적합한 것들은 분자 국물에서 떨어져나갔다.

분자의 상호작용이 생물 발생 이전의 혼합물을 더욱 정제했다. 어떤 분자 집단은 협력해 광물 표면에 달라붙어서 파벌의 생존율을 높였다. 다른 작은 분자들이 촉매로 작용했다. 즉, 화학결합 형성을 촉진해 일부 화학종을 개선하거나 화학결합을 깨뜨려 다른 화학종들의 파괴 속도를 높였다. 분자 국물은 신속하게 걸러졌지만, 그러한 세계에서 궁극적 보안은 경쟁자를 제거할 때 들키지 않거나 무조건 매달려 있는 것이었다. 생존의 궁극적인 상賞은 자신을 복사하는 법을 배운 분자들 모둠으로 갈 터였다.

경쟁하는 세 가지 모형이 최초로 자신을 복제한 준準생물계 분자들의 묘사를 시도한다. 이 가운데 가장 간단한(그래서 우리 가운데 많은 이들이 선호하는) 모형은 작은 분자 몇 개로 이루어진 유명한 회로를 보여준다. 어디에서나 볼 수 있는 이 시트르산 회로는 아세트산으로 시작한다. 탄소가 두 개밖에 들어 있지 않은 아세트산이 이산화탄소와 반응해 (탄소 원자 세 개로 이루어진) 피루브산을 형성하고, 피루브산은 차례로 더 많은 이산화탄소와 반응해 탄소 네 개짜리 옥살로아세트산이 된다. 기타 반응들이 분자를 점점 더 키워서, 마침내 탄소 여섯 개를 가진 시트르산을 생성한다. 회로가 자기를 복제하는 때는 바로 시트르산이 자발적으로 더 작은 분자 두 개, 곧 아세트산(탄소 원자 두 개)과 옥살로아세트산(탄소 원자 네 개)으로 갈라질 때다. 또한 두 분자는 분자고리의 일부이므로 분자로 구성된 회로 하나가 둘이 되고, 둘이 넷이 되고, 그러기를 계속한다. 뿐만 아니라, 아미노산과 당을 포함해 생명을 구성하는 데에 꼭 필요한 요소들 중 다수가 시트르산 회로의 핵심 분자들을 가져다 간단히 반응시키면 곧바로 합성된다. 예를 들어, 피루브산에 암모니아를 첨가하기만 하면 필수 아미노산인 알라닌이 얻어진다. 시트르산 회로는 지구상의 살아 있는 모든 세포에 포함되어 있으므로 그것을 원시적 특성—최초의 생명 형태부터 내려온 화학적 화석—이라 해도 지나치지 않을 것이다. 그러한 회로가 단독으로 살아 있는 것은 아니다. 하지만 그보다 생식력이 떨어지는 화학물질들을 먹이로 삼아 중추적 분자들을 복제할 잠재력이 있는 것만은 분명하다.

화학적 복잡성의 반대편 극단에는 자기를 복제하는 자가촉매망autocatalytic network이 있다. 이 모형을 옹호하는 스튜어트 카우프만은 유명한 산타

페 연구소에서 선구적인 이론들을 연구한 사람이다. 생물 발생 이전의 국물은 애초에 온갖 곳에서 서로 다른 수십만 종의 작은 탄소 기반 분자들을 끌어왔을 것이다. 우리가 지금 아는 대로, 그 화학물질들 중 일부는 새로운 분자를 만드는 반응을 촉진했고, 그러는 동안 다른 반응들은 이웃의 분해를 가속시켰다. 자가촉매망 하나를 구성하는 한 모둠의 분자들—한 몸처럼 일하는 대략 수천 가지의 서로 다른 화학종—은 자신들의 생산 속도를 높이는 반면 망에 속하지 않는 모든 분자를 파괴한다. 분자판 '부익부'다. 이번에도 시트르산 회로와 마찬가지로 그러한 분자망이 살아 있는 것으로 여겨지지는 않겠지만, 어떤 면에서 그것이 자신의 복사를 촉진하는 것은 사실이고, 이 분자망은 대부분의 무생물 화학계보다 훨씬 더 복잡하다.

아마도 생물학 교육을 받은 기원 연구자들 다수가 선호할 세 번째 각본은 RNA 세계다. 이 모형은 자신을 복사하는 RNA라는 가상 분자를 기반으로 한다. 이 각본이 호소력을 지니는 이유를 이해하려면, 한발 더 물러나 생명의 가장 결정적인 두 기능인 대사(재료 만들기)와 유전(재료를 만드는 법에 관한 정보를 한 세대에서 다음 세대로 전달하기)에 관해 생각해야 한다. 현대의 세포들은 더 많은 단백질을 만드는 데에 필요한 정보를 저장하고 복사하기 위해 사다리처럼 생긴 분자 DNA를 사용하고, 그 DNA를 만들기 위해 복잡하게 접힌 단백질 분자들을 사용한다. 그렇다면 DNA와 단백질 가운데 어느 쪽이 먼저 왔을까? 세 번째 종류의 분자인 RNA가 두 과정 모두에서 중심 역할을 하는 것으로 드러난다.

RNA는 우아한 중합체다. 이 기다란 분자 한 가닥은 구슬들을 꿴 끈이나 글자들로 채운 문장처럼, 더 작은 (뉴클레오티드nucleotide라고 부르는) 개별 분자들로 조립된다. A, C, G, U로 표시하는 네 가지 분자 '글자들'은 마치 암호문처럼 상상 가능한 모든 순서로 정렬할 수 있다. 아닌 게 아니라, 이 RNA 글자들은 (DNA와 마찬가지로) 유전정보를 담고 있다. 동시에 RNA는 (단백질과 마찬가지로) 복잡한 모양으로 접혀 주요한 생물학적 반응들을 촉진하는 능력도 지닐 수 있다. 실은, RNA 분자는 유전정보를 실어다주는 방법과 단백질 형성을 촉진하는 방법 둘 다를 써서 모든 단백질 합성을 보조한다. 따라서 모든 생명체의 온갖 분자들 중에서 RNA만이 유일하게 '만능'인 것 같다.

RNA 세계 모형은 아직까지 잘 모르는 모종의 화학기제가 막대한 숫자의 다양한 RNA 가닥을, 또는 아마도 그와 매우 비슷한 정보를 많이 지닌 분자를 생산했다는 가정을 기초로 한다. 그 가지각색의 가닥들은 거의 모두 참말이지 아무 일도 하지 않고, 단지 생존하거나 점차 분해되기만 했다. 그러나 선택된 가닥들 소수는 자신에게 이로운 모종의 기능을 소유하고 있었다. 몸을 접어 더 안정한 분자가 되거나, 안전한 광물 표면을 확보하거나, 어쩌면 경쟁자를 파괴했을지도 모른다. 모두 다 국물 안에서 분자들이 벌이는 경쟁의 또 다른 예일 뿐이다.

RNA 세계 가설의 핵심 가정은 이 무수한 가닥들 가운데 하나가 자신을 복사하는 법이라는 주목할 만한 묘기를 익혔다는 것이다. 자기를 복제하는 분자가 되었다는 말이다. 이 발상이 그렇게 터무니없는 것은 아니다. 어쨌거나 RNA는 DNA를 많이 닮았고, DNA는 자신을 복사할 수 있으니까. 더군다나 RNA는 쉽게 돌연변이하기도 한다. 그러므로 최초로 자기를 복제한 RNA 분자는 아무리 비효율적이었거나 엉성했어도, 머지않아 자신과 약간 다른 많은 변종과 경쟁하고 있는 자신을 발견했을 테고, 그들 가운데 일부가 복사하는 묘기를 약간 더 빨리, 또는 에너지 소비를 약간 덜하면서, 어쩌면 약간 다른 환경에서 해냈을 것이다. 그렇게 조숙한 RNA 분자라면 생명의 필요조건을 모두 만족시키는 것처럼 보일 것이다. 자력으로 살아가며 새로움을 도입하고 다윈의 진화—이 경우는 분자 규모에서—를 겪을 수 있는 화학계라는 말이다.

그것이 시트르산 회로였든, 자가촉매망이었든, 자기를 복제하는 RNA였든, 최초로 서툴게나마 자기를 복제하는 구실을 한 분자계가 출현하기까지는 아마도 긴 시간이 걸렸을 것이다. 하지만 자연은 상상할 수 없는 숫자의 분자 조합을 수백만 년 동안 거의 5억 제곱킬로미터나 되는 지구 표면에 걸쳐서, 수조 곱하기 수조 군데의 광물 표면에 입혀보고 있었다. 그리고 상상을 초월하는 어마어마한 숫자의 분자 조합들 가운데 하나가 언젠가 어딘가에서 맞아떨어졌다. 그 조합은 자신을 복제하고 진화하는 법을 익혔다. 그리고 그 발명이 모든 것을 바꾸었다.

하버드 대학의 생물학자 잭 쇼스택이 보스턴에 터를 둔 실험실에서 하는 실험들은 분자 진화에서 선택이 발휘하는 위력을 입증한다. 쇼스택의 팀은 많은 실험에서 A, C, G, U 100글자를 아무렇게나 한 줄로 세워 구성한 100조 가지나 되는 서로 다른 RNA 서열 혼합물을 가지고 출발한다. 제각기 다르게 접힌 어마어마한 수의 다양한 RNA 가닥 모둠은 다음 순서로 모양이 독특한 또 하나의 분자와 단단히 결합하기 과제를 마주한다. 쇼스택의 팀은 100조 개 가닥이 모두 들어 있는 용액을 작은 유리구슬들이 담긴 비커에 쏟는다. 모든 유리구슬에는 독특한 모양의 목표 분자를 미리 입혀놓는다. 이 목표 분자는 마치 작은 갈고리처럼, RNA가 풍부한 용액 안으로 튀어나와 달랑거린다. 대다수 RNA 분자는 반응하지 않는다. 모양이 틀려서 상호작용하지 않는 것이다. 하지만 접힌 RNA 가운데 극히 일부는 목표물에 걸려 단단히 달라붙는다.

이때부터 재미있어지기 시작한다. 왜냐하면 쇼스택의 공동연구자들이 사용한 용액을 (거의 100조 가지 쓸모없는 RNA 가닥들과 함께) 쏟아내고 요행히 모양 덕분에 막을 입힌 유리구슬에 달라붙은 얼마 안 되는 가닥을 회수하기 때문이다. 그런 다음 그럴듯한 생물 발생 이전의 과정들을 흉내내는 유전공학 표준 요령을 써서 100조 가지 RNA 가닥 1회분을 새로 제조하는데, 이번에는 모든 가닥이 엉성한 복사물이다. 다시 말해, 모든 복사물은 원래 효과가 있었던 소수 가닥들 가운데 하나의 돌연변이다. 위의 단계를 반복하면 유효한 RNA 가닥의 새로운 개체군이 생기는데, 이 차세대 변종 중 일부는 첫 세대의 어떤 가닥보다도 분자와 훨씬 더 잘 결합한다. 돌연변이 딸 가닥들 일부는 두드러지게 부모를 능가한다. 전 과정을 몇 번 더 반복하면 결과물인 RNA 가닥의 결합 능력이 점점 더 좋아지다가, 마침내 최고의 돌연변이들이 완벽하게 작동하는 시점에 도달한다. 가능한 가장 높은 결합에너지를 가지고 목표물에 맞물린다는 말이다.

전체 실험에는 2, 3일이 걸린다. 무작위 가닥들에서부터 완벽하게 결합하는 분자가 생겨나기까지 1주일도 걸리지 않는 것이다. 하지만 세계에서 가장 총명한 화학자들로 구성한 팀에게 그토록 완벽하게 작동하는 RNA 가닥을 아무런 사전지식 없이 설계하라고 한다면, 그들은 알려진 어떤 계산법을 가지고도 그 과제가 사실상 불가능함을 알게 될 것이다. 현재에는 하나의 긴 RNA 가닥이 어떻게 접힐지, 또는 다른 복잡한 모양의 분자에 어떻게 붙을지 어떤 방법으로도 정확히 예측하지 못한다. 기능을 얻는 데에는 지적 설계가 아닌 분자 진화가 단연코 가장 빠르고 믿을 만한 경로다(그래서 우리는 만일 신이 생명을 창조했다면, 그는 진화를 사용할 만큼 머리가 좋은 존재라고 말한다).

## 생명의 폭발

생물 발생 이전의 국물 속에서는 유용한 기능이 눈곱만큼이라도 있는 분자들 모둠이 유리했다. 하지만 이 분자 전략은 유용한 기능에다 또한 자신을 복사할 수도 있었던, RNA 가닥에 부여된 이점 곁에서 빛을 잃었다. 자기를 복제하는 분자는 어느 정도 동일한 딸들을 낳아 자신의 생존을 보장했다. 뿐만 아니라 분자를 복사하는 과정이 엉망일 수밖에 없었으므로, 그 RNA 복사물 가운데 일부는 돌연변이였다. 돌연변이 대부분은 치명적이거나 유의미한 이점이 부여되지 않았지만, 운 좋은 소수의 개체는 부모보다 출중했고, 따라서 그 계는 진화했다. 단순히 우연한 복사 실수로 인해 자기를 복제하는 원래 분자가 낳은 자손이 더 극단적인 압력이나 열이나 염 조건을 견디거나, 복제를 더 빨리 하거나, 새로운 식량원을 찾거나, 자신보다 환경에 덜 적합한 이웃들을 파괴했음이 틀림없다. 광물 표면이나 막에 에워싸인 안전한 피난처에서 보호를 받은 RNA 가닥들은 더욱더 큰 이점을 누렸다.

최초의 자기복제 분자들은 경쟁자가 없었으므로, 지구의 영양분 넘치는 지대를 (지질학의 잣대로는) 한순간에 꿀꺽했다. 너무 작아서 보이지도 않는 대상이 지구를 점령한다는 생각은 아마도 직관에 어긋나겠지만, 단지 논의를 위해 최초의 비교적 비효율적인 자기복제 분자가 갑절로 늘어나는 데에 일주일이 걸렸다고 하자(반면 현대의 미생물 중 다수는 몇 분 만에 복제될 수 있다). 일주일마다 두 가닥이 네 가닥이 되고, 네 가닥이 여덟 가닥이 되기를 계속했다. 그 속도라면, 약 반년 만에 1억 개의 자기복제 분자로 이루어진 덩어리—맨눈으로 겨우 보일만 한 물체—하나가 형성되었을 것이다. 20주 후에는 RNA 덩어리가 팽창해 골무 하나를 채웠을 것이다. 이 속도라면, 가장 먼저 모습을 드러낸 생명체 전부가 제법 큰 욕조 하나를 채우기까지 20주의 시간이 더 필요할 것이다.

하지만 생명체가 매주 계속해서 두 배가 되었다면 금세 주목할 만한 변형이 일어났을 것이다. 20주가 더 흐른 뒤에는 RNA가 우글우글한 물이 아마도 해변을 따라, 또는 내륙의 호수나 심해 환경에서 몇 킬로미터를 차지했을 것이다. 그리고 최초의 RNA 가닥 하나가 매주 곱절이 되었다고 가정하면, 지구는 2년 안에 100만 세제곱킬로미터나 되는 살아 있는 것들을 뽐낼 수 있었을 것이다. 지중해 전체를 틀어막고도 남는 양이다.

암석의 화학에너지를 먹고 산 원시 단세포 유기체들은 지구의 지질학—예컨대 표면 근처의 암석 분포나 광물 다양성—에 큰 영향을 미칠 수는 없었을 것이다. 살아 있든 그렇지 않든 40억 년 전의 고대 육지는 여전히 검은빛과 잿빛의 불모지였고, 표면의 풍화는 느렸으며, 가장 이른 시기의 생명체는 전 지구에 걸쳐 있는 파란 대양을 바꾸는 데에는 거의 아무런 기여도 하지 않았을 것이다.

최초의 어설픈 미생물들은 거의 흔적을 남기지 않았을 것이므로, 생명이 언제 시작되었다고 확실히 말할 수는 없다. 약 35억 년 전에 얕은 대양 환경에 놓여 있던 지구에서 가장 오래된 퇴적암들 중 소수에는 오해의 여지가 없는 미생물 화석이 담겨 있다. 세포 군체가 광물을 얇게 켜켜이 침전시킨 얕은 바다 환경에서 폭이 몇 센티미터에서 몇 미터에 이르는 돔 형태의 바위처럼 생긴 스트로마톨라이트가 형성되었다. 미생물 매트가 해안선을 폭넓게 뒤덮으면서 조간대(潮間帶: 만조 때 해안선과 간조 때 해안선 사이의 부분. 만조 때에는 바닷물에 잠기고 간조 때에는 공기에 드러나 생물에게는 혹독한 환경이다—옮긴이)의 모래를 굳히고 독특한 패턴을 형성했다. 심지어 탄소가 풍부한 적은 수의 영역은 세포를 닮은 독특한 벽들—미생물 체화석體化石일 가능성이 있는—과 함께 영원처럼 긴 시간을 이기고 살아남았다. 하지만 논쟁의 여지가 없는 그보다 더 오래된 화석은 발견된 적이 없다. 38억 5,000만 살이나 먹은 심하게 변질된 암석에서 얻어진 탄소와 기타 생체 원소의 지구화학적 흔적은 사람을 감질나게 하지만, 그 흔적이 지질학계를 설득한 적은 한 번도 없었다.

그래서, 생명체는 도대체 언제 생겨난 것일까? 생명체는 생존 가능한 모든 행성 또는 위성에서 흔하게 일찌감치 출현한다는 직감이 든다면, 아마도 당신은 44억 년 전까지—지구 최초의 1억 5,000만 년 안에—생물권이 안정되었다는 주장을 옹호할 것이다. 거기엔 대양과 공기, 광물과 에너지 등 모든 성분이 있었다. 소행성과 혜성의 거대한 충돌이 명왕이언 생명체의 생존을 위협했을 것이므로, 아마도 대양저 아래의 아늑한 암석 집에서 뜨겁고 깊게 사는 법을 익힌 단단한 세포들이 유리했을 것이다. 아마도 생명체가 한 번 이상, 어쩌면 여러 번 생겨난 뒤에야 지구는 안정을 찾아 더 평온한 후後사춘기로 들어갔을 것이다. 그렇다면 35억 살 된 화석들은 거의 10억 년 동안 만들어지는 중이던 생태계를 대표할 것이다.

반면 생명체의 발생은 우주에서 어렵고 드문 일이 아닐까 하고 생각한다면, 당신에게는 35억 년 전에 가까운 날짜가 더 그럴듯해 보일 것이다. 생명체란 너무도 있을 법하지 않아서, 반드시 10억 년 동안 광물 분자들이 수억 세제곱킬로미터의 대양지각 전체에 걸쳐 상호작용을 해야만 했을 것이다. 아마 그 귀하고 드문 이른바 시생이언 화석들은 생물권의 진정한 시작을 표시할 것이다.

## 살아 있는 지구

최초의 생명체가 44억 년보다 더 이전에 출현했건 38억 년 전 이후에 출현했건, 그것이 지구의 고대 표면을 거의 바꾸지 않았다는 사실은 변치 않는다. 가장 이른 시기의 미생물들은 단지 지구가 이미 알고 있던 화학적 묘기들을 익혔을 뿐이다. 화학반응은 우리 행성의 가장 초기부터 지금까지 행성의 고체 표면 또는 그 근처에서 일어났다. 그 이유는 바로 전자 분포 때문이다. 지구의 맨틀은 지각보다 원자당 평균 전자수가 더 많다. 화학용어로 말하자면, 맨틀은 더 '환원되어' 있고 표면은 더 '산화되어' 있다. 환원된 화학물질과 산화된 화학물질이 만나면—예를 들어 맨틀에서 환원된 마그마와 가스들이 화산 분화를 통해 산화된 표면을 뚫고 나오면—이 물질들은 보통 에너지를 내보내는 화학반응을 겪는데, 그 과정에서 전자들이 맨틀에서 표면으로 전달된다.

철과 산소가 반응해 녹이 스는 현상도 그러한 반응의 친숙한 예다. 철 금속에는 전자가 가득 채워져 있다. 기억하겠지만, 전자가 워낙 많아서 그중 일부는 반짝이는 금속을 뚫고 자유롭게 돌아다니며 전기를 전도할 정도다. 따라서 철은 전자주개다. 반면 산소 기체는 전자에 너무 굶주려 $O_2$ 분자를 만들려면 산소 원자끼리 짝을 지어 자원을 서로 출자해야만 한다. 무인도에서 식량을 배급하듯이, 빈약하게 공급되는 전자를 두 원자가 공유하는 것이다. 산소는 이상적인 전자받개이므로, 금속 철은 산소 분자를 만나면 전자를 재빨리 주고받는다. 철 원자는 각각 전자 두세 개를 내주는 반면, 산소 원자는 각각 전자 두 개를 차지한다. 이 교환의 결과로, 새로운 화합물인 철산화물과 소량의 에너지가 생긴다.

철 말고도 전자에 물린 금속 원소로서 흔히 볼 수 있는 니켈, 망간, 구리도 쉽게 산화된다. 메탄(천연가스), 프로판, 부탄을 포함해 생물 발생 이전에 이미 합성되어 있던 간단한 탄소 기반 분자들 중 다수도 그러했다. 지구의 가장 초기 대기에는 산소 기체가 드물었지만, 황산($SO_4$), 질산($NO_3$), 탄산($CO_3$), 인산($PO_4$)을 포함해 전자에 굶주린 다른 원자들의 모둠을 쉽게 구해 산소의 역할을 메울 수 있었다.

생명체 출현 이전에는 산화환원 반응이 비교적 느긋한 속도로 진행되었다. 하지만 최초의 미생물들이 전자를 더 빠른 속도로 뒤섞는 법을 배웠고, 많은 곳—원시 해안선, 표면 근처 수역, 대양저 퇴적물—에서 살아 있는 세포들이 이러한 반응의 중재자가 되었다. 미생물 공동체들은 암석의 반응 속도를 높이는 것으로 생계를 꾸렸다. 즉, 거기서 생기는 에너지를 써서 살아가고 성장하고 번식했다. 물론 지구는 처음부터 철산화물을 만들고 있었지만, 최초의 미생물들이 그 속도를 높인 것이다. 그 과정에서 생명체는 몹시 천천히 지구의 표면 환경을 바꾸기 시작했다. 미생물은 명왕이언과 시생이언 대양에 환원된 철 형태로 녹아 있어서 쉽게 구할 수 있었던 풍부한 에너지를 개발했다. 철을 산화시켜 붉게 녹슨 적철석을 형성한 것이다. 이 화학적 변형은 전체 생태계를 부양하기에 충분한 에너지를 방출할 수 있다. 따라서 오스트레일리아, 남아메리카와 기타 오래된 지대에서 발견되는 시생이언의 호상縞狀철광층은 수천만 년 동안 지속한 웅장한 미생물 뷔페의 찌꺼기에 해당할 것이다. 그렇게 해서 지권과 생물권의 놀라운 공진화가 시작되었다.

자연선택에 의한 진화가 이 모든 과정을 계속해서 몰아갔다. 미생물 가운데 철이라는 식량 공급원을 더 효율적으로 사용하는 법을, 또는 더 극단적인 조건을 견디는 법을, 또는 새로운 산화환원 반응을 이용하는 법을 배운 종들이 뚜렷한 이점을 가지고 확실하게 살아남았다. 돌연변이한 미생물 개체군이 새로운 촉매를 발명해서 이 에너지 생산 반응을 무생물 환경보다 더 효율적으로 촉진했다. 그 결과 석회석이 여기저기 동산만 하게 쌓이고, 철산화물도 적당히 퇴적되었으며, 덩달아서 표면 근처 탄소, 황, 질소, 인의 처리량도 점점 더 늘었다. 그럼에도 불구하고, 이 가장 초기의 생명 형태들이 한 일은 이전의 무생물 세계에서 이미 (더 느리게나마) 시작했던 화학을 흉내낸 것에 지나지 않았다.

## 빛

대부분의 기원 연구자들은 가장 초기의 생명 형태가 전적으로 암석의 화학에너지—분명 풍부했지만, 생명이 번성할 수 있는 곳에서만 매우 제한적으로 얻을 수 있었던 에너지원—에 의존하지 않았을까 생각한다. 어느 시점에, 소수 미생물이 자신이 사는 환경에 내재하는 화학반응의 중재자라는 역할을 넘어서 나아갔다. 그들은 내리쬐는 햇빛을 모으는 법을 배웠고, 햇빛은 행성 표면 어디에 사는 누구에게든 풍부하고 값싼 에너지원이라는 사실이 입증될 터였다.

가장 기본적인 형태만 보았을 때, 광합성은 햇빛을 사용해 이산화탄소, 질소, 물처럼 어디에나 있는 원료를 가지고 생체분자를 만든다. 적절한 화학적 발판만 주어지면, 대기 중의 기체와 내리쬐는 햇빛으로 생명체를 구성하는 데에 꼭 필요한 모든 요소—아미노산, 당, 지질, DNA와 RNA의 성분들—를 만들 수 있다. 현대 녹조류와 달리, 최초로 광합성을 한 미생물들은 산소를 생산하지 않았다. 실제로, 이 원시 유기체와 유사한 현대의 유기체들은 고여 있는 연못 위에 밤빛이나 보랏빛을 띤 더껑이를 형성하는 경향이 있다. 일부 생물학자들은 심지어 엄청나게 떠다니던 광합성 미생물 뗏목이 파란 시생이언 대양을 칙칙한 밤빛을 띤 보랏빛 얼룩들로 퇴색시켰을 거라는 의견을 내놓았다.

우리가 어찌 알겠는가? 그러한 미생물에 화석으로 보존될 단단한 부분이 있는 것도 아니고, 조류 매트가 떠다녔다고 해서 암석의 기록이 어떤 식으로든 명백하게 바뀌는 것도 아닌데. 그러나 빛을 사랑하는 가장 오래된 미생물 증거를 어떻게든 얻어내는 방법이 있을 것이다. 광합성 세포라면 부분적으로 탄소 고리 다섯 개가 맞물려 있는 독특한 분자인 호판(hopane, 요즘 스포츠 뉴스에서 많이 나오는 스테로이드와 구성 면에서 가까운 친척)이 들어 있어야 한다. 숨길 수 없는 다중고리 호판 뼈대는 미생물이 죽어서 썩은 뒤에도 고운 대양저 퇴적물 안에 잔류 분자로 수십억 년 동안 생존할 수 있다. 암석을 통째로 가져다가 거기서 이 지질학적 호판을 추출해 분석하려면 꼼꼼한 화학적 처리가 필요하다. 잠정적 해석을 내리는 데에도 오래전에 있었을지 모르는 오염원과 최근에 있었을지 모르는 오염원 둘 다에 관한 교묘한 가정들을 장황하게 끌어들여야 한다. 고생물학계는 어떤 분자가 수십억 년 동안 살아남았다는 보고 하나하나를 무조건 의심하지는 않더라도, 늘 조심스럽게 맞이한다. 그럼에도 불구하고 화학적 흔적들은 거기에 있으며, 이 빈약한 고대 생물권을 들여다보는 최선의 창일 것이다(어떻게 들여다보는지에 관해서는 제7장에서 더 이야기하자).

우리 행성이 10억 번째 생일을 맞이할 무렵, 생명은 이미 행성 표면에 비교적 하찮기는 해도 단단한 발판을 확립한 상태였다. 그 뒤로도 10억 년 동안 지구의 미생물은 처음엔 산화환원 반응 속도를 높여서, 다음엔 광합성을 통해 표면 근처 환경을 살짝 찔러만 볼 것이었다. 심지어 우리가 그나마 현재와 가깝다고 말할 수 있는 20억 살에도, 지구는 생명에 편승해 광물학적으로 중요한 신제품을 표면이나 표면 근처에서 선보이지는 않았을 것이다. 세포는 단지 세포가 없었다면 더 적게 형성되었을지도 모르는 철산화물, 석회석, 황산염, 인산염을 더 많이 만드는 데에 그칠 것이었다. 깊은 대양에는 철이 풍부한 광물들로 층상 퇴적물을 짓고, 얕은 연안에는 암석으로 아늑한 둑을 꾸밀 터였지만, 모두 생명이 동트기 이전의 지구는 물론, 태양계 안의 다른 행성과 위성들에서도 일어나던 현상이다.

하지만 지구와 지구의 원시 미생물 개체군은 역사상 가장 극적으로 행성을 변형시킬 태세를 갖추었다. 그다음 15억 년에 걸쳐서, 광합성을 하는 미생물들이 새로운 화학적 묘기를 배우게 될 것이었다. 격렬하게 반응하고 위험할 만큼 부식성이 강한, 산소라 불리는 기체를 내쉬는 재주를.

# 07

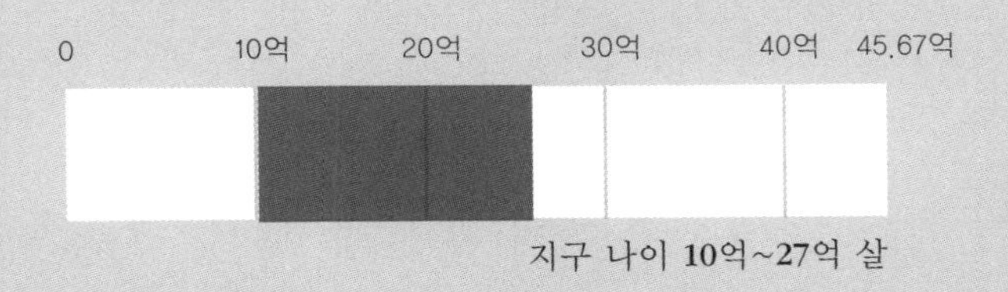


지구 나이 **10**억~**27**억 살

# 붉은 지구
## —광합성과 산소급증사건

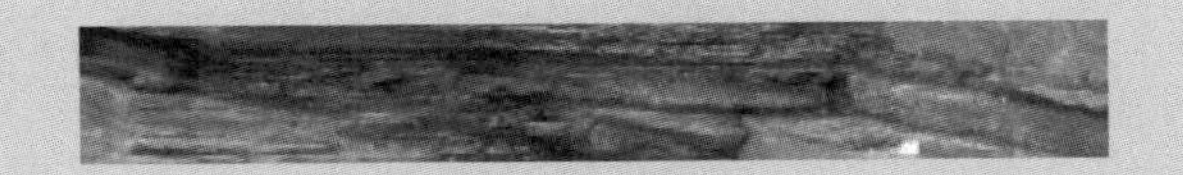

테이프를 빨리 감아 현재로 오면, 생명이 지구의 표면 근처 환경을—대양과 대기의 변화가 가장 눈에 띄지만, 암석과 광물도—돌이킬 수 없이 변형시켰음이 분명해진다. 최초의 살아 있는 세포라는 혁신 이후 그러한 변형이 시작되기까지는 10억 년 이상이 걸릴 터였다. 이 기간에 온갖 새로운 미생물이 일부 해안지대에서 밤빛이나 보랏빛을 띤 더껑이를 만들어냈을 것이다. 그러다 풀빛을 띤 진흙 몇 장이 적도 해변을 장식하기도 하고 얕은 연못에 모여들기도 했으리라. 이때 소수의 영리한 세포가 태양의 복사에너지를 이용하는 새로운 방법들을 실험했다. 하지만 대륙은 아직 불모지였다. 돌투성이 풍경에는 붙어 있는 식물도, 그것을 먹을 동물도 없었다. 당신이 이 무산소 세계에 갇혔다면, 여전히 고통 속에서 순식간에 죽고 말았을 것이다.

지구 표면이 칙칙한 잿빛에서 붉은 벽돌빛으로 바뀐 것은 지질시대의 오후, 산소를 생산하는 광합성이란 혁신이 일어나 그 결과 산소를 공급하는 대기가 생겨났을 때였다. 미끈거리는 녹조류가 정확히 언제, 얼마나 빨리 진화해 산소급증사건이라 불리는 이 변화를 촉발했는지는 입증하기 어렵다. 최선의 추측은 암석기록의 미묘한 변화에서 나오는데, 그 기록은 지구의 20억 번째 생일 직후(약 25억 년 전)에 광합성의 맥이 뛰었음을 시사한다. 그 소박한 출발 이후에는 모든 일이 비교적 빠르게 일어났다. 22억 년 전 무렵에는 대기중 산소가 0에서부터 현대 수준의 1퍼센트 이상까지 올라가 있었고, 지구 표면을 영원히 바꿔놓았다.

지구가 맨 처음 산소를 얻게 된 흥미로운 이야기는 이제야 주목을 받기 시작했다. 그동안 뜻밖의 단서가 새로이 등장해왔고, 새로운 계열의 유망한 증거들이 진지하게 추적되어왔다. 지난 반세기 동안 고古대기 연구는 때로는 정반대인 많은 발상들의 싸움판이었지만, 과학적 방법은 그중에서 옹호할 수 없는 것들과 잘못된 것들을 까부르는 거대한 키다. 우리는 아직 전체 이야기를 서술하진 못하지만 점점 거기에 가까이 다가가고 있고, 떠오르고 있는 그림은 (문자 그대로) 숨이 막힌다.

## 암석의 증언

산소급증사건을 뒷받침하는 증거는 암석과 광물을 관찰한 결과에서 나오며, 점점 더 길어지는 증거 목록의 연대는 광범위한 한 덩어리 지구사—대략 35억 년 전부터 20억 년 전까지—로 거슬러 올라간다. 한편 25억 살이 넘은 많은 암석에 산소가 일으키는 부식 효과에 의해 쉽게 파괴되는 광물들이 들어 있다는 사실은, 그때 이전의 환경에는 산소가 없었음을 시사한다. 지질학자들은 고대의 강바닥에서 풍화되지 않은 둥근 조약돌 모양의 황철석과 섬閃우라늄석(가장 흔한 우라늄 광물)을 발견했는데, 이러한 광물들은 오늘날처럼 산소가 풍부한 표면 환경에서 강바닥에 놓여 있다면 금세 부식되어 분해될 것이다. 그토록 오래된 모래층에도 숨길 수 없는 화학이 들어 있다. 세륨처럼 산소를 싫어하는 원소들이 유난히 농축되어 있는 반면, 철과 같은 다른 원소들은 오늘날의 토양에 비해 눈에 띄게 부족하다는 말이다. 이 별스러운 화학이 대기에 산소가 없었다는 사실을 더욱 분명히 밝혀준다.

반면에 25억 살이 채 되지 않은 암석에는 틀림없는 산소의 징후가 많이 담겨 있다. 25억 년 전에서 18억 년 전 사이에, 호상철광층이라는 거대한 철산화물의 퇴적물이 어마어마하게 많이 생겼다. 검은 층과 붉은 녹 빛깔 층이 번갈아 치밀하게 쌓인 이 독특한 층군은 알려진 전 세계 철광석 매장량의 90퍼센트를 담고 있다. 망간산화물도 두꺼운 층상 퇴적물 형태로 갑자기 나타나, 지금은 세계에서 손꼽히는 망간 광석의 보고가 되어 있다. 그 밖에도 수백 가지 새로운 광물들—구리, 니켈, 우라늄 등이 산화된 광석들—이 산소급증사건 이후에 암석기록에서 처음 나타난다. 그렇지만 광물의 목록이 이렇듯 확대되었는데도, 일부 과학자는 여전히 산소급증사건이 정말로 하나의 사건이기는 했는지도 확신하지 못한다. 어쩌면 대기 중 산소는 그저 느린 속도로 꾸준히 늘어났을지도 모른다. 어쩌면 침식된 상태로 드문드문 남은 암석기록이 불완전해서 우리를 잘못 인도하는지도 모른다.

산소급증사건의 결정적 증거는 뜻밖에도 흔한 원소인 황의 동위원소들에 관한 최근의 주목할 만한 자료에서 나온다. 1990년대에 질량분석기의 분해능과 감도가 극적으로 향상된 뒤에는 이 기기가 동위원소 세계의 분석을 도맡고 있다. 새로운 세대의 질량분석기 덕분에 과학자들은 점점 더 작은 표본을—심지어 아주 미세한 광물 입자나 살아 있는 세포 하나하나까지—점점 더 정밀하게 분석할 수 있게 되었다. 생명의 필수 원소들 가운데 하나인 황은 연구자의 마음을 각별히 끌어당기는데, 이는 황의 안정한 동위원소가 자연에 네 가지나 존재하기 때문이다. 황-32, 황-33, 황-34, 황-36으로 구분되는 이 동위원소들은 모두 핵 안에 황의 필요조건인 양성자 16개를 가지고 있지만, 중성자는 16개부터 20개까지 달리 가지고 있다.

황 동위원소들의 분포는 대개 질량을 기초로 간단히 예측할 수 있다. 모든 원자가 꿈틀거리지만, 덜 무거운 동위원소가 더 많이 꿈틀거린다. 그 결과, 어떤 화학반응에서든 가벼운 동위원소가 무거운 동위원소보다 더 쉽게 뛰어다닌다. 동위원소 분별isotope fractionation이라 불리는 이 선별 과정은 반응이 단단한 암석에서 일어나건 살아 있는 세포에서 일어나건, 황 원자 한 모둠이 화학반응을 경험할 때면 언제나 일어난다. 황의 경우에는 보통 질량수 32인 동위원소가 질량수 34나 36인 동위원소보다 더 많이 분별된다. 뿐만 아니라, 분별되는 비율도 대개 동위원소들의 질량비에 비례한다. 황-36에 대한 황-32의 분별비는 거의 항상 황-34에 대한 황-32의 분별비의 두 배라는 말이다. 이 기초물리학은 힘은 질량 곱하기 가속도라는 뉴턴의 운동법칙에서 직접 따라나온다. 질량이 작으면 가속도가 크다는 뜻이므로, 주어진 힘을 받으면 황-32는 황-34보다 더 꿈틀거리고, 황-34는 황-36보다 더 꿈틀거린다.

10년 전, 캘리포니아 대학 샌디에이고 캠퍼스에서 일하던 지구화학자 제임스 파쿼는 뜻밖에도 약 24억 년이 넘은 암석의 황 동위원소 분포에서 의미심장한 변화를 발견했다. 더 근래의 암석과 광물은 거의 항상, 예상되는 질량 의존 성향을 보인다. 황 동위원소들의 비가 거의 전적으로 질량비에 의존한다는 말이다. 하지만 파쿼와 동료들은 24억 살 넘게 나이를 먹은 많은 암석들에서 황 동위원소들의 분별 성향이 급격히 달라지는 것을 보았다. 일부 표본에서는 영점 몇 퍼센트(이 경우에는 큰 수치다)라는 심한 편차를 목격했다. 무엇이 난공불락인 뉴턴의 운동법칙을 깨고 이처럼 질량과 무관한 편차를 일으킬 수 있었을까?

영리한 이론가들은 실험 증거의 지원을 받아 재빨리 양자역학의 미묘한 차이들 속에서 하나의 해답을 찾아냈다. 자외선 복사의 영향을 받으면 동위원소의 행동이 뉴턴 법칙을 따르는 이상적인 행동에서 벗어날 수 있다. 황-33처럼 질량수가 홀수인 동위원소들은 자외선 복사에 의해 선택적으로 영향을 받을 수 있는 것으로 드러난다. 만일 이산화황이나 황화수소 분자 하나가 어쩌다 황-33을 포함하고, 그 분자가 (십중팔구 대기 중에 많을) 자외선과 마주친다면, 그것은 더 손쉽게 반응할 것이다. 황-33은 동위원소비를 왜곡시키는 '질량과 무관한 분별'을 경험한다.

하지만 황 동위원소 분별이 왜 하필 24억 년 전의 지구에서 갑자기 변했을까? 답은 오존 분자—세 개의 산소 원자로 이루어져 있고, 20년 전부터 뉴스에 부쩍 많이 등장하는—의 자외선을 흡수하는 성질에 있다. 오늘날 대기 중에 고농도로 존재하는 오존은 치명적일 수 있는 태양 자외선을 막는 데에 꼭 필요한 장벽이 되어주는데, 지난 20년에 걸쳐 얻은 측정치들은 높은 고도의 오존층이 뚜렷하게 고갈되었다는 사실을 보여준다. 오존층은 인간이 생산한 염화불화탄소CFC라는 화학물질(한때 에어컨에 쓰였던 프레온이 가장 유명한 예다)과 반응해 파괴되었을 가능성이 높다. 그렇게 생겨난 '오존 구멍'은 암을 유발하는 자외선 복사가 지구 표면에 더 많이 도달하게 한다. 좋은 소식은, 전 세계적으로 CFC의 생산을 금지한 결과 오존층이 급속히 복구되고 있는 듯하다는 것이다.

산소 가스가 급증하고 그 결과로 만들어진 오존층이 우주에서 오는 햇빛을 차단하는 능력을 얻기 전에, 대기 중에 고농도로 존재했던 황화합물은 끊임없이 자외선 복사 세례를 받았다. 그러한 가혹한 조건 아래에서, 황-33을 가진 화합물들은 질량과 무관한 분별을 경험했다. 산소급증사건 뒤에는 오존층이 쌓여 태양의 자외선 복사 가운데 많은 부분을 흡수해 황화합물을 보호하고, 이 홀수 동위원소 효과를 실질적으로 차단했다.

전 세계의 실험실들이 잇따라 파퀴의 발견을 입증하고 확대함에 따라, 지구과학자 대다수가 산소급증사건이 실제로 벌어졌다는 것을 받아들였다. 과학자들이 오존 말고 자외선을 차단하는 다른 방법을 발견하지 못하는 한, 황 동위원소 자료는 산소급증사건의 시작을 약 24억 년 전으로 못박는다.

## 산소 만들기

그래서, 그 모든 산소는 다 어디에서 왔을까? 요즘 모든 생물학 입문 수업에서 다루는 첫 번째 주제들 가운데 하나가 광합성이다. 식물이 물, 이산화탄소, 햇빛을 합쳐 자신의 조직을 만드는 한편 부산물로 산소를 생산하는 놀라운 능력 말이다. 우리는 지금은 식물이 우리 세계를 거주 가능한 곳으로 만드는 데에 주요한 역할을 한다는 사실을 당연히 여긴다. 하지만 광합성의 발견은 과학에서 가장 위대한 진보 가운데 하나였다. 그리고 과학의 중추적 발견들 중 많은 것들이 그러하듯이, 광합성의 발견도 찔끔찔끔 다가왔다.

물의 역할이 먼저 발견되었다. 17세기 과학자들에게 식물이 성장하는 자세한 기제는 불가사의했지만, 식물 조직이 광물이 풍부한 토양에서 나오는 것은 틀림없으므로 식물이 자라면 토양이 소모되는 것이 분명하다는 게 흔한 가정이었다. 플랑드르의 의사 얀 밥티스타 판 헬몬트(1579~1644)는 1640년대에 간단한 실험을 통해 이 가정을 시험했다. 그의 입으로 들어보자.

> 화분에 화로에서 말린 200파운드의 흙을 넣고 빗물을 축인 다음, 무게가 5파운드 나가는 버드나무 줄기를 심었다. 그리고 5년이 지나 거기서 싹튼 나무는 169파운드하고도 3온스쯤 더 나갔다. 하지만 나는 화분에 (필요할 때마다) 빗물이나 증류수를 주었을 뿐인데…. 나는 화분의 흙을 다시 말렸고, 2온스쯤 모자랐지만 200파운드가 그대로 있음을 발견했다. 그러므로 164파운드의 목질부, 껍질, 뿌리는 오

로지 물에서 생겨난 것이다.

물은 (지금은 우리 모두가 알다시피) 이야기의 일부일 뿐이지만, 판 헬몬트의 발견은 커다란 진보였다.

1세기 뒤 영국의 목사이자 박물학자인 스티븐 헤일즈는 식물이 물뿐 아니라 공기 중의 어떤 성분, 즉 미량의 대기 중 이산화탄소에도 의존한다는 의견을 내놓았다. 우리는 이제 흙 속의 물과 공기 속의 이산화탄소가 둘 다 광합성 유기체의 주재료라는 사실을 알고 있다(얄궂게도, 이산화탄소 기체를 발견한 이는 바로 판 헬몬트였지만, 그는 식물의 성장에서 그것이 맡는 주요한 역할을 깨닫지 못했다).

그래도 햇빛의 역할은 수수께끼였고, 300년이 더 흘러서야 세부사항들이 드러났다. 핵물리학의 진보가 길을 닦았다. 사이클로트론이라는 신세대 입자가속기가 생물학 반응의 민감한 탐침이 되어주는 고방사능 동위원소 탄소-11을 처음으로 꾸준히 공급한 것이다. 1930년대 후반, 캘리포니아 대학 버클리 캠퍼스의 새뮤얼 루벤과 마틴 케이먼은 탄소-11로 '표지'(標識: 화합물을 구성하고 있는 특정한 원자를 그 원소의 동위원소로 치환하여 표식으로 하는 것-옮긴이)한 이산화탄소에 식물을 노출시켰다. 이 방법으로, 그들은 (무슨 일이 벌어졌는지를 낱낱이 알려주는) 방사능을 통해서 식물 조직에 흡수된 이산화탄소를 추적할 수 있었다. 21분밖에 되지 않는 탄소-11의 반감기가 순식간에 지나가버려서 실험이 꽤나 까다롭긴 했지만.

루벤과 케이먼은 1940년에 탄소-14 제조법을 발견해 생체물리 연구에 혁명을 일으켰다. 탄소-14는 5,730년에 걸쳐 느긋하게 반감해 추적자로 훨씬 더 적합한 동위원소로, 덕분에 우리는 식물이 물, 이산화탄소, 햇빛을 이용하는 방식을 빠르게 이해할 수 있었다. 간단히 말해, 영리한 (그리고 매우 오래된) 루비스코라는 단백질이 이산화탄소와 물을 농축하고, 태양에너지를 흡수하고, 원료를 조립해 필수적인 생체 구성요소들을 만든다. 루비스코는 역사가 30억 년이 넘으리라 생각되는 선구적인 유형의 시아노박테리아에서 발견되는 화학물질이다. 우리가 호흡하는 산소를 생성하는 광합성 반응에서는 조류藻類 또는 식물이 이산화탄소 여섯 분자와 물 여섯 분자를 소비해 포도당 한 분자와 함께 부산물로 산소 여섯 분자를 만든다. 이 화학적 변형은 우리의 옛 친구인 (철이 녹스는 현상 같은) 산화환원 반응의 또 다른 예다. 이 경우에는 이산화탄소 안의 탄소 원자들이 전자를 얻어서 환원되는 반면, 물이나 다른 몇몇 전자주개들은 산화된다. 광합성에서는 태양광선이 활력을 제공해 전자들을 이동시킨다.

이산화탄소에 물(또는 전자를 제공할 수 있는 다른 어떤 화학물질)을 더해 당과 기타 생체분자를 만든다니 골자만 추린 화학반응만큼 단순하게 들릴지도 모르지만, 광합성의 세부사항은 엄청나게 복잡해서 지금도 여전히 알아내고 있는 중이다. 그 세부사항들 가운데 하나로, 미생물들은 햇빛을 수확하는 상당수의 다른 방법들과 함께 다른 에너지원들도 알아냈다. 오늘날 산소를 생산하는 식물과 조류는 대부분 밝은 풀빛 색소인 엽록소를 써서 붉은빛 파장과 보랏빛 파장의 빛을 흡수한다. 하지만 지구사를 통틀어 온갖 세포들이 산소를 전혀 생산하지 않는 다른 광합성 경로들을 이용해왔다. 빛을 흡수하는 온갖 색소가 진화해 적조류와 갈조류, 자색세균, 놀랍도록 아름다운 가지각색의 규조류와 지의류를 장식했다. 발명에 재능이 있는 소수의 미생물은 심지어 적외선 복사—우리 눈에는 전혀 보이지 않지만 맨살에서 열에너지로 감지하는 파장—를 광합성 반응의 동력으로 사용하기도 한다.

그 복잡한 광합성의 기원이 바로 생화학자 로버트 블랭큰십의 연구 주제다. 그는 세인트루이스에 있는 워싱턴 대학 화학과와 생물학과 두 과의 학과장을 맡고 있다. 블랭큰십과 공동연구자들, 그리고 영향력 있는 애리조나 주립대학 우주생물학 팀에서 같이 일했던 이전 동료들도 초기 생명체의 징후를 찾는다. 지구상에서도 찾고 다른 세계에서도 찾는다. 그들의 전략은 서로 다른 많은 종류—보랏빛, 밤빛, 노란빛, 풀빛—의 살아 있는 미생물이 수행하는 다양한 광합성 경로를 조사하면서 그들의 유전체를 샅샅이 훑어 유사점과 차이점을 찾는 것이다. 광합성 색소들의 다양한 성격, 전자들을 한 분자에서 다른 분자로 옮기는 단백질 '반응중심'들의 정확한 분자순서, 전달된 전자들을 써서 세포 구성요소들을 만드는 여러 가지 방식, 심지어 '안테나계'의 무수한 구조(세포들은 놀랍게도 조그만 집광 안테나로 작용하는 분자 덩어리들을 진화시켰다) 등 얽히고설킨 광합성 장치들의 다양한 측면에서 자료가 나온다.

블랭큰십은 생명체가 당혹스러울 만큼 다양한 광합성 전략을 고안해왔음을 발견했다. 생명체는 접근 가능한 모든 에너지원을 이용하는 것 같다. 미생물은 성장과 번식을 위해 빛을 모으는 새로운 방법들을 알아내고 또 알아내왔다. 적어도 다섯 가지의 다른 경로가 지구 진화사의 아득한 시점부터 이어져왔다. 그 역사의 많은 세부사항들은 불분명하지만, 에너지를 채집하는 화학반응들 가운데 어쩌면 35억 년 이상 거슬러 올라갈 가장 오래되고 원시적인 반응들은 분명 산소를 전혀 생산하지 않았다. 그 초기 세포의 조상들은 오늘날까지 살아남아 가장 뿌리 깊은 생화학은 혐기성임을, 산소를 요구하지도 않고 심지어 견디지도 못함을 예증한다.

블랭큰십과 공동연구자들의 연구는 이 광범위한 각종 화학전략을 드러낼 뿐만 아니라, 미생물이 집광 유전자들을 뒤섞고 교환하면서 경쟁자들의 광합성 경로를 마치 산업계의 영업기밀 빼내듯이 끌어들이는 경향을 보여주기도 한다. 실제로 사실상 모든 식물이 사용하는 현대의 광합성 도식은 더 원시적인 (광계 I과 광계 II라는 무미건조한 이름을 가진) 두 가지 도식의 조합처럼 보인다. 따라서 우리와 동시대를 사는 유기체들은 복잡한 생합성 반응에 편승해 지구의 초기 생명체에 속했던 유기체들보다 훨씬 더 효율적으로 햇빛을 채집하고 사용할 수 있다.

### 더 많은 산소

심지어 광합성이 없었어도, 지구 표면은 수소 분자들이 우주공간으로 서서히 사라지는 과정을 통해 여유 있게 (그리고 그에 맞게 시시한) 산소 증가를 경험했을 것이다. 대기 중에 고농도로 존재하는 $H_2O$ 분자들은 자외선 복사와 우주선의 파괴력에 취약해 수소와 산소로 쪼개질 수 있다. 물 원자들은 다른 간단한 분자들로 재배열한다. 대부분 $H_2$와 $O_2$가 되지만, 미량은 오존($O_3$)이 되기도 한다. 그 결과 잽싸게 움직이는 수소($H_2$) 분자들은, 훨씬 더 무거워서 쿵쿵거리고 다니는 산소($O_2$와 $O_3$) 분자들과 달리, 끊임없이 잡아당기는 지구 중력을 벗어나 텅 빈 우주공간으로 날아갈 수 있다. 지구의 역사 내내 약간의 수소가 이렇게 사라지는 동안, 뒤에는 점차 누적된 산소가 과량 남았다. 이 과정은 오늘날까지 계속되어서, 대략 올림픽 규격의 수영장 두세 개에 들어가는 원자들과 맞먹는 양의 수소가 해마다 우주로 탈출한다. 크기가 작아서 중력이 훨씬 작은 화성도 수소를 붙들지 못해서, 같은 과정을 통해 많은 물이 떨어져나갔다. 따라서 45억 년이 지나는 동안 화성 표면 근처에 있던 수소는 대부분 우주로 도망갔고, 그동안 표면 근처의 철 광물들은 산화되어 지금처럼 행성을 붉게 물들였다. 그럼에도 불구하고 화성의 얇은 대기에 들어 있는 산소의 총량은 보잘것없어서, 표면 위에 모두 응축시킨다고 하더라도 액체산소 층의 두께는 0.001인치를 넘지 않을 것이다.

비슷하게 수십억 년에 걸쳐 수소가 손실되고 산소가 거침없이 생산되어 지구 표면도 붉게 녹슬었을지 모르지만, 그것이 지구의 초기 환경에 많은 영향을 미쳤을 리는 없다. 가장 극단적인 추정치를 동원한다 해도, 산소급증사건 이전에는 $O_2$가 대기 분자 1조 개 가운데 한 개도 되지 않았다(오늘날에는 다섯 개 가운데 한 개 꼴이다). 그 보잘것없는 양의 산소마저도, 대양과 토양 속에서 산화되기만을 기다리고 있던 엄청난 양의 철 원자들이 (지구 표면에서 산소가 생겨날 수 있는 최대속도와 같은 속도로) 낚아챘을 것이다. 설사 지구가 내내 무생물 상태로 있다가 마침내 더 오래되고 안정한 일부 대륙에서 불그레하게 풍화된 지대를 자랑스럽게 걸쳤다 하더라도, 그토록 피상적인 루주 칠은 순전히 화장 정도에 그쳤으리라.

생명체도 광합성 이전의 산소 재고량에 조금은 보탬이 되었을 것이다. 사실 세포들은 지금껏 최소한 네 가지 다른 방법을 학습해 주위 환경으로부터 산소를 만들어왔다. 오늘날은 산소 광합성이 혼자서 큰 역할을 하지만, 옛날에는 다른 생화학적 경로들이 작은 역할들을 했을 것이다.

생명체는 가능한 모든 방법으로 환경에서 에너지를 끌어모은다. 산소를 방출하면서 에너지를 얻는 가장 쉬운 방법은 이미 산소가 풍부하고 반응성도 높은 분자를 가지고 출발하는 것이다. 그래서 수많은 미생물이 과산화물 분자(여러 반응에 의해 생성되어 대기 중에 고농도로 존재하던 $H_2O_2$)를 이용해 $O_2$ 더하기 에너지라는 생산법을 배운 것이다. 물론 대기 중 산소가 급증하기 전에는 그러한 분자 종이 드물었을 터이므로, 이들 미생물 기제가 지구의 초기 환경을 개조하는 데에서 많은 역할을 했을 수는 없다.

한 네덜란드 미생물학자 팀은 최근에 관련된 산소 생산 각본을 하나 더 보고했다. 그들은 질소산화물을 분해해 에너지를 얻는 주목할 만한 미생물을 발견했다. 이 질소산화물, 이른바 $NO_x$ 화학물질은 지구사 초기에는 질소 기체와 광물의 반응을 통해(예컨대 번개를 동반한 폭풍이 몰아치는 동안) 소량 생성되었다. 오늘날에는 고질소 비료를 광범위하게 사용하는 탓에 많은 호수와 강, 강어귀가 $NO_x$ 화합물로 심하게 오염되고, 이 화합물이 미생물의 번성을 촉진한다. 새로이 발견된 미생물은 질소산화물을 질소와 산소로 분해한 다음 산소를 써서 천연가스인 메탄을 '태워' 에너지 한 모금을 즐길 수 있다. 그렇듯 영리한 화학적 전략은 화성처럼 질소가 풍부하고 산소에 굶주린 세계에서 각별히 유용한 것으로 입증될지도 모른다.

## 화석증거

산소를 생산하는 모든 기제 가운데 광합성이 챔피언이라는 데에는 논쟁의 여지가 없다. 그런데 광합성과 산소 생산은 얼마나 일찍 시작되었을까? 오래전에 살아 있던 세계의 단편적이나마 만질 수 있는 유물들을 꼼꼼히 살피는 고생물학자들에게는, 과거 생명체와 현재 생명체 사이의 관계가 다른 어떤 과학자들에게보다도 생생하게 보인다. 그러므로 아마도 20억 년 전보다 오래된 과거에 지구에 산소가 공급되었다는 증거를 처음 발견한 사람들 가운데에 그들이 있다 해도 놀랄 일은 아니다. 가장 초기의 광합성을 찾는 화석사냥꾼들은 자연스레 지구에서 가장 오래된 암석에 초점을 맞춘다.

고대에 광합성 세포가 있었음을 뒷받침하는 화석증거는 기껏해야 드문드문 존재한다. 얼마 안 되는 귀중한 미생물 유해가 수십억 년에 걸친 매장, 가열, 압착, 화학적 변질을 뚫고 현재에 도달한다. 그렇게 살아남은 것도 구워지고 으깨지므로, 여러 방면에서 화려한 상상을 펼쳐야만 어떤 생물학적 해석이든 얻어낼 수 있다. 미생물 화석군群은 보통 흩어져 있는 작고 검은 얼룩들과 다름없어 보이므로, 20억 년이 넘은 미생물에 대한 모든 보고가 철저한 조롱 아니면 조심스러운 회의주의와 만나온 것도 놀라운 일이 아니다.

지난 40년의 세월 대부분의 기간에 고생물학적 엄격함을 가장 열렬히 수호해온 사람이 바로 캘리포니아 대학 로스앤젤레스 캠퍼스의 고생물학 교수 윌리엄(빌) 쇼프다. 그 자신이 점점 더 오래전의 미생물 화석을 연구한 결과를 토대로, 쇼프는 생명체의 자격을 승인하기 위한 필요충분 특성들의 점검 목록을 개발해왔다. 쇼프는 더 근래의, 잘 보존된, 모호하지 않은 표본에 가장 먼저 초점을 맞추어 화석기록을 점점 더 과거로, 아득한 시생이언까지 30억 년 이상을 가장 설득력 있게 밀고 들어간 과학자다.

쇼프의 기준은 단순하고 합리적이다. 미생물 화석은 미생물이 한때 살 수 있었을 환경에 놓인 적절한 연대의 퇴적층에서 나와야 한다는 것이다. 화석은 크기와 모양이 균일해야 한다. 많은 오래된 암석에서 발견되는 형체 없는 검은 얼룩이나 줄무늬들과 달리, 일관적으로 구형이거나 막대형이거나 사슬형이어야 하는 것이다. 또한 쇼프와 그의 학생들은 통계학을 써서 지구에서 가장 오래된 퇴적암을 관찰하는 데에 내재하는 주관성(추측을 동원해야 하지만 그만큼 기대를 투영하기도 쉽다) 일부를 제거했다.

한 벌의 미생물 화석이 되는 데에 필수적인 특성들로 이루어진 이 정량적 목록은 쇼프에게 큰 도움이 되었다. 그는 새로운 화석 발견에 대해 논쟁의 여지가 없는 해설을 발표하는 한편, 경쟁하는 연구자들이 고대 생명체를 발견했다는 미심쩍은 주장들 가운데 일부에 관해서는 의문을 제기할 능력이 있었다. 그에게 최대 난관이 찾아온 것은 1996년, 미 항공우주국 과학자들이 화성 운석에서 미생물 유해를 발견했다고 공표했을 때였다. 그해 8월에 미 항공우주국이 주최한 극적인 기자회견에서, 쇼프는 홀로 이의를 제기했다. 그는 희미하게 경멸을 내비치며 화성의 '화석들'이 지나치게 작고, 이를 뒷받침하는 화학적 · 광물학적 증거도 부족하며, 더구나 화석이 잘못된 종류의 암석 안에 들어 있다고 지적했다(쇼프의 설득력 있는 논증에도 불구하고 클린턴 대통령은 그 발견을 칭찬했으므로, 미 항공우주국이 우주생물학 부문에 자금을 지원하는 문제를 둘러싸고 상당한 의견 충돌이 있었을 것이다. 그 자금은 결국 쇼프를 포함해, 기원 게임에 참가하는 우리들 다수를 지원하게 될 돈이었다).

얄궂게도, 쇼프는 머지않아, 1993년에 자신이 했던 주장에 대해 같은 종류의 통렬한 비판을 만나게 된다. 당시 그는 오스트레일리아 북서부에 있는 거의 35억 년 된 암층인 에이펙스Apex 처트에서, 지구 역사상 가장 오래된 미생물 화석을 발견했다고 공표했다. 암시적인 길고 검은 구조가 세포처럼 분할되어 있는 사진들은 설득력이 충분해 보였다. 대중의 높은 관심을 받는 『사이언스』에 발표된 그 이야기에는 화석을 찍은 사진들이 ('눈을 돕기' 위해) 예술적인 선화와 함께 첨부되었고, 비슷한 모습을 한 현대의 광합성 미생물인 시아노박테리아 사진도 나란히 실렸다. 쇼프는 자신이 발견한 화석이 아마도 산소 생산자일 거라고 주장하기까지 했다. 그의 가장 설득력 있는 사진들은 2, 3년 안에 역사상 가장 많이 복사된 고생물학 이미지에 들어가게 되었고, '가장 오래된 화석'이라는 주장을 반복하는 설명문과 함께 수많은 교과서를 장식하며 곳곳에서 그 미생물이 광합성을 했다는 암시를 풍겼다.

비범한 주장에는 비범한 증거가 필요하다는 것이 과학의 규칙이다. 비범

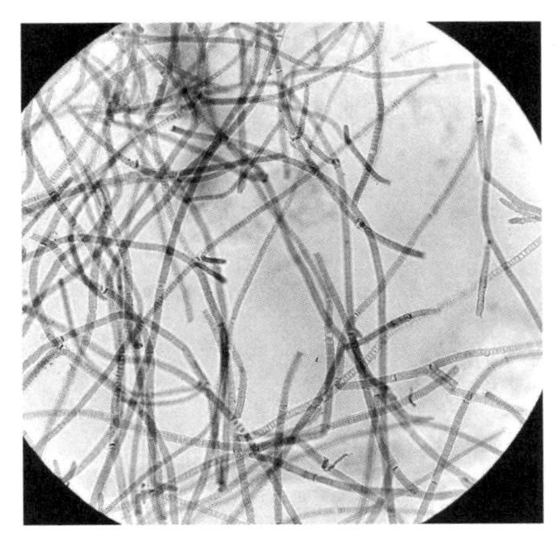

**그림 7.1** 현미경으로 본 시아노박테리아. 남세균 계통인 시아노박테리아는 세포 내에 핵이 없는 원핵생물이다. 최초로 광합성을 한 생물로 추정되며, 광합성을 통해 지구의 원시 대기에 산소를 공급하는 중요한 역할을 했다. 시아노박테리아의 생명활동을 통해 스트로마톨라이트가 형성되었다. (매튜 J.파커Matthew J. parker 사진)

한 주장은 대개 비범한 조사를 받는 것도 사실이다. 쇼프의 화석 표본들은 모두 세심하게 일련번호를 매긴 얇고 투명한 암석 절편의 형태로 유리 슬라이드 위에 얹혀 런던 대영박물관에 보존되어 있다. 2000년에 에이펙스 처트를 상세히 재조사하기 시작한 옥스퍼드의 고생물학자 마틴 브레이저는 쇼프와 매우 다른 결론에 이르렀다.

쇼프가 연구한 에이펙스 처트의 '박편'이 실제로는, 최소한 미생물의 크기에 비해서는 다소 두꺼운 것으로 드러났다. 브레이저와 동료들은 결국 쇼프가 촬영해 발표한 조그만 피사체 대부분을 찾아낼 수 있었지만, 사진들 중 다수가 기껏해야 오해하기 딱 좋은 사진임을 깨닫고 놀라지 않을 수 없었다. 이제는 고전이 된 쇼프의 사진들은 한 장 한 장이 현미경 초점면 하나—선명치 않은 검은 3차원 피사체를 관통해 절단한 2차원 박편—를 나타낸다. 브레이저 팀은 더 새로운 사진기법을 써서 이미지들의 3차원 몽타주를 만들어냄으로써 훨씬 더 복잡한 이야기를 들추어냈다. 현미경 초점을 정확히 쇼프 사진의 심도에 맞추어야만 이제는 고전이 된 에이펙스 '화석' 이미지를 재현할 수 있었다. 하지만 초점을 조금만 올리거나 내리면, 처음에는 확실히 길게 늘어선 미생물 세포들처럼 보였던 것이 물결치는 홑이불이나 불규칙한 얼룩으로 변신하면서 때로는 접히기도 하고, 가지를 치기도 하고, 구불거리기도 했다. 브레이저의 관찰에 따르면, 그 '미생물 사슬'은 어떤 생명체와도 닮은 점이 거의 없는 복잡한 3차원 구조를 오해하기 쉽게 선택해서 자른 단면들이다. 브레이저와 동료들이 던진 당황스러운 도전장 「지구의 가장 오래된 화석을 뒷받침하는 증거에 의문을 제기하며」는 저명한 정기간행물 『네이처』 2002년 3월 7일 호에 모습을 드러냈다.

쇼프는 같은 호에 브레이저의 논문과 등을 맞대고 자신의 논문 「지구의 가장 초기 화석들의 라만 레이저 영상」을 발표해 반격했다. 쇼프와 동료들은 탄소가 풍부한 에이펙스 처트의 검은 얼룩을 새로이 분석한 결과를 제시한 다음 그것의 동위원소 조성과 원자구조가 생물의 것과 일치함을 보여주었다. 그 미생물이 광합성을 했다는 해석에서는 물러난 듯했지만, 그는 대담하게도 '가장 오래된 화석'이라는 수사를 되풀이했다. 그럼에도 쇼프의 주장에는 의심의 씨앗이 심어진 뒤였고, 가장 앞선 생명의 징후를 찾는 사냥에서도 빗장이 올라간 다음이었다.

(방금 들어온 속편에서는 오스트레일리아 출신의 마틴 브레이저와 공동연구자들이 그 '가장 오래된 화석'을 자신들이 찾았다고 주장하지만, 34억 년 된 스트렐리풀 층, 그러니까 그보다 약간 더 오래된 쇼프의 층에서 겨우 30킬로미터 떨어진 곳에서 발견된 이 미생물 유해 역시, 논란이 되는 얼룩이긴 매한가지다. 새로이 전개된 이 사건이 논쟁에서 최종 발언이 될 거라고 기대하는 관찰자는 거의 없다.)

## 가장 작은 화석

미생물 군체가 죽으면 어떤 일이 일어날지 상상해보라. 한때 살아 있는 세포였던 조그만 화학물질 주머니는 거의 항상 뿔뿔이 흩어진다. 큰 생체분자들이 더 작은 분자 조각들—대부분 물과 이산화탄소—로 분해되는 것이다. 가장 맛있는 조각은 다른 미생물이 먹겠지만, 소화되지 않는 분자들은 대양에 녹거나 공기 중으로 증발되거나 암석에 갇히게 될 것이다. 대개 2, 3년만 지나면 아무것도 남지 않는다. 시간은 그토록 연약한 분자 유해들에게 친절하지 않으니까.

비범한 환경이라면, 다시 말해 죽은 세포들이 금방 묻히고, 주위에 부식시키는 산소가 없고, 모암석이 결코 지나치게 뜨거워지지 않는다면, 가장 단단한 생체분자들 가운데 소수가 다소 변질된 형태로나마 살아남을 수 있다. 가장 쉽게 존속하는 것은 우툴두툴한 뼈대를 지닌 분자들이다. 최대 약 20개의 탄소 원자로 구성된 이 뼈대들은 때로는 길고 단순한 (아마도 탄소 원자 몇 개는 사슬 옆구리 여기저기에 달라붙은) 사슬 모양으로, 때로는 고리들이 집단으로 맞물린 (올림픽 로고 같은) 모양으로 배열되어 있다. 이 특징적 생체 조각들은 초소형 해골과 같다. 훨씬 더 큰 모둠 안에서 기능하던 분자들이 분해되어 모두 떨어져나가고 남은, 그 모둠의 가장 탱탱한 핵심에 해당한다.

고대 퇴적암에서 그러한 분자 해골을 찾을 수 있다면, 그리고 그것이 더 젊은 주변 층에서 오염된 것이나 (예컨대 현대의 지하 미생물이나, 하다못해 엄지손가락의 죽은 피부에서 나오는) 더 근래에 죽은 세포가 온 사방에 남긴 것이 아님을 확신할 수 있다면, 화학적 화석—한때 살아 있던 미생물의 실제 원자들—을 발견했다고 주장할 수 있을지도 모른다. 그래서 에이펙스 처트에 들어 있는 쇼프의 검은 얼룩들에 매혹되는 일이 생기는 것이다.

많은 현대 분자고생물학자들은 매혹적인 이중생활을 한다. 한편으로는 현장지질학자들이 겪는 고초를 견디는 쪽을 선택해 몇 킬로미터를 걸어 험난한 지대를 가로지르고, 작열하는 사막과 얼어붙은 툰드라와 높은 산에 있는 머나먼 노두에서 가능성 있는 암석 수백 킬로그램을 질질 끌어온다. 해마다 작은 팀들이 새로운 표본을 찾아 서부 오스트레일리아, 남아프리카, 그린란드, 캐나다 중부로 출발하고, 다른 팀들은 날씨와 식물에 의해 오염되지 않은 원시 암석의 암심岩心을 확보하길 바라며 기를 쓰고 시추공을 뚫는다. 그러한 탐험들은 여러 달 동안의 고난, 위험, 궁핍을 의미할 수 있다.

이 모험들은 초청정 실험실에서 여러 달에 걸쳐 수행하는 지루한 분석과 대조를 이룬다. 여기서는 아무리 사소한 숨결이나 지문도 30억 년을 살아온 귀중한 암석 표본을 돌이킬 수 없이 오염시킬 수 있다. 분자들을 암석 하나에서부터 일일이 추출하려면 시간과 끈기, 극도의 조심성을 갖추고 정교한 분석 장치들로 무장해야 한다. 이 21세기 기술을 선도적으로 구사하는 사람이 바로 오스트레일리아 고생물학자 로저 서몬스다. 그는 MIT 지구 및 행성과학과에 가게를 차려놓고, 거기서 지구의 가장 오래된 암석을 연구하는 분자화석사냥꾼 10여 명으로 이루어진 정예 팀 서몬스 연구소를 책임지고 있다.

10여 년 전, 서몬스가 오스트레일리아 국립대학에서 일하는 동안 이끌었던 과학자들 한 무리가 대서특필된 적이 있었다. 그때 서부 오스트레일리아에 있는 27억 년 된 필바라 강괴剛塊(선캄브리아기에 지각변동을 겪은 뒤 현세까지 심한 변동 없이 안정되어 있는 지괴)의 유망한 퇴적물을 연구하던 서몬스와 동료들은 독특한 시추심을 손에 넣을 수 있었다. 길이가 거의 800미터에 달하는 층서 하나에 사람 감질나게 하는 검은 고탄소 셰일—분자화석을 담고 있을 가능성이 가장 높은 종류의 퇴적암—구간이 포함되어 있었다. 이 필바라 암석이 특별히 관심을 끈 이유는 그것이 열에 의해 변질되지도, 표면 생물체나 지하수에 의해 오염되지도 않은 것처럼 보이기 때문이었다. 오래된 생체분자가 생존할지도 모르는 전형적 암석이 있다면, 필바라 암석이 바로 그것이었다.

오스트레일리아 연구자들은 호판, 즉 제6장에서 언급했던 우아한 종류의 단단한 생체분자에 초점을 맞췄다. 호판은 보호하는 세포막을 안정화하는 데에서 중요한 역할을 하고 살아 있는 세포 바깥에는 드물기에, 아마 분자 생물지표들 가운데 가장 큰 설득력을 지닐 것이다. 모든 호판에는 고리 다섯 개가 맞물린 독특한 뼈대가 있다. 고리 네 개는 (각각 탄소 원자 여섯 개가 규정하는) 작은 육각형이고, 다섯 번째 고리는 (탄소 원자 다섯 개로 이루어진) 오각형으로 맨 끝에 달려 있다. 각각의 고리는 뼈대를 이루는 총 탄소 개수를 스물한 개로 맞추기 위해 이웃한 고리와 탄소 원자 두 개를 공유한다.

서몬스가 이끈 오스트레일리아 실험실에서 꼼꼼하게 연구한 결과 세간의 이목을 끄는 논문 두 편이 나왔고, 둘 다 1999년 8월에 발표되었다. 『사이언스』에 실린 첫 번째 논문은 서몬스의 박사과정 학생인 요헨 브록스가 제1저자로 기재되었는데, 27억 년 된 필바라 암석에서 호판을 발견했고, 그것이 이전 기록을 10억 년 앞당기는, 그때까지 알려진 가장 오래된 분자화석일 것이라고 기술했다. 호판을 발견하면 고대 생태계에 관해 많은 것을 밝힐 수 있다. 종마다 고리들 주위의 다양한 곳에 추가 탄소 원자가 붙은 수많은 종류의 서로 다른 호판을 사용하기 때문이다. 브록스와 동료들은 필바라 호판이 진핵세포(핵을 담고 있어서 그 안에 DNA를 간수하는 세포)라는 다소 진보한 세포의 특성을 나타낸다는 의견을 제시했다. 발표 당시 알려진 가장 오래된 진핵세포 화석은 약 10억 년밖에 되지 않았고, 반면에 약 20억 년 전보다 이전에 존재했다고 생각되는 유형의 원시 미생물들은 핵이 없었으므로, 학계는 이 해석을 노골적인 불신 아니면 놀라움으로 맞이했다. 만일 그 발견이 사실이라면, 가능한 결론은 둘뿐이다. 진핵세포가 어느 누가 생각했던 것보다 훨씬 더 일찍 나타났거나(그리고 생명체의 진화도 그에 맞추어 빨라졌거나), 호판이 진핵세포보다 훨씬 더 일찍 진화한 것이다. 어느 경우든, 생명의 역사에 대한 우리의 지식은 수정되어야 할 터였다.

『네이처』에 주 저자를 서몬스로 기재하여 발표한 두 번째 논문의 주장도 똑같이 깜짝 놀랄 만한 것이었다. 서부 오스트레일리아에 있는 990미터의 야트막한 봉우리인 맥레이 산에서 볼 수 있는 25억 년 된 검은 셰일 부근에 고리 다섯 개짜리 분자인 호판의 변종이 들어 있다는 것이었다. 첫 번째 고리 옆에 탄소 원자 하나가 더 붙어 있는 이 2-메틸호파노이드2-methyl hopanoid 분자는 지구의 주요 산소 생산자인, 광합성을 하는 시아노박테리아에서만 나오는 것으로 알려져 있다. 서몬스는 광합성이 늦어도 25억 년 전까지는 이미 지구에서 상당히 진행되고 있었다는 결론을 내렸다. 그러한 연대기는 그 무렵에 산소가 급증했다는 알려진 사실과 일치했지만, 광합성의 기원을 보존된 분자 조각에서 찾을 수도 있다는 암시가 고생물학에 흥미진진한 새 문을 열어주었다.

모든 사람이 설득된 것은 아니었다. 앞서 '지구의 가장 오래된 화석'을 발견했다는 빌 쇼프의 주장과 마찬가지로, 비범한 호판을 발견했다는 로저 서몬스의 주장도 그동안 웬만큼 반대의견과 마주쳤다. 거기에는 요헨 브록스가 지금에 와서 자신의 박사과정은 물론 20억 년 전보다 오래된 생물지표라고 알려진 것에 대한 다른 모든 연구에 관해 제기하는 짙은 의혹도 포함된다. 회의론자들은 젊은 호판은 어디에나 있다고 말한다. 표면 아래 깊은 곳은 암석 안에 살고 있는 미생물들로 바글바글하므로, 20억 년이 넘는 지구의 역사에서 오염을 피할 수 없다. 호판과 기타 생체분자들이 거기 있는 것은 의심할 여지가 없지만, 거기에 언제 또는 어떻게 도착했는지를 누가 말할 수 있단 말인가. 그래도 채널을 돌리지는 말라. 그러한 논쟁들은 재미있는 구경거리이고, 거의 항상 새로운 발견으로 이어지니까.

### 시간의 모래판

고생물학자가 달리 어디를 볼까? 화석기록에 들어 있는 광합성의 역사와 관련된 많은 단서들 중에서 미생물 매트는 당장 가장 명백하면서 동시에 가장 많이 간과되는 단서일 것이다. 오늘날 그것은 세계 방방곡곡—얕은 연안과 느리게 움직이는 강과 시내의 둑을 따라, 조류藻類가 섬유들을 서로 엮어 두껍게 엉킨 층들을 이룰 수 있는 곳—에서 형성된다. 이 질긴 천 같은 매트들은 조류가 질척하고 볕이 드는 환경에 접근할 수 있도록 해주고, 그러는 동안 필연적으로 겪게 될 홍수와 파도의 침식작용으로부터 조류를 보호해준다. 화석 미생물 매트가 그토록 광범위하게 분포하는 데에도 불구하고, 노라 노프케의 발견이 있기 전까지 고생물학계는 그것을 거의 간과해왔다.

나는 과거에 10년 이상 노라 노프케를 보조할 기회가 있었다. 버지니아 주 노포크에 있는 올드도미니언 대학 지구생물학 교수인 그녀는 고대 미생물 매트에 관해서라면 세계에서 손꼽히는 권위자다. 예리한 눈, 독특한 관점, 강철 같은 결의로 무장한 그녀는 세상에서 가장 험악한 지대를 골라 현장연구를 수행해왔다. 남아프리카, 서부 오스트레일리아, 나미비아, 작열하는 중동, 꽁꽁

**그림 7.2** 러시아 서북부 백해 근처의 염도가 높은 호수에서 발견된 현대의 미생물 매트. 미생물 매트 화석은 광합성의 역사와 관련된 가장 명백한 단서임에도 그동안 가장 많이 간과되어왔다. (알렉세이 나고비친Aleksey Nagovitsyn 사진)

언 그린란드의 적대적인 오지들로 위험을 무릅쓰고 들어가 이전에는 아무도 찾아볼 생각조차 하지 않았던 고생물학의 경이를 발굴해왔다. 노라는 그동안 지구의 가장 오래된 모래사장 중 많은 곳에서 미생물 매트가 자란다는 증거를 알아보고 또 알아보았다.

미생물 매트 화석이 그토록 중요한 이유는 그것이 모종의 광합성에서부터 생겨나야 하기 때문이다. 검은 처트나 검은 셰일에 조각난 자신의 유해를 남긴 미생물은 햇빛과는 거리가 먼 깊은 지대 출신이었을 수도 있다. 35억 년 전부터 얕은 물에 있던 스트로마톨라이트가 광합성 생활양식을 뒷받침하지 않았느냐고 강하게 반론을 제기할 수 있지만, 이 광물화한 봉분들은 단순히 거기가 아니면 파도뿐인 가혹한 환경에서 미생물을 보호하는 고층건물이었을 수도 있다. 하지만 미생물 매트는 광합성의 결과물이 틀림없다. 햇빛을 뒤쫓는 게 아니라면, 어째서 미생물 군집이 그 모든 역경을 뚫고 제 발로 거칠고 얕은 조간대에 정착하겠는가?

노라 노프케의 공헌을 맥락 안에서 보기 위해, 정말 오래된 다른 화석들을 생각해보라. 지구의 가장 오래된 생명체를 찾고 있던 고생물학자들은 과거 반세기 가운데 오랫동안, 세 종류의 암석층에 초점을 맞추었다. 첫 번째는 논란이 되는 빌 쇼프의 35억 년 된 에이펙스 처트와 같은, 검은 처트다. 검은 처트가 맨 처음 고생물학계에서 대서특필된 것은 1960년대 초였다. 당시 하버드대학의 고식물학자 엘소 바곤이 미네소타 주 북부와 온타리오 주 서부에 있는 19억 년 된 건플린트Gunflint 처트에서 고대 미생물 화석을 알아보았던 것이다. 입자가 곱고 실리카가 풍부한 암석의 얇고 투명한 절편을 자세히 살펴보던 바곤은 자신이 보고 있는 것이 정교하고 상세한 형태의 고대 미생물 체화석임을 깨달았다. 바곤은 자신보다 10년 앞서 건플린트에서 수수께끼 같은 구형물체를 처음 관찰했던 지질학자 스탠리 타일러와 함께 깜짝 놀랄 만큼 골고루 갖춰진 틀림없는 세포들을 묘사했다. 이 미시적 생태계를 구성하는 구형, 막대형, 섬유형 세포들 가운데 일부는 분열하는 도중이었다. 실은 더 오래된 화석을 찾았다는 주장이 수십 년 동안 뒤를 이었음에도 불구하고, 일부 고생물학자들은 아직도 건플린트 처트를 가리키며 그것이 지구상에서 절대적으로 틀림없는 광합성 세포의 가장 오래된 화석을 담고 있다고 말한다.

로저 서몬스와 동료들이 연구했던 두 번째 암석 유형인 탄소가 풍부한 검은 셰일은 아마도 오래된 분자화석을 얻기에 가장 좋은 곳일 것이다. 검은 셰일은 심해에 쌓인 진흙과 유기물 파편이므로 오래된 미생물 유해가 묻혀 있다고 자신할 수 있다. 그래서 수십억 년 된 오스트레일리아, 서아프리카, 기타 현장에서 나오는 두꺼운 검은 셰일 층서의 눈에 보이지도 않는 얇은 층들을 하나하나 끈질기게 화학적으로 조사하고 있다. 단일 분자를 검출할 능력이 있는 도구를 포함해 더 새롭고 더 민감한 분석도구들이 가동되면, 분명 중요한 발견들이 뒤따를 것이다.

고대의 화석을 보유하는 암층 가운데 집중적으로 연구되는 세 번째 유형은 초기 생명체가 광물을 겹겹이 퇴적시켜 만든 돔 모양 구조인 스트로마톨라이트다. 고생물학자라면 한 번쯤 이 광물더미의 기원 문제로 쩔쩔맨 적이

**그림 7.3** 서부 오스트레일리아의 스트로마톨라이트들. 왼쪽은 스트렐리 풀에서 발견된 고대 스트로마톨라이트의 단면이고, 오른쪽은 샤크베이에서 볼 수 있는 현대의 스트로마톨라이트다. (왼쪽은 디디에 디스쿤Didier Descouens, 오른쪽은 폴 해리슨Paul Harrison 사진)

있을지도 모른다. 스트로마톨라이트는 대개 석회석 안에 보존되어 있다. 얕은 바다에 살아 있는 현대의 스트로마톨라이트 암초가 아니라면 말이다. 현생 스트로마톨라이트 중에서는 경관이 아름다운 외딴 곳, 서부 오스트레일리아 샤크베이의 세계자연유산으로 지정된 장소에 들어 있는 것이 가장 유명하다. 이 퇴적물의 묘한 생김새는 미끄럽게 표면을 감싸고 있는 미생물—오늘날 살아 있는 암초의 경우에는 광합성을 하는 미생물—들이 광물을 생성해 표면을 한 층 한 층 덮어가면서 생겨난다. 지금까지 전 세계에서 수백 군데의 화석 스트로마톨라이트 산지가 확인되었으며, 일부는 30억 년이 넘은 암석에 들어 있다.

검은 처트, 검은 셰일, 그리고 스트로마톨라이트. 지구에서 가장 오래된 화석을 품고 있는 암층들의 이 짧은 목록에 노라 노프케는 네 번째 유형의 암석을 덧붙였다. 바로 사암이다. 사암이 왜 간과되었는지는 이해할 만하다. 대부분의 화석이 처트나 셰일처럼 입자가 고운 암석 안, 또는 석회석 암초 안에 보존되어 있다 보니 검은 처트, 검은 셰일, 스트로마톨라이트에 관심이 집중되었던 것이다. 반면에 모래는 비교적 굵어서, 광물 입자들이 대부분의 미생물보다 훨씬 크다. 게다가 모래는 해변의 거칠게 요동치는 조간대에 모여 있는 경향이 있고, 여기서는 생명의 징후 대부분이 금세 지워진다. 침식되고, 씻겨 나가고, 분산되는 것이다. 하지만 현대 갯벌과 그것의 비옥한 생태계를 연구하며 20년을 보낸 노프케는 질긴 섬유질인 미생물 매트가 얕은 모래 해안선에 독특한 구조를 부여하는 것을 발견했다. 모래 표면에 구겨진 식탁보 같은 주름결을 새기는 미생물 매트는 조류 가닥들로 이루어진 두껍고 탄력 있는 몸통 안에 퇴적물 입자들을 붙잡아 가두기도 하고, 모래에 찍히는 물결무늬를 변형시키기도 하고, 폭풍우 속에서 독특한 형태의 덩어리들로 찢겨나가 작은 페르시아 양탄자처럼 돌돌 말리기도 한다.

대부분의 사암 노두는 매끈하거나 가볍게 물결치는 것처럼 보일 뿐 명백하게 생물학적인 것은 전혀 없다. 하지만 일단 고대 암석 안에서 화석화한 미생물 매트 특유의 주름지고 갈라진 표면을 찾아내는 법을 알게 되자, 노프케는 눈길이 닿는 거의 모든 곳에서 미묘한 특징들을 알아챘다. 1998년에는 프랑스 알프스에 속한 몽테뉴 느와르 지역의 4억 8,000만 년 된 암석 표면에서 특징적인 주름결을 확인했다. 박사후연구를 위해 하버드 대학으로 옮긴 뒤인 2000년에는 나미비아의 5억 5,000만 년 된 암석에서 비슷한 패턴을 확인해서 자신의 예전 기록을 더욱더 과거로 밀어냈다. 미생물 매트가 5억 년 전에 존재했다는 사실은 특별히 뉴스감이라 할 수는 없었다. 미생물 매트가 그보다 훨씬 더 이전부터 사방에서 해안 지역을 장식했음이 틀림없다는 데에는 모든 고생물학자가 동의했을 것이다. 하지만 시간을 들여 현대의 매트 계통을 자세히 조사한 다음, 고대 암석 안에 틀림없는 화석으로 보존된 비슷한 흔적들을 알아보았던 사람은 노프케 이전에는 한 사람도 없었다.

노프케는 2001년에 남아프리카와 오스트레일리아에서 처음으로 30억 년이 넘은—산소급증사건이 있었다고 가정되는 시기보다 훨씬 오래된—층에서 미생물 매트를 발견한 이후 획기적인 발견을 이어갔다. 그러한 지형들은 한낮의 태양이 머리 위에서 이글거리는 동안에는 찾기가 어렵지만, 오후 늦게 햇빛이 불모의 암석을 훑고 지나가는 순간—흔히 결실 없이 길게 이어지던 탐색의 나날들 끄트머리에—주름진 사암 표면이 숨길 수 없이 극명하게 도드라진다. "그 구조들은 사방에서 튀어나오는 것 같았어요." 그녀는 어느 고된 아프리카 현장답사의 마지막 날 마지막 시간에 완료한 짜릿한 발견을 이렇게 회상한다.

노라는 하버드에서 그녀를 가르친 고생물학자 앤드루 놀의 제안으로 2000년에 처음 나를 찾아왔다. 앤드루와 나는 우리가 대학원생이던 1970년대부터 친구 사이였다. 한동안은 각자의 이력이 우리를 과학에서 서로 다른 방향으로 데려갔지만, 그때는 우주생물학에 대한 서로의 관심이 대화를 재개시킨 다음이었다. 놀은 고대 미생물 매트에 대한 노프케의 주장이 거의 전적으로 표면의 생김새를 기초로 하며, 그 생김새는 많은 것을 암시하지만 때때로 추측에 근거한 상상이 필요하다는 것을 깨달았다. 노프케처럼 현대 미생물 매트를 광범위하게 경험해보지 않은 평균적인 고생물학자라면, 묘한 물결무늬나 주름진 암석 표면 따위는 쉽게 간과하거나 무시할 수도 있었다. 그래서 놀은 그녀가 발견한 무딘 톱니 모양의 독특한 층 안에 보존된 광물, 생체분자, 동위원소에 관한 분석 데이터를 첨가해 자신의 주장을 보강하라고 격려했다. 어쩌면 고대 탄소의 자취나 특징적인 광물들의 농도가 가장 오래되긴 했지만 모호하게도 그저 생김새가 매트 같은 물건들 일부에 그것이 생명체의 유산이라는 결정적 증거를 제공할 수도 있었다. 놀의 다른 학생들과 일한 적이 있는 내가 전화를 받았다.

노프케가 보낸 맨 처음 표본들은 그러한 분석이 왜 중요한지를 가르쳐주는 좋은 본보기임이 입증되었다. 그녀는 30억 년 된 모래 퇴적물 속에서 꿈틀거리는 얇고 검은 층들을, 다시 말해 당시에 가장 오래된 미생물 매트의 기록을 깨게 될 무언가를 발견한 참이었다. 노프케는 그 검은 구조 안에 탄소가 풍부한 동시에 생명체의 필요조건인 동위원소 표식이 들어 있음을, 즉 더 무거운 동위원소인 탄소-13이 평균 지각보다 약 3퍼센트 덜 들어 있다는 것을 확인할 필요가 있었다. 그녀는 이미 『사이언스』를 겨냥해 논문을 써서 제출할 준비를 마치고 단 하나, 그 확인용 수치만 기다리고 있었다. 암석 표본들이 최우선순위 택배로 매사추세츠 주 케임브리지로부터 지구물리연구소로 밀어닥쳤다. 나는 큰 압박을 느꼈다.

다행히도 카네기 연구소 산하 지구물리연구소의 탄소 동위원소 전문가인 동료 메릴린 포겔이 흔쾌히 나를 도와주었다. 메릴린은 표본을 보고 내게 할 일을 일러주었다. 암석을 곱게 빻고, 순수한 은종이로 만든 조그만 컵 여러 개에 분말을 몇 마이크로그램씩 담고, 표본들의 무게를 달고, 각각의 은종이 컵을 접어서 비비탄 크기의 작은 공으로 만들라고. 그런 다음 이 시료들은 탄소 동위원소 표준시료들과 함께 하나씩 반응로로 들어갔다. 반응로는 탄소를 함유한 모든 화합물을 이산화탄소 기체로 증발시키고, 증발한 기체가 감도 높은 질량분석계로 흘러들어가면 그 기계가 탄소-12와 탄소-13을 분리해 각각의 양을 측정한다. 두세 시간이면 감출 수 없는 비를 얻을 수 있었다.

노라는 다른 미생물 매트의 전형적 수치인 -25에서 -35의 범위 안에서 뭔가를 바라고 있었다. 하지만 기계는 다른 이야기를 뱉어냈다. 동위원소비는 0에 가까웠고, 이는 생물학과는 아무 상관도 없는 수치였다. 오히려 그것은 무기탄소, 즉 맨틀에서 유체 상태로 올라와 가느다란 맥상으로 퇴적되는 검은 흑연과 같은 종류의 탄소가 보이는 특징이었다. 최종 결과는 다음과 같았다. 노프케의 시료에 들어 있는 검은 구조는 탄소가 풍부했지만, 틀림없이 생물체는 아니었다.

우리는 이 본보기를 염두에 두고 재빨리 전진해 노라가 다양한 지역—남아프리카, 오스트레일리아, 그린란드—의 현장에서 모아온 다수의 고대 퇴적물 중에서 유망한 다른 표본에 있는 가늘고 검은 구조들을 분석했다. 미생물 매트에 걸맞은 -30의 범위에서 탄소 동위원소가 몇 번이고 되풀이해 측정되어서, 우리는 30억 년 전보다 이전에 고대 지구의 모래 해안선을 따라 미생물이 번성했다는 다른 종류의 설득력 있는 증거를 찾아냈다. 그리고 조그만 검은 얼룩이나 미량의 생체분자와 달리, 노프케의 증거는 현장에서 노두 규모로 볼 수 있었다. 그녀의 증거는, 손에 쥘 수 있었다.

하지만 핵심 질문은 남는다. 그 매트의 미생물들이 산소를 생산했을까, 아니면 더 단순한 광화학을 위해 햇빛을 사용했을까? 미생물은 태양을 수확하는 다양한 전략을 진화시켰고, 그 가운데 모두가 산소를 생산하지는 않았다. 그러므로 30억 년 전 매트를 형성한 유기체들이 어떻게 생계를 꾸렸는지에 관한 세부사항은 앞으로도 당분간 여전히 뜨거운 주제로 남을 것이다.

## 광물학적 폭발

지구 산소화의 이야기에 거대한 굴곡이 있음은 널리 인정되는 사실이다. 25억 년 전 이전의 지구 대기에는 본질적으로 $O_2$가 없었다. 광합성을 하는 미생물의 등장이 약 24억 년 전과 22억 년 전 사이에 극적인 누적적 변화를 일으켰을 때, 비로소 대기 중 산소의 비율이 현대 농도의 1퍼센트 이상으로 크게 올라갔다. 이 돌이킬 수 없는 변화가 지구의 표면 근처 환경을 변화시키고 더욱더 극적인 변화를 위한 길을 닦았다.

앞의 설명들이 입증하듯이, 이 과도기의 세부사항이 많은 과학자들의 연구경력에서 초점이 되어왔다. 근래에 나는 오랜 동료 디미트리 스베르옌스키와 함께 충격적이고 다소 직관에 어긋나는 다음의 주장을 가지고 논쟁에 뛰어들었다. 지구상의 각종 광물들은 대부분 생명 현상의 결과물이다. 몇 세기 동안, 광물의 왕국은 생명체와는 독립적으로 돌아간다는 것이 무언의 가정이었다. 반면에 우리의 새로운 '광물의 진화' 접근법은 지권과 생물권의 공진화를 강조한다. 우리는 대략 4,500종의 알려진 광물들 가운데 무려 3분의 2가 산소급증사건 이전에는 형성될 수 없으며, 지구의 풍부한 광물 다양성 가운데 대부분이 아마도 무생물 세계에서는 일어날 수 없었을 것이라고 제안한다. 이 관점에서 보면, 준보석인 터키석, 쪽빛 남동석藍銅石, 밝은 풀빛의 공작석孔雀石 같은 광물의 총아들도 틀림없는 생명의 징후다.

광물학이 이렇듯 생물계에 의존하는 이유는 간단하다. 이 아름다운 광물들은 수천 가지 다른 종들과 더불어, 산소가 풍부한 물과 기존 광물의 상호작용에 의해 얕은 지각에서 형성되기 때문이다. 표면 아래의 물이 위쪽에 있는 암석 수백 미터를 녹이고, 옮기고, 화학적으로 변질시키고, 또 다른 식으로 개조한다. 그 과정에서 새로운 화학반응이 처음으로 일어나면서, 새로운 광물들 한 벌을 만들어낸다. 스베르옌스키와 나는 이렇게 해서 생겨난—구리, 우라늄, 철, 망간, 니켈, 수은, 몰리브덴, 기타 많은 원소들에서 유래한—광물들의 긴 목록을 작성했다. 그러한 광물 형성 반응들은 산소가 급증하기 전에는 결코 일어날 수 없었을 것이다.

"붉은 행성 화성은 어때?" 우리 동료들은 묻는다. 우리 이웃 행성의 녹슨 표면도 화성이 한때 산소가 있어서 지구와 맞먹는 광물 다양성을 지닐 수 있었다는 증거가 아닐까? 우리는 아니라고 주장한다. 결정적인 차이는, 화성 및 아마 그와 닮은 다른 작은 행성들은 산소가 풍부한 표면 아래 물의 역동적 순환을 경험하지 않아서 지구처럼 깜짝 놀랄 만한 광물 다양성을 만들어낼 수 없었다는 점이다. 최근의 데이터가 감질나게 시사했듯이 화성에 지하수가 저장되어 있을 수는 있지만, 그 물은 얼어 있다. 화성이 붉은 이유는 오로지 표면 근처 수소의 대부분(따라서 물의 대부분)을 잃어버렸기 때문이다. 수소를 잃어서 생겨난 약간의 산소가 몇 밀리미터 두께로 얇게 페인트를 바른 것처럼 표면을 붉게 물들이지만, 그 정도 산소는 화성의 지각 안으로 그다지 깊이 침투하지 못한다.

우리가 새로 구성한 지구의 광물학적 과거는 기존의 일부 시각과 맞섰다. 「산소급증사건 전에 확 풍긴 산소 냄새?」라는 도발적인 제목을 달고 2007년 『사이언스』에 실린 논문에서, 지구화학자 애리얼 앤바와 공동연구자들은 서부 오스트레일리아 맥레이 산에서 나오는 25억 년 된 검은 셰일들의 층서에서 나타나는 미량원소를 꼼꼼히 기록했다. 고대 대양의 연안 환경에서 퇴적된 이 고운 층들은 눈에는 단조로워 보이지만 면밀히 조사해보면 화학적인 깜짝선물을 담고 있다. 무엇보다, 셰일 꼭대기에 가까운 9미터 두께 구간에는 몰리브덴과 레늄이 상당히 풍부하다. 이 화학원소들은 일반적으로 산화되지 않는 한 퇴적암에서 모습을 보이지 않는다. 더 산화된 형태의 몰리브덴과 레늄은 모암인 화성암에서 쉽게 녹아나오므로, 강을 따라 흘러서 대양으로 들어가 대양저 위의 검은 셰일 속에 포함될 수 있다.

이렇게 첨가된 몰리브덴과 레늄이 우리에게 25억 년 전의 침식에 관해 뭔가를 말해주고 있다는 데에는 누구나 동의한다. 몰리브덴으로 이루어진(그리고 흔히 레늄도 포함하는) 가장 흔한 광물인 휘수연석輝水鉛石은 유난히 물러서 쉽게 벗겨진다. 아마도 어느 고대 산비탈에 휘수연석을 함유한 화강암이 노출되었을 것이다. 아마도 기계적 풍화로 생겨난 휘수연석의 아주 작은 조각들이 바다로 실려가 검은 진흙 바닥에 가라앉았을 테고, 그 퇴적물이 묻히고 굳어져 맥레이 산 셰일을 형성하게 되었을 것이다.

앤바 팀이 도달한 결론은 달랐다. 그들은 초기 광합성 세포들이 '확 풍긴 산소 냄새'가 그 묘기를 부린 주인공이라는 의견을 제시했다. 아마도 국부적으로 집중된 미끈한 풀빛 세포들이 산소가 충분한 작은 환경을 조성해 몰리브덴과 레늄을 이동시켰을 것이다. 어쨌거나 24억 년 전에 전 지구적으로 산소가 급증했다는 틀림없는 증거가 있다면, 그보다 1억 년 전에 국부적으로 그러지 못할 이유가 무엇인가?

스베르옌스키와 나는 몰리브덴, 레늄 등의 원소들을 옮길 방법은 산소 말고도 많다고 되받아친다. 황이나 질소나 탄소를 포함하는 분자들이 대기 중에 흔했으므로 $O_2$가 하나도 없어도 전자를 받는 묘기를 똑같이 잘 수행할 수 있었을 것이다. 새로운 발상과 논의가 다른 주장과 반론을 만나는 것이 과학적 논쟁의 본성이다.

산소가 급증한 정확한 시점이 언제였든, 지구는 25억 번째 생일을 앞두고 표면이 다시 한번 바뀌었다. 최초의 극적인 변화는 육상에서 일어났다. 지구가 녹슨 것이다. 산소가 주도하는 표면 풍화작용이 철을 함유하는 화강암과 현무암을 붉은 벽돌빛 토양으로 분해하기 시작했다. 육지가 나이를 먹자, 주로 잿빛과 검은빛을 띠던 색조가 불그스름한 녹 색깔로 살짝 바뀌었다. 우주에서 바라본 20억 년 전 지구의 대륙은—아직 오늘날의 육괴보다는 상당히 작았겠지만—현대의 붉은 행성 화성을 닮은 뭔가로 보였을지도 모르지만, 파란 대양과 소용돌이치는 흰 구름이 함께해서 극적으로 화려한 대비를 이루었을 것이다.

녹은 많은 심원한 광물학적 변화들 가운데 가장 알기 쉬운 것일 뿐이었다. 우리가 최근에 수행한 화학적 모형화 작업은 산소급증사건이 길을 닦아준 광물이 3,000종에 달함을 시사한다. 그 모든 종이 이전에는 우리 태양계 안에서 알려지지 않은 광물이었다. 우라늄, 니켈, 구리, 망간, 수은의 수백 가지 새로운 화합물이 생명체가 산소를 생산하는 묘기를 배운 뒤에야 비로소 생겨났다. 박물관에 있는 가장 아름다운 결정 표본들 가운데 많은 것—청록빛 구리 광물들, 자줏빛 코발트 종들, 노랑 내지 주황빛 우라늄 광석들 등등—이 생기 넘치는, 살아 있는 세계를 강력히 증언한다. 이 따끈따끈한 광물들이 무산소 환경에서 형성되었을 법하지는 않으므로, 지구의 4,500종에 달하는 알려진 광물들 대부분에 대해 생명이 직접적으로든 간접적으로든 책임이 있는 것같이 보인다. 놀랍게도 이 새로운 광물들 가운데 일부가 진화하는 생명체에게 새로운 환경의 생태적 지위와 새로운 화학에너지원을 제공했으므로, 생명체가 계속해서 암석 및 광물과 공진화해온 것이다.

마법처럼 변화를 일으키는 원소인 산소가 이 기나긴 역사에서 주역을 맡는다. 전자에 굶주린 산소 원자는 모든 양태의 광물과 격렬하게 반응해 암석을 풍화시켜버리고 그 과정에서 영양분이 풍부한 토양을 형성한다. 대기 중 산소 농도가 20억 년 전 이전에 처음으로 상당한 수준까지 높아졌을 때는 광합성을 하는 모든 생명 형태가 대양에서 살고 있었다. 육지는 생명에게 절대적 불모지였다. 하지만 생명체가 전 지구에 걸쳐 궁극적으로 확장할 수 있도록, 산소가 길을 열어주었다.

오늘날 우리는 가장 친밀한 교류를 하면서 산소를 경험한다. 우리가 숨을 쉴 때마다 공기 중 아주 작은 부분이 우리의 일부가 되고, 바로 그 순간 우리의 아주 작은 일부는 공기가 된다. 며칠이 지나면 우리 몸은 서서히 사라지고 순간순간 산소와 화학반응을 일으키면서 다시 형성된다. 우리의 세포조직은 평생토록 되풀이해 교체되고, 지구의 유한한 원자들은 공기, 바다, 육지와 그것의 살아 있는 형태 모두의 사이에서 재활용되고 있다. 탄생의 순간 유아기의 당신 몸을 형성했던 원자들 대부분은 이제 뿔뿔이 흩어졌고, 마찬가지로 현재의 당신을 이루는 원자들도 다시 흩어질 것이다. 당신이 운이 좋아 이 산소가 풍부한 고향 행성에서 몇 년은 더 산다면 말이다.

# 08

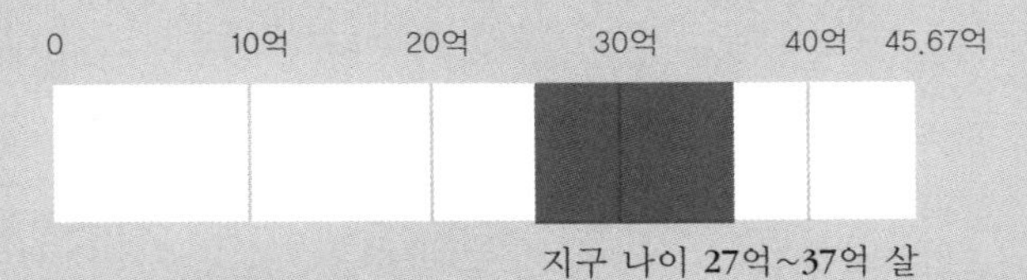


# '지루한' 10억 년

## —광물 혁명

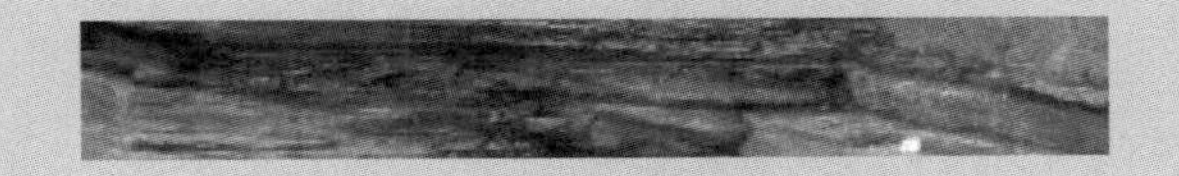

초기 지구과학계의 활발하고 꼿꼿한 선동가인 오스트레일리아 지질학자 로저 뷰익은 언젠가 (산소급증사건으로 마감하는) 고원생대와 (전 지구에 걸친 빙하가 표면의 대부분을 차지하고 생명이 흥미로운 여러 방식으로 진화하기 시작하는) 신원생대 사이에 낀 시기를 이렇게 딱딱한 말로 요약했다. "지구사에서 가장 따분한 때가 중원생대였던 것 같다."

평온무사했다고 가정되는 그 시절, 그러니까 18억 5,000만 년 전부터 8억 5,000만 년 전까지의 10억 년이 이 장의 주제다. 중간양洋(일부 과학재담가들은 더욱 냉소적으로, 지루한 10억 년이라 부른다)이라고 불리는 이 광대한 구간은 생물학과 지질학의 관점에서는 상대적으로 정체된 시기처럼 보인다. 명백하게 극적인 변화를 일으키는 사건은 전혀 일어나지 않았다. 언뜻 보면, 암석기록은 게임의 양상을 바꾸는 웅장한 충돌도 갑작스러운 기후변동도 전혀 드러내지 않는다. 대양에서 산소가 더 많은 표면 근처 층과 산소가 없는 깊은 층 사이의 경계면은 점점 더 깊이 내려갔겠지만, 근본적으로 새로운 생명 형태가 출현한 적도 없는 것 같고, 일반적으로 새로운 암석 유형이나 광물종이 많이 생겨난 것으로 생각되지도 않는다. 최소한 그것이 통설이다.

하지만 '지루한'은 위험한 용어다. 나는 언젠가 지질脂質, 그러니까 지방과 오일과 왁스를 포함하는 풍부하고 다양한 종류의 생체분자를 지루하다고 일컫는 실수를 저질렀다. 지질화학의 미묘한 차이를 모르고 대중강연 도중에 이렇게 말한 것은 두 가지 면에서 실수였다. 첫째, 지질은 사실 놀라울 만큼 다양하다. 지질은 생체의 화학반응을 조절하고 복잡한 나노 규모의 구조들을 세공하는 데에서 온갖 종류의 흥미로운 역할을 한다. 지질은 대다수 생물의 안쪽과 바깥쪽을 가른다. 지질이 없으면, 우리가 아는 그대로의 생명체는 불가능할 것이다. 내 말이 실수였던 두 번째 이유는, 멋도 모르고 내가 세심하며 유머라곤 모르는 어느 화학자가 있는 곳에서 그 말을 했기 때문이었다. 연구경력 내내 지질을 연구하며 보낸 그녀는 마땅히 나를 꾸짖고는 오해를 바로잡아주기 위해 지극히 전문적인 문헌 한보따리를 나에게 보내주었다. 내 속죄는 이 상세한(그리고 다소 지루한) 학술서들을 읽는 것이었다.

요지는 '지루한'은 어떤 본질적인 따분함을 가리키는 말이 아니라 우리의 근본적인 무지 상태를 가리키는 말일 수 있다는 것이다. 지구의 지루한 10억 년은 실은 인간 문명의 이른바 암흑기와 비슷할 것이다. 위대한 혁신과 실험을 낳으며 거침없고 돌이킬 수 없이 변화하고 있었던 역동적인 구간이자 현대의 활기찬 세계로 가는 관문이, 그럼에도 한때는 학자들에게 대체로 무시당하지 않았던가. 우리가 자초한 무지는 또 스스로 강화되기도 할 것이다. 대학원에서 공부하다가 박사후연구원으로 활동하는 짧은 시간의 틀 안에서 학문적 명성을 확립하고자 안간힘을 쓰는 야심찬 학생들이, 지질학적으로 별다른 일은 일어난 적이 없다고 생각되는 시대에 초점을 맞추기는 그리 쉽지 않을 것이다.

하지만 그 수수께끼 같은 시대의 지층들도 기민한 학자를 위해 깜짝선물을 품고 있는 것은 틀림없다. 극적인 변형 단서들이 암석 안에 숨겨져 있을 게 분명하고, 그 암석의 사연은 대부분 읽힌 적이 없을 것이다. 지구에 매장되어 있는 가장 값나가는 광석들 가운데 일부—아프리카 잠비아와 보츠와나, 북아메리카 네바다와 브리티시컬럼비아, 체코와 오스트레일리아 남부에 막대하게 매장되어 있는 납과 아연과 은—가 이 시대의 암석 안에 몰려 있는 것 같다. 베릴륨, 붕소, 우라늄의 색다른 광물들이 풍부한 기타 산지도 대략 그 시기에 번성한 것으로 보인다. 새로이 밝혀진 증거들은 그 지루한 10억 년 동안 지구의 대륙이 한데 뭉쳐 단 하나의 거대한 초대륙을 이루었고, 그런 다음 찢어졌다가 행성에서 가장 웅장한 표면 순환 과정에서 다시 뭉쳤을 거라고 시사한다. 그리고 그 10억 년 기간 내내, 오늘날 화석으로 아름답게 보존되어 있는 풍부한 미생물들이 얕은 해안과 연안 환경에서 북적대고 있었다. 분명 우리는 지구의 암흑기에 관해 배울 게 많다.

### 변화의 역사

우리가 듣고 있는 지구 진화의 모험담에서 지구가 25억 번째 생일을 맞이하고도 2억 년이 더 지난 지금까지, 극적인 변화는 결코 변치 않는 하나의 상수常數였다. 태양 성운이 응집해 태양이 형성되었다. 태양을 둘러싸는 먼지가 녹아서 콘드룰이 되었다. 콘드룰이 뭉쳐서 미행성체가 되고, 미행성체는 원시 지구를 비롯해 지름 수천 킬로미터의 지구형 행성들이 되었다. 테이아가 충돌하고, 뒤이어 달이 형성되고, 백열광을 뿜는 마그마 대양이 굳어져 수천 개의 폭발하는 화산으로 곰보가 된 검은 현무암 지각이 만들어지고, 머지않아 뜨거운 바다가 단단한 표면을 거의 다 덮어서 가장 높은 화산추의 꼭대기만 마른 땅으로 남게 되는 이 모든 극적인 사건이 5억 년 안에 일어났다. 지구의 독특한 대양이 조금씩 불어난 다음인 덜 시끌벅적한 20억 년 동안에도 우리 행성의 표면은 용융된 현무암에서 화강암이 출현하고 판 지구조운동을 구동하는 대류세포들 위에서 원시 대륙이 자라나면서 끊임없이 유동하고 있었다.

생명이 출현하고, 진화하고, 마침내 산소를 만드는 법을 배운 것은 그토록 역동적이고 가변적인 세계 위에서였다. 변함없는 변화가 지구의 품질보증마크였다. 조숙한 예술가처럼, 우리 행성은 단계마다 새로운 뭔가를 시도하면서 몇 번이고 다시 자신을 재창조했다.

그렇다면 어떻게, 우리의 역동적 행성이 어느 날 문득 무한한 정체기에 빠져 있는 자신을 발견할 수 있었을까?

간단한 답은, 지구는 그때에도 정체되어 있지 않았다는 것이다. 변화는 끊이지 않았다. 달을 형성한 충돌이나 산소급증사건만큼 극적인 변화는 없었을지 몰라도, 지루한 10억 년은 독특한 광물 제조 과정들이 발명되면서 새로운 유형의 암석과 귀중한 광상이 형성되었을 뿐만 아니라 많은 새로운 광물종이 처음으로 나타난 시기였다. 그리고 가장 결정적으로, 전 세계에서 나오는 지질학적 증거가 당시에 전 지구의 판들이 골고루 움직여 새로운 패턴을 확립했음을 나타낸다. 그 패턴은 오늘날까지 제자리를 지키고 있다.

## 초대륙의 순환

지구 대양과 대륙의 친숙한 지리는 지질학적으로 말하자면 순식간에 사라질 모습이다. 아메리카, 유럽, 아프리카가 거대한 대서양을 둘러싸고, 아시아 대륙이 동쪽을 향해 크게 뻗어나가고, 광대한 태평양 남쪽에 오스트레일리아 대륙과 함께 섬들이 넘쳐나고, 세계의 끝자락에 남극이 자리잡고 있지만, 이는 순간적인 배치일 뿐이다. 판 지구조운동의 장엄한 과정은 대륙들을 형성할 뿐만 아니라 끊임없이 지구를 가로질러 왕복하게도 한다. 땅과 물은 몇 번이고 되풀이해 극단적으로 개조되는 대상이었다.

한 무리의 정예 지구과학자가 그 옛날 우리 세계의 생소한 지도제작법을 캐낼 줄 알게 되면서, 근사치이긴 하지만 지구의 과거와 미래를 보여주는 주목할 만한 지도를 제작해왔다. 그들은 작업에 동원할 실마리들을 많이 가지고 있다. 첫째, 우리는 대륙들이 오늘날 어떻게—얼마나 빨리, 어떤 방향으로—움직이는지를 안다. 해마다 대서양은 더 넓게 열리고, 아프리카는 둘로 갈라지고, 우리가 아연해 지켜보는 동안 인도가 중국을 들이받으면서 구겨진 충돌지대가 들쭉날쭉한 히말라야 산맥이 된다. 그 모두가 물론 느린 동작으로, 하지만 1년에 1~2인치씩 꾸준히 일어나며, 1억 년의 기간을 거치면 달팽이 걸음으로도 기념비적인 변화를 낳을 수 있다. 지구의 지리를 찍은 가상의 비디오테이프를 앞뒤로 재생해보면, 우리 행성의 변덕스러운 용모를 짐작할 수 있다. 심지어 멀리 5억 년 전까지 돌아가도, 풍부한 동식물 화석기록이 과학자의 스케치에 도움을 줄 수 있다. 멀리 떨어져 있는 대륙의 식물군과 동물군이 분기진화(하나의 계통이 둘 이상으로 분열해서 진화하는 것—옮긴이)의 경로를 따르는 경우는 특히 더 도움이 된다. 예를 들어, 오스트레일리아의 다양한 유대류와 뉴질랜드에 사는 날지 못하는 큰 새들은 설득력 있는 동물학적 분리 이야기를 들려준다.

5억 년 전 너머의 과거로 밀고 들어가면 그림이 희미해지기 시작하므로, 다른 종류의 단서를 찾아야 한다. 특별히 중요한 것은 화산암 안에 화석화해 갇힌 자성이다. 우리는 우리 행성의 자기장을 떠올릴 때 나침반 바늘이 정렬하는 익숙한 남북 방향을 기준으로 삼는 경향이 있지만, 이 경우는 그보다 더 복잡하다. 자기장선들은 복각伏角이라는 각도로 지구 표면과 교차한다. 복각은 적도에서는 0에 가깝지만—거의 수평이지만—위도가 높아질수록 점점 더 가팔라지다가 마침내 양 극에서는 거의 수직이 된다. 따라서 화산암 속에 동결된 고대 자기장을 엄격히 측정하면 그 암석이 굳을 때의 남북 방향과 대륙의 위도를 모두 밝힐 수 있다. 주목할 점은, 그렇듯 미묘한 증거가 지금은 적도에 있는 암석 일부가 한때는 지구의 극지에 있었고, 반대로 지금은 극지에 있는 암석 중 일부는 한때 적도에 있었음을 보여준다는 사실이다. 예전에 열대 개펄이었던 남극에서 나오는 화석증거와 적도의 아프리카에서 나오는 꽁꽁 언 툰드라 화석증거가 그러한 연구 결과를 보강해준다. 퇴적암 기록이 필수적인 데이터를 보탠다. 종류가 다른 퇴적물은 다른 환경에서 쌓인다. 얕은 바다, 대륙붕, 툰드라, 빙호, 개펄, 늪은 모두 다 독특한 암석 유형의 모태다.

이러한 단서를 쥐면서 자신감을 얻은 고지리학 전문가들은 어찌어찌해 지금으로부터 최소한 16억 년 전까지의 지구를 묘사하는 일관성 있고 변론 가능한 그림을 그려냈다. 지루한 10억 년 안으로 쑥 들어간 셈인데, 정보에 근거한 추측을 보태면 더욱더 깊이, 그러니까 최초의 대륙들이 형성되던 시기까지 그림을 연장할 수도 있다. 판 지구조운동이 원시 대륙을 만드는 데에는 긴 시간이 걸렸다. 섭입의 정점, 그러니까 지구의 가장 초기 현무암 지각을 이루던 고밀도 석판들이 갑자기 맨틀 깊은 곳으로 떨어져 내려가는 바로 그 단층선에, 가라앉지 못하는 저밀도 화강암 섬의 조각이 차례차례 쌓여 점점 더 크고 안정한 오래가는 육괴를 만들었다. 지금의 대륙이 된 이 고대의 덩어리는 강괴剛塊, craton라는 이름으로 통한다. '힘'을 뜻하는 그리스어에서 유래한 말이다.

강괴는 강하다. 일단 형성되기만 하면, 오랜 시간 지속된다. 오늘날 지구에는 30개 전후로 추정되는 강괴가 온전히 보존되어 있는데, 일부는 38억 년이나 되었고 크기는 가로 150킬로미터부터 1,500킬로미터 이상까지 광범위하다. 저마다 뭔가를 연상시키는 이름—북아메리카에 속하는 슬레이브Slave와 슈피리어Superior, 아프리카에 속하는 카프발Kaapvaal과 짐바브웨Zimbabwe, 오스트레일리아에 속하는 필바라Pilbara와 일가른Yilgarn—을 가진 이 다양한 조각들은 수십억 년에 걸쳐 지구를 가로질러 이사를 다녔다. 이 강괴들이 많은 수의 더 작은 고대 육지 조각과 더불어 뒤범벅이 되기도 하고 찢겨나가기도 하면서, 대륙의 초석으로 살아남았다. 그러한 강괴 셋이 모여 그린란드의 대부분을 형성했고, 반면 캐나다 중부 대부분을 비롯해 미시건 주와 미네소타 주 북부는 서로 다른 강괴 여섯 개가 모인 하나의 덩어리로 구성되었다. 브라질과 아르헨티나의 많은 부분은 강괴 여럿이 기저를 이루고, 오스트레일리아 북부, 서부, 남부의 큰 덩어리들, 시베리아, 스칸디나비아, 남극의 큰 한 조각, 중국 동부와 남부의 별개 지역, 인도의 대부분, 아프리카 서부, 남부, 중부 구획들도 마찬가지다. 이 강괴들 모두가 30억 년 전 이전에 형성되기 시작했다. 현대 양식의 판 지구조운동이 확립되기 전인 당시에는 지구 표면에서 아주 작은 부분만 마른 땅이었다. 그 결과, 모든 강괴에는 다소 뒤틀리고 뒤섞이긴 했지만 귀중하고 생동감 넘치는 사춘기 지구의 기록이 실려 있다.

강괴들이 열쇠다. 초기 지구사의 로제타돌인 것이다. 대양은 우리가 초기 지구를 해독하는 데에 도움을 줄 수 없다. 끊임없는 판 지구조운동의 컨베이어벨트가 해령에서 새로운 현무암 지각을 생산하고 수렴경계에서 그것을 다시 삼켜버리는 덕분에, 가장 오래된 대양지각도 기껏해야 2억 살이다. 그보다 오래된 모든 것은 대륙 위에 보존되거나, 아니면 전혀 보존되지 않을 수밖에 없다.

돌아다니는 강괴들에는 깜짝 놀랄 만큼 복잡한 내력이 있다. 지각판 운동에 의해 추진력을 얻어 이리저리 왔다갔다하는 동안 서로 충돌해 복합 강괴와 초강괴를 형성했고, 이들이 차례로 이따금씩 뭉쳐서 하나의 거대한 육괴, 즉 대륙이나 초대륙이 되곤 했다. 충돌할 때마다 봉합지대를 따라 새로운 산맥이 생겨났으므로, 모든 산맥은 더 큰 육괴들이 오래전에 조립되었음을 뒷받침하는 설득력 있는 증거가 되어준다.

초대륙은 결국 찢어졌고 조각조각 떨어져나와 대양으로 둘러싸인 별개의 섬 대륙들이 되었다. 대륙 하나가 찢길 때마다, 갈라지는 조각들 사이에서 넓어지는 대양이 형성되었고 감출 수 없는 퇴적물 한 벌이 가로놓였다. 먼저 얕은 물의 사암과 석회석이, 다음엔 더 깊은 물의 진흙과 검은 셰일이 쌓였다. 그러한 퇴적 순서는 대륙이 쪼개진 일화를 가리킨다. 초대륙은 구축되었다가 찢겨나가기를 거듭해왔다. 그것은 조각들의 위치와 모양이 끊임없이 바뀌는, 완성된 그림을 모르는 어마어마한 퍼즐이다.

이 모든 게 지루한 10억 년과 무슨 상관이냐고? 다 상관이 있다. 번지르르한 활동의 징후가 없는 기간, 그러니까 공들인 식물군과 동물군이 지질학적 기록에 도착하기 전, 충돌도 없고 나무도 없는 시간 동안에 지구의 모습이 어떠했는지를 이해하려면 우리는 고지리학자에게로 고개를 돌려야 한다. 이 지질학자들은 강괴들이 전 지구에 걸쳐 수십억 년 동안 추어온 춤의 세부사항을 해독하기 위해 지구상에서 가장 외딴 곳까지 걸어가 암석들의 지도를 작성하고 표본을 채집한 다음 실험실에서 수많은 방법으로 그 표본을 시험해본다.

모든 강괴의 중심부에는 정말 오래된, 전형적으로 30억 년이 넘은 암석들이 있다. 이 지구에서 가장 오래된 지각의 단편적인 꾸러미들은 다 합쳐도 행성의 대륙 질량 가운데 겨우 일부에 지나지 않는다. 모두 다 한결같이 열과 압력에 의해 바싹 구워졌고, 표면 아래 물들의 용해력에 의해 변질되었고, 지각의 응력에 의해 일그러졌다. 그래도 원래 암석의 본성은, 그러니까 화강암처럼 관입된 것인지 아니면 퇴적되어 층을 이룬 것인지는 보통 추론할 수 있다. 더욱이, 강괴들이 정적이지 않은 것은 행운이다. 강괴의 역사 내내, 새로이 뛰어오른 마그마가 오래된 마그마에 침투하면서 혈관이나 콩깍지 형태의 화성암체를 형성한다. 호수와 강바닥은 물론 얕은 모래 해안선에도 새로이 퇴적된 광상들이 형성된다. 독특한 암석 유형과 특징적인 구조도 강괴가 서로 충돌하거나 찢겨나갈 때마다 형성된다. 모든 사건이 두 육괴의 상대적인 움직임을 넌지시 알려준다. 이 다양하고 더 젊은 층들을 주의 깊게 연구하면 강괴 하나의 전 역사에 걸치는 암석 유형 한 벌을 식별할 수 있다. 이때부터 재미있어지기 시작한다.

더 젊은 암석들은 강괴 움직임의 연대기에 관한 암시를 준다. 화성암은 조그만 자성광물을 품고 있는데, 이 광물들은 굳을 때 지자기장 방향으로 고정된다. 고자기를 주의 깊게 연구하면 과거의 남극과 북극 방향뿐 아니라 암석이 식었을 때의 대략적인 위도도 확인할 수 있다. 이러한 데이터들이 딱히 GPS 좌표라고 할 수는 없지만, 시간 경과에 따라 강괴들의 상대적 위치를 기록하는 것은 사실이다. 기후와 생태에 관한 숨길 수 없는 단서들을 품을 수 있는 퇴적암이 이 데이터를 보완한다. 급속히 풍화 중인 열대에서 퇴적된 퇴적물은 온대 호수에서 퇴적된 퇴적물이나 더 높은 위도의 빙하 퇴적물과 뚜렷이 다르다. 어떤 경우에는 퇴적암도 극지의 위치에 대한 단서를 지닌 조그만 자성광물 입자들을 포함한다.

지구의 안색이 어떻게 변하는지 희미한 감이라도 얻기 위해, 지질학자 대군이 30여 개의 강괴 하나하나를 자세히 살펴보고 있다. 수십 년에 걸쳐 꼼꼼한 현장작업과 실험실 연구가 실시되고 있다. 행성의 모든 부분에서 데이터가 통합되고 있다. 그다음엔 모든 강괴들이 마치 범퍼카처럼 지구 위에 나란히 놓여야 할 것이다. 그리고 범퍼카들의 방랑을 담은 가상의 영화가 현대 세계의 알려진 지리에서 출발해 서서히 거꾸로 상영될 것이다. 그 영화는 필연적으로 뒤로 갈수록 더 희미해지고 더 사변적이게 된다. 그럼에도 불구하고, 서서히 떠오르고 있는 그림은 범상치 않다. 최근의 해석에 따르면, 지구는 반복되는 주기를 경험해왔다. 아마도 30억 년 전까지 거슬러 올라가는 동안 최소한 다섯 번은 초대륙이 조립되었다 분해되었을 것이다.

지구의 가장 초기 육괴들의 이야기는 아직도 모습을 드러내는 중이며, 두세 개가 넘는 논란이 그 화제 주위를 맴돈다. 30억 년 전 지구 표면의 약도 이상을 그릴 만큼 강심장인 사람은 최소한 아직까지 아무도 없었지만, 충분히 검증된 발상 하나는 최초의 대륙 크기 육괴에 우르Ur라는 이름을 붙였다. 약 31억 년 전에 우르를 형성한, 그 이전에는 흩어져 있던 강괴 조각들이 지금은 남아프리카, 오스트레일리아, 인도, 마다가스카르가 되어 있다(훨씬 더 이전에 있었다고 가정되는 큰 육괴 발바라Vaalbara는 약 33억 년 전에 존재했을 수 있지만, 증거가 빈약하다). 우르를 형성하는 모든 지역의 고자기 데이터를 비교한 결과에 따르면, 지금은 분리된 강괴인 것들이 지구사 대부분의 기간에 봉합되어 있었다. 모든 강괴가 거의 나란한 경로로 지구를 배회한 것으로 보이므로, 아마도 모두 연결되어 있었을 것이다. 실제로, 자기 데이터는 우르 대륙이 거의 30억 년 동안 지속되다가 약 2억 년 전에야 갈라지기 시작했음을 시사한다.

북아메리카에 있는 연관된 암석 산지의 지명을 따서 케놀랜드Kenorland 또는 슈페리아Superia라고 불리는 가장 초기의 진정한 초대륙은 우르와 우르보다 작은 다른 조각들이 많이 모여서 형성된 것으로 생각된다. 하나의 강괴가 다른 강괴와 충돌할 때마다 하나의 봉합대가 형성되었고, 그러는 동안 웅장한 압축력이 새로운 산맥을 밀어올렸다. 차고 넘칠 만큼 많은 그러한 지형은 27억~25억 년 된 암석들을 보고 판정할 수 있으며, 초대륙의 순차적 성장을 시사한다. 고자기 데이터는 케놀랜드가 상대적으로 짧았던 존재기간 대부분의 시간 동안 저위도에, 아마도 적도에 다리를 걸치고 있었으리라는 것을 보여준다.

그러한 초기 육지들이 생기자 지구는 처음으로 대규모 침식사건들을 겪고, 처음으로 퇴적물을 얕은 대양 가장자리로 뭉텅뭉텅 빠뜨렸다. 초기 지구의 모형을 만드는 사람들 대부분은 고대 대기가 오늘날의 대기와 전혀 달랐다고 가정한다. 산소는 전혀 없었던 반면 이산화탄소 수준은 우리 시대보다 수백 또는 수천 배 더 높았을 것이다. 비는 탄산 방울들로 떨어져 육지를 조금씩 갉아먹고 단단한 암석을 무른 진흙으로 바꿨을 것이다. 강들은 흙탕물을 싣고 대륙을 에워싸는 대양의 얕은 바닷가 비탈로 들어섰고, 여기에 무른 퇴적물이 두껍게 쌓여 삼각주가 되었다.

약 24억 년 전, 그러니까 산소가 대기 중에 쌓이기 시작한 때와 같은 무렵, 케놀랜드는 초대륙 형성의 이면을 경험했다. 지자기 데이터는 우르가 다른 강괴들로부터 갈라지는 것을 시작으로 케놀랜드가 장기간의 분열을 시작했음을 드러낸다. 이 강괴의 퍼즐조각들은 적도에서 극지까지 흩어졌다. 갈라져가는 조각들 사이에 얕은 바다가 새로 열렸으므로, 결국 얕은 해양성 퇴적물로 구성된 두꺼운 퇴적층이 생겼다. 초대륙 순환이 시작된 것이다.

## 컬럼비아 만세!

지질학 연대기에 초대륙 순환이 추가되자 지루한 10억 년은 훨씬 덜 지루해졌다. 여러 벌의 암석이 훨씬 잘 보존된 덕분에 케놀랜드보다 더 선명하게 그려지는 그다음 초대륙의 일화는 약 20억 년 전, 지구가 최소한 다섯 개의 대륙 크기 육괴를 따로따로 뽐내던 시기에 시작되었다. 이 육괴들 가운데 가장 큰 것이 로렌시아Laurentia 초강괴였다. 최소한 여섯 개의 강괴가 뭉쳐 수천 킬로미터를 가로지르며 지금은 북아메리카 중부와 동부가 된 땅의 대부분을 아울렀다(고대 육괴를 전공하는 사람들은 때때로 이 강괴들 뭉치를 아메리카합중판United Plates of America이라 부른다). 최초의 대륙 우르는 너른 대양을 사이에 두고 로렌시아와 헤어져 두 번째로 큰 육괴로 꿋꿋하게 나아갔다. 그보다는 훨씬 작은, 지금은 동부 유럽인 땅의 중심부를 형성하는 발티카Baltica 강괴와 우크라이나Ukraina 강괴, 지금은 남아메리카, 중국, 아프리카인 땅의 여러 부분에 해당하는 강괴들도 대륙 크기에 육박하는 큰 섬들이었다. 19억 년 전쯤이 되면, 이미 이 다양한 육지들이 충돌해 판의 수렴경계에서 새로운 산들을 띠 모양으로 들어올리며 컬럼비아Columbia, 네나Nena, 누나Nuna, 허드슨랜드Hudsonland 등 다양한 이름으로 불리는 하나의 초대륙을 형성한 다음이었다(워싱턴 주와 오리건 주 경계를 따라 흐르는 컬럼비아 강 부근에서 설득력 있는 지질학적 증거가 나온 데에 기반한 컬럼비아라는 이름이 가장 흔히 사용되는 것 같다). 남북으로 1만 3,000킬로미터, 동서로 5,000킬로미터에 달했을 것으로 추산되는 이 광대한 불모의 땅이 지구의 대륙지각 거의 전부를 병합했다.

서른 개가 넘는 강괴조각을 소급해 사멸한 초대륙 하나로 배열하는 일의 복잡성은 위압적이다. 놀랄 것도 없이, 보통 하나 이상의 모형이 인정을 받기 위해 경쟁한다. 컬럼비아의 경우는 두 가지 다소 다른 줄거리가 2002년 거의 동시에 출현했다. 한편에서는 노스캐롤라이나 대학의 지구화학자 존 로저스와 동료인 (일본 고치 대학에 근거지를 둔) 인도 출신의 지질학자 산토시 마드하바 워리어가 지금은 북아메리카 대부분을 이루는 로렌시아가 컬럼비아 중심부를 형성했다는 의견을 내놓았다. 로저스와 산토시에 따르면, 우르 대륙은 로렌시아 서해안으로 봉합되었고, 시베리아, 그린란드, 발티카 일부는 북쪽에 자리잡았으며, 지금은 브라질과 서아프리카가 된 부분들이 남서쪽에 놓였다. 같은 해, 홍콩 대학의 자오궈춘趙國春과 동료들은 다소 다른 배치를 생각해냈다. 이 경우는 발티카가 로렌시아 동해안으로 봉합되는 반면, 남극 동부와 중국이 서쪽에 붙는다. 컬럼비아의 나이가 엄청나고 이 재구성이 본래 잠정적임을 놓고 보면 두 과학 팀 사이의 일치는 대단히 훌륭한 것이다. 그럼에도 우리는 많은 논란을 예상할 수 있고, 그러는 동안 가정되는 강괴의 위치는 앞으로도 수십 년 동안 뒤섞이고 비틀릴 것이다.

어떤 경우든, 19억 년 전에 시작되는 컬럼비아 초대륙의 조립이 지루한 10억 년을 위한 장을 마련한다. 구체적 배치야 실제로 어떠했든, 그 안쪽은 대부분 뜨겁고 건조한 지대로 식물은 전혀 없이 시뻘건 사막만 광대하게 펼쳐져 있었다고 꽤 자신있게 말할 수 있다. 우주에서 본 지구는 붉게 물든 거대한 육괴 하나를 더욱더 광대한 (아직까지 이름도 없는) 파란 초대양이 둘러싸고 있는, 묘하게 한쪽으로 치우친 세계로 보였을 것이다. 모든 대륙이 적도 부근에 모여 있었을 것이고, 단지 적당량의 얼음이 극지를 장식했을 것이다. 상대적으로 해수면도 높아서, 아마 일부 해안지대를 침범해 얕은 내륙해들을 형성하고도 남았을 것이다.

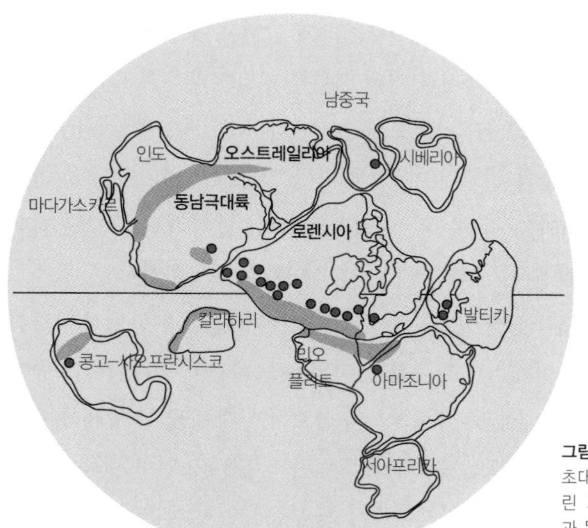


**그림 8.1** 11억 년 전의 로디니아 초대륙의 강괴 배치를 추정해 그린 지도. 홍콩 대학의 자오궈춘과 동료들이 제안한 모형을 기반으로 했다. (미국 연방정부 제작)

적도의 컬럼비아 초대륙이 지구사에서 가장 따분한 시기의 출발점이었다고 추측되긴 하지만, 그 시기를 그토록 따분하게 만드는 것은 무엇일까? 정체stasis가 실제로 뜻하는 것은 무엇일까? 다시 말해 어떤 매개변수들이 안정했을까? 지구의 기후와 강우? 생명체의 본성과 분포? 대양이나 대기의 조성? 지금까지 어떤 측정이 이루어졌기에 당시가 정체기였다는 주장이 확립되었을까? 반대로 어떤 불확실성이 아직 다뤄지지 않고 남아 있을까?

## 정체

지질학과 대학원생 대부분은 18억 5,000만 년 전부터 8억 5,000만 년 전 사이에 태어난 암석층을 철저히 무시한다. 박사학위를 향해 매진하는 한편 세상을 깜짝 놀라게 해 종신교수직을 얻기 위해 아등바등하는 그들에게, 4년은 평판이 의심스러운 지질시대에 서서 보내기에는 너무 짧은 시간이다. 하지만 린다 카는 그들과 달랐다. 그녀의 MIT 학부 스승은 20억 년 전 이전으로 거슬러 올라가는 지구의 가장 오래된 암석 연구를 주도하는 존 그로칭거였고, 하버드 대학의 박사학위 지도교수는 노라 노프케를 격려해 미생물 매트를 연구하게 한 저명한 고생물학자 앤드루 놀이었다. 카는 (그로칭거가 묘사한) 18억 살보다 늙은 지구가 (놀이 묘사한) 8억 살보다 젊은 지구와 현저하게 다른 것에 주목하지 않을 수 없었다. 그 지루한 10억 년 동안 뭔가 흥미로운 일이 일어났어야만 하므로, 카는 그게 무엇이었는지 알아내기로 결심했다. 그래서 그녀는 지루한 10억 년 중 대부분을 아우르는 중원생대—16억 년 전부터 10억 년 전까지에 해당하는 엄청난 기간—를 이해하는 데에 자신을 바쳤다.

설사 중원생대가 실제로 정체의 시기였다 하더라도, 10억 년 동안 평형이 유지되었다면 그것이야말로 주목할 만하다. 변화는 지구 이야기의 중심 주제다. 대양과 대기, 표면과 깊은 내부, 지권과 생물권을 막론하고 우리 행성의 모든 측면이 무한한 시간에 걸쳐 끊임없이 변해왔다. 그런데 어떻게 지구가 어떤 극적인 사건도 없는—표면 근처 환경에서도 유의미한 전이가 일어나지 않고, 생물계에서든 무생물계에서든 위대한 혁신이라곤 찾아볼 수 없는—10억 년을 경험할 수 있었을까? 기후와 생명의 모든 되먹임이 그토록 완벽하게 화합해 균형을 이룬 10억 년이 정말 있었을까? 그러한 일이 어떻게 일어날 수 있었을까?

테네시 대학 교정 근처에서 열린 어느 느긋한 조찬모임에서, 린다 카는 지구가 극적으로 반복해서 변해왔음을(그리고 결국은 어째서 중원생대가 전혀 지루하지 않았는지를) 끈질기게 설명한다. 그녀는 가로 8.5인치 세로 11인치의 백지를 한 무더기 준비해와서는, 말하는 동안 파란 펜과 빨간 펜으로 깔끔한 도표를 그려가며 실례를 든다.

"제가 이런 생각들을 한 것은 10년 전이에요." 그녀가 북서아프리카에 있는 모리타니 사막의 적대적인 중원생대 환경에서 녹초가 되어가며 수행한 현장연구의 열매들을 설명해준다. 그녀는 지금도 간절히 돌아가고 싶지만, 강도와 납치가 잦아진 탓에 그런 현장답사는 말썽을 빚기 십상인 무모한 짓이 되었다. 그녀는 대신 다음번 화성 탐사로봇 과학 팀의 일원이 될 것이다. 그편이 더 안전한 선택이다.

카의 과학경력은 지구의 과거 중에서도 판 지구조운동과 그것이 만드는 난장판—우리의 지구를 1억 년마다 철저히 달라 보이도록 하는 끊임없는 육괴의 뒤섞임, 충돌, 분열, 봉합—에 바쳐진다. 심지어 지루한 10억 년 중 도입부인 3억 년 구간 동안—초대륙 컬럼비아가 어느 정도 온전하게 지속된 때—에도 판 지구조운동은 멈추지 않았다. 초대륙의 주목할 만한 특징 가운데 하나는 가장자리에서 점차 성장을 계속한다는 점이다. 대양판이 대륙판 연변부 아래로 밀고 들어가면 해안 근처에서 새로운 화산이 솟아오른다. 태평양 연안 아메리카의 북서부 해안이 지금도 확장되고 있는 것은 이 해묵은 현상의 최근 일례일 뿐이다. 이곳에서는 레이니어 산, 후드 산, 올림피아 산 같은 웅장한 화산들이 아직도 활동하고 있다. 컬럼비아 연변부가 확장된 것도 같은 현상이었다.

더욱더 많은 대륙지각이 지구의 재고목록에 추가된 것은 컬럼비아가 찢겨서 더 작은 대륙과 섬들로 나뉘는 사건을 겪었을 때였다. 중원생대가 시작된 약 16억 년 전, 로렌시아에서 서쪽으로 대륙 우르가, 동쪽으로 컬럼비아의 나머지가 갈라져나가, 강괴들 사이에 큰 바다가 생기고 두께가 15킬로미터에 이르는 거대한 침적물 층서가 퇴적되었다. 벨트-퍼셀 누층군Belt-Purcell supergroup이라 불리는 이 영웅적인 퇴적물이 오늘날 캐나다 서부와 미국 북서부 많은 곳에 걸쳐 유명한 노두를 형성하고 있다. 심지어 초대륙이 갈라져나가고 침식되는 동안에도 새로운 대륙의 암석이 기존 대륙의 암석에서부터 생겨나고 있었다.

이렇게 컬럼비아가 찢어져서 두 개의 육괴로 나뉘면서 다른 결과들이 뒤를 이었다. 로렌시아와 우르를 비롯해 대륙들은 정도의 차이는 있을지언정 아직까지는 전부 적도 부근에 모여 있었다. 그것은 극지에는 아무 대륙도 없었고, 그때까지는 극지에 두꺼운 얼음이 형성되지 않았다는 뜻이다. 그것은 또

한 그때까지는 해수면이 비교적 높았다는 뜻이다. 실제로 얕은 바다가 로렌시아의 새로 생긴 광대한 서해안을 에워싸서, 마른 땅은 지구 표면의 4분의 1도 되지 않았을 것이다. 아마도 2억 년이 넘는 기간 동안, 지구의 육지 면적은 극적으로 줄어든 반면 전 지구의 얕은 수역에는 두꺼운 침적 퇴적물이 쌓이고 있었다. 이 퇴적물들은 지금까지 숨길 수 없는 침적기록으로 보존되어 있다. 얼음이 없었다는 것은 빙하가 없었다는 뜻이기도 하다. 16억 년 전부터 14억 년 전까지의 구간에는 빙하 특유의 유물이 하나도 들어 있지 않다. 대부분의 다른 지질시대에서 무더기로 찾을 수 있는, 얼음에 마모된 암괴와 왕자갈, 자갈과 모래 따위가 보이지 않는다는 말이다. 그러므로 따분한 중원생대는 커다란 변화가 일어난 시기였다. 비록 그 변화란 것이 여느 때와 다름없는 지질학적인 '정상영업'이었을망정.

### 초대륙의 재현: 로디니아의 조립

지루한 10억 년은 초대륙이 한 번이 아니라 두 번 형성된 시기였다. 뿔뿔이 흩어진 컬럼비아 조각들은 아마도 2억 년 동안은 서로 멀어지며 떠다녔겠지만, 하나의 대륙은 지구상에서 아무리 오래 갈라져 나뉜다 해도 결국은 다시 한번 모여들게 되어 있다. 약 12억 년 전 우르, 로렌시아를 비롯한 중원생대 대륙들이 재조립을 시작해 ('모국' 또는 '출생지'를 뜻하는 러시아어를 따서) 로디니아 Rodinia라 불리는 새로운 육괴를 형성했다. 유럽, 아시아, 북아메리카에 널리 퍼져 있는 현장 암석기록이 12억 년 전과 10억 년 전 사이에 전 세계에서 맥동한 일맥상통하는 조산운동의 증거를 보존하고 있다. 새로 생긴 모든 산맥은 모여들던 강괴가 충돌해 구겨질 때 융기한 것이다.

로디니아의 정확한 지리에 대해서는 아직도 논란이 있지만, 지질학과 고자기 데이터가 오늘날 지구상에서 강괴들이 이루고 있는 배치와 짝을 지어 거기에 의미 있는 제약을 가한다. 대부분의 모형이 초대륙 전체를 적도 부근에 두며, 로렌시아—지금은 북아메리카의 대부분을 차지하는 땅—를 중심으로 그 밖의 커다란 대륙 조각들은 모두 로렌시아 동서남북에 가져다붙인다. 몇 가지 복원도에 따르면, 발티카와 지금의 브라질 및 서아프리카를 이루는 덩어리들이 동남쪽에, 남아메리카의 다른 조각들이 남쪽에, 아프리카의 조각들이 남서쪽에 자리잡고 있었다. 비록 오스트레일리아, 남극, 시베리아, 중국의 상세한 상대적 위치는 아직까지 정착되지 않았지만 말이다.

로디니아의 두드러진 특징은 특정 종류의 암석이 없다는 점이다. 과거의 30억 년에 속하는 다른 어떤 구간과도 달리, 약 11억 년 전부터 8억 5,000만 년 전 사이의 기간에 만들어져 보존된 침적 퇴적물은 거의 없으며, 있더라도 매우 드물다. 이 휴지기는 16억 년 된 벨트-퍼셀 누층군을 품었던 대륙들 사이에 아마도 얕은 바다가 전혀 없었으리라는 것을 암시한다. 결론은 모든 대륙이 깔끔하게 들어맞았어야 한다는 것이다. 1억 년 전쯤 한때 북아메리카 중앙을 전부 물바다로 만들고 침적물로 대평원의 기초를 쌓은 커다란 내륙해들도 없었던 것으로 보인다. 이 모형에 의하면, 적도의 로디니아는 마치 오늘날 오스트레일리아처럼 내부가 뜨겁고 건조한 사막과 같았다. 거의 2억 5,000만 년 동안, 침적에 의한 암석 순환이 거의 정지되었던 것으로 보인다.

린다 카는 찬찬히 주장을 펴지만, 그녀가 자신이 선택한 지질 구간에 대해 열정적인 것은 분명하다. 해당 구간의 끝에 다가가면 암석기록이 빈약함에도 불구하고, 18억 5,000만 년 전부터 8억 5,000만 년 전까지의 위대한 시간 구간은 강괴들이 춤춘 결과로 일어난 주목할 만한 변화를 많이 목격했다. 지루한 10억 년 동안 초대륙 두 개가 조립되었고, 제각기 강괴 충돌에 의해 산맥 10여 개를 낳았다. 컬럼비아 초대륙이 찢겨나가는 동안에 두 무리의 육지 사이에 층서가 지구에서 가장 인상적인 침적물이 가로놓였다. 지구 육지 중 많은 부분이 물에 잠겼다가 다시 말랐다. 침적속도도 몇 자릿수 단위로 달라졌다. 빙모들도 사라졌다가 다시 나타났다. '지루한' 영겁 치고는 많은 변화다. 하지만 그 이야기에는 또 다른 면이 있다.

## 중간양

지구의 정확한 생김새야 어쨌든, 로디니아 초대륙이 더욱더 큰 초대양으로 둘러싸여 있었음이 틀림없다는 데에는 누구나 동의한다. 이 수역은 '전 세계'라는 뜻의 러시아어를 따서 미로비아Mirovia라는 이름으로 불러왔다. 지구의 과거를 연구하는 지구화학자들은 만일 중원생대가 지루했다면, 그것은 주로 미로비아 때문이었으리라는 결론을 내리곤 했다.

24억 년 전부터 18억 년 전까지의 역동적인 기간을 지구사의 다른 모든 기간과 차별화하는 산소급증사건은 주로 대기화학이 변화한 시간이었다. 지구 대기가 본질적으로 산소가 없는 상태에서 1, 2퍼센트나마 있는 상태로 바뀌었다. 이는 표면 근처 환경에게는 엄청난 변화였지만, 대양에게는 거의 무의미한 변화였다.

열쇠는 상대적 질량에 있다. 대양은 대기의 250배가 넘는 질량을 담고 있다. 대기화학이 어떻게든 조금 변했다 해도—설사 산소가 1퍼센트 증가했다 해도—그것이 대양에 반영되려면 매우 긴 시간이 걸린다. 아마 10억 년쯤 걸릴 것이다.

대양의 역사를 이해하고 싶은 지구화학자들은 수많은 화학원소와 그 동위원소들을 샅샅이 조사한다. 24억 년 전 대양에는 용존철이 풍부했다. 이 상태는 물기둥에 산화제가 전혀 없고(그렇지 않다면 철산화물이 침전되었을 것이다) 황의 농도도 낮았을 경우(그렇지 않다면 금세 황철석 같은 철황화물이 형성되었을 것이다)에만 유지될 수 있었다. 산소급증사건으로 대기가 변화하자, 그 철 가운데 얕은 물에 있던 일부가 철산화물이 되어 제거되었다. 산소와 결합해 직접적으로 제거되기도 하고, 육지에서 산화된 풍화 생성물과 반응해 간접적으로 제거되기도 했다. 대기 중의 산소는 또한 풍화속도를 높였으므로, 침식된 황 함유 광물들이 대양으로 흘러들어가 더 많은 철을 소모시켰다. 이 화학적 변화들이 방아쇠가 되어 거대한 호상철광층(BIF)이 퇴적되었다. 철 광물이 화려하게 층층이 쌓인 이 두꺼운 대양저 침적물이 지금의 세계 철광 매장

**그림 8.2** 서부 오스트레일리아 카리지니 국립공원의 호상철광층. 검은 층과 붉은 철 층이 번갈아 쌓여서 생긴 퇴적물이다.

량의 대부분을 이룬다. 호상철광층이 만들어지는 과정은 점진적이었고 대양에는 철이 많았으므로, 호상철광층의 퇴적은 그 후로도 6억 년 동안 계속되었다. 지루한 10억 년에 들어설 무렵, 대양은 여전히 무산소였지만 용존철은 대부분 잃은 상태였다.

10억 년을 앞으로 빨리 감아보라. 광합성 조류는 계속해서 산소를 생산했고 이 산소가 대양을 인계받기 시작해, 6억 년 전이 되자 지구 대양 대부분은 꼭대기부터 바닥까지 산소가 풍부해졌다. 그 사이에 무슨 일이 일어난 걸까? 이 지루한 10억 년의 난제를 중간양이라고 한다.

1998년, 서던덴마크 대학의 지질학자 도널드 캔필드는 산소가 아닌 황이 지구의 중간양에서 주역을 맡았다는 의견을 내놓았다(많은 과학자가 지금은 황이 지배한 중원생대 대양을 캔필드양洋이라 부른다). 「원생대 대양화학의 새로운 모형」이라는 제목을 단 그의 도발적인 논문은 (처음에 내키지 않았던 검토자들에 의해 거의 1년이나 발표가 지연된 뒤) 12월 3일자 『네이처』에 모습을 드러냈고, 머지않아 우리들 가운데 많은 이들이 아득히 먼 시간을 통과한 그 대양에 관해 생각하는 방식을 바꿔놓았다.

핵심 발상은 간단하다. 산소급증사건으로 생겨난 산소는 철을 포함해 '산화환원에 민감한' 많은 원소들의 분포에 영향을 주기에는 충분했지만, 대양을 산소로 채우기에는 턱없이 모자랐다. 반면, 풍화와 산화가 증가한 육지는 많은 황산염을 대양으로 들여보냈다. 그래서 중간양에는 황이 풍부해진 반면 산소와 철은 부족했고, 이 정상定常 상태가 10억 년 동안 지속된 것이다.

## 버티기

화석기록이 중간양은 대단히 느리게 변하고 있었다는 시각을 보강한다. 20억 년 전과 10억 년 전 사이에 퇴적된 일부 암석은 선례가 없는 품질의 미화석들을 보존하고 있다. 19억 년 된 북아메리카의 건플린트 처트, 14억~15억 년 된 북중국의 가오위주앙高于庄층, 12억 년 된 러시아 우랄 산맥의 아브쟌Avzyan층에 들어 있는 자디잔 화석 미생물들은 (은밀한 분열행위 도중에 붙잡힌 일부를 포함해) 너무도 선명해서 마치 현대의 살아 있는 대상을 보는 듯하다. 그럼에도, 일부 화석의 품질이 그렇듯 인상적으로 향상된 것은 그 화석들의 역사가 덜 변질되었음을 반영할 뿐이지, 지구사에서 그 시기와 관련해 본질적으로 새로운 뭔가를 반영하는 것은 아니다.

오래도록 무산소인 채 황화물이 지배한 중간양의 출현은 생명체에게는 좋은 소식이기도 했고 나쁜 소식이기도 했다. 호의적인 시각으로 보면, 유입된 황산염은 일부 미생물에게 훌륭한 에너지원이 되어주었다. 이들은 황산염을 황화물로 환원시켜 생계를 꾸렸다. 독특한 분자 생물지표를 포함하는 화석기록, 황의 동위원소 데이터가 주는 암시들뿐 아니라 처트 안에 잘 보존된 일부 미생물이 주는 암시들까지 모두가 풀빛과 보랏빛 황세균이 중원생대 해안에 떼 지어 번성했음을 가리킨다. 오늘날에는 일부 무산소 환경에서 존속하는 이 황을 먹는 미생물들이 생산하는 유기 황화합물은 냄새가 참으로 지독해서, 끔찍하게 망가진 정화조를 떠올려준다.

린다 카가 농담한다. "중원생대는 지구상에서 가장 냄새나는 때였어요." 로저 뷰익의 '가장 따분한'이라는 대사를 주제로 한 변주곡이다.

"언제 그렇게 냄새가 났나요?"

"전 그 시기 내내 냄새가 났다고 생각해요."

생명체에게 나쁜 소식은 그들이 질소에 의존한다는 것이었다. 질소 기체($N_2$)는 지구상에 풍부해서, 오늘날에도 대기의 80퍼센트를 이루고 있다. 문제는 생명체의 생화학이 질소 기체를 사용하지 못해서, 대신 암모니아($NH_3$)라는 환원된 형태의 질소가 필요하다는 점이다. 결국 생명체는 영리한 단백질, 즉 질소고정효소nitrogenase를 진화시켜 질소를 암모니아로 바꿔왔다. 하지만 함정이 있다. 질소고정효소는 황을 포함한 한 뭉치의 원자들, 거기에다 철이나 몰리브덴 둘 중 한 금속에 의존하지만, 중간양에는 둘 중 어느 금속도 존재하지 않았다. 철은 호상철광층이 형성되는 동안에 제거되었으므로 선택지가 아니었다. 한편 몰리브덴은 오늘날의 대양처럼 산소가 풍부한 물에만 녹는다. 중간양이라는 무산소 시기 동안 몰리브덴을 찾을 수 있는 곳은 풍화 중인 해안선 근처 비교적 얕은 물속, 그러니까 그 황세균들이 번성하지 않았을까 생각되는 환경뿐이었다.

그래서 캔필드의 중대한 논문 이후 중원생대 지구화학과 고생물학을 연결하는 출판물이 잇따라 발표된 것이다. 20년 전에 이 두 학문 분야의 종사자들이 서로에게 말을 거는 것은 드문 일이었다. 결론은 다음과 같다. 중간양은 미생물을 품고 있었지만, 그러한 생명체는 해안에서만 번성할 수 있었다. 황을 환원시키는 세균이 산소를 생산하는 조류와 공존했다. 10억 년 동안 생명체가 버티고 있었지만, 생물학적 혁신은 거의 없었다.

## 광물의 폭발

오래전부터 이상하게도 웅대한 지구 이야기와는 남남인 것처럼 가르쳐온 또 한 분야, 광물학으로 들어가자. 광물학과 지구화학 및 고생물학은 지구화학과 고생물학이 서로 따로따로인 것처럼 별개의 학문이었다. 그것은 이해할 수 없는 편견이다. 지구의 먼 과거에 관해 우리가 아는 모든 것이 광물에 간직된 증거에서 나오기 때문이다. 그럼에도 광물학자들 대다수가 자신이 다루는 표본의 나이나 진화에 관해서는 여간해서 이야기하지 않는다. 200년이 넘도록, 광물학 연구의 초점은 오히려 그 표본들의 정적인 물리 · 화학적 성질에 맞춰져 있었다. 경도와 색깔, 화학원소와 동위원소, 결정구조와 외형에 대한 조사보고서가 날 먹여살린 논문 중 대부분을 차지했다.

나 역시 한때는 이 200년 전통에 충성을 다했다. 내 연구경력 첫 20년 동안, 나는 흔한 조암광물들의 아주 작고 완벽한 결정을 분리하고, 휘황찬란하게 깎은 두 개의 다이아몬드 모루 사이에서 상상을 초월하는 압력으로 그 결정을 짓누르고, 압착된 표본을 X선으로 때리고, 원자 배열의 미묘한 변화를 측정했다. 우리는 스스로를 광물물리학자라 불렀고 스스로를 역사과학이 아닌 화학과 물리의 동맹군으로 여겼다. 그까짓 지질학적 '스토리텔링' 따위는 배척해버리는 미묘한 편견에 빠져 있었던 걸까?

이 사고방식은 광물학의 기원이 광업과 화학에 있음을 반영한다. 어쩌면 양보다 질에 관해 창의적으로 늘어놓는 지질학자들의 장광설보다는 물리학과 화학 분야가 엄정하다는 잠재의식의 믿음도 여기에 영향을 미쳤을지 모른다(지구과학자들은 종종 이 편견이 물리학과 화학에는 노벨상이 있지만 지질학에는 없는 이유와도 상관이 있지 않을까 생각한다). 그 결과, 지구의 표면 근처 광물이 시간이 지나며 깜짝 놀랄 만큼 변하는 것에 관해 생각해본 광물학자는 거의 없었다.

내가 일곱 명의 동료와 의기투합해 2008년에 「광물의 진화Mineral Evolution」라는 논문을 발표했을 때, 우리 목표의 많은 부분은 이 전통적 관점에 도전하는 것, 다시 말해 광물학을 역사과학으로서 재구성하는 것이었다. 우리는 과감하게 지구의 광물학적 역사뿐만 아니라 우리 태양계와 그 너머 다른 행성들의 광물학적 역사 속으로까지 뛰어들면서, 지구의 광물학은 일련의 단계를 거쳐 진화했으며 단계마다 광물의 다양성과 분포가 변했다고 가정한다. 그로부터 이 책의 기승전결이 나온다. 그 우여곡절 안에서 행성들은 광물학적 단순성에서부터 복잡성을 향해, 우리의 태양계를 만들었던 먼지와 가스 속의

10여 가지밖에 안 되는 광물에서부터 오늘날 지구상에 알려진 4,500종이 넘는 광물을 향해 나아간다. 그 모든 광물 가운데 3분의 2가 무생물 세계에서는 존재할 수 없을 것이다.

우리의 논문은 매우 전문적이었으므로 전문학술지인 『아메리칸 미네랄로지스트』에 발표했다. 보통은 광물학을 전업으로 하는 핵심 요원들만 읽는 잡지였지만, 국제적인 매체는 생명체와 광물이 공진화했다는 주장을 금세 포착했다. 『이코노미스트』와 『슈피겔』, 『사이언스』와 『네이처』를 비롯한 한 움큼의 대중과학 잡지들이 전부 행성의 광물 다양성이 변한다는 우리의 근거 있는 추측에 달려들었다. 『뉴사이언티스트』는 심지어 광물 진화의 네 '단계'를 보여주는 기발한 만화까지 발표했다. 지느러미를 달고 헤엄치는 결정으로부터 '진화한' 결정이 막대기를 달고 걷고 있었다. 매체들 중 어디에서도 밝히지 않은 것은 이 도발적인 추측이 모두 머릿속에서 나왔다는 점이었다. 화성의 광물은 정말로 500종으로 한정될까? 무생물 세계의 광물은 정말로 1,500종을 넘을 가능성이 없을까? 살아 있는, 산소가 공급되는 세계여야만 지구의 광물학적 다양성이 세 배가 된다는 게 사실일까? 우리는 모든 진술문을 가설로서 제시했고, 그것을 검증하기 위한 탐구는 아직 시작도 하기 전이었다. 하물며 그것을 살펴보기에 가장 알찬 곳이 지루한 10억 년의 암석들일 거라고 그 누가 예상할 수 있었겠는가?

광물 진화 가설의 뼈대에 양적인 살을 붙이려면, 광물군을 하나하나 조사해야 한다. 다행히도 세상은 서로 다른 많은 광물군 전문가를 뽐낸다. 그래서 나는 메인 대학 지구과학 연구교수 에드워드 그루와 접촉했다. 에드워드는 베릴륨과 붕소—때때로 크고 아름다운 결정 안에 농축되는 희유원소들—를 함유하는 광물들을 철저히 연구하는 데에 평생을 바쳐온 강단 있고 열정적인 과학자다. 그는 공식적으로 승인된 108종의 베릴륨 광물들 모두를 오랜 친구처럼 잘 알고 있다. 저마다 특징이 있고, 저마다 지질학적으로 어떤 역할을 한다. 그래서 나는 그에게 그 광물들이 거쳐온 내력을 생각해보라고 부탁했다. 언제 처음 나타났는가? 어떤 과정을 거쳐 다양화했는가? '멸종'한 베릴륨 광물도 있는가? 그때까지 그러한 질문에 답하려 했던 사람은 아무도 없었다. 주어진 한 원소의 광물을 일일이 목록에 올리는 일도 충분히 힘들지만, 각각의 종이 언제 처음 나타났거나 사라졌는지를 알아내는 일은 기념비가 될 만한 엄청난 과제다. 가장 흔한 베릴륨 광물인 베릴(beryl, 짙은 풀빛의 변종인 에메랄드가 가장 귀하게 취급된다)은 산지가 수천 군데나 된다. 가장 오래된 베릴을 추적하는 일은 기가 질릴 만큼 어려운 도전이다.

1년의 고생 끝에, 에드워드 그루는 보고된 산출 내역 수천 건을 바탕으로 해서 시간의 경과에 따라 누적된 베릴륨 광물의 수를 보여주는 획기적인 그래프를 그려냈다. 예상대로, 최초의 베릴이 나타나기까지는 매우 오랜 시간, 구체적으로 거의 15억 년이 걸렸다. 베릴륨 원소는 지구의 지각에 약 2ppm밖에 존재하지 않으므로, 뜨거운 유체가 그 미량의 베릴륨을 선별하고 농축해서 베릴 결정을 침전시킬 수 있을 만큼 농후한 유체가 되려면 시간이 걸린다. 그 후로 10억 년 동안에도 겨우 20여 종의 다른 베릴륨 광물이 나타났을 뿐이다. 우리의 햇병아리 이론에 의하면 산소급증사건 동안, 즉 24억 년 전부터 20억 년 전 사이에 새로운 광물들이 큰 폭으로 늘어났어야 했지만, 에드워드가 발견한 건 그게 아니었다. 대신 가장 큰 폭의 증가는 조금 나중에 일어나서, 약 18억 년 전부터 17억 년 전 사이에 알려진 종수를 두 배 이상으로 늘려놓았다. 지루한 10억 년이 막 시작되는 그 구간은 컬럼비아 초대륙이 조립된 때였다. 아마도 베릴륨은 대륙 충돌과 관련하여 맹렬한 조산운동이 일어나는 동안에 새로운 광물들로 농축되었을 것이다.

이어서 에드워드 그루가 알려진 붕소 광물 263종을 조사한 결과는 더욱더 인상적이었다. (홍록빛 변종일 때 가장 귀하게 치는) 찬란한 준보석인 전기석電氣石이 지구의 가장 오래된 암석들 중 일부에서 발견되지만, 거의 5억 년 동안에는 그게 다였다. 25억 년 전의 표본들 중에서는 겨우 20여 종—현대의 총계의 10퍼센트도 안 되는—의 서로 다른 붕소를 알아볼 수 있다. 베릴륨 광물의 경우와 마찬가지로, 에드워드는 지루한 10억 년 시대의 암석에서, 약 21억 년 전부터 17억 년 전 사이에 붕소 종의 수가 배가되는 것을 관찰했다. 컬럼비아 초대륙이 형성되는 기간이 포함된 구간이다. 이번에도 광물 다양성의 급속한 증가는 많은 의문을 낳는다. 산소급증 이후 다양화가 실제로 시작된 시점에 관해서도, 초대륙의 조립에 관해서도, 지루한 10억 년 동안에 늘어난 광물학적 신제품에 관해서도.

광물의 진화로 진출하기 위한 다음 단계로 우리는 드문 원소인 수은의 알려진 광물 90가지를 채택했는데, 이 연구로 그림은 더욱 복잡해진다. 훨씬 더 풍부한 원소인 철과 마찬가지로 수은은 세 가지 화학적 상태로, 다시 말해 전자가 풍부한 금속(옛날 온도계에서 볼 수 있는 친숙한 은빛 액체)뿐만 아니라 산화된 두 가지 다른 형태로도 산출될 수 있다. 따라서 우리는 수은 광물의 다양성이 산소급증사건에 뒤따라 뚜렷하게 증가할 것으로 예상했지만, 나타난 그림은 다소 다르다. 베릴륨과 붕소 광물의 역사와 마찬가지로, 가장 초기의 수은 광물—수은 광물 중 가장 흔한 광석인 선홍빛 진사辰沙(황화수은)—도 나타나는 데에만 10억 년 이상이 걸렸다. 추가 종들은 일정한 간격을 두고 뒤따랐다. 케놀랜드가 조립되는 동안 새로운 광물 12종이 추가되었고, 5억 년 이상 정체가 계속되다가, 컬럼비아가 조립되는 동안 6종이 또 추가되었다. 분명, 대륙이 충돌하면 그 결과 조산운동이 일어나 광물화하는 유체들을 홍수처럼 풀어놓는다—이 과정이 새로운 광물들을 낳는다. 그러나 그러한 광물화가 초대륙 형성 기간에 국한되어 있었다는 발견은 대단히 놀라웠다.

더욱더 놀라웠던 것은 18억 년 전부터 6억 년 전까지의 웅장한 구간 동안, 그러니까 지루한 10억 년의 폭조차 넘어서는 간격 안에 아무것도 없었다는 사실이다. 심지어 10억 년 전에 로디니아가 조립되는 시기 동안에도 새로운 수은 광물은 나타나지 않았는데, 우리는 그것이 황화물이 실린 중간양 탓이 아닐까 하고 의심한다. 수은의 황화물인 진사는 모든 광석을 통틀어 가장 안 녹는 광석에 속한다. 고대의 황화물 바다로 씻겨 들어간 모든 수은 원자는 즉시 황과 반응해 현미경으로도 보이지 않는 진사 입자를 형성한 다음, 서서히 바닥으로 가라앉아 더 이상의 수은 광물화를 좌절시켰을 것이다. 대양에 산소가 풍부해지고 육지가 생명체로 덮이게 된 최근 6억 년에 들어서서야 비로소 수은 광물의 개체수가 폭발했다.

### 수수께끼들

그래서 새로운 광물의 폭발은 지루한 10억 년의 상징적 현상들 중 하나인 초대륙 순환의 결과였을까? 아니면 단순히 산소 증가에 대한 지연된 반응이었을까? 그리고 수은 원소는 어찌 된 걸까? 대양에 황이 풍부했다는 게 이야기의 전부일까? 광물을 형성하는 다른 50여 종의 원소를 연구하면 어떤 새롭고 예기치 않은 결과들이 드러날까? 분명한 것은 알아야 할 게 훨씬 더 많다는 사실이다. 우리는 최근에서야 이 10억 년 구간의 다채로운 세부사항에 막 고개를 돌린 참이기 때문이다.

18억 5,000만 년 전부터 8억 5,000만 년 전까지의 이 기록이 빈약한 구간도 우리 행성 진화의 모든 단계를 특징지어온 거침없는 변화의 과정들을 공유한다. 8억 5,000만 년 전 무렵, 지구의 표면 근처 환경은 돌이킬 수 없이 달라져 있었다. 갈수록 산소가 늘어나던 대양 언저리에는 코를 쏘는 황세균을 포함해 조류와 기타 미생물이 바글바글했고, 육지는 새로운 생명체로 터져나갈 만반의 태세를 갖추고 있었다.

수수께끼 같은, 그다지 지루하지 않은 10억 년은 적어도 우리에게 지구가 정체기에 들어앉을 잠재력을 지니고 있음을, 즉 지구의 경쟁하는 많은 힘들이 다정하게 균형을 이룰 수도 있음을 가르쳐준다. 중력과 열류, 황과 산소, 물과 생명이 안정한 평형을 찾아 그 상태를 수억 년 동안 유지할 수 있다는 것이다. 하지만, 언제나 하지만이 있다. 이 힘들 가운데 어느 하나만 쿡 찔러도 지구는 균형을 잃게 되고, 그것이 정점에 달하면 예상하기 힘든 결과를 동반할 수 있다. 급속한 변화가 일어나 몇 년 안에 표면 근처 환경을 휘저을 수도 있다는 말이다.

그리고 그다음에 일어난 일이 바로 그것이었다.

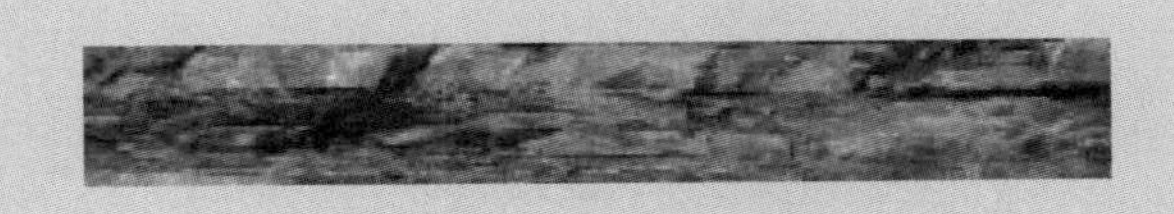

# 09

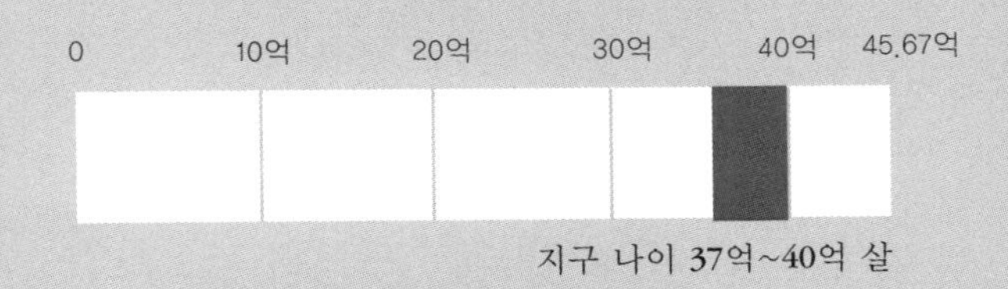


# 하얀 지구

## —눈덩이 지구와 온실 지구의 순환

25억 년 전부터 5억 4,200만 년 전까지, 지구사의 거의 절반을 가로지르는 원생이언은 뚜렷한 대조를 이루는 짧은 기간들을 망라하는 하나의 긴 시대였다. 뉴스거리가 되는 처음 5억 년에는 광합성 조류가 엄청나게 번성해서 대기 중 산소가 급증하고, 한때 철이 풍부했던 대양이 거대한 호상철광층 퇴적에 의해 변형되고, 진핵세포가 DNA를 핵 안에 격리시키는 생물학적 혁신을 이루어 모든 식물과 동물의 전구체가 되었다.

원생이언 중간의 이른바 '지루한 10억 년'은 훨씬 더 단조롭긴 하지만 꾸준히 변화하는, 냄새 고약한 한때였다. 반대로 마지막 3억 년은 아마 그 어느 때보다 역동적이었을 것이다. 대륙이 분해되었다 조립되고, 기후가 급격하게 흔들리고, 대양과 대기의 화학이 웅장하게 이동하고, 동물이 등장했으니까.

지구의 모든 계는 복잡하게 서로 연결되어 있다는 사실을 내가 확실히 해두었기를 바란다. 우리에게 공기, 물, 땅은 매우 다른 시간 단위에 따라 변화하는 별개의 영역들로 보인다. 날씨는 날마다 변하고, 대양은 수천 년에 걸쳐 변하며, 암석은 수백만 년에 걸쳐 순환하고, 초대륙은 조립되고 분해되는 데에 수억 년이 걸린다. 그럼에도 지구의 모든 계는 다른 모든 계에 눈에 보이는 방식뿐만 아니라 보이지 않는 방식으로도 영향을 미친다.

집은 우리의 고향 행성을 묘사하는 데에 불완전하나마 유용한 은유로 도움이 된다. 집을 사려고 할 때는 알고 싶은 것이 많다. 예컨대 그 집을 언제 지었는지는 물론 다양한 부분을 언제 어떤 형태로 증축하고 개조했는지도 알고 싶고, 기초부터 지붕까지 건축자재와 그 시공에 관해서도 자세히 알고 싶다. 급배수설비와 수원水源뿐만 아니라 공조설비(보일러와 에어컨과 그것의 에너지원)에 관해서도 알 필요가 있다. 영리한 구매자는 잠재적인 위험에 관해서도 묻는다. 화재와 일산화탄소에서 출발해 흰개미와 왕개미를 거쳐 라돈과 석면, 새는 곳과 곰팡이에 이르기까지. 마찬가지로 지질학자들은 지구의 기원과 주요 변천사, 암석과 광물의 본성, 물과 공기의 움직임, 에너지원, 지질학적 위험을 연구한다.

집은 지구의 복잡한 습성들 중 일부도 흉내낸다. 말하자면, 서로 다른 설비들이 양성 되먹임과 음성 되먹임 고리를 통해 때로는 놀랍고도 예상치 못한 방식으로 연결되어 있다. 어느 추운 겨울날, 집 안의 온도가 쾌적한 수준 밑으로 떨어지면 온도조절장치가 보일러를 켜는 행동으로 반응하고, 그러면 실내온도가 올라간다. 집이 훈훈해지면 보일러는 다시 꺼진다. 찌는 여름날에 실내온도가 너무 높이 올라가면 에어컨이 동일한 방식으로 반응을 보인다. 지구 역시, 많은 수의 비슷한 음성 되먹임 고리를 작동하여 행성이 표면과 표면 근처에서 거의 꾸준한 상태의 온도, 습도, 조성을 유지하도록 돕는다. 예컨대 대양이 따뜻해지면 그 결과로 증발량이 늘어나 구름이 많아지고, 그 구름이 햇빛을 반사해 우주공간으로 돌려보냄으로써 대양을 식힌다. 마찬가지로, 대기 중 이산화탄소 농도가 상승하면 지구 온난화가 일어나고, 지구 온난화는 암석의 풍화를 가속시킨다. 이 풍화 과정이 점차 과량의 이산화탄소를 소비해 결국은 냉각으로 이어진다.

집은 이따금씩 겉으로는 강화하는, 다시 말해 '긍정적인positive' 되먹임을 보여주면서 나쁜 결과를 가져올 때도 있다. 추운 겨울날 난방설비가 고장나면 파이프가 얼어서 터질 수 있고, 그 때문에 집이 찬물에 잠기고, 그 결과 집은 더욱더 추워지고 살기 힘들어진다. 오늘날 변화하는 지구의 기후와 관련된 불확실성 가운데 많은 부분이 잠재적인 양성 되먹임 고리와 그 정점에 초점을 맞춘다. 해수면이 올라가면 해안이 침수될 것이고, 그러면 증발과 강우가 늘어날지도 모르며, 그 결과 해안은 더 많이 침수될 것이다. 대양이 따뜻해지면 대양저와 그 밑에 깔려 있던 메탄이 풍부한 얼음이 왕창 녹을지도 모르고, 그러면 온실기체인 메탄이 대기에 추가되어 온난화가 더 심해질 수 있을 테고, 그래서 더욱더 많은 메탄이 방출될 수도 있다. 우리의 자매 행성 금성의 폭주하는 온실효과만 보아도, 저지되지 않은 양성 되먹임의 효과가 얼마나 파국적일 수 있는지를 충분히 알 수 있다(금성은 두터운 이산화탄소 대기와 함께 섭씨 480도의 표면온도를 가지고 있다).

지루한 10억 년은 정말이지 지루했다는 표현이 딱 적절할 만큼, 많은 효율적인 음성 되먹임이 지구의 변화를 저지한 결과였다. 그 기다란 구간 동안 육괴가 온 지구를 돌아다니고 초대륙이 조립과 해체를 되풀이했음에도 불구하고, 지구의 기후는 꽤 안정했던 것으로 보인다. 큰 빙하기는 전혀 없었다. 황이 풍부한 무산소 대양의 화학도 별로 변하지 않았고, 생명체가 눈에 띄게 새로운 방식으로 진화하지도 않았다. 일부 새로운 광물 변종이 나타나긴 했지만, 공기나 땅이나 바다를 바꾼 중요한 정점은 전혀 없었다.

그 모든 것이 로디니아의 해체와 함께 변하기 일보직전이었다.

## 해체

18억 5,000만 년 전부터 8억 5,000만 년 전까지의 수수께끼처럼 조용했던 구간과 뚜렷이 대비되는 그다음 수억 년 동안, 지구는 우리 행성의 역사에서 가장 두드러지는 빠르고 극단적인 표면 근처 변동의 일부를 경험했다. 약 8억 5,000만 년 전, 지구의 많은 대륙괴는 대부분 아직까지 적도 부근의 건조하고 생명이라곤 전혀 없는 로디니아 초대륙 안에 뭉쳐 있었다. 아마도 몇 개 안 되는 화산 열도가 따로따로 점처럼 찍혀 있었을 광대한 대양 미로비아가 이 붉게 녹슨 맨몸뚱이의 거대 대륙을 둘러싸고 있었다. 야박한 대기는 오늘날에 비해 산소 예산을 조금밖에 책정하지 않았고, 그렇게 적은 함유량으로는 자외선을 막아주는 오존층을 충분히 형성할 수 없었다. 산소와 자외선차단제를 든든히 공급받는 시간여행자라면 해안을 따라 담백한 조류를 먹으며 생존했을지도 모르지만, 황량한 신원생대 세계에서의 삶은 결코 녹록치 않았을 것이다.

육지와 바다가 불균등하게 나란히 놓여 있는 로디니아의 상태는 오래갈 운명이 아니었다. 그때까지 지구사 대부분에 걸쳐 기후는 음성 되먹임에 의해 온화해져온 터였다. 기후가 지구사 내내 변해온 것은 분명하지만, 그 변동이 생명을 위협하는 극단에 도달한 적은 드물었다. 그러나 약 8억 5,000만 년 전부터, 몇 가지 변화가 이전의 평형을 뒤흔들며 지구를 기후변화의 정점으로 밀어붙였다. 그중에서도 가장 중요한 변화는 적도 로디니아의 점진적 해체였다. 8억 5,000만 년 전에 일어난 최초의 균열은 그리 대단한 건 아니었다. (지금은 남아프리카의 일부가 된) 콩고 강괴와 칼라하리 강괴가 남서쪽으로 분리되기 시작했지만, 나머지 초대륙은 온전했던 것이다. 약 8억 년 전, 두 번째 작은 균열지대(지구대地溝帶)가 서아프리카 강괴를 분리시켰고, 떨어져나온 강괴는 본래 육괴로부터 남쪽으로 이동했다. 로디니아의 분열은 7억 5,000만 년 전 무렵 절정에 이르렀다. 광범위하게 사슬처럼 이어지는 화산과 현무암 용암류가 이때도 지각이 크게 갈라지곤 했음을 보여준다. 초대륙은 반으로 쪼개졌고, 이때 남북 방향의 거대한 지구대가 우르는 서쪽으로, 로렌시아와 발티카, 아마조니아 등의 더 작은 강괴들로 이루어진 대륙 덩어리는 동쪽으로 떼어놓았다.

균열과 함께 해안선 수천 킬로미터가 새로 생겼고, 그것과 연동하여 해변이 일정 간격으로 급속하게 침식되었다. 역동적인 침적으로 강괴들 사이의 바다에 형성된 분지들이 지구의 암석기록에서 긴 휴지기에 마침표를 찍었다. 중원생대에 시작된 사실상의 침적암 퇴적 중단이 거의 2억 5,000만 년 동안 지속되다가 끝난 것이다. 이 이동하면서 쪼개져가는 세계에서 미생물이 번성했다. 침식된 땅이, 대양에 저장된 인산, 몰리브덴, 망간과 같은 필수 원소가 빈약한 탓에 그때까지 오래도록 일정한 한도를 넘어서지 못했던 광합성 조류에게 광물 영양소를 기부했다. 고생물학자들은 얕은 모래투성이 조간대에 가느다란 풀빛 섬유로 짜인 두꺼운 매트가 덮여 있고, 연안 수역은 냄새 나는 조류 뗏목들 때문에 질식할 지경인 한때를 상상한다.

지구조운동 사건들은 더 나아가 작당을 해서 지구의 대양, 대기, 기후를 변질시켰다. 대기 중 산소가 증가한 이유는 부분적으로는 조류가 해안에 흥청망청 융성했기 때문이지만, 조류 생물량(어느 지역 안에서 생활하고 있는 생물의 현존량. 중량이나 에너지양으로 나타낸다–옮긴이)의 생산이 증가한 결과 유기 탄소가 급속히 매장되었기 때문이기도 하다. 지구사 내내, 탄소가 풍부한 생물량은 산소의 주 소비자였다. 썩는 생물량이 많을수록 산소는 더 빨리 소비된다

(산불은 산소를 고갈시키는 이 현재진행형의 현상을 유난스럽게 촉진하는 대표적인 사건이다). 같은 이유로, 탄소가 풍부한 생물량이 빨리 매장될수록, 산소 수준은 더 빨리 올라간다. 하지만 생물량이 매장되었는지 어쨌는지를 우리가 어떻게 알 수 있을까? 얕은 대양저 위에 침전해서 탄소가 풍부한 광물층을 형성하는 석회석이 숨길 수 없는 미묘한 기록을 보존하고 있다.

석회석 안의 탄소 동위원소들이 조류의 생산속도에 일어난 변화를 가리킨다. 생명체의 필수적인 화학반응들—예컨대 광합성에서 물과 이산화탄소가 당으로 전환되는 반응—은 언제나 탄소-13에 비해 더 가벼운 탄소-12를 농축시킨다. 그 결과, 생물량(살았든 죽었든, 조류)에 들어 있는 탄소는 항상 석회석에 들어 있는 무기 탄소에 비해 '동위원소적으로 가볍다'. 미생물이 번성해 대양에서 가벼운 탄소가 고갈되는 평소에는 석회석도 상대적으로 무거운 동위원소의 징후를 보여준다. 생물량이 유난히 빨리 매장될 때는 더욱더 많은 양의 가벼운 탄소 동위원소가 대양에서 조직적으로 제거되기 때문에, 남아서 석회석을 만드는 탄소는 평균적으로 더욱더 무거워진다. 아니나 다를까, 7억 9,000만 년 전부터 7억 4,000만 년 전까지 로디니아 해변을 따라 퇴적된 석회석은 유난히 무겁다. 그 구간 동안 조류가 전례 없는 속도로 퍼졌고 또 매장되었음이 틀림없다.

생명체가 이렇게 흥청망청 융성했다면 지구의 기후에 상당한 효과를 미쳤을 것이다. 온실기체인 이산화탄소는 미생물에 의해 소비되지만, 동시에 화산에 의해 끊임없이 펌프질되어 대기 속으로 들어간다. 평소에는 이산화탄소의 입력과 출력이 균형을 이루므로 대기 농도가 비교적 일정하게 유지되지만, 신원생대에 일정 간격으로 조류가 급성장하는 동안에는 이산화탄소 수준이 떨어졌을 것이고, 그래서 온실효과로 인한 온난화도 줄어들었을 것이다.

이산화탄소와 관련된 또 하나의 다소 뒤얽힌 되먹임 고리도 지구의 냉각을 부추겼을 것이다. 로디니아의 균열로 새로 생긴 수천 킬로미터에 이르는 해저화산들이 뜨거운 저밀도 대양지각을 제조했다. 뜨겁고 잘 뜨는 그러한 지각은 전보다 얕아진 대양을 떠받치는 경향이 있었으므로 평균 해수면이 올라갔다. 따라서 7억 5,000만 년 전 이후의 시기는 아마도 내륙해가 많은 시기였을 것이다. 내륙해가 많아졌다는 것은 증발과 강우가 늘어났다는 뜻이므로, 결국 노출된 암석의 풍화속도가 빨라졌을 것이다. 암석이 풍화되면 온실기체인 이산화탄소가 급속히 소비되므로, 이산화탄소 수준의 저하가 결국은 지구의 냉각으로 이어질 수 있다.

로디니아가 해체되기 직전과 해체되는 동안 대륙과 대양이 놓여 있던 독특한 위치도 지구의 기후를 바꾸는 데에 추가적인 역할을 했을 것이다. 대양과 육지의 알베도(albedo: 햇빛을 반사하는 정도, 즉 어느 면에 입사된 복사량에 대한 반사량의 비율)는 뚜렷하게 차이가 난다. 더 어두운 대양은 상대적으로 알베도가 낮아서, 태양에너지의 대부분을 빨아들이고 그 과정에서 점점 더 따뜻해진다. 반대로 메마른 불모의 육지는 훨씬 더 많은 햇빛을 반사한다. 로디니아처럼 건조하고 황량한 초대륙은 입사하는 햇빛 중 많은 부분을 우주공간으로 다시 튕겨보냈을 것이다. 극지에 대양이 놓여 있고 적도에 대륙이 놓여 있는 배치는 지구상에서 벌어지는 모든 냉각 사건을 더욱 부풀렸을 것이다. 적도가 극지보다 훨씬 더 많은 태양에너지를 받기 때문이다.

그러한 지구 규모의 과정과 복잡한 되먹임 고리들의 세부사항은 아직도 분석 중이지만, 신원생대 지구가 상대적으로 안정했던 긴 기간을 거친 뒤 큰 변화를 각오하고 있었음은 분명하다.

## 눈덩이 지구-온실 지구

7억 5,000만 년 전, 지구는 기후가 전무후무하게 불안정한 기간으로 들어섰다. 그 모두가 잔혹한 빙하기와 함께 시작되었다.

빙하는 명확한 퇴적 지형 한 벌을 남긴다. 가장 중요한 것은 특징적인 암석들이 두껍고 불규칙하게 쌓인 빙성층氷成層이라 불리는 지형으로, 아무렇게나 뒤범벅된 모래, 자갈, 모난 암석 조각, 고운 암석 가루를 보존하고 있다. 빙하는 서서히 전진하는 빙상에 의해 긁히고 마멸되어 둥글어진 암반 노두도 뒤에 남긴다. 빙하에 의해 운반된 표석과 둑처럼 쌓인 빙퇴석氷堆石들도 증거를 보태며, 계절에 따라 주기적으로 지표수가 빙하호로 흘러들었음을 나타내는 조밀하게 연층된 퇴적물도 마찬가지다.

전 세계의 현장지질학자들이 찾아본 거의 모든 곳에서, 7억 4,000만 년 전과 5억 8,000만 년 전 사이의 암석에 이 빙하 지형들이 들어 있는 것을 발견했다. 약 7억 4,000만 년 전에 기후가 갑자기 맹렬하게 변했다는 증거가 누적되어온 지 수십 년이 되어갈 때, 폴 호프만을 비롯한 하버드 대학과 메릴랜드 대학의 지질학자 네 사람이 「신원생대 눈덩이 지구」라는 짧고 충격적인 논문을 1998년 8월 28일자 『사이언스』에 발표했다. 호프만과 공동연구자들은 그 구간 동안 최소한 두 번, 지구가 그저 빙하기를 경험한 정도가 아니라 극지부터 적도까지 완전히 얼어붙었다는 굉장한 도약을 감행했다. 그들의 주장은 부분적으로는 나미비아의 스켈리튼코스트에 있는 일련의 암석을 현장에서 꼼꼼하게 관찰한 결과를 기반으로 했다. 빙하에 의해 형성된 두꺼운 빙성층 퇴적물과 나란히, 그 빙하가 적도 가까이(위도 약 12도)에 있었다는 고자기 신호들이 놓여 있었다. 그 빙하들은 높은 산에서 형성된 고산성 빙하도 아니었다. 빙성층은 해수면 높이의 얕은 해안 수역에서 퇴적된 게 분명했다. 그러므로, 적도 부근의 기후는 지극히 차가웠어야만 한다. 반면에 지구의 가장 최근의 빙하기 동안에는 전진하는 빙하가 위도 약 45도보다 남쪽까지 도달한 적이 한 번도 없었으며, 화석증거 역시 아무리 얼음이 많았던 기간에도 어딘가에는 비교적 따뜻한 열대가 있었음을 가리킨다. 하버드 팀은 신원생대의 얼음이 적도 가까이에, 그것도 해수면 높이에 쌓였다는 난공불락의 증거를 손에 넣었던 것이다. 그로부터 눈덩이 지구를 유추할 수 있다.

호프만의 1998년 논문을 읽는 많은 과학자들을 위해, 탄소 동위원소들이 나서서 그토록 갑작스럽고 파국적인 변화를 뒷받침하는 확실한 증거를 제공했다. 눈덩이 지구가 처음 생겨났다고 가정되는 약 7억 4,000만 년 전 이전의

**그림 9.1** 빙하 지형들
(위) 캐나다 앨버타 주의 루이스 호수에서 볼 수 있는 빙퇴석 무더기. (아래) 지표면에 드러난 빙성층의 모습. 크기가 제각각인 입자들로 이루어져 있다. (대니얼 메이어Daniel Mayer 사진)

수백만 년 동안, 급성장한 조류의 생물량은 동위원소적으로 가벼운 탄소를 농축해온 상태였다. 분열 중이던 로디니아 초대륙 주위의 해안 수역에 퇴적된 동시대의 석회석들은 상대적으로 무겁다. 반면, 미생물의 생산활동이 느려지거나 멎어버리면, 석회석 안의 탄소 동위원소들은 평균적으로 훨씬 더 가벼워져야 한다. 호프만과 동료들이 발견한 게 바로 그것이었다. 약 7억 년 전에 빙하 퇴적물이 출현하기 직전과 직후에 무거운 탄소가 1퍼센트 이상 크게 줄어들었던 것이다.

떠오른 모형은 차례로 하위 고리를 내포하는 수많은 양성 되먹임 고리 각각이 지구를 점점 더 차가운 상태로 몰아간다는 발상을 기초로 한다. 되먹임 고리 하나는 대륙의 풍화에 기댄다. 풍화 과정이 고온다습한 열대에서 가속되면서, 점점 더 많은 이산화탄소를 공기에서 끌어당겼다. 엄청나게 증식한 광합성 조류가 공기에서 더 많은 이산화탄소를 수거하면서, 되먹임 고리 또 하나가 추가되었다. 한편, 지구 대기의 온실효과가 약해지고 기후가 차가워지면서, 극지에서는 빙모가 형성되어 성장하기 시작했다. 이 신선한 하얀 얼음과 눈은 더 많은 햇빛을 우주공간으로 반사했고, 이 양성 되먹임은 지구를 전보다 더 급속히 냉각시켰다. 동시에 빙상은 점점 더 낮은 위도로 퍼졌고, 아직 따뜻하던 적도의 대륙과 비옥한 조류 생태계는 계속해서 점점 더 많은 이산화탄소를 공중에서 끌어당겼다. 일시적으로 균형이 깨진 지구 기후가 정점에 도달하자, 하얀 얼음이 양 극지에서부터 적도를 향해 연장되다가 마침내 지구 전체를 둘러쌌을 것이다. 폴 호프만과 동료들이 부추긴 이 각본의 극단적인 '단단한 눈덩이' 판본에서는 지구의 평균 온도가 섭씨 −46도로 뚝 떨어지면서, 두께 1.5킬로미터에 달하는 얼음 망토가 지구를 둘러쌌다.

수백만 년 동안, 지구는 얼음(또는 최소한 슬러시) 안에 담겨 있었다. 태양복사를 빨아들일 수 없는 하얀 '눈덩이' 지구는 자신의 얼음고치 안에 영원히 갇힌 것만 같았다. 이때의 온도는 결코 어는점 위로 올라가지 않았다. 전 지구적 빙하기는 거의 모든 생태계를 정지시켰다. 이전에 그토록 풍부했던 지구의 미생물은 섬멸당하다시피 했다. 수십억 년 동안 그래왔듯이, 소수의 튼튼한 미생물만이 대양저 열수분출공의 영원한 어둠 속에서 목숨을 부지했다. 그 밖에 드물게 살아남은 광합성 조류 개체군들은 얇은 얼음이 갈라진 틈새나 화산의 따뜻한 옆구리 근처에 노출된 얕은 물 같은 양달 지대에서 보금자리를 찾았을 게 틀림없다.

지구가 어떻게 그토록 길고 차가웠던 총체적 겨울에서 생기를 되찾을 수 있었을까? 답은 우리 행성의 훨씬 더 깊은 곳에서 일어나는 거침없는 휘젓기에 있다. 얼음과 눈의 하얀 박판으로는 판 지구조운동을 멈출 수도 없었고, 얼음을 뚫고 솟아오른 수백 개의 검은 화산추가 끊임없이 내뿜는 화산가스를 막을 수도 없었다. 주된 화산가스인 이산화탄소가 다시 한번 대기 안에 축적되기 시작했다. 육지가 얼음을 덧입었고 마침 암석의 풍화가 이산화탄소를 치웠으므로, 광합성은 거의 멈추어 있었다. 이산화탄소 농도가 점차 높아져서 10억 년이 넘도록 본 적 없는 수준까지 올라가다가, 마침내 아마도 현대 수준의 수백 배에 달하면서 새로운 양성 되먹임, 다시 말해 폭주하는 온실효과를 유발했을 것이다. 햇빛은 여전히 순백의 풍경을 때리고 산란되었지만, 튕겨나온 그 복사에너지가 대기 중의 이산화탄소에 맞고 곧바로 표면으로 돌아가 꼼짝없이 행성을 덥힌 것이다.

대기가 훈훈해지자, 적도를 덮고 있던 작은 얼음 조각보가 수백만 년 만에 처음으로 녹아내렸다. 거무스름한 육지가 노출되자, 더 많은 햇빛을 흡수하면서 온난화가 점점 더 빨라졌다. 태양과 표면 사이의 양성 되먹임 덕분에 지구가 점점 더 따뜻해지자, 대양도 하얀 덮개를 거두기 시작했다.

## 가스의 문제

많은 과학자들이 또 다른 양성 되먹임이 급속한 지구 온난화를 악화시켰을 거라고 의심한다. 그 기제는 현대에도 중요한 걱정거리인 메탄($CH_4$)이다. 가장 간단한 탄화수소 연료이자 우리가 가정에서 '천연가스'로 태우는 메탄은 온실기체의 일종이긴 하지만, 분자 대 분자로 보면 태양에너지를 붙잡는 데에서는 이산화탄소보다 훨씬 더 효율적이다. 아마도 메탄은 수십억 년 동안 두 가지 대조적인 기제에 의해서 대양저 퇴적물 안에 쌓여왔을 것이다. 훨씬 잘 입증되어서 논쟁도 덜 불러일으키는 첫 번째 기제에는 평소에 대사적 순환의 일부로 메탄을 방출하는 미생물이 필요하다. 이 메탄 생성 미생물은 알려진 많은 메탄 매장지 근처의 무산소 해양 퇴적물에서 번성하므로, 대규모의 천연가스 매장물은 이 미생물의 지속적인 작용에 의해 형성되었다고 생각할 수 있다.

최근의 실험들은 가능한 두 번째 기제, 즉 메탄이 생물학에 전혀 의존하지 않고 훨씬 더 깊은 곳에서 생성될 수도 있음을 가리킨다. 일부 과학자들은 지각 심부와 상부 맨틀 안—극한의 온도와 압력이 일반적으로 존재하는 150킬로미터 이상의 깊이—에서 물과 이산화탄소가 흔한 철 함유 광물과 반응해 메탄을 생성할 수 있지 않을까 하고 생각한다. 여러 고온과 고압 실험들이 지구 심부의 반응을 흉내내려고 한다. 자주 인용되는 지구물리연구소의 2004년 연구에서는 박사후연구원 헨리 스콧이 두 가지 흔한 지각 성분인 방해석(탄산칼슘. 석회석을 이루는 흔한 탄소 함유 광물)과 산화철을 물과 섞었다. 스콧은 이 성분들을 다이아몬드 모루실에 넣어 밀봉한 다음 레이저를 쏘아, 표본을 상부 맨틀에서 발견되는 것과 같은 극한의 조건인 섭씨 1,000도 이상까지 가열했다. 다이아몬드 모루실과 관련하여 가장 쌈박한 것은 다이아몬드가 투명하므로 표본이 반응하고 변화하는 동안 그것을 지켜볼 수 있다는 사실이라는 점을 상기하라. 헨리 스콧은 표본이 들어 있는 방 안에서 조그만 메탄 방울들이 형성되는 모습을 지켜보았다. 물을 이루는 수소가 방해석을 이루는 탄소와 반응해 천연가스를 형성한 것이다. 러시아, 일본, 캐나다에서 그동안 벌여온 다른 실험들에서도 지구 심부의 조건이라고 가정되는 일정 범위에서 탄화수소가 합성되는 비슷한 결과를 발견했다.

이 실험들은 신원생대의 지구 온난화를 이해하는 데에 중요할 수 있다. 메탄이 각별히 강한 양성 되먹임에 기여했을 것이기 때문이다. 대양저 부근에 저장된 메탄 대부분은 메탄 포접拖接화합물(또는 메탄 수화물水化物)이라 불리는 매혹적인 화합물 안에 붙잡혀 있다. 얼음처럼 생긴 물과 가스의 결정성 혼합물이 대륙 경사면에 노두를 형성한다(이 꽁꽁 얼도록 차가운 메탄 얼음은 실제로 환한 불꽃을 내며 탄다. 유튜브에서 동영상을 찾아보라). 밑에서부터 올라오는 가스가 차가운 바닷물과 반응할 때 형성되는 이 메탄 얼음들 안에 막대한 양의 메탄이 갇혀 있다. 어떤 추정치에 따르면, 이렇게 갇혀 있는 메탄의 양이 알려진 메탄 매장량을 모두 합친 것의 몇 배에 이른다. 뿐만 아니라 메탄 얼음 중 상당량이 시베리아, 캐나다 북부 등 수천 년 동안 얼어 있었던 북극 영구동토층에 갇혀 있다.

대양 수역이 조금만 따뜻해져도 극도의 양성 기후 되먹임이 일어남으로써, 가장 얕은 곳의 포접화합물이 녹아 방대한 양의 메탄가스가 대기 중으로 방출될지도 모른다. 이 메탄이 온실효과에 크게 기여해 대양은 더욱더 따뜻해질 것이다. 몇몇 과학자들은 신원생대의 파국적인 대양저 메탄 방출이 지구 온난화를 가속시킨 하나의 경로로서 어쩌면 수십 년 만에 지구를 차가운 곳에서 뜨거운 곳으로 뒤집었을 가능성을 지적한다.

이 신원생대 각본은 메탄의 출처에 따라 크게 달라진다. 미생물이 대양의 천연가스 대부분을 생산한다면, 지구가 어쩌다 눈덩이가 되어 있는 동안에는 아마도 포접화합물 생산이 느려져서 메탄 방출이 온난화에서 그다지 큰 역할을 하지 않았을 것이다. 반면에 상당량의 메탄이 고온 · 고압의 맨틀에서 올라온다면, 메탄 포접화합물 저장고는 전 지구가 한바탕 식어가거나 말거나 미생물과 무관하게 끊임없이 축적되어 더욱더 큰 되먹임을 유발했을 것이다. 그래서 어떤 과정이 메탄을 생산하는 것일까? 깊은 곳의 암석이? 얕은 곳의 미생물이? 아니면 둘의 조합이?

메탄의 깊은 기원 대 얕은 기원의 문제는 단순해 보일 수도 있지만, 석유와 가스 업계에서 때때로 가열되는 해묵은 국제논쟁의 영향을 받는 골칫거리다. 석유를 구성하는 주성분은 탄화수소 분자인데, 그중에서도 메탄이 가장 단순하고 풍부하다. 메탄을 형성하는 자연의 과정은 무엇이든 석유의 형성에서도 역할을 한다고 폭넓게 가정한다.

논쟁의 한편에는 러시아의 저명한 화학자 디미트리 멘델레예프가 19세기 중반에 창시한 러시아-우크라이나 학파가 있다. 어디에서나 볼 수 있는 원소주기율표로 가장 잘 알려진 멘델레예프는, 실험들이 등장해서 그의 주장에 힘을 실어주기 오래전에 석유가 무생물에서 기원했다는 생각을 내놓았다. 그는 "무엇보다 중요한 사실은 석유의 출생지가 지구 깊은 곳이라는 점이다. 그러니 우리가 석유의 기원을 찾을 곳은 거기뿐이다"라고 썼다. 멘델레예프의 발상은 20세기 후반에 러시아와 우크라이나에서 부흥해서, 번성하는 러시아의 석유와 천연가스 산업에 영향을 미친다. 러시아 지구화학자 가운데 일부는 아직도 사실상 모든 석유와 천연가스가 깊은 곳의 무생물에서 유래한다는 설을 옹호한다. 그들이 볼 때, 몇몇 생산성 높은 유전은 저 아래의 거대한 맨틀 급유소에서 끊임없이 채워지는 재생 가능한 자원이다.

그러한 생각은 많은 미국 석유지질학자들에게는 과학적 이단이다. 그들은 장황한 증거를 인용해가며 석유가 전적으로 생물에서 기원한다고 변론한다. 석유는 한때 생명이 번성했던 퇴적 층위에서만 발견되고, 석유에는 독특한 분자 생물지표가 실려 있으며, 석유의 동위원소 조성은 생명체를 유례없이 닮았으며, 석유에 들어 있는 미량원소들도 석유가 생물에서 왔음을 가리킨다고. 대부분의 북아메리카 석유지질학자들에게, 이 문제는 사실상 모든 석유와 천연가스가 생물에서 기원한다는 쪽으로 결말이 나 있다.

러시아와 미국이 수십 년 동안 대결하며 양극화한 그 논쟁이 북아메리카에서 다시 불붙은 것은 명석하고 호전적이고 영향력이 지대했던 오스트리아 출신의 영국 천체물리학자 토머스 골드에 의해서였다. 그가 과학계, 적어도 그가 속한 천체물리학계에서 유명한 이유는 아득히 먼 우주에서부터 메트로놈처럼 주기적으로 오는 전파 펄스, 이른바 펄서pulsar가 실은 빠르게 회전하는 중성자별임을 최초로 깨달았기 때문이었다(한동안 일부 천문학자들은 이 전파 신호가 먼 외계의 과학기술에서 비롯한 게 틀림없다고 생각했고, 그로부터 모든 펄서의 천문학적 명칭이 LGM—'작은 풀빛 인간Little Green Men'의 약자—이 되었다).

골드는 그 밖에도 많은 과학 분야—듣기의 생리학에서 푸슬푸슬한 달 표면의 경도까지—에 과감하게 뛰어들었지만, 천체물리학 바깥에서 그가 기여한 가장 주목할 만한 일은 석유와 천연가스의 무생물 기원을 수호한 것이었다. 그의 주장에 따르면, 석유가 생물학적으로 보이는 이유는 단지 번성하는 미생물 공동체 '깊고 뜨거운 생물권'(1999년에 출간된 토머스 골드의 책 제목이다–옮긴이)이 무생물 탄화수소를 먹이로 삼고, 그 위에 자신의 독특한 생화학적 표지—호판, 지질 등—를 겹쳐 인쇄하기 때문이다. 이 가설을 바탕으로, 골드는 화성암과 변성암 같은 이례적인 장소에서 탄화수소를 찾아볼 것을 주창했다. 그는 어느 스웨덴 회사를 설득해 그러한 단단한 암석에 시추공을 뚫기까지 했고, 이 프로젝트는 모호하나마 흥미로운 결과들을 낳았다(그리고 수많은 불행한 투자자에게서 많은 돈을 빼앗았다).

양편의 주장을 주의 깊게 들어보면, 탄화수소의 기원 문제에 대한 답은 아직까지 결판나지 않은 것이 분명하다. 토머스 골드는 끝도 없이 캐물었고 답을 갈망했다. 그는 코넬 대학에서 학생들을 가르치다가 2004년 불시에 죽음을 맞았는데, 예상치 못한 죽음 직전에 우리 실험실에 와서 깊고 뜨거운 생물권에 관해 강연하고 가능한 공동연구에 관해 의논했다. 골드가 거론한 실험들을 했다면 그 문제를 해결하는 데에 도움이 되었을지도 모른다. 메탄의 기원이라는 중대한 질문에는 아직도 답이 없지만, 그것이 답할 수 없는 질문은 아니다. 우리에게 필요한 것은 심층 탄소를 이해하려는 새로운 국제적 노력이다.

## 심층탄소관측소

논거를 가지고 주장하건대, 탄소는 지구의 가장 중요한 원소다. 탄소는 지구의 가변적인 기후와 환경을 이해하기 위한 열쇠이고, 오래전부터 지금까지 계속해서 우리의 에너지 탐색에서 중심이 되는 원소다. 탄소는 결정적으로 중요한 생명의 원소이기도 하고, 나아가 신약을 비롯한 무수한 제품 설계에서 핵심이 되는 원소이기도 하다. 우리는 지표에서 순환하는 대양, 대기, 암석, 생명체 안의 탄소뿐만 아니라, 지각에서부터 중심핵에 이르는 지구 안에 들어 있는 탄소 또한 이해할 필요가 있다.

그래서 앨프리드 슬론 재단과 지구물리연구소는 2009년 여름 심층탄소관측소DCO를 출범시켰다. 이 야심찬 10년 프로그램의 목적은 우리 행성 안의 탄소를, 특히 지구의 깊은 내부에 들어 있는 탄소의 화학 · 생물학적 역할을 연구하는 것이다. 탄소는 어디에 있을까? 저 밑에는 얼마나 많이 있을까? 어떻게 움직일까? 특히 지구 심부에서 표면까지 어떻게 왕복할까? 심층 생물권은 얼마나 광범위할까? 학문 분야와 국가를 초월한 이 노력은 이미 수십 개 나라에서 수백 명의 연구자를 끌어들였다. 우리에게는 심층 미생물의 전 지구적인 개체군 조사를 완수하는 것에서부터 지구상의 모든 활화산에서 방출되는 이산화탄소를 감시하는 것에 이르기까지 많은 목표가 있다. 하지만 메탄에서 석유에 이르는 지구 탄화수소의 기원을 발견하는 것이야말로 심층탄소관측소의 가장 중요한 사명이다. 캘리포니아 대학 로스앤젤레스 캠퍼스의 동료 지구화학자 에드워드 영과 에드윈 쇼블은 대양저에서 새어나오는 메탄이 암석에 의해 생산되었는지 아니면 미생물에 의해 생산되었는지를 결정하는 데에 동위원소가 열쇠가 될 것이라고 생각한다. 하지만 평범하게 무거운 동위원소 대 가벼운 동위원소의 비율을 측정해서는 그들의 이론적 계산을 검증할 수 없다. 에드워드 영은 '동위원소치환체isotopolog'를 측정하고 싶어한다.

동위원소치환체란 화학적으로는 동일한데 동위원소들의 조성이 다른 분자들이다. 탄소 원자 하나와 수소 원자 네 개를 가진 메탄은 다양한 유형의 동위원소치환체로 존재한다. 모든 탄소 원자의 약 99.8퍼센트는 더 가벼운 종류인 탄소-12인 반면, 원자 500개당 하나는 더 무거운 동위원소인 탄소-13이다. 마찬가지로 수소도 더 가벼운 형태(엄밀히 말하면 '수소-1'이지만, 항상 그냥 수소로 지칭하는)뿐만 아니라 더 무거운 수소-2라는 동위원소로도 존재하고, 이 형태는 언제나 중수소라 불린다. 지구상에서는 전형적인 수소 대 중수소 비가 약 1,000 대 1이다. 이 비는 메탄 분자 500개당 약 하나가 탄소-13 동위원소 하나를 지니고 있으며, 메탄 분자 1,000개당 약 네 개가 중수소 하나를 지니고 있음을 의미한다.

이 두 가지 무거운 동위원소 가운데 하나의 미량을 측정하는 것만으로도 충분히 힘들지만, 에드워드 영과 동료들이 좇는 것은 그게 아니다. 그들이 측정하고 싶어하는 것은 포착하기도 어려운 이중으로 치환된 메탄 동위원소치환체, 다시 말해 탄소-13과 중수소를 둘 다 갖고 있거나($^{13}CH_3D$로 표기된다) 중수소만 두 개 갖고 있는($^{12}CH_2D_2$) 100만 개당 하나꼴인 메탄 분자다. 에드윈 쇼블의 계산에 따르면, 주어진 모든 메탄 표본에 존재하는 두 가지 희귀한 동위원소치환체의 비는 메탄이 형성된 온도의 예민한 지표가 되어야 한다. 온도가 열쇠다. 메탄이 200도 미만의 온도에서 형성되었다면 미생물의 소행이 틀림없고, 1,000도 이상의 온도에서 형성되었다면 생물과 무관할 가능성이 높다는 말이다.

이론상으로는 멋져 보이는 발상이지만, 문제는 $^{13}CH_3D$와 $^{12}CH_2D_2$의 비를 알아낼 수 있는 장치가 이 세상엔 없다는 점이다. 통상적인 동위원소 분석은 질량분석, 즉 질량에 따라 분자들을 분리하는 과정을 기초로 하는데, 이 두 가지 동위원소치환체는 질량 차이가 0.01퍼센트 미만이라서 한 유형을 다른 유형과 분리하기가 상당히 어렵다. 게다가 동위원소치환체들은 극히 낮은 비율로 존재해 통상적인 분석의 한계를 시험한다. 에드워드 영과 동료들에게는 질량 해상도와 분자 감도를 둘 다 개선하는 새로운 장치가 필요했다. 그래서 심층탄소관측소에서 최초로 취한 조치들 가운데 하나가 바로 메탄의 동위원소치환체 비를 측정할 수 있도록 특별히 설계된 200만 달러짜리 원형原型 기기의 제작을 위한 자금 조달을 돕는 것이었다(미국 국립과학재단, 미국 에너지부, 쉘 정유 주식회사, 워싱턴 카네기 연구소도 흐뭇하게 협동하는 모습을 과시해가며 이 일을 후원하고 있다). 모험적인 시도다. 몇 년 걸려 기기를 제작하고, 그러고도 몇 년이 더 걸려야 비로소 그것이 제대로 돌아가는지를 알게 될 것이다. 하지만 심층 메탄의 출처에 대해 확실한 답을 얻고, 그 결과로 지구의 기후를 일변시킬 수도 있는 메탄 주도 되먹임 고리에 대한 통찰을 얻을 수만 있다면, 얼마든지 운을 걸어볼 가치가 있다.

## 변화의 순환

다시 과거로 돌아가 7억 년 전, 첫 번째 눈덩이 지구의 끝자락에 있던 신원생대 행성 지구에서는 기후변화가 이미 정점에 도달해 있었다. 필연적으로 증가한 이산화탄소가 큰 역할을 했고, 포접화합물에서 갑자기 방출된 메탄도 기여했을 것이다. 지질학적으로 눈 깜짝할 사이, 아마 1,000년에도 훨씬 못 미칠 시간 동안, 기후는 걷잡을 수 없이 한쪽으로 쏠렸다. 눈덩이 지구가 온실 지구로 탈바꿈하면서, 온도가 기록적인 수준까지 치솟았다.

오래도록, 아마도 3,000만 년쯤 따뜻한 기후가 이어졌지만, 온실은 스스로 죽게 되어 있었다. 상승했던 대기 중 이산화탄소 농도가 극단을 벗어나 점차 떨어졌다. 온실기체 일부가 암석과 반응해 제거되었다. 벌거벗은 육지가 (대기 중 이산화탄소의 농도가 높은 데에서 비롯된) 부식성 탄산과 함께 내리꽂히는 강우에 노출되어 급속히 풍화되었다. 흘러든 광물 영양소가 부활한 햇빛과 짝을 이루자 조류가 폭발적으로 번성해 온실기체를 먹어치웠다. 이 모든 사건이 순서대로 탄소 동위원소 기록에 보존되어 있다.

그 후로 1억 5,000만 년 동안, 지구는 이 양 극단 사이를 맴돌았다. 한 번도 아니고, 두 번도 아니고, 최소한 세 번은 얼음이 뭉쳤다가 물러났고, 지구의 기후는 술에 취한 듯 극한에서 열대로 고꾸라졌다가 되돌아왔다. 스터트 빙기Sturtian glaciation라 불리는 첫 번째 사건은 약 7억 2,000만 년 전에 극대점에 도달했다. 그 뒤 6억 5,000만 년 전에 마리노 빙기Marinoan glaciation가 뒤따랐고, 5억 8,000만 년 전에는 덜 심각한 개스키어스 빙기Gaskiers glaciation가 일어났다. 10여 개 나라의 두껍게 축적된 암석이 이 극적 순환의 세부사항을 보여준다. 얼음이 물러나면, 빙하는 뿌리째 뽑힌 표석과 부서진 암석, 우툴두툴한 빙성층과 마멸되어 둥글어진 암반 따위의 거대한 무더기를 뒤에 남긴다. 머지않아 탄산염 광물로 이루어진 두꺼운 결정성 퇴적물이 빙성층을 덮었다. 이는 대양이 따뜻해지고 있었다는 숨길 수 없는 또 하나의 징후다. 이산화탄소가 과포화된 바다에서 탄산염이 너무 급속히 형성된 나머지 수십 센티미터 길이의 거대한 결정들이 얕은 대양저를 덮었던 것이다. 이 급히 투하된 방울들은 고문당한 지구 표면이 어느 순간 화학적 평형을 잃고 지루한 10억 년의 정체를 영원히 내던졌음을 입증한다.

폴 호프만이 1998년에 눈덩이 지구에 관해 발표한 뒤 한동안 지질학자들은 행성이 얼어붙는다는 각본을 신봉했지만, 그 각본은 전성기를 누리다 지금은 호소력을 잃고 있다. 기후 모형 제작자들이 지구를 전부 다 얼음으로 둘러싸기는 어렵다는 사실을 발견했다. 계산이 시사하는 대로라면 대규모 냉각이 진행 중인 때라도 적도는 온화함을 유지해야 하기 때문이다. 현장지질학자들은 이제 지구가 최대로 얼어붙은 기간에도 얼음이 이동했고 표면에 파도가 일었고 해류가 있었다는 증거를, 다시 말해 노출된 물이 최소한 약간은 있었다는 징후를 찾는다. 지질학자 대부분은 단단한 눈덩이 각본의 자리에 이를 물리칠 새 모형으로 더 유순한 '슬러시덩이' 각본을 앉혔다. 호프만은 슬러시가 빙하기 극대점 직전이나 직후의 조건을 나타낼 수도 있다고 반격한다.

우리가 무슨 수로 그 차이를 구분할까? 단단한 눈덩이 지구를 뒷받침하는 증거 중 하나는 얼음이 지구를 덮었다고 생각되는 때와 대략 같은 때에 놓인, 두드러지고 단명한 호상철광층의 맥동이다. 그러한 퇴적물은 설명하기가 힘들다. 대양의 철은 이미 10억 년도 더 전에, 즉 지루한 10억 년이 시작되기 이전에 다 털렸기 때문이다. 그렇다면 어떻게 대양에 철이 다시 채워질 수 있었을까? 한 모형이 제시하는 대로라면, 눈덩이 지구를 만든 사건이 대양을 밀봉해 대양의 물기둥으로 가는 모든 산소를 차단했다. 그동안 해저 열수분출공이 맨틀에서 깊은 대양으로 계속해서 신선한 철을 뽑아냈다. 점차 철 농도가 올라갔지만, 빙하 사건들이 끝나는 순간 급속히 퇴적해 새로운 호상철광층이 되고 말았다.

눈덩이 대 슬러시덩이. 이러한 논쟁은 과학에서 전혀 새로운 것이 아니며, 이 논쟁은 대부분의 다른 논쟁보다 절제되고 우호적인 분위기를 유지해왔다. 폴 호프만은 은퇴했지만, 새로운 세대가 도전을 계속해왔다. 답은 아직도 암석 안에 숨겨져 있기 때문이다.

### 얼음의 수수께끼

더 큰 수수께끼가 남아 있다. 지구가 눈덩이/슬러시덩이가 되었던 사건들은 결코 지구 최초의 빙기도 아니었고 마지막 빙기도 아니겠지만, 신원생대의 주요한 세 구간은 나머지 빙기와는 확연히 다르다. 우리가 아는 한, 지구상에서 그토록 극단적으로 급격히 추위가 닥친 적은 전무후무했다. 왜 그래야 할까? 어떻게 지구사의 짧은 기간 하나만이 다른 모든 기간과 그렇게나 달랐을 수 있을까?

전반의 두 빙기는 암석기록에 잘 보존되어 있듯이 분명히 훨씬 덜 심각했다. 알려진 가장 이른 시기의 얼음의 전진은 약 29억 년 전, 시생이언 한복판에서 일어났다. 비교적 짧았던 이 사건은 고대 남아프리카 강괴들 위에 퇴적된 빙성층에 의해 드러났다. 지구의 빙모들이 극지에서 확장하는 데에 그토록 오랜 시간이 걸려야 했다는 사실은 그 자체로 수수께끼다. 지구사 전반부에는 태양이 훨씬 더 희미했다. 처음 수억 년 동안에는 복사 휘도(輝度: 광원의 단위면적당 밝기의 정도—옮긴이)가 고작 현재의 70퍼센트였고, 중시생대 빙기 동안에도 약 80퍼센트를 넘지 않았다. 태양에서 들어오는 에너지가 그만큼 적었으므로, 다른 온난화 기제들도 그것과 어깨동무하고 놀았을 게 틀림없다. 많은 과학자들은, 거기에 영향을 미쳤을 것으로 짐작되는 요소들 가운데 그 어느 때보다도 수준이 훨씬 높았을 온실기체들—이산화탄소, 메탄과 주황빛의 탄화수소 안개—을 대장으로 지목한다. 지구의 격렬한 심층부에서 더 거세게 흘렀을 열류와 더 많이 뿜어져나왔을 화산 분출물도 기후를 조정하는 데에서 어떤 역할을 했음이 분명하다.

지구의 첫 빙기는 역설적이게도, 부분적으로는 너무 많은 온실기체에서 비롯했을 것이다. 대기 중 메탄 함량이 높아졌다면, 성층권에서 활발한 반응이 일어나 큰 탄화수소 분자들을 점점 더 많이 생산해 초기 지구에게 안개 낀 주황빛 하늘을 선사했을 것이다. 그 안개가 너무 짙어지면 태양에너지 일부가 차단되었을 테고, 지구는 냉각되었을 것이다.

두 번째 삽화인 더 긴 냉각 사건은 적도의 케놀랜드 초대륙이 해체된 다음인 약 24억 년 전에서 22억 년 전 사이에 쌓인 광범위한 빙하 퇴적물로 표시된다. 대기의 모형을 구성해본 결과는 새로이 형성된 해안선을 따라 풍화와 침적물 퇴적이 증가하면서 당시 존재했던 이산화탄소 가운데 많은 양을 야금야금 먹어버렸음을 시사한다. 같은 시기에, 산소 증가는 다른 중요한 온실기체인 대기 중 메탄을 죽이는 결과를 가져왔다. (아마 현대의 85퍼센트 수준이었을) 희미한 태양은 온실을 효과적으로 유지하기에 힘이 부쳤으므로, 차가운 기간이 길게 이어졌다.

그다음 14억 년—지루한 10억 년이 포함된, 지구사의 거의 3분의 1—동안 빙하기는 흔적도 찾아볼 수 없었고, 지구의 기후는 너무 뜨겁지도 너무 차갑지도 않게 놀라운 균형을 유지해온 것 같다. 그토록 긴 시간 동안 변화가 제한된 이유를 설명하기 위해 가능한 음성 되먹임들을 장황하게 들먹일 수도 있고 아마 그 모두가 정체에 기여했겠지만, 명백한 결과가 없는 마당에 원인을 집어내기는 어려운 노릇이다. 우리가 확실히 말할 수 있는 것은 지구가 7억 4,000만 년 전쯤 기후의 정점에 도달했고, 뒤따라 눈덩이와 온실이 되풀이되었다는 사실뿐이다.

### 제2차 산소급증사건

생물 세계는 그토록 극단적인 전 지구적 변화에 무감하지 않았다. 최소한 지난 35억 년 동안 지권에서의 변화가 생물권에 근본적으로 영향을 끼쳐왔다. 지구가 뜨거운 극단과 차가운 극단을 왔다갔다하는 동안, 노출되어 풍화된 대륙 해안은 일정 간격으로 필수 영양소를 해안 생태계에 제공했다. 광합성에 필요한 망간도 그러한 필수 광물들 가운데 하나다. (질소를 처리하는 데에 쓰이는) 몰리브덴과 (대사에서 다양한 역할에 이용되는) 철도 풍부하게 공급되었다. 하지만 그 모든 화학원소 중에서도 인이 신원생대 바다에서 가장 중요했을 것이다. 인은 모든 생명체에게 꼭 필요하다. 유전분자 DNA와 RNA의 뼈대 형성을 돕고, 많은 세포막을 안정시키고, 모든 세포에서 화학에너지를 저장하고 전달하는 데에서 핵심적인 역할을 하기 때문이다.

인의 이야기는 지구물리연구소에서 박사후연구를 마친 내 동료 도미니크 파피노를 매혹시킨다. 파피노가 프랑스계 캐나다인이라는 사실은 그의 부드러운 악센트 때문에 금세 탄로나고, 지구의 가장 오래된 지층에 대한 그의 열정은 암석으로 뒤덮인 그의 보스턴 칼리지 사무실 구석구석에서 백일하에 드러난다. 반질반질한 스트로마톨라이트 덩어리와 호상철광석들이 그가 많은 오지 현장을 다녀왔음을 증언한다.

파피노는 일부 생태계에서는 미생물이 성장한 정도가 이용 가능한 인의 양과 직접 연관된다는 사실을 깨달았다. 그는 어느 순간 유례없는 양의 영양소가 신원생대의 얕은 해안으로 흘러들어갔다고 생각한다. 세계 최대의 인 광상—인이 풍부한 세포들이 죽어서 바닥에 가라앉아 형성된 퇴적물—의 일부가 눈덩이-온실 순환과 같은 시간 구간에서 농축된다. 그는 이 고대의 인회석 지층을 찾아 전 지구—캐나다 북부, 핀란드, 아프리카, 인도—를 돌아다니며 인회석 특유의 지질학적 배경과 매혹적인 화학을 연구해왔다.

인의 주도로 증식한 조류는 대기 중 산소를 새로운 수준까지—어쩌면 호흡 가능한 농도인 15퍼센트까지—끌어올렸다. 하지만 역설적으로, 썩어가는 조류 덩어리가 대양저에 가라앉으면서 물기둥 안의 산소와 급속히 반응해 깊은 대양을 치명적인 무산소 상태로 돌려놓았을 것이다. 따라서 눈덩이 지구에 뒤따른 생명의 부활이 결국 표면 근처에는 산소가 풍부하지만 그 아래 물에는 산소가 없는 층상의 대양을 낳은 것도 무리가 아니다. 도미니크 파피노는 유실된 비료에서 다량으로 흘러나온 인산이 조류의 대증식과 심층수의 무산소 데드존을 유발하는 오늘날의 해안지대에서 그것과 흡사한 모습을 본다.

이로써 우리는 광물 진화의 중심 원리들 가운데 하나인 지권과 생물권의 공진화로 돌아온다. 광물은 생명체를 변화시키며, 그 순간 생명체도 광물을 변화시킨다. 내가 40년 전에 대학원에서 지구과학 연구를 시작했을 때, 생물학은 지질학과 거의 무관해 보였다. 웅장한 암석의 순환은 생명의 순환과는 별개로 보였다. 내가 논문 지도교수에게 마지막 선택과목으로 생물학을 들어야 할지 말아야 할지를 물었을 때, 그는 "생물학은 결코 쓸 일이 없을 걸세"라며 나를 안심시키고 대신 양자역학을 들으라고 설득했다.

생명이 탄생한 이후로 줄곧, 지구 진화의 모든 국면에서 생명이 지질地質에 영향을 주고 지질이 생명에 영향을 주어왔음을 고려하면, 이는 의심스러운 충고다. 2006년, 캘리포니아 대학 리버사이드 캠퍼스의 지구화학자 마틴 케네디와 네 명의 공동저자가 사변적이지만 각별히 참신한, 이 공동의존성의 일례를 제시했다. 「점토 광물 공장의 창업」이라는 그들의 논문은 3월 10일자 『사이언스』에 등장했다. 그들의 기발한 논지에 따르면, 대기 중 산소가 2, 3퍼센트에서부터 현재 수준까지 증가하도록 가속한 것은 미생물과 점토 광물 사이의 양성 되먹임이었다.

점토는 주로 초미립자 굵기의 아주 작은 광물 조각들로 구성되어 있어서, 물을 빨아들여 끈적끈적한 덩어리를 이룬다. 발이나 차가 깊은 진창에 박힌 적이 있다면 이 사실을 쉽게 잊지 못할 것이다. 점토 광물이 형성되는 주요한 방식 중 하나는 풍화, 특히 신원생대 말의 습한 산성 조건에서는 화학적 변질에 의한 풍화다. 케네디와 공동연구자들은 후빙기에 대륙이 급속히 풍화되어 세 번의 대규모 눈덩이-온실 순환 이전보다 훨씬 더 많은 점토 광물이 생겨났을 가능성을 시사한다. 게다가 미생물 군락이 이 무렵 해안 지역에 서식하기 시작했으며, 미생물이 단단한 암석을 무른 점토로 바꾸는 데에 특히 효율적일 수 있다는 증거도 점점 더 많아지고 있다.

점토 광물의 가장 인상적인 성질 가운데 하나는 유기 생체분자와 결합하는 능력이다. 더 많이 생겨난 점토 광물은 고탄소 생물량을 격리시켰을 것이고, 대양으로 씻겨 들어간 점토 광물은 그 탄소를 두꺼운 미립자 퇴적물 더미 안에 격리시켰을 것이다. 케네디 각본에 따르면, 탄소가 매장되자 산소가 증가했고, 그러자 지상에서 점토 광물의 화학적 생산이 더 빨라졌고, 결국 더욱 더 많은 탄소가 매장되었다. 이후로는 '점토 광물 공장'이 대기 중 산소의 증가와 현대 생물 세계의 진화에 직접 기여해왔을 것이다.

인과 기타 영양소의 도움으로 증식한 온실 조류는 틀림없이 대기 중 산소의 날카로운 급등에 기여했을 것이다. 점토 광물 공장이 그 효과를 증폭시켰을지도 모른다. 머지않아 약 6억 5,000만 년 전이 되자, 대기 중 산소는 현대의 수준에 가까이 올라가 있었다. 산소의 증가는 차례로 복잡한 다세포 생명체의 증가와 연관되었다. 산소 수준이 높아야만 유기체가 활동적인, 즉 에너지를 필요로 하는 해파리와 벌레의 생활양식을 채택할 수 있을 것이기 때문이다. 실제로, 알려진 가장 초기의 다세포 유기체들은 약 6억 3,000만 년 전, 그러니까 두 번째 전 지구적 눈덩이 빙기 직후의 화석기록에서 출현한다.

신원생대의 동물 출현을 이해하려면, 먼저 그보다 10억 년 이상 과거로 돌아가 '지루한 10억 년' 직전을 살펴보아야 한다. 드문 화석증거들이 약 20억 년 전에 완전히 새로운 종류의 단세포 생명체가 출현했음을 가리킨다. 그 이전에는 모든 세포가 상호의존적이긴 해도 물리적으로는 별개인 삶을 영위했던 것 같다. 하지만 매사추세츠 대학 애머스트 캠퍼스의 생물학자 린 마굴리스가 처음 상술한 혁명적 발상에 따르면, 약 20억 년 전에 한 세포가 다른 한 세포를 통째로 집어삼켰다. 더 큰 세포는 포식한 세포를 소화하는 대신 더 작은 세포를 제멋대로 징용해서 공생관계를 맺고 지구상의 생명체를 영원히 변형시켰다.

마굴리스는 창조적인 정력가인 동시에 잡식성 지성인이다. 유기체 집단이 어떻게 상호작용하고 공진화하는가를 이해하는 데에 과학자로서의 일생을 바친 그녀는 공생관계와 생물학적 발명품의 공유가 생명의 역사 구석구석에 스며들어 있는 주제라고 본다. 그녀의 발상이 적지 않은 이들의 심기를 건드린 이유 중 일부는 그 발상이 진화는 주로 돌연변이와 선택에 의해 일어난다는 다윈의 더 정통적인 관점에서 벗어나기 때문이다. 논란이 없는 건 아니지만, 마굴리스의 설득력 있는 세포내공생(내부공생)론theory of endosymbiosis은 오늘날에는 거의 보편적으로 받아들여진다. 현대의 식물, 동물, 균류를 구성하는 세포들은 많은 내부구조를 가지고 있다. 조그만 발전소처럼 움직이는 미토콘드리아, 광합성 유기체 안에서 태양에너지를 동력으로 이용하는 엽록체, 유전분자인 DNA를 보관하는 세포핵을 비롯해 복잡한 세포에 들어 있는 기타 '세포소기관'들은 자기 소유의 세포막이 있고, 어떤 경우에는 자기 소유의 DNA도 지니고 있다. 마굴리스는 이 세포소기관들이 저마다 진화하기 전에는 더 단순한 세포였는데 숙주에게 집어삼켜져서 결국에는 특정한 생화학적 과제를 수행하는 데에 차출되었다는 견해를 내놓았다. 우리가 할 수 있는 최선의 추측에 따르면, 약 20억 년 전에 그 전이가 일어나기 시작해서 훨씬 더 복잡한 다세포 생명체를 위한 무대를 마련했다.

마굴리스는 계속해서, 본질적으로 다른 유기체들 사이의 공생과 특성 공유가 생명을 진화시키는 원동력이라고 본다. 그녀가 취해온 이 관점은 세포내공생을 훌쩍 넘어선다(그리고 그 탓에 때때로 그녀를 주류 밖으로 내보낸다). 그녀가 치르는 성전聖戰이 어떤 것인가를 대략이나마 멋지게 보여주는 일례로, 그녀는 최근 콜로라도 주 덴버에서 열린 지질학자 모임에서 강연을 하며 영국 생물학자 도널드 윌리엄슨의 발상을 지지했다. 윌리엄슨은 2009년에 나비가 전혀 다른 두 동물—벌레처럼 생긴 애벌레와 날개가 달린 나비—의 유전물질이 융합한 것을 상징한다는 의견을 내놓아 많은 논란을 불러일으킨 장본인이다. 논란이 거세진 것은 마굴리스가 미 국립과학원 회원이라는 자신의 특권을 이용해서 동료들의 검토 과정을 단축시키고 명망 있는 학술지 『국립과학원회보』에 윌리엄슨의 논문이 실릴 수 있도록 후원했을 때였다. 일부 회원들이 그 가설은 과학잡지가 아니라 주간지 『내셔널 인콰이어러』에 더 알맞은 '난센스'라며 격노했다. 마굴리스는 윌리엄슨의 논문이 진지하게 살펴보고 토론할 가치가 있다고 항변했다. "우리는 윌리엄슨의 발상을 인정해달라는 게 아닙니다. 단지 반사적 편견이 아니라 과학과 학식을 바탕으로 평가해달라는 것이죠."

그 논쟁의 궁극적 성과야 어쨌든, 마굴리스의 세포내공생론은 이제 통념이다. 늦어도 신원생대까지는 핵과 그 밖의 내부구조를 가진 복잡한 세포들이 자리를 확실히 잡고 새로운 공생의 문턱을 넘을 만반의 태세를 갖추었다. 6억 년 전 이전에, 단세포 유기체들이 협력하고, 모이고, 특화하고, 집단으로 성장하고 움직이는 법을 배웠다. 동물이 되는 법을 배운 것이다.

동물이 우점한 생태계를 보여주는 가장 이른 시기의 화석증거는 약 6억 3,500만 년 전, 3대 눈덩이 지구 형성 사건 중 두 번째 사건이 끝난 직후에 시작되는 이른바 에디아카라Ediacaran기에서 나온다. 독특한 무늬를 가진 최초의 화석들을 오스트레일리아 남부 에디아카라의 5억 8,000만 년 된 암석에서 알아보았다고 해서 그 지층의 형성기를 에디아카라기라고 부른다. 해파리와 지렁이의 친척일 수도 있는 이 몸이 말랑한 동물들은 선으로 장식한 팬케이크나 환상적인 줄무늬 잎사귀처럼 보기 좋게 대칭인 최대 60센티미터짜리 인상화석(생물의 골격이나 형체는 없어지고 그 흔적만 남아 있는 화석-옮긴이)을 남겼다. 비슷한 화석들이 뒤이어 약 6억 1,000만 년 전과 5억 4,500만 년 전 사이의 암석에서 전 세계에 걸쳐 발견되었다. 그중에서도 가장 주목할 만한 것은 6억 3,300만 년 된 남중국의 더우산퉈陡山沱 지층으로, 인산이 풍부한 이 지층에는 동물의 알과 배아로 해석되는 아주 작은 세포 덩어리들이 들어 있다. 마리노 빙기 직후 얕은 바다에서 성장한 이 구조들은 모든 면에서 현대 동물의 배아와 동일해 보인다.

이와 같이 극심한 눈덩이-온실 순환이 궁극적으로 현대 세계의 진화에서 중심 역할을 한 것으로 보인다. 심지어 우리 다세포 유기체가 존재하는 것은 지구가 기후의 정점에 도달한 8억 년 전의 그 순간 덕분이라고 말해도 지나치지 않을 것이다. 앞서 10억 년이 넘는 세월 동안에는 안정한 햇빛과 열을 가두는 이산화탄소가 지구를 따뜻하게 유지해주었다. 그 이산화탄소가 새로운 적도 대륙의 풍화에 의해 급속히 소모되고 햇빛을 반사하는 얼음이 양 극지에서부터 적도까지 퍼지자 지구의 온도는 수백만 년 동안 곤두박질쳤고, 마

**그림 9.2** 지금은 멸종한 프로아르티쿨라타Proarticulata 문에 속하는 디킨소니아 코스타타*Dickinsonia costata*의 인상화석. 5억 8,000만 년 전의 에디아카라 동물군의 기묘한 모습을 잘 보여준다. (베리시밀루스Verisimilus 사진)

침내 이산화탄소가 꾸준히 축적되고 아마도 대양저에서 급속히 방출된 메탄이 그 효과를 증폭시킴으로써 똑같이 급속하게 폭주하는 온실효과를 촉발했을 것이다.

아마 균형이 깨져버린 행성을 이 미친 듯이 일탈하는 눈덩이-온실 순환보다 더 잘 보여주는 사건은 지구사에서 달리 없을 것이다. 신원생대 기후가 손바닥 뒤집듯 표변해서 대기 중 산소가 전례 없이 증가했고, 이 추이가 최초의 동식물과 그들의 대륙 이주를 위한 길을 닦았다. 그러한 생물학적 혁신과 함께, 진화하는 지구는 머지않아 신제품들로 들끓게 되었다. 헤엄치고, 굴을 파고, 땅을 기고, 하늘을 나는 수많은 동물들이 한층 극단적인 여러 거주지와 습성을 뽐냈다는 말이다. 뿐만 아니라 6억 5,000만 년 전의 고산소 대기의 도래와 함께, 긴 지구사에서 맨 처음으로 시간여행자인 당신도 고통스럽게 죽지 않고 고대의 낯선 풍경을 딛고 서서 심호흡할 수 있었을 것이다. 어쩌면 치사량의 자외선 복사를 피하면서 빈약한 끼니거리로 풀빛 점액을 모았을지도 모른다.

오늘날 우리는 한 번 더 극적인 기후변화의 시기로 들어서고 있으며, 양성 되먹임이 세를 장악하고 있는 것처럼 보인다. 햇빛을 반사하는 빙하의 얼음이 점점 더 빠른 속도로 녹으면서, 대양과 대지가 점점 더 많이 노출되어 더 많은 태양에너지를 흡수하고 있다. 나무들이 잘리고 불태워지면서 더 많은 이산화탄소를 대기 중으로 내뿜는 한편 이산화탄소를 소비하는 숲의 크기를 줄이고 있다. 그리고 아마도 가장 결정적으로, 영구동토와 심해의 얼음에서 점점 더 빨리 방출되고 있는 메탄이 지구의 온도를 한층 더 높여, 더욱 많은 메탄을 방출시키며 균형을 깨뜨리고 있을 것이다. 지구의 과거에 우리 시대를 위한 교훈들이 담겨 있다면, 급변하는 신원생대 기후 이야기가 그 목록의 꼭대기에 등장해야 한다. 눈덩이와 온실이 교대해가며 진화하는 생명체들을 위한 새로운 기회를 활짝 열어젖히는 바로 그 순간에, 기후가 뒤집힐 때마다 거의 모든 생물이 죽었기 때문이다.

# 10

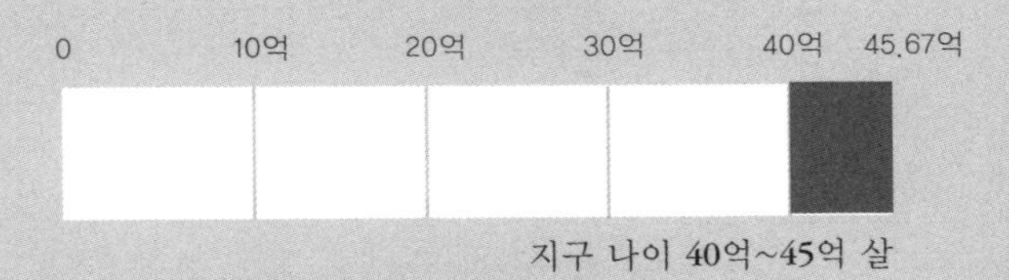


# 푸른 지구

## —육상 생물권의 탄생

판 지구조운동이 지구를 지구 자신으로부터 구했다. 서서히, 하지만 거침없이 대류하는 지구 내부가 큰대大자로 퍼져 있던 적도의 로디니아 초대륙을 몰아붙여 더 가누기 쉬운 덩어리들로 해체시켰다. 대륙괴가 극지 쪽으로 이동하면서 적도를 얼음이 쌓이는 땅에서 해방시키자, 극단적인 눈덩이-온실 순환도 누그러졌다. 광합성 조류라는 풍부한 새 생명체도 미친 듯이 요동치는 이산화탄소의 충격을 완화하는 데에 도움을 주면서, 산소 농도를 현대 수준에 가깝게 끌어올렸다. 이후로 지구는 현생이언 이전만큼 전체적으로 과도한 온도를 겪은 적이 없다.

이 최근 5억 4,200만 년 동안 지구상에는 최소한 다섯 종류의 변화가 작동했다. 대륙들은 이동을 계속해왔다. 먼저 대양 하나를 폐쇄하고 또 한 번 거대한 초대륙을 형성했다가 해체되었다. 이 과정에서 형성된 대서양이 아직도 넓어지고 있다. 기후는 비록 신원생대의 눈덩이-온실의 극단까지는 가지 않았지만, 뜨거웠다가 차가웠다가 다시 돌아가기를 여러 번 반복하며 요동쳐왔다. 산소는 한때 세 번째로 크게 보강되는 호사를 누렸지만, 대기 중 농도가 반으로 떨어졌다가 다시 반등하는 것을 보았을 뿐이었다. 해수면도 거듭거듭 변화하면서 지구의 해안선을 극적으로 재형성해왔다. 암석기록은 해수면이 무수히, 흔히 수십 미터씩 오르내렸음을 보여준다. 그리고 이 모든 변형이 일어나는 내내, 생명체와 암석이 공진화해왔다.

지구는 늘 변화하는 행성이었지만, 현생이언의 이야기는 훨씬 더 또렷하게 초점이 맞아서 상대적으로 변동이 더 정교하고 미묘한 것 같다. 암석기록이 더 광범위하고 덜 변질된 덕분이다. 이 감칠맛 나는 이야기의 열쇠는 풍부한 화석, 즉 생명체가 이빨, 껍질, 뼈, 목질 따위의 오래가는 단단한 부분을 만드는 능력을 새로 발견한 결과물이다. 동식물은 지구 표면 근처의 환경 변화에 각별히 민감하므로, 그들의 화석화한 잔재가 적응 사건들을 차례차례 기록한다. 미생물은 거의 모든 폭풍을 뚫고 나아갈 수 있다. 그들의 회복력은 아무 정보도 주지 않는 단순한 모양, 그리고 화석기록이 드물다는 사실과 짝을 지어,

미생물이 통치했던 선캄브리아기 암석에서는 어떠한 대멸종도 명백히 알아볼 수 없게 해버린다. 하지만 현생이언은 이야기가 완전히 다르다.

그래서 우리가 보는 최근 5억 4,200만 년 동안의 지구는 이전과는 딴판이다. 수천만 년 또는 수억 년에 걸쳐서 느긋하게 변하는 행성이 아니라 급속히 진화하는 세계로, 모든 수십만 년이 이전의 수십만 년과는 눈에 띄게 달랐다. 그것은 우리가 더 자세한 기록을 가지고 있어서이기도 하지만, 또한 생명의 본성이기도 하다. 동식물, 특히 육지에 서식하는 동물들은 지구의 순환에 금세 반응한다. 빨리 진화하지 않으면 죽는 것이다. 기존의 종이 죽어나가면, 새로운 종이 그 자리를 대신한다.

## 온 세계가 하나의 무대

지난 5억 5,000만 년 동안 이동하는 대륙들은 지구의 진화와 점점 더 다양해지는 생물상을 위해 끊임없이 가변무대를 제공했다. 이 이야기의 기본 윤곽은 다소 간단한 3막짜리 연극으로 쉽게 이해할 수 있다.

1막: 5억 4,200만 년 전, 캄브리아기는 출발점에서 원생이언의 로디니아 초대륙이 여러 개의 큰 조각으로 쪼개져서 흩어져 있는 것을 발견했다. 남극에서 적도 너머까지 펼쳐지는 가장 광활한 조각은 펑퍼짐한 곤드와나Gondwana 대륙(지질학적으로 대단히 흥미로운 인도의 한 지역 이름을 땄다)이었다. 오늘날 남쪽에 있는 대륙들 전부에다 크게 잘린 아시아 대륙 한 덩이가 뒤범벅이 되어 남북으로 1만 2,000킬로미터가 넘는 하나의 거대한 육괴를 이루고 있었다. 그 밖의 후-로디니아 대륙은 모두 남반구에 위치했고, 로렌시아의 중심부(오늘날의 북아메리카와 그린란드가 된)와 여러 개의 큰 섬들(유럽의 많은 부분을 포함하는)이 여기에 들어갔다. 육지가 없다시피 한 대양이 북반구 전역을 점유했다. 그다음 2억 5,000만 년에 걸쳐서는 지각판이 모든 대륙을 북쪽으로 옮겼다. 로렌시아는 먼저 나중에 유럽이 될 부분과, 다음엔 시베리아의 상당 부분과 합쳐져서 크기를 두 배 이상으로 늘렸다.

2막: 약 3억 년 전, 북쪽으로 나아가던 곤드와나가 로렌시아와 충돌해 가장 최근의 초대륙인 판게아Pangaea를 형성했다. 곤드와나와 로렌시아가 합쳐져서 남긴 가장 장엄한 지질학적 결과들 가운데 하나는 북아메리카와 아프리카 사이에 있던 고대 바다가 닫히면서 그 충돌의 힘으로 애팔래치아 산맥을 탄생시킨 것이다. 오늘날 미국의 메인 주에서 조지아 주까지 뻗어 있는 애팔래치아 산맥은 비교적 유순하고 둥글둥글한 종류의 산맥으로 보인다. 그토록 부드럽게 굴러가는 지형은 침식의 힘을 증명한다. 3억 년 전에는 아직 융기하는 중이던 깔쭉깔쭉한 봉우리들이 세계 역사에서 가장 웅장한 산들의 일부로서 오늘날의 히말라야 산맥과 맞먹는 6, 7마일(약 10~11킬로미터) 높이로 치솟아 있었기 때문이다. 판게아는 지구의 마른 땅 거의 전부를 행성의 한쪽 편에 집중시켜서, 육지의 4분의 3이 남반구에 자리잡고 있었다. 그리고 1억 년 동안, 자신에게 딱 맞는 이름을 가진 초대양 판탈라사(Panthalassa: '모든 바다'를 가리키는 그리스어)가 판게아를 둘러싸고 있었다.

3막: 대서양이 1억 7,500만 년 전에 열리기 시작하자, 거대한 판게아 육괴도 주요한 조각 일곱 개로 쪼개지기 시작했다. 먼저 로렌시아와 곤드와나가 쪼개져서 초기 북대서양을 형성했고, 그동안에 대륙은 북서와 남동 방향으로 더욱더 멀리까지 점점 더 벌어졌다. 곤드와나에서 분리된 남극과 오스트레일리아는 남쪽으로 이동해 나름의 섬 대륙들을 형성했다. 남아메리카와 아프리카 서해안 사이의 열곡이 남대서양을 열었고, 그동안 아프리카 동해안에서 떨어져나와 북쪽을 향해 5,000만 년의 여정을 시작한 인도가 결국 아시아를 들이받아 히말라야 산맥을 밀어올렸다.

이 기나긴 역사 내내, 온갖 대륙이 배우들처럼 저마다 이리저리 종종걸음을 치며 인간의 드라마와 다름없이 협력관계를 형성했다가 갈라서곤 했다. 이 전 지구적인 연기가 펼쳐지는 것을 눈으로 보면 도움이 된다. 구글에서 동영상 'Pangaea Animation'을 찾아보라. 그리고 그 모습을 지켜보는 동안, 이동하는 대륙들이 지구에 다른 변화들도 강요했다는 사실을 기억하라. 해안선이

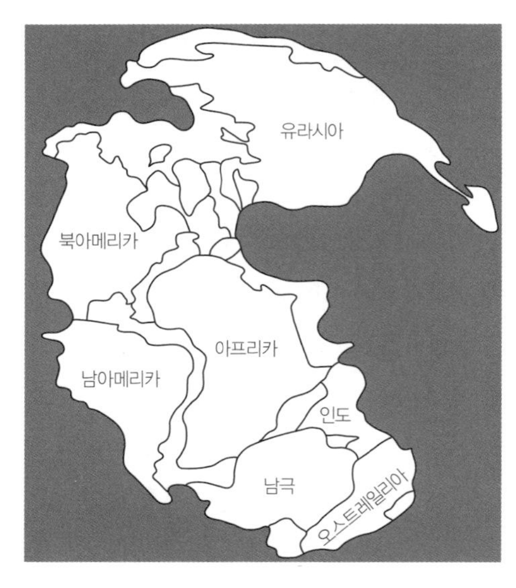


**그림 10.1** 약 3억 년 전에 형성된 초대륙 판게아를 나타낸 그림. 위쪽부터 차례대로 유라시아, 북아메리카, 남아메리카, 아프리카, 인도, 남극, 오스트레일리아 대륙이 하나의 육괴로 합쳐져 있었다. 판게아는 1억 년쯤 지속되다가 약 1억 7,500만 년 전부터 갈라지기 시작했다. (Pangaea continents.svg 작성)

더 길게 뻗어나갈수록 더 많은 생명이 얕은 수역에서 융성했다. 강괴들이 극지로 몰리면 빙상이 두꺼워졌고, 결국 해수면이 낮아졌다. 더 큰 육괴 위에서는 생명체가 가혹한 경쟁 속에서 진화했지만, 고립된 대륙 위나 외딴 바다에서는 진화가 독립적으로 진행되었다. 산맥과 대양의 위치는 기후를 바꾸었다. 오늘날에도 그렇지만 역사 이래 시종일관, 지구의 거대한 순환 하나하나는 다른 순환들에 영향을 미쳐왔다.

## 동물 폭발!

수십억 년 동안 지구 미생물의 규모는 기후, 영양소, 햇빛 등에 반응하여 성쇠를 겪었다. 얕은 수역의 퇴적물에서 나온 새로운 증거는 신원생대 끝자락에 일어난 대규모 조류 증식이 단지 두세 번의 일시적 잡음 이상이었음을 시사한다. 풀빛 광합성 조류가 처음으로 새로운 전략을 진화시켜 질퍽한 땅에 단단히 발을 디뎠다. 대륙들이 마침내 파란 대양에 대비되는 화성의 주황빛이 아니라, 가장자리나마 풀빛으로 보이게 된 것이다. 대기 중 산소 농도가 급상승하자,

성층권의 오존층도 급격히 두꺼워졌다. 이 복사 장벽이 치명적인 태양 자외선으로부터 지구의 고체 표면을 효과적으로 가려준다. 그렇듯 든든한 덮개는 식물들이 단단히 뿌리를 내리고 동물이 자유로이 배회하는, 생육 가능한 육상 생물권이 탄생하는 데에 필수적인 전주곡이었다.

이상하게도, 동물들은 1억 년이 더 지나서야 완전히 육지로 기어올랐다. 매우 긴 시간 동안 대부분의 생물학적 혁신은 볕이 드는 얕은 바다에서 일어났다. 다세포 해파리와 지렁이들이 4,000만 년 동안 후빙기 대양을 지배한 것으로 보인다. 화석기록에 거의 보존되지 않는 무수한 연체동물들이 그들의 미생물 조상이 축적한 광물 은거지에 숨어서 해저의 유기 퇴적물을 먹고 살았다. 수천만 년 동안, 생태적으로는 현상이 유지되었던 것으로 보인다.

그 현상유지는 대략 5억 3,000만 년 전, 인상적인 진화적 묘기로 인해 영원히 끝났다. 많은 유형의 동물들이 단단한 광물을 가지고 자기 나름의 호신용 껍질을 짓는 법을 익힌 것이다. 이 진화적 발전이 어떻게 일어났는지는 아무도 확신하지 못한다. 생명은 이미 수십억 년 동안 암초 같은 스트로마톨라이트 안에 광물층을 퇴적시켜왔지만, 5억 8,000만 년 전 개스키어스 빙기에 뒤이어 미지의 동물이 어딘가에서 어떻게든 흔한 광물—가장 흔히는 탄산칼슘이나 실리카—을 가지고 단단한 부분을 키워 자신을 보호하는 절묘한 재주를 진화시켰다. 그러한 혁신은 생존을 위한 투쟁에서 여러 가지 의미를 지니고 있었다. 포식자라면 광물화한 질긴 외골격을 깨는 데에 에너지를 낭비하느니 작으나마 몸이 말랑한 놈을 먹을 것이기 때문이다. 머지않아, 자신의 껍질을 만드느냐 아니면 죽느냐 하는 상황이 되었다. 그 결과 남은 화석기록은 경이롭도록 풍부해서, 퇴적층이 실물과 똑같이 생긴 유해들로 채워지게 된 때를 암층에 각인한다. 이때를 캄브리아기 '폭발'이라 불러왔다.

하지만, 폭발은 오해를 낳는 별칭이다. 그것은 결코 갑작스러운 탈바꿈이 아니었다. '생체광물화'가 불붙는 데에만 수백만 년이 걸렸으니까. 남중국 구이저우貴州 성의 화석이 풍부한 더우산퉈 지층 안에 보존된 단단한 가시를 가진 소수의 해면들은 그 요령을 한참 전인 5억 8,000만 년 전에 익혔을 것이다. 늦어도 약 5억 5,000만 년 전, 즉 에디아카라기 끝자락에는 지렁이를 닮은 다양한 동물들이 탄산염 광물을 세공해 대양저 위에 관管 모양의 아늑한 집을 꾸밀 줄을 알고 있었다.

비록 작고 깨지기 쉬웠지만, 최초의 알아볼 수 있는 껍질 동물군은 전 세계의 약 5억 3,500만 년 된 암석에서 모습을 드러냈다(보스턴 바로 북쪽 매사추세츠 주 해안에 있는 나한트로 학부생을 위한 특별 현장학습을 가서 이 희귀한 화석들을 채집했던 기억이 난다. 쾌적한 바닷공기, 그림 같은 바위투성이 해안에 부서지는 파도, 멋지게 피어나는 흰 뭉게구름, 파란 대양은 모두 잊지 못할 광경이었지만, 풍화되어 맨눈으로 간신히 볼 수 있는 허접한 화석들은 별로 그렇지 않았다).

진정한 '폭발'은 수백만 년 뒤인 대략 5억 3,000만 년 전, 온갖 방식으로 껍질을 두른 동물들이 다소 갑작스럽게 등장한 때에 일어났다. 잇따라 진화적 군비경쟁이 일어났다. 무장한 포식자도, 무장한 먹이도 점점 더 몸집을 불렸다. 이빨과 발톱이 생겨났고, 호신용 골판과 뾰족한 방어용 가시도 생겨났다. 살해자들이 우글거리는 흉악한 고생대 대양 세상에서는 눈도 의무장착품이 되었다. 껍질 있는 동물들이 무수한 세대에 걸쳐 살고 죽는 동안 기부한 탄산염 생체골격이 막대하게 쌓여서 석회석 층을 형성했고, 풍화에 강한 이 암층이 지구사의 최근 5억 년을 당당하게 장식한다. 화석이 빼곡한 거대한 탄산염 절벽과 능선이 전 지구에 흩뿌려져서, 캐나다 로키 산맥의 최고봉과 도버 해협의 백잣빛 절벽을 형성하고, 심지어 에베레스트 산의 정상을 덮으며, 수십 개 나라에서 압도적인 경관을 연출하고 있다.

캄브리아기의 모든 진화적 혁신 중에서도, 휘둥그런 눈의 삼엽충이라는 바다 동물이 가장 높이 평가되고, 가장 사진을 잘 받는다. 이 지점에서 나는 전문가의 권리를 포기하는 각서를 써야 한다. 나는 삼엽충을 사랑한다. 일곱 살인가 여덟 살 때 내가 살던 오하이오 주 클리블랜드의 집에서 멀지 않은 곳에서 거의 완전한 첫 표본을 발굴한 이래로, 계속해서 삼엽충을 수집하고 있다.

내 임시 저장소에 등록되었던 삼엽충은 이제 2,000점이 넘었고, 모두 다 스미스소니언 협회에 기증되고 있다(상태가 최상인 표본 중 일부는 국립자연사박물관 해양관에서 볼 수 있다). 그래서 내게는 삼엽충에 대한 우호적인 편견이 있다.

생체광물화는 초기에는 점진적으로 증가했지만, 5억 3,000만 년 전에 이르자 단단한 부분을 지닌 생명체들이 갑자기 어디에나 있었던 것처럼 보인다. 모든 종류의 긴 다리 삼엽충과 줄무늬 조개, 밤톨 같은 완족류 껍질과 섬세한 부채 모양의 이끼벌레, 구멍이 숭숭 뚫린 해면과 뿔 모양의 산호들이 전 지구의 퇴적암에 갈피갈피 보존되어 있다. 몬태나에서 모로코에 이르는 모든 암석의 층서 안에서, 생체 갑옷이라는 깜짝 놀랄 만한 발명품이 정말로 도약한 정확한 층—말 그대로 역사의 단편—을 손으로 짚을 수 있다.

몸이 무른 동물에서 껍질이 있는 동물로의 느닷없는 전환을 연구하는 데에 가장 훌륭한 현장 가운데 한 곳이 바로 서부 모로코 안티아틀라스 산맥 기슭의 풍광 좋은 언덕에 깃든 유서 깊은 오아시스 마을 티우트 부근이다. 수스 강의 깎아지른 계곡에 노출되어 거의 수직으로 서 있는 수백 미터의 탄산염 퇴적물이 에디아카라기의 끝과 캄브리아기의 시작에 대한 연속된 기록을 제공한다. 겹겹이 얇게 쌓인 적갈빛 석회석에는 친근한 화석이 전혀 없다. 연중 대부분의 기간에 말라 있는 자갈이 뒤덮인 강바닥을 따라 1킬로미터 넘게 걸어도, 기껏해야 이따금씩 지렁이 굴의 기미를 볼 수 있을 뿐이다.

그러다 갑자기, 마을 위 언덕 중턱에 있는 한 석회석 층—멀리서 보면 위층이나 아래층과 전혀 다르지 않은 듯한 한 층위—에서 화석들이 나타난다. 아마 모든 삼엽충을 통틀어 가장 이른 시기의 종이었을 고대의 에오팔로타스피스 *Eofallotaspis*가 캄브리아기 폭발의 첫 출발을 명시한다. 그 역사적 지층들 위로 조금 떨어진 더 젊은 층에서는 특징적인 5센티미터 길이 타원형의 코우베르텔라*Choubertella*와 다귀나스피스*Daguinaspis* 같은 새로운 종들이 발견된다. 후자는 압도적으로 가장 흔한 종이지만, 가장 많은 표본을 쉽게 얻을 수 있는 노두 가운데 하나는 어느 무슬림 성자의 묘지 한복판에 박혀 있다. 둥근 지붕을 얹은 작고 하얀 구조물을 삼엽충이 가득한 낮은 암벽이 둘러싸고 있다. 방문 중인 지질학자가 망치와 끌을 꺼내들고 고요한 곳을 들쑤신다는 건 어림도 없는 일이다. 그러나 동네 아이들은 그런 행위를 해도 용서받는 듯, 관광객에게 '티우트 벌레'를 판다. 아이가 차창을 두드리며 갓 파낸 상품을 들어올린다.

"아저씨, 100디르함!" 약 12달러다.

나는 값을 흥정하지 않는다. 몽땅 산다.

## 얼굴은 변한다

나는 오랜 세월 동안 벌레에 집중해서 화석을 수집했다. 암석을 깨뜨려 열고 안에서 완전한 삼엽충을 발견하는 전율은 이루 형언하기 힘들다. 어부들은 대어를 낚을 때, 포커 선수들은 풀하우스를 뽑을 때 비슷한 쾌감을 얻으리라. 나에게는 그때가 5억 년 동안 숨겨져 있던 절묘한 동물을 찾아내는 순간인 것이다.

십수 년을 했으니 사냥은 충분했다. 나는 학부 4학년생이던 1970년 봄에 존경할 만한 스승 로버트 슈록에게서 처음으로 진정한 고생물학 수업을 받았다. 슈록은 MIT에서 거의 40년 동안 학생들을 가르쳤고, 제2차 세계대전 이후 약 20년 동안 MIT 지질학 및 지구물리학과 학과장이었다. 그는 이 분야의 거장으로서 수많은 고전을 펴냈지만, 아마도 캄브리아기 폭발 이후 모든 지질시대의 특징적인 종들을 사진처럼 정밀하게 요약해 집대성한 『북아메리카의 표준화석』이 가장 주목할 만한 저서일 것이다.

온화한 미소를 지닌 로버트 슈록은 자신의 학급에 유머와 자기 직업에 대한 불굴의 열정을 감염시키는 재주를 타고난 천부적인 교사였다. 그는 과거의 이야기를 생생하게 들려주며 삼촌 같은 스타일로 가르쳤다. 그는 1세기 전에 사람들이 말을 타고 가다가 우연히 발견한 브리티시컬럼비아의 버제스Burgess 셰일 이야기를 들려주었다. 5억 500만 년 된 이 현장에서 나온 비할 데 없는 연질부 화석들은 스티븐 제이 굴드의 『생명, 그 경이로움에 대하여』에 등장해 유명해졌다. 그는 노바스코샤 반도 서해안 조긴스의, 3억 년 된 나무 그루터기 안의 고운 실트 속에 얼마나 귀여운 작은 개구리 화석들이 보존되어 있는지를 묘사했다(그 작은 개구리들은 속이 빈 그루터기 안으로 뛰어들었지만, 뛰어나올 수는 없었다). 그는 9,000만 년 전의 그림들을 생생하게 그려냈다. 그때는 광활한 내해가 지금의 미국 중서부 대평원을 뒤덮고 있었고, 이 바다에서 괴물 같은 파충류와 오징어처럼 생긴 암모나이트가 주도권을 다투었다고.

묘한 운명의 장난으로, 나는 당시 웰레슬리 대학 4학년이었던 내 아내 마지와 함께 로버트 슈록의 마지막 두 학생이 되어 있었다. 1970년 봄, 월남전에 반대하는 학생 시위가 격해지면서 수업이 중단되고 기물이 파괴되었다. 혼란이 확산되자, MIT 행정부는 학생들에게 통과 아니면 낙제인 평가방식을 택해 기말시험을 건너뛸 수 있는 선택권을 주었다. 마지와 나는 고생물학 과목에서 유일하게 학점을 선택한 두 학생이었다. 일주일에 걸쳐 조금씩 치른 우리의 소모적인 기말시험은 화석 100점이 담긴 쟁반에서 모르는 표본들을 일일이 동정同定한 다음 그 표본을 손으로 그리는 것이었다. 실물을 그리는 것은 물론 관찰기술을 연마하는 훌륭한 방법이지만, 나는 화가와는 거리가 멀어서 모든 연필 스케치가 작은 악몽이었다. 시간이 끝도 없이 걸렸고, 기억할 수도 없을 만큼 많은 지우개를 소비했다.

그것이 로버트 슈록의 마지막 고생물학 수업이었다. 1965년에 저명한 지진학자 프랭크 프레스가 신임 학과장으로 부임한 것을 기점으로 파수꾼이 바뀌면서, 지구과학의 접근법은 더 정량적인 물리 기반 접근법으로 신속하게 이동했다. 손으로 그린 화석이 설 자리를 잃은 그 현대적 세계에서, 판 지구조운동은 대륙을 이동시킨 것만큼이나 확실하게 교육과정 또한 이동시켰다.

그 마지막 수업으로 고무된 마지와 나는 근처의 화석이 넘치는 현장에서 야영을 하며 많은 주말을 보냈다. 그다음 몇 년에 걸쳐 우리는 매사추세츠 남부에서는 화석 양치류를, 펜실베이니아 북서부에서는 산호를, 뉴욕 동부에서는 완족류를, 버몬트 북서부에서는 삼엽충을 수집했다. 슈록의 수업들은 우리에게 이 화석들을 새로운 맥락에서 보는 법을 가르쳤다. 모든 유형의 암석과 모든 조합의 화석이 저마다 다양한 고대 생태계 이야기를 들려주었다.

우리는 주어진 어떤 시점에서든 몇 가지 다른 유형의 암석들—다른 얼굴들—이 저마다 다른 장소와 수심에서 형성되고 있다고 배웠다. 사암은 거칠고 얕은 조간대에서 해변에 가장 가까이 형성된다. 그래서 두들겨대는 파도를 견뎌낼 수 있었던 껍질이 두꺼운 튼튼한 조개와 달팽이들이 살고 있는 것이 특징이다. 반대로 석회석은 고대의 산호초를 의미하므로, 풍부한 일련의 동물들—자루 달린 바다나리(유병류), 불가사리, 달팽이, 완족류 등 아늑하고 볕이 드는 개펄에서 번성하는 집단—을 품고 있다. 암초 생태계 출신의 많은 멋들어진 삼엽충들은 주변 360도를 완전히 훑어볼 수 있는 큰 눈을 가지는 경향이 있다. 해변을 떠나 더 멀리 가면, 어두운 심층수 안에 검은 셰일이 서서히 쌓인다. 이곳의 동물군에는 흔히 여과 섭식 동물과 앞 못 보는 삼엽충 등, 더 얕은 투광층의 동물들과는 전혀 다른 동물들이 포함된다.

모든 노두가 어느 시공간의 그림을 그린다면, 한 층의 암석 위에 다음 층 암석이 쌓인 층서는 풍부한 변화의 이야기를 들려준다. 암석 유형들이 특히 극적으로 쌓인 층서들은 흔히 경제적으로 귀중한(그래서 상대적으로 잘 연구된) 석탄 광상과 연관해서 눈에 띈다. 3억 년 전의 질퍽한 연안 지역에서 풍부하게 형성된 석탄은 보통 사암층 사이에 끼어 있고, 사암층은 차례로 셰일과 접하고 있다. 셰일, 사암, 석탄, 사암, 셰일이 무수히 반복되는 그러한 층서는 상당한 해수면 변동을 함축한다. 해수면이 내려갔다가 올라가고, 그런 다음 다시 내려간다는 것은 아마도 극빙과 빙하가 퇴각하고 전진하는 데에 따른 반응일 것이다. 한 가지 필연적인 결론은 대양의 수심이 수억 년 동안 반복적으로 수십 미터씩 변해왔다는 것이다.

해안에 엄청난 도시들과 광대한 기반시설을 가진 현대의 인간들에게, 대양의 높이(최소한 조수 간만의 범위 안에서)는 지구의 고정된 측면으로 여겨지는 듯하다. 수십 미터는 고사하고 몇 미터의 변화도 상상하기 힘들다. 하지만 최근의 퇴적기록은 해수면이 지난 수만 년 안짝에 오늘날보다 45미터 높았던 적도 있고 90미터 이상 낮았던 적도 있다는 점을 너무도 분명히 말해준다. 그러한 변화들은 틀림없이 다시 돌아와 대륙의 해안선 모양을 철저하게 바꿔놓을 것이다. 암석과 그것의 화석 생태계가 들려주는 이야기란 그런 것이다.

## 육지에 오른 생명

지구사를 통틀어 지상에 가장 극적인 변형이 일어나려면 육상식물이 등장할 때까지 기다려야 했다. 그 혁신은 4억 7,500만 년 된 암석 안에 독특한 불굴의 미微화석 홀씨로 기록되어 있다. 식물 체體화석은 연약하고 쉽게 부패해서 그 시기 암석에서 발견된 적이 없지만, 그 최초의 진정한 식물들은 아마도 현대의 우산이끼와 다르지 않았을 것이다. 뿌리 없이 땅을 끌어안고 있는 우산이끼는 습한 저지대에서만 생존할 수 있던 녹조류의 후손이다. 전 세계 육지 암층의 4,000만 년이 넘는 구간에서, 잘 썩지 않는 홀씨들만이 유일한 물리적 증거로 남아 육상식물이 존재했음을 뒷받침한다. 이 단단한 풀빛 개척자들의 진화는 꾸준하지만 느렸던 듯하다.

약 4억 3,000만 년 전, 홀씨화석들의 총체적 다양성이 상당히 변화한 것은 육상식물의 분포가 뚜렷하게 바뀌었음을 가리킨다. 그다음 3,000만 년에 걸쳐서는 우산이끼를 닮은 식물의 홀씨들이 눈에 덜 띄는 반면, 현대의 이끼나 단순한 관다발식물과 비슷한 식물들의 홀씨가 우위를 차지했다. 스코틀랜드, 볼리비아, 중국, 오스트레일리아에서 나오는 이 구간의 암석들은 틀림없이 식물 자체의 것이라고 알려진 가장 오래된 화석들도 담고 있다. 이 단편적 유해들의 임자는 석송과 기타 현대 관다발식물(내부에 급배수 설비가 있어서 관에 물을 채우는)의 친척이 아닐까 생각된다. 땅속으로 널리 뻗은 뿌리갈래가 없는 이 땅딸막한 식물들은 습한 저지대에 한정되어 자랐을 것이다.

시간이 흐르면서 초기의 식물들이 더 널리 퍼지고 튼튼해지면, 화석기록도 점차 분명해진다. 늦어도 4억 년 전에는, 원시적인 관다발식물들이 한때

황폐했던 전 지구의 육지에 서식하기 시작했다. 이 식물들은 해바라기하며 광합성을 하는 풀빛 줄기와 가지들이 땅 위로 겨우 몇 인치 올라와 있는, 가냘프고 잎도 없는 축소판 관목 같은 모습이었다. 이들의 뿌리가 돌투성이 땅에 효율적으로 침투해 튼튼한 닻을 제공했고, 그동안 모세관 작용이 물을 위쪽으로 분배했다.

생명의 육지 이주에서 차지하는 명백한 중요성에도 불구하고, 화석화한 식물들은 오래도록 삼엽충과 공룡 곁에서 제2바이올린을 연주해왔다. 동물들은 포식자나 먹이로서 생활양식이 더 역동적이고 형태와 행동도 더 다양한 것 같다. 다시 말해 우리와 더 닮았다. 게다가 화석식물들은 단편적인 경향이 있다. 따로 떨어진 잎사귀나 줄기 하나, 나무껍질 한 조각이나 특징적인 무늬를 지닌 목질부가 화석식물의 전형이다. 단편적인 부분만 남아 시카고 대학 고식물학자인 케빈 보이스가 '조개들의 만족스러운 완성도'라 부르는 것이 부족하지만, 그래도 식물들은 경이로운 이야기를 들려준다.

나는 케빈을 2000년에 처음 만났다. 당시 그는 열정적이고 독창적인 하버드 대학원생이었고, 앤드루 놀과 함께 일하며 지구의 가장 오래된 화석식물들에게서 그런 이야기를 캐내는 새로운 방법을 궁리하고 있었다. 욕심 많은 독자이자 타고난 작가인 그는 이야기를 엮는 데에 재주가 있고, 식물의 역사로 마음을 사로잡을 수 있는 과학자다. 하지만 아무리 케빈이라도 지구의 가장 오래된 식물에 관해 새로운 이야기를 하려면 식물화석에 관한 새로운 종류의 자료가 필요했다. 앤드루는 케빈을 지구물리연구소로 보내 원소, 동위원소, 분자를 분석하는 미세분석기법을 배우게 했다. 화석화한 식물에는 한 번도 체계적으로 적용해본 적 없는 기법들이었다.

우리가 감행한 첫 공동연구는 스코틀랜드 애버딘셔의 4억 년 된 라이니Rhynie 처트 안에 놀랍도록 온전하게 보존된 식물화석에 초점을 맞추었다. 행운의 라이니 식물은 광물이 풍부한 온천수가 식물의 조직을 둘러싸면서, 매장된 식물 물질을 밀봉하고 일부를 고운 실리카로 교체했을 때 부패에서 구조되었다. 1세기 전에 지질학자들이 라이니의 작은 마을에 있던 어느 돌담에서 이 처트의 표석을 발견했다. 발굴이 한참 진행되고 나서야 그리 넓지 않은 실제 기반암을 찾아 파낼 수 있었다. 라이니 처트의 표본은 여전히 귀해서 여간해선 구하기 힘들지만, 케빈 보이스는 오래전에 하버드 대학에 소장된 주먹만 한 표본과 투명할 만큼 얇게 갈아서 유리를 얹은 가로 2인치, 세로 3인치 크기의 암석 절편들에 접근할 수 있었다. 이 절편을 현미경으로 들여다보면 식물해부학을 세포 단위 세부사항까지 연구할 수 있다. 이 화석들은 언뜻 친숙하나 근본적으로 낯선, 가지들이 잎줄기를 닮았고 저마다 광합성을 하는 풀빛 줄기는 있지만 잎은 전혀 없는 식물들로 덮여 있는 기묘한 풍경의 단편들을 드러낸다.

수십 년 전 학자들이 라이니 식물화석에서 정보를 추출하기 위해 했던 수고는 그야말로 영웅적이었다. 복잡한 3차원 대상의 단면을 2차원으로 보여주는 박편 수백 개를 마련해야 했다. 당신이 좋아하는 꽃을 단단하고 불투명한 에폭시 수지 안에 박아넣은 다음, 그것을 납작하게 저몄다가 전체를 다시 조립하는 방법으로 꽃의 모양을 복원하려 한다고 상상해보라. 선구적인 라이니 고식물학자들이 해야 했던 일이 바로 그런 일이다. 그들이 찾아낸 것은 기묘하게 보이는 한 벌의 앙상한 식물 축소판, 바로 우리 풀빛 세계의 조상들이었다.

케빈 보이스는 라이니 처트를 다시 방문해 지구의 고대 식물군에 관해 새로운 정보를 캐내기로 결심했다. 그의 전략은 새로 자르고 연마한 라이니 화석의 단면들, 즉 크기와 모양이 대충 원래의 4분의 1이 된 라이니 화석을 분석하는 것이었다. 우리는 유리를 얹은 처트 단면과 같은 연마된 암석 표면을 가로지르며 화학원소들의 분포를 보여주는 전자미세탐침을 사용했다. 광물학자에게는 친숙하지만 고생물학자는 거의 사용하지 않는 기계다. 우리는 원래의 식물을 구성했던 물질 가운데 보존된 것이 있는지를 보고 싶었다. 요령은 미세탐침의 파장을 탄소, 즉 단단한 암석보다는 생명체 안에 더 흔한 원소에 맞추는 것이었다. 기쁘게도, 우리는 라이니 처트 화석에 동위원소적으로 가벼운 탄소가 실려 있는 것을 발견했다. 그 탄소가 생물에서 기원했다는 강력한 신호였다. 탄소 분포는 이 초기 관다발식물 특유의 관 구조를 멋지게 부각해준다. 라이니에서 나온 기묘한 줄기와 식물의 홀씨를 포함한 각종 고대 식물화석의 세포 단위 모식도 작성에 관한 우리의 첫 논문은 2001년의 『국립과학원회보』에 모습을 드러냈다.

케빈의 다음 단계는 화석들에서 생체분자 정보를 끌어낼 수 있을지를 알아보는 것이었다. 우리가 원래의 식물 조직에서 실제 분자 체조각을 찾을 수 있을까? 케빈 보이스는 수수께끼 같은, 7.5미터 높이의 나무를 닮은 유기체에 초점을 맞추었다. 프로토탁시테스*Prototaxites*라 불리는 그 유기체는 그때까지 알려진 4억 년 전의 육상생물 가운데 가장 큰 생물이었다. 이 화석이 수수께끼인 이유는 공존하던 훨씬 더 작은 식물들에는 있는 세포구조가 없는 것 같기 때문이다. 오히려 이 유기체의 '몸통'은 관을 닮은 구조들이 복잡하게 얽히고설켜서 이루어진 것으로 보인다. 지구물리연구소의 내 동료인 메릴린 포겔과 조지 코디와 함께 일하던 보이스는 몇 장의 프로토탁시테스 표본에서 틀림없는 분자조각들을 추출하고 분석할 능력이 있었다. 그 조각들은 인접한 식물화석들의 것과는 전혀 달랐다. 그의 놀라운 결론은 프로토탁시테스는 거대한 균류였고, 어쩌면 지구사에서 가장 큰 독버섯이었으리라는 것이다.

케빈 보이스의 연구는 고식물학계의 결론들을 보강한다. 4억 년 전 지구의 풍경은 마침내 풀빛이 되었지만, 그 방식은 철저히 낯설었다. 줄기 모양의 왜소한 식물들이 나무처럼 우뚝 솟은 버섯과 소수의 작은 곤충들, 그리고 거미 비슷한 동물들과 육지를 공유했다.

## 잎의 발명

4억 년 전의 지구에서는 당신도 꽤 편안하게 생존할 수 있었을 것이다. 산소와 물은 얼마든지 있었다. 식물과 벌레의 형태를 띤 먹을거리도 있었다. 우뚝 선 프로토탁시테스들 아래로 쉴 곳도 있었다. 하지만 경치는 너무도 낯설어 보였을 것이다. 풀빛 줄기와 풀빛 가지는 있지만 잎은 전혀 없었으니까.

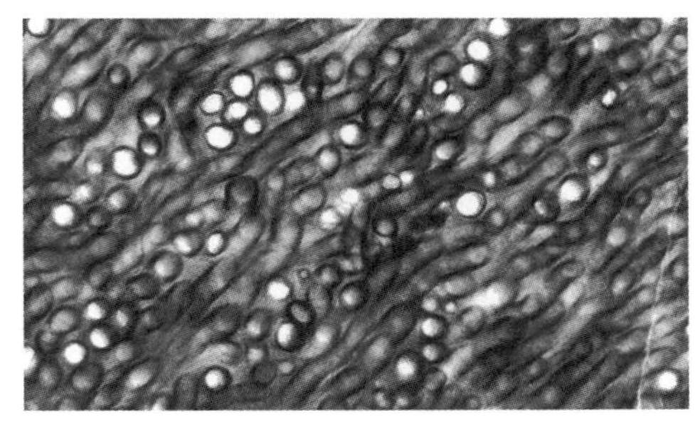

**그림 10.2** 7.5미터 높이의 나무를 닮은, 한때는 4억 년 전의 가장 큰 육상생물이었던 프로토탁시테스는 실은 거대한 균류로, 어쩌면 지구사에서 가장 큰 독버섯이었을 것이다. 왼쪽은 캐나다 지질학자 존 윌리엄 도슨이 1888년에 그린 프로토탁시테스의 복원도, 오른쪽은 광학현미경으로 본 프로토탁시테스의 미세 조직이다.

에너지를 붙잡는 최초의 조그만 잎이 발명되기까지는 수천만 년이 더 걸렸다. 일단 형태를 바꿀 줄 알게 되자, 햇빛을 놓고 벌이는 식물왕국의 진화적 투쟁에서 판돈이 올라갔다. 가장 큰 잎을 가진 가장 키 큰 식물이 이익을 누렸으므로, 뒤따라 부채처럼 펴지는 양치류, 갈라지는 가지, 튼튼한 목질 몸통이 진화했다. 늦어도 3억 6,000만 년 전에는 완전히 새로운 지구 생태계인 숲이 출현했다. 역사상 처음으로, 지구의 육지가 에메랄드빛 녹색이 되었다.

몇 번이고 다시 반복되어온 하나의 주제 안에서, 암석은 이 신록의 생명체와 공진화했다. 빠르게 퍼지는 육상식물이 등장하고 그 식물 중 일부가 거목과 같은 키에 도달해 얻은 광물학적 결과는 엄청났다. 뿌리가 생겨나 급속한 생화학적 분해 양식을 도입하자 현무암, 화강암, 석회석을 포함한 많은 표면 암석의 풍화속도가 열 배로 빨라졌다. 그 결과 점토 광물과 유기물이 풍부하고 미생물도 그득한 토양이 더 깊어지고 더 넓어져서, 더 커져가고 수가 늘어나는 식물과 균류를 위한 거주지를 끊임없이 확장해주었다.

비록 시야에서는 가려져 있었지만, 뿌리계도 여러 면에서 현저하게 진화했다. 가장 중요한 것은 식물의 뿌리와 균근菌根이라 불리는 광대한 균사 그물망이 새로운 공생관계를 맺은 것이었다. 이 놀라운 진화 전략이 오늘날 보는 식물

대다수에 영향을 미친다. 실제로 많은 식물들이 균류 홀씨가 없는 토양에서는 제대로 자라지 못하는 경향이 있다. 균근을 형성하는 균류는 토양에서 인산과 기타 영양소를 효율적으로 추출해 식물에게 전달하고, 식물은 차례로 균류에게 포도당과 기타 탄수화물로 구성된 고에너지식을 꾸준히 공급한다. 땅속의 생김새를 상상하기는 어렵지만, 지하에 광범위하게 그물처럼 얽혀 있는 나무뿌리와 균사가 우리가 지상에서 보는 나무보다 훨씬 더 큰 경우가 허다하다.

먹을 수 있는 식물들이 전 지역으로 퍼져나가자 동물들도 엄청난 진화적 진보를 경험했다. 무척추동물—곤충, 거미, 지렁이 같은 작은 동물들—이 최초로 육지를 답사했다. 약 5억 년 전에 원시 무악無顎어류의 모습을 하고 처음 나타난 무척추동물은 대양에서 1억 년 이상 진화를 겪은 뒤에야 머뭇거리며 마른 땅으로 이주를 시도했다. 4억 2,000만 년 전에는 심술궂게 골판으로 무장한 생경한 외모의 유악어류가 등장했고, 그다음 2,000만 년에 걸쳐 훨씬 더 친숙한 연골어류인 상어와 경골어류가 출현해 분화했다. 하지만 마른 땅에 척추동물은 전혀 없었다.

최근 중국에서 3억 9,500만 년 된 화석 어류의 뼈가 발견되어, 지느러미에서 전이가 일어나 네 발 달린 육상동물이 진화했다는 가장 이른 시기의 징후를 제공했다. 어류는 최소한 2,000만 년 동안, 때때로 말라버리는 얕은 해안 환경에 추파를 던졌다. 소수의 어류가 원시적인 폐를 발달시켜 상륙을 감행하며 점점 더 오래 머물렀지만, 경골동물이 처음으로 공기 호흡을 완전히 편안하게 느낀 것은 수백만 년이 지난 뒤였다. 지금까지 알려진 네 발 달린 육상동물, 즉 지느러미 같은 발로 걷는 물고기의 가장 오래된 화석 뼈는 약 3억 7,500만 년 된 암석에서 나온다.

어류에서 양서류로의 점진적 전이는 지난 20년—중국에서 펜실베이니아에까지 이르는 극적인 고생물학 발견의 전성기—에 걸쳐 조금씩 뚜렷해졌다. 새로 발견된 화석들은 3,000만 년에 걸쳐 어류와 양서류의 중간 형태가 점차 육지에 적합해져갔지만 어류 특유의 해부학적 특징들을 여전히 보유하고 있었음을 보여준다. 최초의 진정한 양서류가 출현한 것은 약 3억 4,000만 년 전의 이른바 석탄기 한복판, 전 세계 저지대에서 질퍽한 숲들이 번성하던 때였다. 평퍼짐한 두개골을 특징으로 하고 바깥쪽으로 벌어진 다리, 발가락이 다섯 개 달린 발, 공기 중에서 듣기에 적합한 귀 등 육지생활에 적응해 발달한 구조를 갖춘 이 원시 육상동물들은 그들의 어류 조상들과는 분명히 달랐다. 석탄기 무렵, 지구의 고체 표면은 처음으로 눈에 띄게 현대적인 모습으로 진화해 있었다. 양치류를 닮은 키 큰 나무들이 빽빽한 풀빛 숲도 있었고, 축축한 늪도 있었고, 무성한 풀밭이 끊임없이 퍼져나가고 있는 듯한 곤충과 양서류 같은 동물들로 북적거렸다. 그리고 생명의 엄청난 영향력 덕분에, 지구의 표면 근처 암석과 광물들도 다양성과 분포가 현대와 흡사한 상태에 도달해 있었다.

지구가 정체에 가까운 뭔가에 도달한 것은 아니었음을 명심하라. 기후는 영고성쇠를 거듭했고, 가뭄과 홍수가 육지에 스트레스를 주었고, 이따금씩 소행성이 충돌하고 슈퍼 화산이 분화해 생명체에게 우리가 결코 보고 싶지 않을 종류의 외상을 남겼다. 하지만 지구와 지구의 생물상은 그러한 모욕에 결코 꺾이지 않음을 입증해왔다. 생명체는 언제나 지금의 현실에 적응할 길을 찾는다. 지금이 언제이든.

## 제3차 산소급증사건

3억 년 전 무렵에는 지구에 숲이 번성하고 있었다. 실제로 잎사귀 달린 생물량이 얼마나 많이 생산되는 동시에 묻히고 있었던지, 죽은 식물들의 두꺼운 덩어리가 가압 조리되어 새로운 유형의 암석—고탄소의 검은 석탄—이 형성되기 시작했다(여기서 석탄기라는 이름이 나왔다). 이렇게 유기탄소가 격리된 결과 가운데 하나가 바로, 앞서 신원생대의 산소급증사건에서처럼 다량의 산소가 단시간에 다시 대기 중으로 유입되는 것이었다. 산소는 점진적으로 늘어나, 3억 8,000만 년 전 대기의 약 18퍼센트에서 출발해 3억 5,000만 년 전쯤에는 25퍼센트로 오르고 3억 년 전에는 30퍼센트 너머로 현저히 올라갔다. 어떤 추정치에 따르면 대기 중 산소 함량이 현대의 수준을 훨씬 웃도는 35퍼센트 너머까지 잠시 치솟기도 했다. 이 극단적인 수치들은 단순한 추측이 아니다. 석탄기의 호박琥珀, 즉 화석화한 수액의 아름다운 표본들에 보존되어 있는 고대 대기의 기포에는 아직도 30퍼센트 이상의 산소가 담겨 있다.

산소의 증가는 동물에게 유익한 결과를 가져왔다. 더 많은 산소는 더 많은 에너지를 의미했으므로, 동물의 대사율이 높아졌다. 일부 동물들은 여분의 에너지를 이용해 크게 아주 더 크게 성장했다. 가장 극적인 결과물은 날개폭이 60센티미터나 되는 괴물 잠자리로 예시되는 거대 곤충이었다. 증가된 산소는 또한 대기의 밀도를 높여서 비행과 활강을 그만큼 더 쉽게 만들었다. 그 밖의 동물들도 전에는 살 수 없었던 더 높은 고도로 이주했을 게 분명하다. 높은 고도에도 공기가 짙어져서 이제는 숨을 쉴 수 있었을 테니까.

판게아 초대륙의 생명은 수천만 년에 걸쳐 번영을 누렸다. 기후도 온화했고 자원도 풍부했으므로, 생명은 마음껏 진화했다. 하지만 2억 5,000만 년 전, 갑자기 불가사의하게 일어난 지구사에서 가장 비참한 멸종 사건으로 생명은 무너져내렸다.

## 위대한 죽음과 그 밖의 대멸종

지난 5억 4,000만 년 동안, 화석기록이 쌓여왔다. 그것이 생물학적 발명의 급증을 입증한다. 막대한 숫자의 서로 다른 몹시 작은 동물들은 말할 것도 없고, 산호와 바다나리, 완족동물과 태형동물, 조개와 달팽이 등의 알려진 화석만 해도 수십만 종에 이른다. 전문가들은 알려진 삼엽충의 종수만 2만 종이 넘을 거라고 추산하는데, 해마다 수십 종이 더 추가된다. 그 삼엽충이 지구에 1억 8,000만 년(4억 3,000만 년 전쯤부터 2억 5,000만 년 전까지) 정도밖에 거주하지 않았음을 고려할 때, 평균적으로 수천 년마다 새로운 삼엽충이 한 종씩 생겨난 셈이다. 화석생물의 풍부한 다양성을 모두 감안하면, 5억 년이 넘는 기간 동안 평균 100년마다 몇 종의 신종이 나타났음이 틀림없다.

수백만 종이 느닷없이 멸종한 몇 건의 엄연한 떼죽음은 화석기록을 봐도 그다지 금세 드러나지 않는다. 새로운 뭔가를 탐지하기는 비교적 쉽고, 고생물학자들은 어떤 중요한 분류군이나 특성의 '최초' 또는 '가장 이른 시기'의 출현을 묘사하고 싶은 유혹에서 자유롭지 못하다. 최초의 식물, 최초의 양서류, 최초의 바퀴벌레, 최초의 뱀(비록 퇴화한 뒷다리가 조그맣게 달려 있었지만) 모두가 화석계의 뉴스거리였다. 최근의 한 논문은 심지어 지구의 알려진 화석 음경들 가운데 가장 오래된 음경을 4억 년 된 거미에서 발견했다고, 라이니 처트에서 또 하나의 주목할 만한 발견물이 나왔다고 떠벌렸다.

사라진 것은 화석기록 안에서 알아보기가 더 힘들다. 멸종을 알아보려면 전 지구의 화석생물의 다양성을 한 층 한 층, 한 구간 한 구간 꼼꼼하게 정돈해야 한다. 5대 대멸종을 입증하는 데에만 그동안 수십 년의 노력이 지불되었다. 지난 5억 4,000만 년에 걸쳐서 다섯 차례 지옥 같은 시간을 겪는 동안, 지구는 종의 절반 이상을 잃어버렸다. 더 축적된 자료에 따르면, 그 밖에 덜 심각한 대멸종 사건도 열다섯 차례나 있었던 것으로 보인다.

화석기록에서 갑작스러운 종의 손실을 입증하기는 쉽지 않다. 대양이 여러 번 전진했다가 후퇴했고, 얕은 바다들이 열렸다가 닫혔고, 추운 기간 동안 퇴적이 느려졌고, 침식 탓에 돌이킬 수 없는 손실을 입었음을 놓고 볼 때, 암석기록은 여러 장이 마구잡이로 찢겨나가고 두세 권은 통째로 사라진 백과사전처럼 듬성듬성하고 불완전하다. 지층의 정확한 연대를 얻고 지구 반대편에 있는 층들과 시기를 맞추는 일도 어렵기는 마찬가지다. 그러므로 어떤 동물군이 사라진 현상은 단순히 기록의 틈새가 좀 길다는 사실을 반영하는 것뿐일지도 모른다. 그럼에도 불구하고 화석 데이터베이스가 커지고 전 세계 고생물학자들이 기록들을 비교하면서, 가장 큰 멸종 사건들은 더 평범한 배경의 생사보다는 두드러지는 경향이 있다.

2억 5,100만 년 전의 고생대의 끝은 모든 대멸종 중에서도 가장 큰 대멸종을 목격했다. 70퍼센트로 추정되는 육상 종들과 96퍼센트라는 터무니없는 비율의 해양 종들이 사라졌다. 전 지구에 재난을 가져온 이 사건을 위대한 죽음 Great Dying이라 부른다. 지구사에서 (모든 삼엽충을 포함해) 그토록 많은 동물이 영원히 사라진 경우는 전무후무했다.

위대한 죽음의 원인이 무엇이었는가에 관해서는 과학자들도 아직까지 의견이 분분하다. 다만 그 원인이 거대한 소행성 충돌과 같은 단순한 한 가지는 아니었고, 한꺼번에 일어나지도 않았던 것만은 확실하다. 실은 강화하는 스트레스 요인들 다수가 작동하기 시작했을지도 모른다. 무엇보다도 산소 수준이 석탄기의 최고치인 35퍼센트에서 급속히 떨어지기 시작해, 2억 5,100만 년 전 무렵에는 대략 20퍼센트로 돌아가 있었다. 복잡한 동물의 생태를 유지하는 데에는 충분한 산소이지만, 산소 수준이 떨어진 것 자체가 아마도 고산소를 요구하는 더 헤픈 대사에 적응되어 있던 동물들에게 스트레스를 보탰을 것이다. 고생대 말은 지구의 한랭화와 보통 수준의 빙하기가 찾아와 두꺼운 얼음이 판게아의 남극 부분을 덮은 때이기도 했다. 그 결과로 해수면이 크게 내려가 세계 대륙붕의 대부분을 노출시킴으로써 스트레스를 가중했을 것이다. 대륙붕은 대양의 가장 생산적인 생물권이므로, 그 얕은 연안 지역의 많은 부분이 사라지면서 산호초 같은 다양한 천해 생태계의 성장이 제한되어 대양의 먹이그물 전체가 위축되었을 것이다.

2억 5,100만 년 전의 대멸종과 거의 정확히 일치하는 고생대 말의 대규모 화산활동은 지구 생물권을 교란시킨 또 하나의 주요인에 해당한다. 지권이 또 한 번 생물권에 영향을 미치는 것이다. 시베리아에서 긴 세월에 걸쳐 400만 세제곱킬로미터에 달하는 막대한 양의 현무암이 분출한, 지구사 최대의 화산활동 가운데 하나가 지구 환경을 심각하게 손상했음이 틀림없다. 수십만 년 동안, 일정 간격으로 뿜어져나온 화산재와 먼지가 태양광선의 입사량을 줄여 모든 빙하기를 악화시켰을 것이다. 엄청난 양의 유독한 황화합물이 방출되어 산성비가 내리면서 환경은 더욱 나빠졌을 것이다.

마치 이 모든 환경적 모욕들로도 충분치 않다는 듯이, 일부 과학자들은 지구 최대의 대멸종 때 있었을 또 하나의 스트레스 요인으로 오존층의 붕괴를 가리킨다. 남극으로부터 그린란드에 이르는 전 세계의 고생대 말 암석들에서 나오는 돌연변이 화석 홀씨들이, 명백하지는 않아도 흥미로운 증거를 제공한다. 아마도 시베리아에서 나온 화산 분출물들이 대기 상층부에서 화학반응을 촉발해 오존층을 고갈시킴으로써, 돌연변이를 유발하는 자외선 복사에게 창을 열어주었을 것이다.

원인이 무엇이었든, 위대한 죽음은 지구의 생물 다양성에 어마어마한 구멍을 남겼다. 그로부터 회복하는 데에만 3,000만 년이 걸리긴 했지만, 어쨌든 회복이 되기는 했다. 그리고 모든 멸종 사건 뒤에 되풀이되는 하나의 주제 안에서, 손실은 기회로 이어졌다. 새로운 시대, 곧 중생대는 새로운 동물군과 식물군이 진화해 텅 빈 생태적 지위를 채운 시기였다.

**공룡!**

어느 성공한 출판업자가 언젠가 나에게 충고했다. 과학책을 많이 팔고 싶으면 인기 있는 두 가지 이야깃거리, 블랙홀 아니면 공룡 가운데 하나에 관해 써야 한다고(그 출판업자는 심지어 블랙홀과는 결단코 아무 관계도 없는 내 책들 중 한 권의 제목에 '블랙홀'을 집어넣기까지 했다).

그래서 여기에 쓴다. 공룡은 약 2억 3,000만 년 전에, 고생대 말 대멸종의 수혜자로서 무대에 등장했다. 이 매혹적인 파충류는 느리고 작게 출발했지만 분화하고 방산해 1억 6,000만 년 이상의 기간에 걸쳐 모든 생태적 지위를 빠짐없이 채워넣었다. 위대한 죽음 뒤 얼마간 공룡은 커다란 양서류들과 어깨를 겨루었지만, 2억 500만 년 전에 초대형 화산활동과 동시에 일어난 또 한 차례의 중요한 멸종 사건이 공룡을 제외한 대부분의 척추동물을 쓸어버렸다. 공룡의 폭발이 뒤를 이었다.

하지만 공룡은 중생대 동물군 가운데 가장 시선을 사로잡는 카리스마적인 존재일 뿐이다. 단연코 가장 흔한 그 시기의 화석은 암모나이트라 불리는, 우아하게 돌돌 말린 바다의 두족류다. 내가 삼엽충이 풍부한 고생대 암석 근처에서 성장하는 대신 남부 다코타의 중생대 땅에서 자랐다면, 아마도 암모나이트를 수집했을 것이다. 대칭적인 나선형인 데다가 보는 각도에 따라 표면의 색깔이 바뀌는 암모나이트 껍질은 기가 막히게 아름답다. 앵무조개의 먼 조상으로 칸막이로 나뉘어 있는 이 두족류는, 한때 내부의 방들을 다음 방과 격리했던 봉합선이라 불리는 절묘한 선이 껍질을 장식하고 있는 것이 특징이다. 삼엽충과 달리, 암모나이트 껍질은 완전한 동물의 사실적인 그림은 제공할 수 없다. 껍질에서 튀어나온 큰 머리는 거기 달린 큰 눈과 빨판 달린 촉수 열 개와 함께 오래전에 썩어버렸기 때문이다. 남아 있는 것은 훨씬 더 흥미로웠을 어떤 동물을 보호하기 위해 무장했던 집뿐이다. 1억 6,000만 년 동안, 암모나이트는 중생대의 바다에서 진화하고 분화했다.

중생대는 그 밖에도 중요한 생물학적 발달이 많이 일어난 시기였다. 꽃식물이 그때 처음 출현했고, 최초의 진정한 포유류도 그때 출현했다. 그리고 지구사의 다른 중요한 덩어리들도 다 그렇듯, 이러한 생물 세계의 발달 곁에는 많은 지리와 지형의 변화가 함께 있었다. 판게아가 해체되기 시작하면서 대서양이 태어났다. 대기 중 산소 수준은 계속 떨어져서 위험수위인 15퍼센트까지 내려갔지만, 결국은 다시 올라가 대략 현재의 수치와 같은 21퍼센트로 돌아갔다. 해수면도 몇 번이고 거듭해서 오르내렸다. 비록 중생대 동안 중요한 빙기가 있었다는 증거는 없지만 말이다. 하물며 고생대를 마감한 빙하기에 겨룰 만한 빙기는 전혀 없었다.

테이프를 앞으로 빨리 감아 6,500만 년 전의 지구사 최악의 날들 가운데 하루로 가자. 지름이 약 10킬로미터였으리라 추정되는 소행성 하나가 지금의 유카탄 반도 근처에서 지구와 충돌했다. 웅장한 초대형 지진해일이 지구를 휩쓸었고, 잇따라 거대한 불이 전 대륙을 불살랐다. 엄청난 양의 기화된 암석 구름이 하늘을 검게 뒤덮고 광합성을 거의 중단시켰다. 이 우주적 외상이 덮친 세계는 이미 위험에 처해 있었던 것으로 보인다. 고생대 말 멸종 사건의 울림으로 대규모 화산 폭발이 인도에서 연속해 일어나, 이미 수십만 년 동안 지구의 대기를 변질시키는 동시에 지구의 생태계를 약화시키고 있었을 것이다. 또 다른 울림으로, 대략 그 무렵에 해수면이 상당히 내려가 대륙붕 대부분을 노출시킴으로써, 대양의 먹이그물을 뒤엎어버리고 알려진 여덟 종을 제외한 암모나이트 수천 종을 전부 몰살시킨 것으로 보인다. 해수면이 그처럼 달라진 이유는 명확하지 않다. 당시에는 빙하기가 없었기 때문이다. 일부 과학자들은 중앙해령의 활동이 둔해져서, 식어서 수축한 대양저 전체가 결국 가라앉은 건지도 모른다고 추측한다.

원인이 무엇이든, 개별적으로든 일제히든, 하나의 소수 혈통—조류—을 제외한 모든 공룡이 멸종했다. 최후의 암모나이트들도 자취를 감추었다. 포유류가 진화하기 위한 길이 닦인 것이다. 설치류를 닮은 이 작은 척추동물들은 그들의 더 큰 (그리고 그래서 운이 다한) 공룡 형제들과 더불어 확실하게 정착한 터였는데, 중생대 말 멸종에서 살아남음으로써 발판을 얻어 거의 모든 생태적 지위를 점유했다. 인도에서 초대형 화산이 폭발하고 공교롭게 소행성이 충돌한 지 1,000만 년 이내에 포유류들은 이미 분화되어 있었고, 1,500만 년 이내에 고래, 박쥐, 말, 코끼리의 초기 조상들이 진화해 있었다.

그렇게 대멸종은 반복해서 지구상의 생명을 시험하고 선별했다. 최근의 5억 4,000만 년은 이 영고성쇠가 거듭된 때였다. 하지만 그 이전은 어땠을까? 5억 4,000만 년 전 이전에는 대멸종이 없었을까? 여기서 고생물학자들은 난처해진다. 캄브리아기 폭발 이전에는 그 시기를 기록하는 특징적인 화석이 거의 없다. 멸종을 통계적으로 연구하려면 공룡이나 삼엽충 같은 독특한 유기체가 상당히 많이 필요한데, 5억 4,000만 년 전 이전에는 그것이 전혀 존재하지 않는다. 미생물들이 외상을 입고 종을 잃는 시기들을 거쳤다는 것은 거의 자신할 수 있다. 거대한 소행성이 여러 번 충돌하고 파괴적인 화산활동이 일어나 지구 표면의 상당 부분을 불모지로 만들었다는 것도 틀림없다. 분명 생명은 지구가 눈덩이가 되었을 때마다 심각하게 도전을 받았고, 아마 그 이전의 빙기 동안에도 그랬을 것이다. 수백 번의 대멸종이 과거 생명의 첫새벽부터 계속 이어져 있었을 수도 있다. 하지만 아주 작은 선캄브리아기 화석의 듬성듬성한 기록만으로는 결코 진실을 알아낼 수 없을 것이다.

## 인간의 시대

지구가 존재한 기간의 99.9퍼센트가 넘는 날들 동안, 인간은 코빼기도 보이지 않았다. 우리는 우리 행성의 역사에서 눈 깜박임 한 번에 지나지 않는다.

최근에 등장한 호모 사피엔스*Homo sapiens*의 기원은 6,500만 년 전 그 광포한 맨해튼 크기 소행성의 공격에서 살아남은 설치류를 닮은 동물들까지 거슬러 올라갈 것이다. 공룡이 멸종한 지 수백만 년 이내에 포유류는 텅 빈 생태적 틈새들 속으로—들판과 밀림으로, 산지와 사막으로, 공중과 바다로—방산한 상태였다. 그렇다 해도 최근의 6,500만 년이 쉬운 적은 없었다. 이 생소하고 경이로운 신종 포유류들 다수는 5,600만 년 전, 3,700만 년 전, 3,400만 년 전에 벌어진 또 다른 대멸종 속에서, 아직까지 불분명한 여러 원인으로 죽고 말았다.

인간은 궁극적으로 그 재난들 중에서도 마지막 재난에서 살아남은 자들의 후손이다. 원숭이, 유인원, 그리고 우리는 모두 약 3,000만 년 전에 존재했던 공통의 영장류 조상으로 거슬러 올라간다. 최초의 사람과hominid—직립보행하는 영장류들을 포함하는 진화적 가계—는 아마도 800만 년 전 중앙아프리카에서 출현했을 것이다.

한편 2,000만 년 전 무렵에 재기하기 시작한 빙하의 작용은 강도와 빈도가 높아져왔다. 과거 300만 년 동안은 아마 따로따로 여덟 번에 걸쳐서, 극지에서 퍼진 얼음이 거대한 고위도 구획을 덮으면서 남으로 미국 중서부 위쪽에까지 이르렀을 것이다. 비록 이전의 눈덩이 지구 형성 사건들만큼 극단적이진 않았지만, 이 반복된 빙하기들도 매번 수십 미터의 급격한 해수면 강하를 동반했다. 얼음으로 만들어진 다리가 아시아와 북아메리카를 연결해 매머드, 마스토돈, 그리고 마침내 인간을 포함한 모든 종류의 포유류가 신세계로 이주할 수 있었다.

이 빙하기들은 아마도 또 한 번 놀라운 진화적 우여곡절을 낳았을 것이다. 흥미로운 한 이론에 따르면, 한랭한 기온은 어미 곁에 더 오래 머무르는 새끼들을 비롯해 머리가 더 큰 새끼들(머리가 클수록 열손실이 적다)의 생존에 유리하다. 머리가 크다는 것은 뇌가 크다는 뜻이고, 한편 어미와 더 많은 시간을 함께한다는 것은 더 많은 것을 배운다는 뜻이다. 최초의 인간인 호모 하빌리스 *Homo habilis*, 다시 말해 '도구를 만드는 사람'이 250만 년 전, 이 거대한 빙기들 중 하나가 끝난 직후에 나타난 것은 아마도 우연이 아닐 것이다.

그 사이 수천 년 내내, 반복되는 변화를 견디고 거기에 적응하는 것이 인간의 운명이었다. 꽁꽁 언 얼음이 전진한 다음에는 유난히 따뜻한 '간빙기'가 왔고, 가뭄 다음에는 홍수가 왔고, 바다는 크게 후퇴한 다음에 그만큼 다시 크게 전진하곤 했다. 그러한 순환 대부분은 자비롭게도 여러 세대에 걸쳐 점진적으로 일어났으므로, 유목하는 인간들에게는 이동해 살아남을 시간이 얼마든지 있었다. 그러한 적응은 가변적인 지구에 대한 생명의 반응을 보여주는 가장 최근의 예에 속할 뿐이다.

실로, 지구사의 최근 5억 년은 생명과 암석 사이에 가장 놀라운 상호작용이 있었던 때였다. 이 공진화는 과학기술이 진보한 인간의 시대에도 끈질기게 계속된다. 무한히 긴 시간 전에 암석, 물, 공기가 생명을 만들었다. 생명은 차례로 대기를 안전하게 흡입할 수 있도록 만들었고, 육지를 풀빛으로, 또 안전하게 돌아다닐 수 있도록 만들었다. 생명은 암석을 토양으로 바꿨고, 토양은 차례로 더 많은 생명을 양육해 끊임없이 진용을 넓혀가는 식물군과 동물군의 집이 되었다.

지구사 내내 공기, 바다, 육지, 그리고 생명의 형체를 빚어온 것은 지구의 변형력이었다. 햇빛과 지구 내부의 열, 물의 마술, 탄소와 산소의 화학적 능력, 깊은 내부의 끊임없는 대류와 그 결과로 지각을 교란시키는 지진, 화산, 끊임없이 이동하는 대륙판과 같은 여러 세력의 한복판에서, 우리 종은 회복력도 있고 영리하고 적응력도 있음을 입증해왔다. 우리는 과학기술적인 요령을 터득해 우리 세계를 우리 뜻대로 주물러왔다. 금속을 채굴해 제련하고, 비료를 주어 토양을 경작하고, 물길을 돌려 강을 이용하고, 화석연료를 추출해 태운다는 말이다. 우리의 행위들에는 결과가 없지 않다. 우리가 우리 고향 행성의 역동적인 과정들에 파장을 맞춘다면, 날마다 우리 행성이 발휘하는 얽히고설킨 창조력의 모든 측면을 경험할 수 있다. 그런 다음 우리는 이해할 수 있다. 세계가 얼마나 무참하게 변할 수 있는지, 우리의 덧없는 열망들에 얼마나 철저히 무관심한지.

# 11

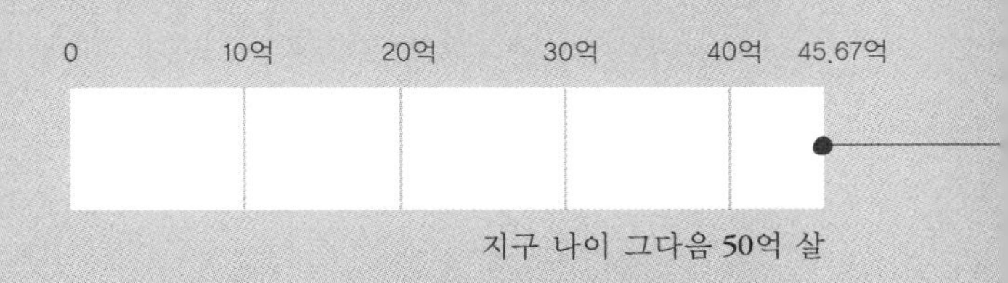


# 미래
## —변화하는 행성의 각본들

과거는 미래의 전주곡일까? 지구의 경우, 답은 '그렇다'이기도 하고 '아니다'이기도 하다.

과거와 마찬가지로, 지구는 계속해서 끊임없이 다양한 패턴으로 표변하는 행성일 것이다. 기후는 더 따뜻해졌다가 더 차가워지기를 몇 번이고 되풀이할 것이다. 빙하기가 돌아올 것이고, 반대편 극단인 열대의 시기도 돌아올 것이다. 판 지구조운동도 끈질기게 대륙들을 뒤섞는 한편으로 대양을 열고 닫을 것이다. 거대한 소행성이 충돌하고 초대형 화산들이 폭발해 다시 한번 생명을 뒤엎을 것이다.

하지만 어떤 변화들은 새로울 것이고, 그중 다수는 최초의 화강암 지각처럼 돌이킬 수 없을 것이다. 무수한 생물 종들이 자취를 감춘 뒤 다시는 보이지 않을 것이다. 호랑이, 북극곰, 혹등고래, 판다, 고릴라 모두 운이 다했다. 인간도 자취를 감출 가능성이 농후하다.

지구사의 많은 세부사항은 대개 알려져 있지 않으며, 아마 알 수도 없을 것이다. 하지만 우리 행성의 다채로운 역사는 자연의 법칙들과 한 쌍으로, 우리에게 다가올 일에 대한 감을 준다. 멀리 보며 출발한 다음, 차츰 현대로 초점을 당기자.

## 종말: 지금으로부터 50억 년 뒤

지구는 필연적인 사망까지 거의 반을 지나왔다. 태양은 45억 년 동안 쉼 없이 빛나는 동시에, 막대하게 저장된 수소 연료를 '불태워'버리면서 그동안 내내 조금씩 더 밝아져왔다. 앞으로도 50억 년(전후) 동안은 계속해서 수소를 융합시켜 헬륨으로 바꾸는 방법을 통해 핵에너지를 생성할 것이다. 그게 바로 항성 대다수가 대부분의 시간 동안 하는 일이다.

종국에는 수소가 다 떨어질 것이다. 더 작은 일부 항성들은 이 단계에 접근하면 그냥 스러져간다. 크기를 줄여가면서 전보다 에너지를 훨씬 덜 내보내는 것이다. 태양이 그러한 '적색왜성'이라면, 지구의 궁극적 운명은 꽁꽁 어는 신세일 것이다. 아무튼 살아남더라도, 생명은 액체 상태의 물이 존속할 수 있는 깊은 지하의 그리 많지 않은 튼튼한 미생물로 한정될 것이다.

그렇지만 태양은 그렇게 불쌍하게 죽지 않을 것이다. 충분히 커서 핵 지원 계획을 가지고 있기 때문이다. 모든 항성은 두 가지 반대 힘이 균형을 이루어야 한다는 것을 떠올리라. 한편에서는 중력이 항성의 질량을 안쪽으로 끌어당겨 구를 가능한 한 축소시킨다. 반면에 핵반응은 마치 내부에서 수소폭탄이 연달아 폭발하는 것처럼, 항성을 밖으로 밀어내어 더 키우려고 한다. 위풍당당하게 수소를 태우고 있는 현재 단계의 태양은 약 139만 2,000킬로미터라는 안정한 지름을 얻어냈다. 이 크기는 45억 년 동안 지속되었고, 앞으로도 약 50억 년 동안은 더 지속될 것이다.

태양은 충분히 크기 때문에 수소를 태우는 단계가 마침내 끝나면 미친 듯이 정력적으로 헬륨을 태우는 새로운 단계가 시작될 것이다. 수소 융합 반응의 부산물인 헬륨이 다른 헬륨 원자와 융합해 탄소 원소를 만들면 되지만, 이 태양계의 새로운 전략은 내행성들에게는 파국적인 결과를 가져올 것이다. 더 정력적인 헬륨 반응 때문에, 태양은 터무니없이 과열된 풍선처럼 점점 더 부풀어서 맥동하는 적색거성이 될 것이다. 부풀다가 작은 수성의 궤도를 지나치는 순간, 그 조그만 행성을 꿀꺽할 것이다. 더 부풀다가 우리와 이웃한 금성의 궤도를 지나치는 순간, 그 자매 세계도 집어삼킬 것이다. 그 뒤에도 더 부풀다가 지름이 현재의 100배를 넘어가는 순간, 지구의 궤도마저 지나쳐갈 것이다.

지구의 종말을 세부까지 정밀하게 들여다보면 음울하기 짝이 없다. 몇몇 냉혹한 각본에 따르면, 적색거성 태양이 지구를 간단히 제압할 것이고, 지구는 태양의 대기 속에서 증발해 더 이상 존재하지 않게 될 것이다. 다른 모형들이 그리는 태양은 상상을 초월하는 태양풍 속에 현재 질량의 3분의 1 이상을 뿌려버린다(그것이 지구의 죽은 표면을 끊임없이 후려칠 것이다). 태양이 가벼워지면 지구 궤도가 바깥쪽으로 이동할 것이고, 어쩌면 태양에 삼켜지는 것은 겨우 면할지도 모른다. 하지만 팽창하는 태양에게 먹히지는 않더라도, 한때 아름다웠던 우리의 푸른 세계가 남긴 것이라고는 완전히 벌거숭이가 되어 궤도를 도는 잿더미뿐일 것이다. 표면 아래 드문드문한 미생물 생태계가 10억 년을 더 버틸 수도 있지만, 두 번 다시 육지에 신록이 우거지는 일은 없을 것이다.

### 사막 세계: 지금으로부터 20억 년 뒤

굉장히 서서히, 심지어 수소를 태우고 있는 현재 상태에서도, 태양은 뜨거워지고 있다. 태초(45억 년 전)에 태양은 현재 빛의 70퍼센트 세기로 빛났다. 24억 년 전 산소급증사건이 일어났을 때의 태양은 아마도 오늘날의 85퍼센트 세기로 빛나고 있었을 것이다. 그리고 지금으로부터 10억 년 뒤의 태양은 더욱더 밝아질 것이다.

한동안, 아마도 수억 년 동안은 지구의 되먹임이 변화를 완화할 것이다. 더 많은 열은 더 많은 증발을 뜻하고, 더 많은 증발은 더 많은 구름을 생산하며, 더 많은 구름은 더 많은 햇빛을 반사해 우주공간 속으로 돌려보낸다. 또한 더 많은 열은 암석을 더 빨리 풍화시키고, 더 빠른 암석의 풍화는 더 많은 이산화탄소를 소비하고, 더 많은 이산화탄소 소비는 온실기체의 양을 줄인다. 그런 식으로 음성 되먹임 고리들이 지구를 오랫동안 거주 가능한 곳으로 유지할 것이다.

하지만 거기에 어떤 정점이 올 것이다. 지구보다 작은 화성은 수십억 년 전에 그 결정적 시점에 도달했고, 그때 표면의 물을 거의 모두 잃었다. 지금으로부터 10억 년 뒤에는 지구의 대양이 놀라운 속도로 증발을 시작해, 대기는 영구적인 사우나가 될 것이다. 빙모도 빙하도 남지 않을 테고, 극지마저도 열대가 될 것이다. 수백만 년 동안은 생명이 그러한 온실 환경 속에서 번성하겠지만, 태양이 계속해서 지구를 덥혀 더 많은 수증기가 대기로 들어가면 수소가 점점 더 빨리 우주공간으로 사라지면서 행성을 서서히 말려버릴 것이다. 모든 대양이 마를 무렵—아마도 그로부터 20억 년 뒤—지구의 표면은 벌거숭이가 되어 절절 끓을 것이고, 생명은 벼랑 끝에 설 것이다.

## 노보판게아 또는 아마시아: 지금으로부터 2억 5,000만 년 뒤

지구의 사망을 피할 수는 없지만, 그것은 매우, 매우, 매우 먼 일이다. 덜 먼 미래를 내다보면, 역동적이지만 비교적 안전한, 더 온화한 행성의 그림이 그려진다. 2~3억 년을 내다볼 때는, 과거가 정말로 미래를 이해하는 열쇠다.

판 지구조운동은 변화하는 지구에서 중심적인 역할을 계속할 것이다. 오늘날에는 대륙들이 흩어져 있다. 넓은 대양이 아메리카, 유라시아, 아프리카, 오스트레일리아, 남극을 서로에게서 갈라놓고 있다. 하지만 이 육괴들은 대략 1년에 1~2인치—6,000만 년마다 1,000마일(약 1,600킬로미터)—의 속도로 끊임없이 움직이고 있다. 대양저 현무암의 나이를 연구하면, 모든 육괴의 다소 정밀한 벡터(크기와 방향을 가진 양—옮긴이)를 확립할 수 있다. 중앙해령 근처의 현무암은 상당히 젊어서, 기껏해야 200만~300만 살이다. 반대로 대륙 연변부와 섭입대의 현무암은 아마 2억 살은 넘었을 것이다. 이 모든 대양저의 나이를 가져다가 판 지구조운동 테이프를 거꾸로 돌려, 과거 2억 년 동안 지구의 이동하는 대륙들이 거쳐온 지리를 휘리릭 살펴보는 것은 그리 어려운 일이 아니다. 이 정보를 바탕으로, 그럴 법한 판의 움직임을 1억 년 이상 멀리 내다볼 수도 있을 것이다.

모든 대륙이 현재 궤도로 지구를 가로지른다고 가정하면, 이들은 또 한 번 충돌을 향해 가고 있는 것처럼 보인다. 지금으로부터 2억 5,000만 년 뒤쯤이면, 지구의 육지 대부분이 다시 하나의 거대한 초대륙을 형성할 것이다. 이 땅에는 일부 선견지명이 있는 지질학자들이 노보판게아Novopangaea라는 이름을 이미 붙여놓았다. 그러나 그 먼 미래의 정확한 배열에 대해서는 아직도 논란이 남아 있다.

노보판게아 조립하기는 까다로운 게임이다. 오늘날의 대륙들의 움직임을 파악해 1,000만 년 또는 2,000만 년 앞을 예측하기는 쉽다. 대서양은 수백 킬로미터 넓어질 것이고, 반면 태평양은 그만큼 쪼그라들 것이다. 오스트레일리아는 북쪽으로 남아시아를 향해 움직일 것이고, 남극대륙은 남극에서 약간 멀리, 역시 남아시아 방향으로 이동할 것이다. 아프리카도 지중해를 닫으러 북쪽을 향해 인치 단위로 움직이고 있다. 2,000만~3,000만 년 뒤에는 아프리카가 남부 유럽과 충돌할 것이고, 그 과정에서 지중해를 닫아버리고 히말라야 크기의 산맥을 밀어올려 알프스를 난쟁이로 만들 것이다. 따라서 지금으로부터 200만 년 뒤의 세계지도는, 친숙하지만 약간 삐딱한 모습일 것이다. 이런 식으로 미래를 내다보아도 1억 년까지는 꽤 안전하며, 모형 제작자 다수는 대서양이 지구상에서 가장 큰 수괴가 되어 태평양을 앞지른 비슷한 세계지리에 도달한다.

이 지점부터는 모형들이 갈라진다. 외향성extroversion 모형이라 불리는 학설은 대서양이 계속해서 열릴 것이고 아메리카는 결국 아시아, 오스트레일리아, 남극대륙과 우지끈 합쳐질 것이라고 가정한다. 후자의 초대륙 조립 단계에서, 북아메리카는 동쪽에서부터 휩쓸고 들어와 태평양을 닫고 일본과 충돌하는 반면, 남아메리카는 남동쪽에서부터 시계방향으로 감싸고 들어와 적도에 있던 남극에 달라붙는다. 모든 조각이 얼마나 잘 들어맞는 듯한지 정말 놀랍다. 노보판게아는 적도를 따라 동서로 뻗은 하나의 거대한 육괴로 예측된다.

이 외향성 상상도의 중심 가정은 판 운동의 기저에 있는 거대한 맨틀 대류 세포들이 어느 정도 오늘날과 마찬가지로 지속되리라는 것이다. 내향성introversion 모형이라 불리는 다른 관점은 과거에 대서양이 열리고 닫혔던 주기를 끌어들여 반대의 항로를 택한다. 과거 10억 년을 복원해보면 대서양(또는 유럽과 아프리카를 합친 동쪽 대륙과 서쪽의 아메리카 대륙 사이에 위치했던 대서양과 대등한 대양)은 2, 3억 년 주기로 세 번 열렸다 닫힌 듯하다. 이 결과는 맨틀 대류가 가변적이고 일회적이라는 것을 시사한다. 암석기록은 약 6억 년 전에 로렌시아와 기타 대륙의 이동으로 이아페토스Iapetus 양(그리스 신화의 티탄족 이아페토스, 즉 어깨에 지구를 짊어지고 있는 아틀라스의 아버지 이름을 땄다)이라는 대서양의 전신이 형성되었음을 나타낸다. 이아페토스 양은 판게아가 조립

될 때 닫혔다. 그 초대륙이 1억 7,500만 년 전 갈라지기 시작했을 때, 대서양이 형성되었다.

내향성 지지자들(아마 그들을 내향적이라고 부르지는 않는 게 상책일 것이다)에 따르면, 아직도 넓어지고 있는 대서양은 같은 패턴을 따를 것이다. 느려지다가 멈춰서, 약 1억 년 뒤에는 방향을 돌릴 것이다. 그런 다음 약 2억 년 뒤에는 남북아메리카가 다시 한번 유럽 및 아프리카와 충돌할 것이다. 동시에 오스트레일리아와 남극이 남동아시아로 봉합되어 미래의 초대륙 '아마시아Amasia'를 완성할 것이다. 비스듬한 L자를 닮은 이 거대한 육괴는 노보판게아와 같은 퍼즐조각들을 사용하지만, 이번에는 아메리카가 서쪽을 형성한다.

당장은 외향성과 내향성 초대륙 모형 둘 다에 장점이 있는 것으로 보이므로, 아직도 경기는 진행 중이다. 그리고 이 우호적 논쟁의 결과가 무엇이든, 지금으로부터 2억 5,000만 년 뒤 지구의 지리는 오늘날과 현저하게 다른 한편 과거를 되풀이할 것이라는 데에 모든 사람이 동의한다. 대륙들이 일시적으로 적도에 모이면 빙하기의 충격이 줄어들고 해수면의 변화도 완화될 것이다. 대륙이 충돌하는 곳에서는 산맥이 솟아오르는 한편, 날씨와 식생 패턴이 바뀌고 대기 중 이산화탄소와 산소 수준도 요동칠 것이다. 그러한 변화들이 계속해서 지구 이야기의 중심이 될 것이다.

### 충돌: 다음 5,000만 년

최근에 사람들이 어떻게 죽을 가능성이 가장 높은가를 조사한 결과, 소행성 충돌의 순위는 상당히 낮았다. 10만 명 가운데 1명꼴이면, 통계적으로 대략 번개나 지진해일로 죽을 확률과 같다. 하지만 이 예언적 비교에는 명백한 결함이 있다. 번개는 해마다 약 60번에 걸쳐 한 번에 한 사람을 죽인다. 반면에 소행성 충돌은 아마 수천 년 동안 아무도 죽이지 않았을 것이다. 하지만 정말로 운수 고약한 어느 날, 한 번의 작은 충돌로도 한꺼번에 거의 모든 사람을 죽일 수 있을 것이다.

당신은 걱정할 필요가 없고, 아마 다음 100세대의 누구도 걱정할 필요가 없을 확률이 매우 높다. 하지만 우리는 공룡을 죽이는 종류의 또 다른 큰 충격이 언젠가 어딘가에는 올 것이라고 절대적으로 확신할 수 있다. 다음 5,000만 년 안에 지구는 최소한 한 번, 아마도 그 이상 큰 충돌을 겪을 것이다. 그것은 전적으로 시간과 확률의 문제다. 가장 유력한 피의자는 이른바 지구와 충돌할 가능성이 있는 소행성Earth-crossing asteroid이라 불리는, 원에 가까운 지구의 공전 평면과 교차하는 고타원 궤도를 지닌 천체들이다. 이 잠재적 살인자들 가운데 적어도 300개가 알려져 있으며, 다음 수십 년 안에 그중 일부가 불쾌할 만큼 가까이 지나갈 것이다. 1995년 2월 22일에는 막 발견된 $_{1995}$CR이라는 무난한 이름의 소행성이 지구와 달 사이 거리의 두세 배도 안 되는 거리에서 쌩 하고 지나갔다. 2004년 9월 29일에는 가로 3킬로미터, 세로 6킬로미터의 길쭉한 천체인 소행성 투타티스Toutatis가 더욱더 가까이 지나갔다. 그리고 2029년에는 지름 270미터짜리 돌덩이인 소행성 아포피스Apophis가 훨씬 더 가까이, 달 궤도 안쪽으로 쑥 들어와 지구 근처를 가로지를 것으로 예상된다. 그 불안한 만남은 아포피스의 궤도를 돌이킬 수 없이 바꿀 것이고, 미래에는 더욱더 가까이 데려올지도 모른다.

지구와 충돌할 가능성이 있는 소행성들 가운데 알려진 것이 하나라면, 아직 발견되지 않은 소행성이 10개는 넘을 것이다. 그리고 이 포물체들 중 하나가 마침내 관찰되었을 때는 아마 너무 가까워서 우리는 그것에 대해 별다른 일을 할 수 없을 것이다. 만일 우리가 표적의 중심이라면, 며칠 동안 신변을 정리하라는 통고를 받는 게 고작이리라. 무미건조한 통계는 확률의 이야기를 들려준다. 지구는 거의 매년 7.5미터짜리 돌덩이에 얻어맞는다. 우리 대기의 제동 효과 덕분에, 그러한 미사일들은 대부분 표면을 때리기 전에 폭발해 작은 조각들로 쪼개진다. 하지만 1,000년마다 한 번쯤 도착하는 폭 30미터 이상의 천체들은 국지적으로 상당한 피해를 입힌다. 1908년 6월에는 그러한 충돌물이 러시아에 있는 퉁구스카 강 근처의 숲 한 필지를 완전히 주저앉혔다. 극도로

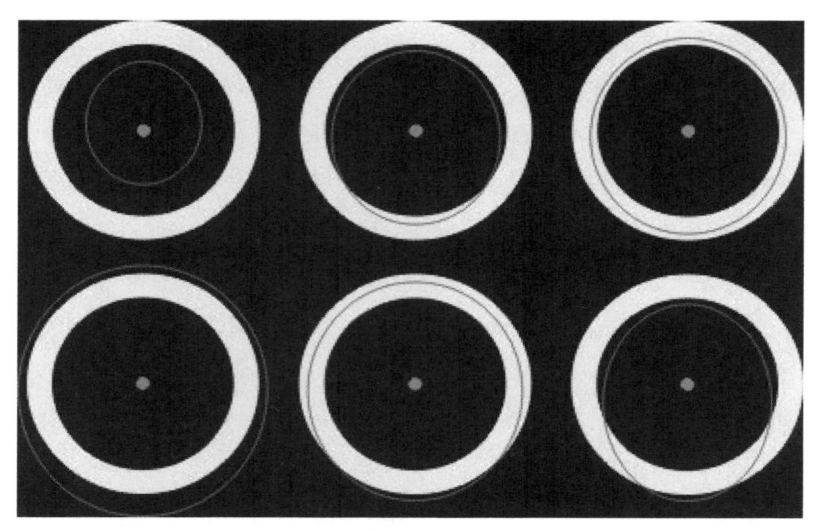

**그림 11.1** 지구와 충돌할 가능성이 있는 소행성들과 지구의 궤도를 간략하게 나타낸 그림. 도톰한 밝은 고리는 지구의 궤도를, 밝거나 어두운 얇은 선으로 그려진 타원은 소행성의 궤도를 나타낸다. (우르힉시더Urhixidur 그림)

위험한 1킬로미터짜리 돌들은 평균 50만 년에 한 번쯤 충돌하는 반면, 지름이 5킬로미터나 되는 소행성들은 1,000만 년에 한 번쯤 도착할 것이다.

충돌의 결과는 충돌의 규모와 위치에 따라 다를 것이다. 16킬로미터짜리 바윗덩이는 어디를 때리든 거의 전 지구를 황폐화시킬 것이다(6,500만 년 전에 공룡들을 몰살한 소행성은 폭이 약 10킬로미터였던 것으로 추정된다). 폭이 16킬로미터인 물체가 대양을 때린다면—육지와 바다의 분포를 감안할 때 70퍼센트의 확률로—전 세계를 파괴하는 엄청난 파도에 의해 지구의 최고봉들을 제외한 모든 것이 말끔히 휩쓸려나갈 것이다. 해수면 위로 수백 미터까지 아무것도 살아남지 못할 것이다. 모든 해안도시가 완전히 사라질 것이다.

그 16킬로미터짜리 소행성이 육지를 때린다면, 당장의 손상은 더 국지적일 것이다. 1,600킬로미터 안의 모든 것이 흔적도 없이 사라질 테고, 거대한 불이 불운한 표적이 된 대륙 전체를 휩쓸 것이다. 더 멀리 있는 육지들은 잠시 동안 폭행을 면할지도 모르지만, 그 정도 충돌이면 엄청난 양의 암석과 토양이 증발하고 그 구름이 대기 중으로 들어가 1년 넘게 태양을 가릴 것이다. 광합성은 거의 중단될 것이다. 식물은 완전히 파괴되고, 먹이사슬도 붕괴할 것이다. 소수의 인간이 그 참사에서 살아남을지도 모르지만, 우리가 아는 바의 문명은 파괴될 것이다.

충돌하는 천체가 더 작으면 죽음과 파괴를 덜 일으키겠지만, 수십 미터가 넘는 소행성이라면 어떤 것이든, 그것이 육지를 때리든 바다를 때리든, 우리가 알던 어떤 재해보다도 거대한 자연재해를 일으킬 것이다. 어쩌면 좋을까? 그 위협은 너무나 먼 일이니, 우리를 당장 압박하는 문제들이 훨씬 더 많고 많은 세상에서 너무나 하찮은 일이니, 무시해야 할까? 우리가 큰 돌 하나의 방향을 돌리기 위해 무엇을 할 수 있단 말인가?

지난 반세기 동안 과학의 대변인으로서 아마도 카리스마와 영향력이 가장 강했을 고故 칼 세이건은 소행성에 관해 많은 생각을 했다. 공개적으로도 개인적으로도 국제적으로 합심해 행동할 것을 주창한 그는, 서사적인 텔레비전 시리즈 〈코스모스〉에 출연해 이를 호소한 것으로 가장 유명하다. 그는 캔터베리 대성당 수사들의 생생한 이야기를 들려주는 것으로 발판을 놓았다. 그 수사들은 1178년 여름, 달에서 격렬한 폭발이 일어나는 것을 보았다. 소행성 하나가 아직 1,000년도 지나지 않은 과거에 간발의 차이로 우리를 비켜간 것이다. 그러한 충돌이 지구상에서 일어났다면, 수백만 단위의 무수한 사람들이 죽었을 것이다. "지구는 광활한 우주적 원형극장 안의 매우 작은 무대입니다." 그가 말을 이었다. "다른 곳에서 도움의 손길이 올 기미는 전혀 없지요."

그런 사건을 피하기 위해 해야 할 가장 간단한 첫 단계 임무는 지구와 충돌할 가능성이 있는 포착하기 어려운 파괴자들을 가능한 한 열심히 찾아내는 것, 즉 적을 아는 것이다. 우리에게는 디지털 처리장치가 달려 있어서 자동으로 지구 궤도를 통과하는 포물체를 찾아내고, 그것의 궤도를 그리고, 향후 경로를 예측하는 전용 망원경이 필요하다. 그러한 노력은 비교적 비용이 싸게 먹히므로 이미 하고 있다. 더 많은 일을 할 수도 있었겠지만, 최소한 그 정도 노력은 하고 있다.

그래서 지금으로부터 2, 3년 뒤에 우리를 강타할 것으로 예측되는 큰 돌덩이를 발견한다면 어쩔 것인가? 과학계와 군사계의 다른 사람들과 더불어, 세이건이 볼 때는 소행성의 경로를 꺾는 것이 가장 확실한 전략이다. 충분히 일찍 시작한다면, 로켓 엔진이나 위치를 잘 잡은 핵폭발 두세 번으로 살짝만 쿡 찔러도 소행성의 궤도를 이동시켜 충돌 경로를 일보직전에 바꿀 수 있을 것이다. 그는 그러한 궁극적인 필요가 탄탄한 우주탐험 프로그램을 마련해야 하는 충분한 이유라고 주장했다. 세이건은 선견지명이 엿보이는 1993년의 수필에서 이렇게 썼다. "소행성과 혜성으로부터의 위험은 은하계 곳곳의 거주민이 있는 모든 행성에 적용될 것이 틀림없으므로, 만일 그런 것이 있다면 모든 곳의 지적 존재들은 고향 세계를 정치적으로 통일한 다음 자신의 행성을 떠나 근처의 작은 세계들을 전전해야 할 것이다. 그들이 궁극적으로 선택할 수 있는 것은 우리의 경우와 마찬가지로, 우주비행 아니면 멸종이다."

우주비행 아니면 멸종. 장기적으로 살아남으려면, 우리는 밖으로 여행을 떠나 이웃 세계들로 이주해야 한다. 가장 먼저 닿을 곳은 달 기지다. 비록 우리의 밝은 위성은 오래도록 변함없이, 생활하고 일하기에는 적대적인 곳일 테지만. 다음은 화성이다. 여기서는 더 풍부한 자원을, 특히 표면 아래에 꽁꽁 얼어 있는 다량의 물뿐 아니라 햇빛, 광물, 희박한 대기까지 손에 넣을 수 있다. 그 일이 쉽거나 값싸지는 않을 것이고, 화성이 아무 때고 곧 번영하는 식민지가 될 운명도 아니다. 하지만 어쩌면 우리의 유망한 이웃별을 테라포밍(사람들이 살 수 있도록 행성을 지구처럼 만드는 일–옮긴이)해서 거기에 정착하는 것이 우리 종의 진화에서 꼭 밟아야 할 그다음 계단이라 해도 무리는 아닐 것이다.

아마도 두 가지 명백한 장애물이 화성 기지의 건설을 막거나 지연할 것이다. 첫째는 돈이다. 화성 착륙을 설계하고 이행하는 데에 드는 수백억 달러는 가장 호황인 때 가장 낙관적으로 책정한다고 해도 미 항공우주국의 예산을 벗어난다. 전 세계가 합심해 노력하는 것이 유일한 선택지이겠지만, 그토록 거대한 국제적 프로그램은 결코 시도된 적이 없다.

우주비행사의 생존도 똑같이 겁나는 난관이다. 화성까지 안전한 왕복여행을 보장하기가 거의 불가능하기 때문이다. 우주는 가혹하다. 아무리 단단히 캡슐로 무장한다 해도 무수한 모래 크기 운석들이 얇은 껍질을 총알처럼 뚫고 들어올 수 있고, 예기치 못한 태양 폭발이 치명적인 방사선을 침투시킬 것이다. 1주일에 걸쳐서 달까지 항해한 아폴로 우주비행사들은 지극히 운이 좋아서 무사했던 것이다. 하지만 화성까지 항해하는 데에는 여러 달이 걸릴 수밖에 없고, 모든 우주 특무비행에 내재하는 도박에서 시간이 늘어난다는 것은 위험이 커진다는 것을 뜻한다.

뿐만 아니라, 책에 나오는 어떤 로켓 기술로도 화성까지 갔다가 다시 돌아오기에 충분한 연료를 우주선에 실을 수 없을 것이다. 어떤 발명가들은 화성의 물을 처리해 탱크를 보충할 만큼의 연료를 합성하면 된다고 하지만, 그 기술은 꿈일 뿐이고 아마도 먼 훗날의 이야기일 것이다. 아마 더 논리적인 선택지는 편도여행일 것이다. 미 항공우주국의 전통과는 정면으로 맞서지만, 열렬한 논설들에서 갈수록 고취되는 선택지다. 연료 대신 몇 년 치의 보급품, 튼튼한 집과 온실, 종자들, 다량의 산소와 물, 생명을 주는 자원을 붉은 행성으로부터 더 많이 추출하기 위한 도구들을 함께 실어 원정을 보낸다면, 그중 하나는 간신히 성공할지도 모른다. 믿을 수 없을 만큼 위험하겠지만, 1519~21년의 마젤란의 세계일주, 1804~06년의 루이스와 클라크의 서부탐험, 20세기 초의 피어리와 아문센의 극지탐험처럼 위대한 발견을 이룬 선구적인 인간의 항해 다수가 그러했다. 인간은 그토록 위험한 모험에 몸을 던지려는 욕망을 잃어본 적이 없다. 만일 미 항공우주국이 화성 편도여행에 나설 이를 찾는다고 공표한다면, 순식간에 과학자 수천 명이 자원할 것이다.

지금으로부터 5,000만 년 뒤에도 지구는 여전히 생동감 넘치는 생물 세계일 것이고, 파란빛의 대양과 풀빛의 대륙들도 이동은 했을망정 여전히 알아볼 수 있을 것이다. 하지만 우리 인간 종의 운명은 훨씬 불분명하다. 어쩌면 우리는 멸종했을 것이다. 그렇다면 5,000만 년은 우리가 잠시 지배했던 거의 모든 흔적을 지우고도 남는 세월이다. 모든 도시, 모든 고속도로, 모든 기념비가 수백만 년 전에 풍화되어 사라졌을 것이다. 외계 고생물학자들이 표면 근처에서 사라진 우리 종의 흔적을 조금이라도 찾으려면, 한참을 열심히 뒤져야 할 것이다.

하지만 인간이 생존하고 진화해 밖으로 나아가 먼저 우리의 이웃 행성들로, 다음엔 이웃 항성들로 이주할 가능성도 있다. 그렇게 되어 우리 후손들이 우주로 진출한다면, 지구는 분명 보호구역이자 박물관, 성지순례 장소로 그 어느 때보다도 소중히 여겨질 것이다. 아마 인간은 우리 세계를 떠난 뒤에야 비로소 우리 종이 태어난 곳의 진가를 제대로 알아볼 것이다.

### 극적으로 바뀌는 지도: 다음 100만 년

여러 측면에서, 지금으로부터 100만 년 뒤의 지구는 그다지 많이 달라지지 않을 것이다. 대륙들은 분명 이동하겠지만, 아마 현재 위치를 기준으로 기껏해야 45~60킬로미터쯤 움직일 것이다. 태양은 여전히 24시간마다 떠오르며 환하게 빛나고, 달도 여전히 한 달에 한 번쯤 공전할 것이다.

하지만 어떤 것들은 많이 변할 것이다. 지구 방방곡곡에서 거침없는 지질작용이 경치를 변형시킬 것이다. 가장 눈에 띄는 변화는 취약한 해안선에서 나타날 것이다. 내가 즐겨 찾는 장소들 가운데 한 곳인 메릴랜드 주의 캘버트 카운티는, 빠르게 침식되고 있는 몇 킬로미터의 마이오세 절벽과 그 안에 무한히 저장되어 있을 화석들과 함께 완전히 사라질 것이다. 어쨌거나 그 카운티는 너비가 겨우 8킬로미터에 지나지 않는데, 해마다 거의 30센티미터씩 여위어가고 있다. 이 속도라면, 캘버트 카운티는 100만 년은 고사하고 5만 년도 지속하지 못한다.

어떤 주들에서는 지질작용이 값나가는 부동산을 추가할 것이다. 하와이섬의 남동 연안에는 (아직 잠겨 있긴 하지만) 새로운 대양저 화산이 이미 거의

3킬로미터 높이에 도달했고, 해마다 더 커지고 있다. 지금으로부터 100만 년 뒤에는, 이미 로이히Loihi라는 이름이 붙은 새로운 섬이 파도 밑에서 솟아오를 것이다. 물론 마우이 섬, 오아후 섬, 카우아이 섬을 포함한 북서쪽의 더 오래된 사화산 섬들은 상대적으로 더 작아지면서 바람과 파도에 침식되어 사라질 것이다.

파도로 말하자면, 앞으로 올 일에 대한 단서를 찾아 암석기록을 조사하는 과학자들은 전진하거나 후퇴하는 대양이 지구의 지리를 가장 극적으로 바꿀 것이라고 결론짓는다. 지구대 화산작용 속도의 변화는 장기적인 영향을 미친다. 대양저에서 굳어지는 용암의 부피가 커지거나 작아지기 때문이다. 대양의 화산작용이 잠잠한 동안, 즉 해저의 암석들이 식어서 정착할 때는 해수면이 상당히 낮아질 수 있다. 중생대 말, 멸종 직전에 해수면이 극적으로 낮아지는 동안 그런 일이 일어나지 않았을까 하는 것이 많은 사람들의 생각이다. 지중해와 같은 큰 내해의 존재 여부와 대륙의 조립 및 해체도 얕은 연안 지역에 주요한 변화를 일으키고, 이 변화는 그다음 100만 년 동안 지권과 생물권이 띠게 될 형태에서 또 한 번 중요한 역할을 맡는다.

100만 년은 인간의 수만 세대에 해당한다. 기록된 인간 역사 전부의 수백 배가 되는 시간이다. 우리가 생존한다면, 지구는 우리의 진화하는 과학기술적 기량에 의해 우리가 쉽게 상상할 수 없는 여러 방식을 통해 물리적으로 변형될 것이다. 하지만 우리가 자취를 감추더라도, 지구는 아마 오늘날과 똑같이 꿋꿋하게 나아갈 것이다. 지상에도 바다에도 생명이 번성할 것이고, 지권과 생물권의 공진화는 재빨리 산업화 이전의 평형 상태로 돌아갈 것이다.

### 초대형 화산: 다음 10만 년

소행성 충돌이라는 갑작스러운 재난도 초대형 화산이나 현무암 홍수가 지속적으로 방출하는 죽음 앞에서는 무색해질 것이다. 지구의 5대 대멸종 구간은 모두—하늘에서 큰 돌이 떨어진 것과 동시대에 일어난 멸종도 포함해서—전 지구를 바꿔놓는 화산작용을 동반했다.

이것을 지극히 평범한 화산이 일으키는 죽음이나 다양한 형태의 파괴와 혼동해서는 안 된다. 하와이 섬의 킬라우에아 화산 기슭에 사는 주민들에게는 너무도 친숙한 극적인 용암류는 후자, 평범한 화산활동의 범주에 들어간다. 거쳐가는 모든 거주지를 철저히 파괴하지만, 동시에 국지적이고 예측 가능하므로 쉽게 피할 수 있다. 이 평소에 일어나는 화산작용 부류에서 조금 더 치명적인 것은 쇄설성碎屑性 화산의 폭발과 화산재다. 증기의 힘으로 방출된 엄청난 양의 이글거리는 재가 산기슭을 타고 시속 150킬로미터가 넘는 속도로 달려내려오며 도중에 만나는 모든 것을 잿더미로 만들어 묻어버릴 수 있다. 1980년에 있었던 미국 워싱턴 주 세인트헬레나 산의 폭발과 1991년 6월에 있었던 필리핀 피나투보 산의 분화를 떠올려보라. 만일 사전경고를 통해 대대적인 피난을 촉구하지 않았다면, 둘 다 사람들 수천 명을 죽였을 것이다. 더욱더 불길한 것은 바로 다량의 고운 재와 유독가스를 높은 대기로 방출하는, 세 번째 유형의 평상시 화산작용이다.

2010년 4월에 아이슬란드의 에이야피얄라요쿨 산에서, 그리고 2011년 5월에 그림스뵈튼 산에서 일어난 화산재 분화는 비교적 미약해서, 4세제곱킬로미터에 훨씬 못 미치는 파편을 방출했다. 그럼에도 유럽에서는 항공여행이 며칠 동안 중단되었고, 근방의 많은 사람들이 건강을 걱정했다. 역사상 가장 큰 분화에 속하는 1783년 6월의 라키 산의 분화는 20세제곱킬로미터로 추정되는 현무암과 그에 부수되는 재와 가스를 방출했다. 유럽 전역에 오래가는 유독한 안개를 유발하기에 충분한 양이었다. 아이슬란드 인구의 4분의 1이 (일부는 산성 화산가스에 노출되어 급속하게, 더 많은 수는 뒤이은 겨울 동안의 굶주림으로) 사망했다. 그 재난은 남동쪽으로 1,500킬로미터 넘게 떨어져 있던 땅에도 영향을 미쳤다. 이때 유럽인 수만 명도 (대부분은 영국 제도에서) 라키 산 분화의 장기적 영향으로 사망했다. 1883년 8월에 인도네시아 크라카토아 산이 폭발하고, 그 결과 지진해일이 부근의 자바와 수마트라 해안선을 휩쓴 다음에는 더욱더 많은 사람들이 죽었다. 그리고 48세제곱킬로미터라는 경이로운 부피의 용암을 쏟아낸 1815년 4월의 탐보라 산의 어마어마한 분화는 그 무엇보다도 치명적이었다. 7만 명이 넘는 사람들이 목숨을 잃었는데, 대부분은 흉작과 뒤따른 대기근 탓이었다. 태양광선을 차단하는 엄청난 양의 황화합물이 탐보라 산에서 상부 대기로 주입되어, 1816년은 북반구에 '여름이 없는 해'가 되었다.

그러한 역사적 분화들은 현대의 상상력을 괴롭히며, 또한 그래야 마땅하다. 물론, 화산 분화로 인한 사망자 수는 인도양과 아이티에서 최근에 일어난 지진으로 사망한 수십만 명에 비하면 아무것도 아니다. 하지만 지진과 화산에는 중요하고 무서운 차이가 있다. 가능한 지진 규모의 상한은 암석의 강도가 결정한다. 단단한 암석은 부러지기 전까지의 응력밖에 견딜 수 없다. 그 극한값에서 극도로 파괴적이지만 국지적인 지진이 생길 수 있다. 그 강도가 바로 리히터 규모 9다.

반면에, 화산은 크기에 분명한 상한이 없다. 사실 지질학적 기록은 인간 역사에서 기록으로 남아 있는 가장 큰 화산활동보다 100배는 더 큰 분화들이 있었다는 틀림없는 증거를 보유하고 있다. 그러한 초대형 화산들은 세상의 하늘을 몇 년 동안 어둡게 해 수천이 아닌 수백만 제곱킬로미터에 걸쳐 경치를 바꿔놓았을 것이다. 가장 근래의 초대형 화산 폭발, 즉 2만 6,500년 전에 뉴질랜드 북섬에서 일어난 타우포 화산 폭발은 800세제곱킬로미터가 넘는 용암과 재를 쏟아냈을 것이다. 7만 4,000년 전에 폭발한 수마트라의 토바 화산은 2,755세제곱킬로미터로 추정되는 분출물을 방출했다. 현대 사회에서 그러한 재난이 또 한 번 일어난다면, 그 결과는 헤아리기 어렵다.

그렇지만 기록된 역사 속의 어떤 지각변동보다 훨씬 컸음에도 불구하고, 이러한 초대형 화산들조차 대멸종에 기여한 거대한 현무암 홍수에 비하면 난쟁이였다. 단 한 번뿐인 초대형 화산 폭발과 달리, 현무암 홍수 사건은 수천 년 동안 일어난 맹렬한 화산활동을 거느린 지속적인 기간을 나타낸다. 이러한 사건들 중 최대의 사건은 공교롭게도 모두 전 지구적 대멸종과 같은 때에 일어났고, 수십만에서 수백만 세제곱킬로미터의 용암을 쏟아냈다. 지금은 125만 제곱킬로미터가 넘는 현무암류에 의해 드러난 알려진 가장 큰 사건은, 시베리아에서 지구 최대의 대멸종 기간 동안—2억 5100만 년 전, '위대한 죽음'이 진행되는 동안—에 일어났다. 6,500만 년 전의 공룡의 사망도 허구한 날 소행성 충돌 탓이라고들 하지만, 인도에서 일어난 엄청난 현무암 홍수 사건과 때를 같이 한다. 거의 50만 제곱킬로미터에 달하는 데칸 용암 대지가 48만 세제곱킬로미터가 넘는 새로운 암석을 보여준다.

이 광활한 표면 지형이 단순히 지각과 상부 맨틀의 재처리에서 나올 수는 없었을 것이다. 현재의 홍수현무암 형성 모형은 수직 지구조운동이 대세이던 가장 초기 지구로의 후퇴를 상상케 한다. 과열된 중심핵-맨틀 경계에서부터 거대한 마그마 방울들이 서서히 먼 길을 올라와 지각을 깨뜨리고, 위로 뿜어져 나와 차가운 표면을 덮는다. 이제는 드문 사건들이다. 어떤 각본은 현무암 홍수가 대략 3,000만 년마다 한 번씩 일어난다고 가정한다. 그렇다면, 우리는 다음번 큰 사건을 치를 기한을 얼마쯤 넘긴 셈이다.

과학기술이 발전한 우리 인간 사회는 분명 올바르게 그러한 사건의 경고를 받게 될 것이다. 지진학자들이 용융되어 올라오는 뜨거운 상승류를 실시간으로 추적할 수 있을 테니까. 우리에게는 재난에 대비할 시간이 수백 년은 남아 있을 것이다. 하지만 인류가 언젠가 또 한 번 초대형 화산활동의 시대로 들어가야 한다면, 이 지구의 가장 난폭한 발작을 멈추기 위해 우리가 할 수 있는 일은 아무것도 없을 것이다.

### 얼음 요인: 다음 5만 년

예측할 수 있는 미래에, 지구 대륙의 윤곽을 결정하는 가장 큰 요인은 얼음이다. 수백 또는 수천 년의 짧은 시간 척도에서, 대양의 수심은 빙모, 빙하, 빙상을 포함해 지구에 동결되어 있는 물의 총부피와 가장 단단히 묶여 있다. 방정식은 간단하다. 지상의 얼음 안에 묶여 있는 물의 양이 많을수록, 해수면은 낮아진다.

과거가 미래를 예측하는 열쇠라고는 하지만, 역사 속으로 사라진 대양들의 수심을 우리가 어떻게 알 수 있을까? 위성을 통한 해수면 관찰은 믿을 수 없이 정확하긴 하지만, 자료가 과거 20년 치 정도로 제한되어 있다. 덜 정확하고 지역적 특이성의 영향을 받긴 해도, 검조의(檢潮儀: 밀물과 썰물에 의한 해수면의 오르내림을 측정하는 장치–옮긴이)로 측정한 조석간만의 변화를 추적하면 아마 1세기 반은 돌아갈 수 있을 것이다. 해안지질학자들은 고대 해안선의 표식을 보여주는 방법에 기댈 수 있다. 예컨대 해안 근처에 쌓여 있는, 연대가 수만 년 전으로 거슬러 올라가는 퇴적물에서 위로 솟은 해안단구를 찾을 수 있다. 비록 그와 같이 융기한 지형들은 수면이 더 높았던 시기들만 믿을 만하게 드러낼 수 있지만 말이다. 얕은 대양의 햇빛이 비치는 지대에서 성장했음이 분명한 화석산호의 위치를 참조해 기록을 더욱더 과거로 밀어붙일 수도 있지만, 그러한 암석층은 흔히 융기하거나 침강하거나 기울어지는 사건들을 경험해 기록을 어지럽힌다.

많은 과학자들은 요즘 덜 명확한 한 가지 해수면 지표에 주목한다. 바로 조그만 조가비에 들어 있는 산소의 가변적인 동위원소비다. 그 비는 제2장에서 거론했던 태양에서부터 어느 천체까지의 거리보다 훨씬, 훨씬 더 많은 이야기를 들려준다. 산소 동위원소들은 온도에 민감한 본성 때문에 지구 얼음의 부피 변천사를, 따라서 고대 해수면의 변화를 해독하기 위한 열쇠이기도 하다.

그렇기는 하지만, 얼음의 부피와 산소 동위원소의 관계는 미묘하다. 우리가 호흡하는 산소의 약 99.8퍼센트를 차지하는, 가장 월등히 풍부한 동위원소는 양성자 여덟 개와 중성자 여덟 개를 지닌, 가벼운 쪽인 산소-16이다. 산소 원자 500개당 한 개 정도가 양성자 여덟 개와 중성자 열 개를 지닌 더 무거운 쪽의 산소-18이다. 대양에 있는 물 분자 500개당 하나 정도는 평균보다 무겁다는 뜻이다. 태양이 적도의 바닷물을 데우면, 가벼운 동위원소인 산소-16을 가진 물이 산소-18을 가진 물보다 약간 더 빨리 증발해 저위도 구름 속의 물은 그것의 고향인 대양보다 평균적으로 약간 더 가벼워지게 마련이다. 구름이 더 차가운 구역으로 올라가면, 무거운 동위원소 산소-18을 가진 물이 산소-16을 가진 구름보다 약간 더 빨리 응축되어 빗방울이 되기에, 구름의 산소는 전보다 더욱더 가벼워지기 마련이다. 구름이 필연적으로 극지를 향해 이동할 무렵이면, 구름의 물 분자에 들어 있는 산소가 바닷물의 물 분자에 들어 있는 산소보다 훨씬 더 가벼워지게 된다. 이 극지의 구름이 빙모와 빙하 위로 강우량을 방출하면, 가벼운 동위원소가 더 많이 얼음에 갇혀 대양은 더 무거운 채로 남는다.

지구 한랭화가 극대화한 동안, 즉 지구의 물이 5퍼센트 이상 꽁꽁 얼 수 있을 때에는 대양에 산소-18이 상당히 풍부해진다. 지구가 온난화해 빙하가 후퇴하는 동안에는 대양의 산소-18 수준이 내려간다. 그래서 해안 퇴적물 안의 산소 동위원소비를 한 층 한 층 주의 깊게 측정하면 지구 표면의 얼음이(또는 그 부재가) 시간이 가면서 어떻게 변해왔는지를 밝힐 수 있는 것이다.

그렇듯 고된 일이 바로 러트거스 대학의 지질학자 켄 밀러와 동료들의 분야다. 그들은 뉴저지 해안을 온통 덮고 있는 두터운 해양 퇴적물을 샅샅이 조사하면서 수십 년을 보냈다. 1억 년을 거스르며 기록이 과거로 점점 연장되는 이 퇴적물에는 유공충이라는 아주 작은 생물의 껍질화석이 잔뜩 들어 있다. 조그만 유공충은 저마다 자신이 성장한 시기의 대양에 함유되어 있던 산소 동위원소 양을 보존하고 있다. 따라서 뉴저지 퇴적물 안의 산소 동위원소를 층별로 측정하면, 시간 경과에 따른 얼음 부피의 변화를 간단하고 정확하게 추정할 수 있다.

지질학적으로는 가까운 과거에, 얼음 덮개가 끊임없이 영고성쇠를 거듭함에 따라 2,000~3,000년의 시간 단위로 해수면도 크게 변화한 것으로 보인다. 최근의 빙하기들이 절정일 때는 지구의 물 5퍼센트 이상이 얼음에 갇혀 해수면이 현재의 눈금에서 90미터쯤 내려갔을 것이다. 약 2만 년 전, 해수면이 낮았던 그러한 시기에 아시아와 북아메리카 사이에 지금의 베링 해협을 가로지르는 육교가 생긴 것으로 보인다. 그 길을 통해 인간을 비롯한 포유류가 맨 처음 신세계로 건너왔다. 얼음으로 덮인 같은 시간 동안에, 영국해협 따위는 없었다. 이때는 메마른 계곡이 영국제도와 프랑스를 연결하고 있었다. 반대로 온난화가 극대화한 시기, 즉 빙하가 대부분 사라지고 빙모들이 물러나는 때에는 해수면이 반복해서 상승해 오늘날보다 90미터나 높아짐으로써, 전 지구의 해안지대 수십만 제곱킬로미터를 침수시켰다.

밀러와 동료들은 과거 900만 년 동안 빙하의 전진과 후퇴가 100번 이상 되풀이되었고 지난 100만 년 동안에만 그러한 사건이 최소한 열두 번은 일어났다는 것을 확인했다. 이 변화들은 해수면이 미친 듯이 180미터나 왔다갔다했음을 말해준다. 주기마다 세부사항은 다르겠지만 이 사건들은 분명 주기적이며, 이른바 밀란코비치 주기(약 100년 전에 그것을 발견한 세르비아의 천체물리학자 밀루틴 밀란코비치의 이름을 땄다)와 관계가 있다. 그는 지구 공전궤도에 내재하는 잘 알려진 편차들, 가령 우리 행성의 지축 경사, 타원형 궤도, 자전축의 약한 떨림 등이 대략 2만 년, 4만 1,000년, 10만 년 간격으로 기후에 변화주기를 부과한다는 사실을 깨달았다. 이 편차들은 모두 다 지구를 때리는 햇빛의 양에 영향을 미치므로, 전 지구의 기후에 엄청난 영향을 미친다.

그래서, 다음 5만 년은 어떨까? 우리는 해수면이 계속해서 극적으로 바뀔 것이며, 그와 함께 아직도 한참 더 오르내릴 것이라고 자신할 수 있다. 십중팔구 다음 2만 년에 걸쳐서도 이따금씩 빙모들이 성장하고, 빙하들이 전진하고, 해수면이 60미터 이상 내려갈 것이다. 과거 100만 년에 걸쳐 최소한 여덟 번은 도달했던 수준이다. 그토록 큰 변화라면 전 세계 해안선에 강력한 효과를 미칠 것이다. 미국 동해안이 동쪽으로 수십 킬로미터씩 옮겨가고, 동시에 얕은 대륙의 사면이 노출될 것이다. 보스턴에서 마이애미까지, 동해안의 근사한 항구들은 모두 고지대의 메마른 내륙도시가 될 것이다. 새로 언 얼음과 얼음으로 만들어진 육교가 알래스카와 러시아를 연결할 것이고, 영국제도는 다시 한번 유럽 본토의 일부가 될 것이다. 그사이 대륙붕을 따라 늘어선, 세계에서 가장 생산적인 어장들이 마른 땅이 될 것이다.

내려간 해수면은 올라가기도 해야 한다. 그다음 1,000년에 걸쳐 해수면이 30미터 이상 올라갈 가능성이 매우 높다. 어떤 사람들은 십중팔구 그리 될 것이라고 말한다. 대양이 그만큼 높이 상승한다면—지질학적 기준으로는 다소 평범한 상승이지만—미국의 지도는 거의 알아볼 수도 없게 될 것이다. 해수면이 30미터 올라가면 동해안의 많은 평원이 물에 잠기면서 해안선이 최대 150킬로미터까지 서쪽으로 이동할 것이다. 보스턴, 뉴욕, 필라델피아, 윌밍턴, 볼티모어, 워싱턴, 찰스턴, 사바나, 잭슨빌, 마이애미 같은 주요한 해안도시들이 모조리 물에 잠길 것이다. 로스앤젤레스, 샌프란시스코, 샌디에이고, 시애틀도 파도 밑으로 사라질 것이다. 플로리다도 거의 전부 사라질 것이고, 플로리다의 독특한 반도는 얕은 바다에 빠질 것이다. 델라웨어와 루이지애나 대부분도 물밑에 있게 될 것이다. 미국이 아닌 세계의 다른 부분에서 해수면이 30미터 상승한 결과는 더욱더 치명적일 것이다. 여러 국가—네덜란드, 방글라데시, 몰디브—가 통째로 더 이상 존재하지 않게 될 것이다.

지질학적 기록은 의심할 여지가 없다. 이 변화들은 다시 일어날 것이다. 그리고 전문가들 대부분이 의심하는 대로 지구가 급속히 온난화하고 있다면 수면은 머지않아 아마도 10년마다 30센티미터씩 상승할 것이다. 지구가 온난화하는 긴 시간 동안 단순한 바닷물의 열팽창도 평균 해수면을 최대 3미터까지 높일 수 있다. 그러한 변화들은 물론 인간 사회에는 도전이 되겠지만, 지구에는 거의 영향을 미치지 않을 것이다.

어쨌거나, 그것이 세상의 끝은 아닐 것이다. 우리 세상의 끝일 뿐.

## 온난화: 다음 100년

우리는 대개 앞으로 20억 년, 또는 200만 년, 또는 하다못해 1,000년에 관해서도 그다지 신경쓰지 않고, 단기적인 걱정에 초점을 맞춘다. 10년 뒤 아이의 대학 등록금을 어떻게 낼까? 내가 내년에 그 자리로 승진하게 될까? 다음 주에는 주식시장이 뜰까? 저녁엔 뭘 먹을까?

그 맥락에서, 우리는 걱정할 거리가 거의 없다. 뜻밖의 지각변동만 없다면, 지구는 내년에도, 다음 10년에도 오늘의 지구와 거의 비슷해 보일 것이다. 설사 우리가 평소와 달리 뜨거운 여름을 경험하거나, 작물을 말려죽이는 가뭄을 견디거나, 유난히 맹렬한 폭풍을 겪는다 해도, 올해와 내년의 차이는 아마 알아차릴 수 없을 만큼 작을 것이다.

절대적으로 확실한 것은 지구가 계속해서 변하리라는 사실이다. 현재의 지표들은 지구가 온난화하고 빙하들이 녹는 사건이 다가오고 있다는 것을 가리킨다. 인간의 활동이 여기에 영향을 미치고 온난화의 속도를 높였을 가능성이 농후하다. 이 온난화의 결과는 다음 100년에 걸쳐서 수많은 방식으로 수많은 사람들에게 영향을 미칠 것이다.

2007년 여름, 나는 멀리 일룰리사트에서 카블리 재단이 주최한 미래 심포지엄에 참석했다. 북극권 안에서 약간 남쪽에 위치한, 그린란드의 서해안 어촌인 일룰리사트를 미래를 논의할 곳으로 선택한 것은 행운이었다. 안락한 아크틱 호텔에 있는 회의장 바로 바깥에서 변화가 일어나고 있었기 때문이다. 거대한 일룰리사트 빙하의 얼음이 떨어져나가고 있는 선단 가까이에 위치한 이 항구는 1,000년 동안 풍부한 어장 역할을 했다. 해마다 겨울에 항구가 꽁꽁 얼면, 어부들은 얼음낚시에 기댔다. 새천년까지는 말이다. 2000년, (최소한 구전되는 1,000년 역사상) 처음으로 항구가 얼지 않은 상태로 개방되었다. 유네스코 지정 세계유산인 이 거대 빙하는 그동안 놀라운 속도로—수십 년 동안 안정되어 있다가 3년 만에 거의 10킬로미터나—후퇴했다. 또 다른 변화로, 1,000년 동안 해충이 없었던 일룰리사트와 인근 원주민 마을에 2007년 이후로는 해마다 8월만 되면 모기와 먹파리가 떼 지어 몰려왔다. 이는 분명 일화들이지만, 중요하고 거침없는 변화의 틀림없는 전조라는 것 또한 분명하다.

전 지구에 걸쳐서 비슷한 변화들이 일어나고 있다. 체서피크 만의 뱃사공들은 하나같이 20~30년 전보다 조수가 높아졌다고 보고한다. 사하라 사막 북부가 해마다 더욱더 북으로 밀고 올라가면서, 한때 비옥했던 모로코의 농지를 먼지로 바꾸고 있다. 남극에서는 빙붕氷棚들이 점점 더 빠른 속도로 녹아 흩어지고 있다. 지구의 평균 기온과 수온이 올라가고 있다. 모두 온난화가 보여주는 일관된 패턴의 일부다. 지구가 과거에 무수히 경험해왔고 미래에도 무수히 경험할.

온난화는 그 밖에도 때로는 역설적인 결과를 가져올 수 있다. 적도에서 북대서양으로 따뜻한 물을 싣고 가는 거대한 멕시코 만류의 동력은 적도와 고위도 사이의 심한 온도차다. 일부 기후 모형들이 시사하는 대로 지구 온난화로 그 온도 대비가 줄어든다면, 멕시코 만류는 약해지거나 심지어 멈출 수도 있을 것이다. 이는 역설적으로, 당장은 멕시코 만류에 의해 기후가 온화해지는 영국제도와 북유럽을 오늘날보다 훨씬 더 춥게 만드는 일이 될 것이다. 다른 해류들, 예컨대 인도양에서 아프리카의 뿔을 지나 남대서양으로 가는 해류도 비슷하게 영향을 받을 것이므로, 온화한 남아프리카 기후를 유사하게 바꿔놓거나, 아시아의 일부를 촉촉하고 비옥하게 유지하는 계절풍 강우를 변화시킬지도 모른다.

얼음이 녹으면, 바다는 상승한다. 일부 냉정한 관측통들은 다음 세기에 해수면이 60~90센티미터나 상승할 것이라고 본다. 비록 최근의 암석기록에 따르면 그동안 10년당 13~15센티미터라는 훨씬 더 빠른 속도의 상승도 이따금씩 일어났겠지만 말이다. 이만 한 바다의 변화는 전 세계의 수많은 해안지대 주민들에게 영향을 미칠 것이고 도시공학자들은 물론 메인 주부터 플로리다 주에 이르는 해변에 위치한 부동산 소유주들에게도 두통을 일으키겠지만, 6~9미터라면 아마 사람이 살고 있는 대부분의 해안지대에서 감당할 수 있을 것이다. 바닷물의 침식에 관해서라면 한동안은, 즉 한두 세대 동안은 주민 대부분이 실제로는 그다지 걱정할 필요가 없을 것이다.

일부 동식물 종은 그다지 안녕하지 못할 것이다. 북극의 얼음이 손실되면 북극곰에게 익숙한 주거 환경이 축소되어, 안 그래도 줄고 있는 것으로 보이는 개체군에 난제가 더해질 것이다. 기후대들이 극지를 향해 빠르게 이동하고 있다는 사실도 멸종 위험에 처한 그 밖의 많은 종들을 압박할 것이다. 특히 새들은 이주해 둥지를 짓고 먹이를 먹는 지역이 바뀌는 데에 각별히 민감하다. 최근의 한 보고서는 지구의 평균 기온이 2도만 올라가도 이를 계기로 새들의 멸종률이 유럽에서는 40퍼센트에 접근하고 오스트레일리아 북서부의 우거진 열대우림에서는 70퍼센트가 넘을 수 있을 것이라고 추산했다. 2도라면 일부 기후 모형들이 예측하는 다음 세기의 기온변화 범위에 들어가고도 남는다. 대략 6,000종이 알려져 있는 개구리, 두꺼비, 도롱뇽 가운데 거의 세 종 중 한 종이 비슷하게 위험에 처해 있고, 그 주된 이유는 양서류에게 치명적인 진균성 질병이 온기의 힘으로 급속히 확산되어서라는 사실을 발견한 또 다른 국제보고서를 읽으면 정신이 번쩍 든다. 다가오는 세기에 그 밖에 무슨 일이 일어나든, 우리는 멸종이 가속화되는 시기에 들어서고 있는 것처럼 보인다.

대지진의 파괴든 초대형 화산의 폭발이든 1.5킬로미터 너비의 소행성 충돌이든, 다음 세기에 변형을 일으킬 일정한 사건들—일부는 장담할 수 있고, 다른 일부는 가능성이 높은—은 순간적일 것이다. 인간 사회는 1,000년에 한 번 일어나는 진정으로 파국적인 재난은 고사하고, 100년에 한 번 일어나는 폭풍이나 지진에도 제대로 대비하지 못하는 경향이 있다. 지구의 역사를 읽으면서 우리는 이 충격적인 사건들이 필연적인 규범임을, 우리 행성의 역사라는 연속체의 일부임을 본다. 그럼에도 우리는 활화산의 옆구리에도, 지구에서 가장 활발한 일부 단층대 위에도 도시를 짓는다. 우리 시대에는 우리가 구조론적tectonic 총알(우주론적cosmic 미사일은 아니라도)을 요리조리 피하길 바라며.

매우 느린 지질작용과 매우 빠른 지질작용 사이에는 보통 수백 또는 수천 년이 걸리는, 변동이 심한 지질작용들이 있다. 기후, 해수면, 생태계에서 일어나는 이 변화들은 대개 몇 세대를 거쳐야만 알아차릴 수 있다. 우리가 가장 염려해야 하는 것은 변화 자체가 아니라 그러한 변화의 속도다. 기후도, 해수면도, 생태계도 정점에 도달할 수 있기 때문이다. 스트레스를 너무 심하게 받으면, 양성 되먹임 고리들이 활동을 개시할 수 있다. 보통 1,000년이 걸리는 일이 10년이나 20년 만에 일어날 수도 있을 것이다.

현 상태에 안주하기는 쉽다. 암석을 잘못 읽어서 고무되면 특히 더 그렇다. 2010년까지 한동안은, 진행 중인 연구들이 현대의 기후변화에 관한 염려를 다소 완화시켰다. 연구대상은 5,600만 년 전의 흡사한 각본, 즉 대멸종 중에서도 포유류의 초기 진화와 확산에 극적으로 영향을 미친 대멸종이었다. 팔레오세-에오세 최고온기Paleocene-Eocene Thermal Maximum, 줄여서 PETM으로 불리는 이 가혹한 사건 당시 수천 종이 비교적 갑자기 사라졌다. PETM이 우리 시대에 중요한 이유는 그것이 지구사에서 가장 급속한 온도 변동으로 잘 입증되어 있기 때문이다. 열을 가둬 온실효과를 일으키는 가스 한 쌍인 이산화탄소와 메탄의 대기 중 농도가 화산으로 인해 비교적 빠르게 증가해서, 1,000년 이상의 양성 되먹임과 그에 상응한 보통 규모의 지구 온난화를 유발했다. 일부 연구자들은 PETM과 오늘날의 사건들이 매우 흡사하다고 보았다. 분명 (지구 온도가 거의 10도나 올라가고, 해수면이 급상승하고, 대양이 산성화하고, 생태계에서 생물 상당수가 극지로 이동하는 등) 나쁜 사건이지만, 동식물 대부분의 생존을 위협할 만큼 파국적인 사건은 아니라고.

펜실베이니아 주립대학의 지질학자 리 컴프와 동료들이 최근에 발견한 충격적인 사실들이 좀처럼 사라지지 않는 낙관주의의 모든 근거를 파괴했을 것이다. 2008년에 컴프 팀은 노르웨이에서 시추한 어느 시추심에 접근할 기회를 얻었다. 이 시추심은 PETM의 전 구간을 보존하고 있었다. 다시 말해, 퇴적암들 한 층 한 층이 대기 중 이산화탄소와 기후의 변화속도를 지극히 상세하게 입증하고 있었다. 나쁜 소식은, PETM—지구사에서 가장 급속한 기후붕괴였다고 10년 이상 생각해온—을 촉발한 대기의 변화 강도가 오늘날 일어나고 있는 변화에 비하면 10분의 1도 안 되었다는 사실이다. PETM 멸종 각본이 실연되는 동안 대기 조성과 평균 온도가 전 지구적으로 변하기까지 1,000년 이상이 걸렸건만, 인간은 엄청난 양의 고탄소 연료를 불태우며 그 기간을 겨우 지난 100년 만에 뛰어넘었던 것이다.

우리가 알기로 기후가 그토록 급속히 변화한 선례는 전혀 없으므로, 지구가 어떻게 반응할지는 아무도 모른다. 2011년 8월에 3,000명의 지구화학자들이 모인 프라하에서, 새로운 PETM 데이터에 정통한 기후 전문가들 사이의 분위기는 진지했다. 이 조심성 많은 전문가들의 공적인 예측은 여전히 신중했지만, 내가 맥주를 마시며 들은 의견은 비관적이고 무서운 것이었다. 만일 온실기체 농도가 너무 급속히 올라가면, 알려진 어떤 기제도 그 넘치는 양을 흡수할 수 없다. 온난화를 계기로 다량의 메탄이 방출되면, 그 각본이 수반할 수 있는 양성 되먹임이란 되먹임은 모조리 수반할까? 과거에 그토록 여러 번 해왔듯, 해수면이 순식간에 수십 미터 상승할까? 우리는 도박을 하듯 미지의 땅으로 들어서고 있다. 지구를 대상으로, 아마 전에는 비슷하게도 해본 적이 없을 형편없는 구상의 실험을 전 세계 규모로 수행하고 있는 것이다.

암석은 생명 자체만큼이나 회복력이 강하고 앞으로도 언제나 그러할 생물권이 때때로 갑작스럽게 기후가 바뀌는 동안에는 정점에서 엄청난 스트레스를 경험한다는 사실을 증언한다. 농업 생산성을 포함한 생물학적 생산성이 한동안 추락할 것은 불을 보듯 뻔하다. 그토록 역동적인 환경에서, 우리 자신처럼 큰 동물들이 가장 비싼 값을 치를 것이다. 암석과 생명의 공진화는 분명 위축되지 않고 계속되겠지만, 그 수십억 년의 모험담에서 인류가 어떤 역할을 맡을지는 여전히 알 수 없다.

우리가 이미 그러한 정점에 도달했을까? 아마도 2010년대에는, 어쩌면 우리가 사는 동안에는 도달하지 않을 것이다. 하지만 그 일이 일어나기 전까지는 내가 정점에 있음을 결코 확신할 수 없다는 점이 바로 정점의 핵심이다. 부동산 거품은 터진다. 이집트의 민중은 봉기한다. 주식시장은 붕괴한다. 우리는 돌아보고서야 무슨 일이 일어나고 있는지를 깨닫고, 그때 가서 현상을 복구하기에는 너무 늦다. 그러한 일은 지구사에서 늘 있었던 일이 아니다.

## 에필로그

기후는 변하기 마련이며, 해수면도 변하고, 비바람도 변하고, 지구 표면과 바닷속 생명의 분포도 변한다. 암석과 생명은 계속해서 공진화한다. 수십억 년 동안 그래왔듯이. 인간은 우주를 통과하는 지구의 궤도를 바꿀 수 없는 것처럼 지구의 변화도 멈출 수 없다.

우리는 지구상의 생명을 파괴할 수 없고, 생명의 거침없는 진화를 멈출 수도 없다. 생명은 지구의 모든 생태적 지위에 속속들이 안착해왔다. 꽁꽁 언 북극의 얼음 안에도, 펄펄 끓는 산성 웅덩이 안에도, 몇 킬로미터 지하의 암석이 감싸고 있는 작은 구멍 안에도, 바람에 실려 지상 위 몇 킬로미터까지 올라간 먼지 알갱이 위에도 생명은 넘쳐난다. 우리는 우리 자신을 대상으로 뭐든 바보 같은 짓을 저지를지도 모르지만—지구 온도를 10도쯤 올려버리든, 공기와 물에 독극물을 풀든, 바닷속 물고기를 떼죽음시키든, 심지어 우리가 집단적으로 비축한 핵을 어느 지구적 홀로코스트에서 풀어버리든 말든—생명은 앞으로 나아갈 것이다. 인간은 영원히 사라질 수도 있지만, 미생물은 거의 한 순간도 멈칫거리지 않을 것이다. 앞으로 수십억 년 동안, 지구는 계속해서 날마다 자기 축을 맴돌면서 해마다 태양 주위를 방랑할 것이다. 수십억 년 동안, 우리의 행성은 여전히 파란 대양과 풀빛 대지 위에 흰 구름이 소용돌이치는 생물의 행성일 것이다. 우주에서 바라본 지구는 오늘날과 다름없이 아름다울 것이다. 인간이 있든 없든.

정말이다. 지난 세기에 인간이 해온 활동들이 대기 조성에 극적인 변화를 유발했으며, 기후에도 물리학의 법칙들만큼 확실하게 변화가 뒤따를 것이라는 데에는 털끝만 한 의심도 있을 수 없다. 효율적 온실기체인 이산화탄소와 메탄의 농도가 수억 년 안에 견줄 데 없는 속도로 상승해왔다. 우리는 열대우림을 급속히 벗겨내고, 바다생물을 빠르게 소비하고, 지구 방방곡곡의 생물 서식지를 끊임없이 파괴해 그러한 변화들을 증폭시킨다. 우리의 행위들 덕분에 지구는 뜨거워질 것이고, 얼음은 녹을 것이고, 대양은 높아질 것이다. 하지만 지구에게는 하나도 새로울 게 없는 일이다. 그렇다면 우리는 왜 인간의 행위가 변화의 과정을 가속시키는지 어떤지에 신경을 써야 할까?

우선, 바다생물이 떼죽음을 겪거나 농작물 생산량이 갑자기 반감된 세계에서 폭발할 고통을 상상해보라. 가장 비옥한 농지 100만 제곱킬로미터가 침수되고, 항구들이 물에 잠기고, 생계가 끊기게 되면 어쩔 것인가? 집을 잃고 쫓겨난 인간 10억 명이 겪을 고통을 상상해보라.

우리가 스스로 행동거지에 신경을 쓴다면, 그것은 분명 '행성을 구하기' 위해서는 아니다. 45억 년 넘게 끊임없이 넘치도록 퍼부어지는 변화를 이기고 살아남은 마당에, 지구에게 구조 따위는 필요하지 않다. 아마 어떤 도덕가들은 대신 고래나 북극곰을 구하는 데에 노력을 집중할 것이다. 이 동물들은 한 번 잃으면 끝이므로, 부인할 수 없이 슬플 것이기 때문이다. 하지만 설사 이 거대한 짐승들이, 아니면 코끼리나 판다나 코뿔소나 다른 100만 종이 카리스마가 있고 없고를 떠나서 멸종한다고 해도, 지구에게는 일시적 손실일 뿐이다. 아마도 새로운 종류의 거대하고 경이로운 짐승들이 지질학적으로는 한순간인 불과 100만 년 만에 필연적으로 진화해 그 생태적 빈자리들을 채울 것이다. 우리 자신처럼 큰 포유류들은 대멸종을 겪겠지만, 다른 척추동물이, 어쩌면 조류가 우리 자리를 차지할 것이다. 어쩌면 유난히 급속하게 진화하는 것으로 최근에 밝혀진 펭귄이 변하고 방산해 고래 같은 펭귄, 호랑이 같은 펭귄,

말 같은 펭귄들이 생겨나고, 펭귄들에게 큰 뇌와 물건을 쥐는 손가락이 발달해 그 지위를 채울지도 모른다. 우리가 무슨 짓을 하든, 지구는 계속해서 다채로운 생물의 세계일 것이다.

아니다. 만일 우리가 걱정을 하기로 한다면, 무엇보다 걱정할 것은 우리 인간이 되어야 한다. 가장 위험에 처한 종족이 우리이기 때문이다. 지구는 쓰레기와 불량품을 까부르는 거대한 키다. 생명은 웅장하게 나아가겠지만, 최소한 지금처럼 방탕한 방식의 인간 사회는 최종 생명의 명단에 들지 못할 것이다. 우리 인간에게는 정나미 떨어지는 잠재력이 있다. 자신의 무분별한 행위를 통해서든 아니면 똑같이 무분별한 무위를 통해서든, 스스로에게 막대한 고통과 파괴를 듬뿍 선사할 수 있는 잠재력. 우리가 우리의 고향 세계—칼 세이건을 인용하자면, 우리의 '창백한 푸른 점'—를 점점 더 빠른 속도로 계속해서 변질시키는 동안, 효과적인 조치를 취할 수 있는 남은 시간은 슬금슬금 흘러가버린다.

지구는 이 점에 관해 침묵하지 않는다. 지구의 이야기는 저기 암석들의 풍부한 기록 안에서 읽을 수 있다. 수천 년 동안, 우리는 우리 고향을 알고자 애써 지구의 이야기를 뒤져낼 만큼은 슬기로웠다. 지구가 들려주는 그 이야기의 교훈을 우리가 너무 늦지 않게 깨닫기를 바라자.

## 감사의 글

친구와 동료 수십 명이 이 책의 개념과 진전에 기여했다. 광물의 진화라는 개념을 초기 단계인 2008년에 기꺼이 맞아준 과학자 넷에게 각별히 큰 빚을 졌다. 오랜 친구이자 공동연구자인 광물학자 로버트 다운스는 광물의 본성과 분포에 관해 상당한 전문지식을 제공했다. 대학원 시절부터 알고 지낸 존스홉킨스 대학의 암석학자 존 페리는 광물학에 대한 새로운 접근법을 위해 정교한 이론적 틀을 짜주었다. 전에는 지구물리연구소 박사후연구원이었고 지금은 보스턴 대학 교수인 지구생물학자 도미니크 파피노는 다른 카네기 연구소 조언자들의 반대에도 불구하고 광물의 진화라는 발상에 가장 일찍이 공헌한 사람이자 그 발상을 가장 통찰력 있게 건설적으로 비판한 사람이기도 했다. 지난 몇 년 동안 가장 가까운 직업적 동료였던 존스홉킨스 대학의 지구화학자 디미트리 스베르옌스키는 풍부한 아이디어와 통찰을 선사해 광물의 진화를 개념적으로 발전시켰다. 이 네 명의 친구들은 광물의 진화라는 발상의 가장 초기 수호자였고, 모두가 그동안 논리정연하고 유능한 공동연구자였다. 그들의 도움이 없었다면 이 책을 펴내는 일은 불가능했을 것이다.

우리는 캐나다 지질조사국의 선캄브리아기 지질학자 와우터 블리커, 스미스소니언 협회의 운석 전문가 티모시 맥코이, 애리조나 대학의 권위 있는 생체광물학자 양허시융에게서 값을 따질 수 없는 통찰을 얻었다. 그들은 이 발상을 처음 발표하는 데에 동참했다. 다비드 아촐리니, 안드레이 베커, 데이비드 비시, 로드니 유잉, 제임스 파쿼, 조슈아 골든, 앤드루 놀, 멜리사 맥밀란, 졸리온 랄프, 존 밸리와 함께한 후속연구들은 그 개념을 확장시키며 우리를 흥분되는 새 방향으로 이끌어왔다. 에드워드 그루에게 각별히 신세를 많이 졌다. 희유원소 베릴륨과 붕소 광물의 진화에 대한 그의 연구가 이 분야를 새로운 양적 수준에 올려놓았다.

이 책은 생명의 기원 분야에 몸담고 있는 많은 동료들이 없었다면 손도 댈 수 없었을 것이다. 헨더슨 제임스 클리브스, 조지 코디, 데이비드 디머, 샬린 에스트라다, 캐럴린 존슨, 크리스토퍼 존슨. 이남희, 카타리나 클로치코, 오노 쇼헤이, 아드리안 비예가스-히메네스에게 특별히 감사한다. 또한 하버드 대학의 고생물학자 앤드루 놀과 그의 동료들, 특히 찰스 케빈 보이스와 노라 노프케뿐만 아니라 닐 굽타와도 협력해 이루 헤아릴 수 없을 만큼 큰 도움을 받았다.

심층탄소관측소 동료 코니 버트카, 앤드리아 매그넘, 로렌 크리안을 비롯해 앨프리드 슬론 재단의 제시 오수벨에게서도 확고한 지지를 받아왔다. 앨프리드 슬론 재단은 이 지구적 노력이 출범하도록 지원을 아끼지 않았고, 내가 이 책을 집필하는 동안 주의가 흩어질 때마다 가장 큰 부담을 져왔다. 조지 메이슨 대학의 동료들, 특히 리처드 디에키오, 해럴드 모로비츠, 제임스 트레필은 광물의 진화 개념이 발전하는 내내 수많은 고무적인 토론에 참여해왔다. 그동안 이 계획을 무조건 지원하고 격려해준 지구물리연구소 소장 러셀 헴리에게도 감사한다.

많은 과학자들이 이 책을 위한 조사 과정에서 귀중한 조언과 정보를 제공했다. 로버트 블랭큰십, 앨런 보스, 요헨 브록스, 도널드 캔필드, 린다 엘킨스-탠튼, 에릭 하우리, 린다 카, 린 마굴리스, 켄 밀러, 래리 니틀러, 피터 올슨, 존 로저스, 헨드릭 샤츠, 스콧 셰퍼드, 스티브 셔리, 로저 서몬스, 마르틴 판 크라넨동크에게 감사한다.

이 책이 나오기까지 바이킹 출판사의 편집팀과 제작팀이 보여준 열정과 장인정신에도 감사한다. 알레산드라 루사르디는 먼저 이 책의 존립을 위해 싸웠고 진전 국면에서는 비판적인 조언을 해주었다. 리즈 반 후스는 귀중한 편집 지침을 제공해 최종 상태의 원고가 창의성, 효율성, 건전한 유머를 갖추도록 길잡이가 되어주었다. 브루스 기포즈와 재닛 비엘에게도 감사를 전하고 싶다.

맨 처음 이 책을 구상하게 된 것은 윌리엄 모리스 인데버 소속의 에릭 루퍼와 손을 잡으면서였다. 그는 이 계획의 모든 단계에서 세심하게 분석해주고, 때맞춰 조언해주고, 변함없이 지지해주었다. 많은 것이 그의 덕이다.

마거릿 헤이즌은 광물의 진화라는 발상이 발전하는 내내—2006년 12월 6일에 처음 분명히 표현되기 오래전부터 이 책으로 발표될 때까지—나를 도왔다. 이 분야에 대한 그녀의 예리한 눈과 전염성 강한 열정, 모든 원고에 대한 박식한 조언과 신랄한 비판, 치열한 연구 인생의 성공과 실패에 대응해 그녀가 보여준 꾸밈없는 기쁨과 따사로운 연민이 이 노력을 지탱해주었다.

## 옮긴이의 말

우주 나이 137억 살, 지구 나이 45억 살.

우주와 지구의 나이를 '계산할 수 있다'는 사실을 알고 나서 인생이 바뀌었다는 사람을 만난 적이 있다. 지식이 삶을 바꿀 수 있다는 증인을 만난 뒤로 옮긴이의 여정도 달라졌다. 여기서 100만 살 정도의 오차는 무의미하다. 에라토스테네스의 시대에는 에라토스테네스의 시대에 가장 정직한 수치로 족하다. '변함없는 변화'가 우주적 진리라면, 진리도 변하는 것이 순리다.

환경에 대한 호기심은 정보를 '업데이트'해서 변화에 적응하고 살아남으라는 조상의 유산이다. 그래서 여자는 뭇사람은 마음 아닌 귀에도 담아본 적 없을 삼엽충을 사랑할 만큼, 물려받은 호기심이 많은 남자를 사랑할 가능성이 높다. 이 책은 그런 사내가 쓴 '최신판' 지구 이야기이므로 도무지 나이를 먹을 줄 모르는 지구 이야기보다는 일찍 죽겠지만, 암석 속에 얼어붙은 고대 지자기처럼 동시대를 증언하여 미래의 나침반이 되어줄 것이다.

'아주 옛날에는 사람이 안 살았'을 뿐만 아니라, 동물도, 식물도, 육지도, 바다도, 달도, 지구도 없었다. 우주와 태양 출생의 비밀은 잘 모르니 넘어가자. 태양 곁 별먼지에서 시작하는 지구 이야기는 눈물겹다. 지구는 된통 얻어맞고 달을 토해낸 뒤, 열이 가라앉은 그을린 살갗에 시퍼런 진물이 고인 다음, 희끗

한 뾰루지가 번져 잿빛 딱지가 앉고서야 비로소 생명을 잉태했다. 대지는 생명의 입김에 얼굴을 붉히며 벌거벗은 몸을 꼬았다 풀었다 무료함을 달래다가, 한순간 자제력을 잃고 얼었다 녹았다 변덕을 부렸다. 그래도 불굴의 생명은 잎을 발명해 녹음을 걸치고 껍질을 발명해 폭발적으로 진화하며 여기까지 왔다. 인간은 이 축도에 끼어들기엔 역사가 일천하다. 그래서 보란 듯 옛날에는 1,000년이 걸리던 일을 10년 만에 해치우며 비디오를 앞으로 팽팽 감아대고 있는지도 모른다. 왕년에 빙하기를 겪으며 키운 뇌를 믿고 그러는 걸까? 뇌란 발에 차이는 돌에서도 배우라고 생긴 물건 아니었나?

감사의 글을 보고 알았지만, 이 책의 구상은 한국의 모 월드스타가 소속된 글로벌 연예기획사(윌리엄 모리스 인데버)에서 나왔다. 강남 스타일도 아닌 지구 이야기가 '팔릴'까? 그럴지도 모른다. 때마침 운석이 동계올림픽 메달로 변신하는가 하면 이웃집 안마당에도 날아들고, 무엇보다 세계 최고의 부자가 '빅 히스토리'에 꽂혀 있으니. 자본주의에 길든 나는 돈이 움직이는 걸 보고 '난리'가 난 줄 깨닫는다. 개인주의에 길든 나는 빌 게이츠가 억만금을 주고, 칼 세이건이 살아돌아와 선장을 한다고 해도 파리와 똑같이 하나뿐인 내 목숨을 화성 편도여행에 걸 생각이 없지만(고백하건대, 패배주의에 길든 나는 지구가 침몰할 때에도 화성 가는 구명정에는 부자와 권력자만 타고 있을 거라 생각한다), '지금 여기'에서 우리가 한 척뿐인 같은 배를 타고 있다는 사실은 꿈쩍도 하지 않는다. 미우나 고우나 '함께'가 아니면 우리는 사는 집 온도를 단 1도 내리는 일조차도 하지 못한다.

대망의 『지구 이야기』 출간을 앞둔 '대한민국의 2014년 4월', 쓰라는 후기는 커녕 두 번 다시 글을 쓸 수 있을까 눈앞이 하얀 내 귓속에서 날벌레처럼 끈질기게 윙윙거리는 것은 결국 세 종류의 색각으로 세상에서 무지개를 보는 인간의 언어였다.

인간이 이렇게 슬픈데,

주여, 바다가 너무 파랗습니다.

별이 사라진 세상

별이 비추던 자린

그림자보다 검다.

윗글의 임자는 일본인 어른이고, 아랫글의 임자는 한국인 소년이다. 사람은 잊고 이야기만 기억하는 옮긴이를 용서해주기 바란다.

2014년 4월에

김미선

# 찾아보기

【 ㄴ 】



【 ㄷ 】

【 ㄹ 】

【 ㅁ 】

【 ㅂ 】

【 ㅇ 】

【ㅈ】

【 ㅊ 】



【 ㅋ 】

【 ㅍ 】

【ㅎ】

【 기타 】

지은이 **로버트 M. 헤이즌**Robert M. Hazen은 미국 조지메이슨 대학 지구과학과의 클래런스 로빈슨 교수이며 카네기연구소 산하 지구물리연구소의 선임연구원이기도 하다. 『과학의 열쇠』, 『제너시스』를 포함해 『다이아몬드를 만든 사람들』, 『돌파구–초전도체를 찾기 위한 경주』 등의 책을 썼고, 『풀리지 않는 과학의 의문들 14』, 『교과서에서 배우지 못한 과학이야기』, 『물리학의 문제들–개념 물리 입문』, 『과학–통합적 접근』의 공저했다. 아내와 메릴랜드 주 글렌에코에서 살고 있다.

옮긴이 **김미선**은 연세대학교 화학과를 졸업하고 대덕연구단지에 있는 LG연구소에서 근무했으며, 숙명여대 TESOL 과정을 수료한 뒤 영어강사로 일하기도 했다. 뇌과학에 특히 관심이 많은 과학 분야 전문번역가로 활동하고 있다. 『진화의 키, 산소 농도』, 『생각의 한계』, 『신경과학으로 보는 마음의 지도』, 『이매진』, 『신 없는 우주』, 『가장 뛰어난 중년의 뇌』, 『감정의 분자』, 『의식의 탐구』를 비롯한 여러 권의 책을 옮겼다.

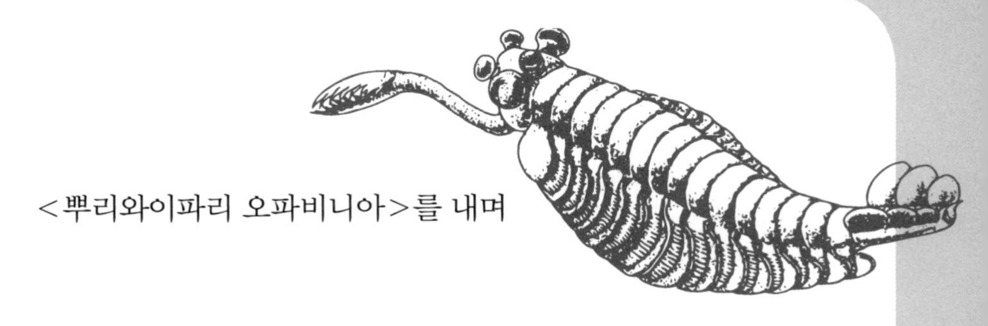

## <뿌리와이파리 오파비니아>를 내며

지금부터 5억 년 전, 생물의 온갖 가능성이 활짝 열린 시대가 있었다. 우리는 그것을 캄브리아기 대폭발이라 부른다. 우리가 아는 대부분의 생물은 그때 열린 문들을 통해 진화의 길을 걸어 오늘에 이르렀다.

그러나 그보다 많은 문들이 곧 닫혀버렸고, 많은 생물들이 그렇게 진화의 뒤안길로 사라졌다. 흙을 잔뜩 묻힌 화석으로 발견된 그 생물들은 우리의 세상을 기고 걷고 날고 헤엄치는 생물들과 겹치지 않는 전혀 다른 무리였다. 학자들은 자신의 '구둣주걱'으로 그 생물들을 기존의 '신발'에 밀어넣으려고 안간힘을 썼지만, 그 구둣주걱은 부러지고 말았다.

오파비니아. 눈 다섯에 머리 앞쪽으로 소화기처럼 기다란 노즐이 달린, 마치 공상과학영화의 외계생명체처럼 보이는 이 생물이 구둣주걱을 부러뜨린 주역이었다.

뿌리와이파리는 '우주와 지구와 인간의 진화사'에서 굵직굵직한 계기들을 짚어보면서 그것이 현재를 살아가는 우리에게 어떤 뜻을 지니고 어떻게 영향을 미치고 있는지를 살피는 시리즈를 연다. 하지만 우리는 익숙한 세계와 안이한 사고의 틀에 갇혀 그런 계기들에 섣불리 구둣주걱을 들이밀려고 하지는 않을 것이다. 기나긴 진화사의 한 장을 차지했던, 그러나 지금은 멸종한 생물인 오파비니아를 불러내는 까닭이 여기에 있다.

진화의 역사에서 중요한 매듭이 지어진 그 '활짝 열린 가능성의 시대'란 곧 익숙한 세계와 낯선 세계가 갈라지기 전에 존재했던, 상상력과 역동성이 폭발하는 순간이 아니었을까? <뿌리와이파리 오파비니아>는 두 개의 눈과 단정한 입술이 아니라 오파비니아의 다섯 개의 눈과 기상천외한 '주둥이'를 빌려, 우리의 오늘에 대한 균형 잡힌 이해에 더해 열린 사고와 상상력까지를 담아내고자 한다.

| 이언 | 대 | 기 | |
|---|---|---|---|
| 현생이언 | 신생대 | 제3기 | 신제3기 |
| | | | 고제3기 |
| | 중생대 | 백악기 | |
| | | 쥐라기 | |
| | | 트라이아스기 | |
| | 고생대 | 페름기 | |
| | | 석탄기 | |
| | | 데본기 | |
| | | 실루리아기 | |
| | | 오르도비스기 | |
| | | 캄브리아기 | |
| | 선캄 | 선캄브리아기 | |

0 10 20 30 40 50 60 70 80 90 100 110 120 130 140 150 160 170 180 190 200 210 220 230 240 250 260 270 280 290 300 310 320 330 340 350 360 370 380 390 400 410 420 430 440 450 460 470 480 490 500 510 520 530 540 550 560 570 580 4500 4600 (백만 년 전)

이 장구한 시간의 흐름 속에서
생명이 태어났나니…

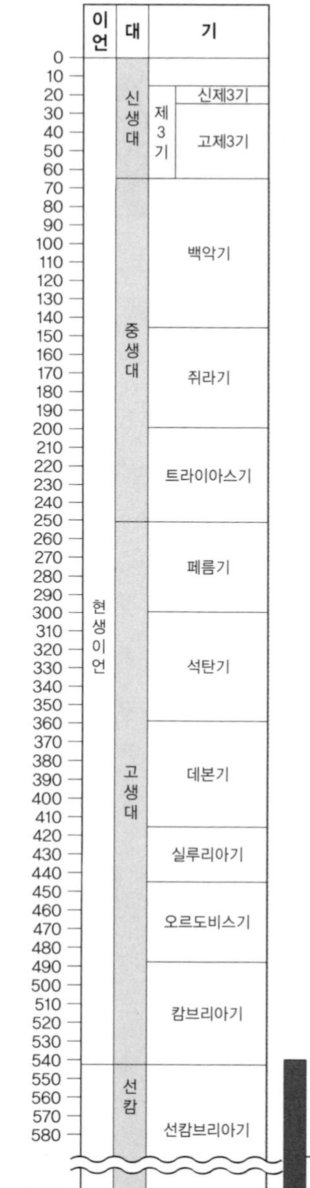

5억 3,000만 년 전,
캄브리아기 대폭발로 눈을 뜨고

## 눈의 탄생–캄브리아기 폭발의 수수께끼를 풀다

동물 진화의 빅뱅으로 불리는 캄브리아기 대폭발! 캄브리아기 초 500만 년 동안에 모든 동물문이 갑작스레 진화한 이 엄청난 사건의 '실체'와 '시기'에 관해서는 그동안 잘 알려져 있었으나, 그 '원인'에 대해서는 지금까지 수많은 가설과 억측이 난무했다. 왜 그때 진화의 '빅뱅'이 일어났던 걸까? 무엇이 그 사건을 촉발시켰을까? 앤드루 파커가 제시하는 놀라운 설명에 따르면, 바로 이 시기에 눈이 진화해서 적극적인 포식이 시작되었다. 곧, 동물이 햇빛을 이용해 시각을 가동한 '눈'을 갖게 되는 사건이 캄브리아기 벽두에 있었고, 그 하나의 사건으로 생명세계의 법칙이 뒤흔들리며 폭발적인 진화가 일어났다는 것이다. 이 책은 영향력을 넓히면서 더욱 인정받아가는 그 이론을 본격적으로 소개한다. 생물학, 역사학, 지질학, 미술 등 다양한 분야를 포괄한 과학적 탐정소설 형식의『눈의 탄생』은 대중에게 더욱 쉽게 다가가기 위해 간결한 문체와 흥미로운 에피소드를 다양하게 사용하여 대중과학서의 고전으로 자리잡기에 손색이 없다.

**한국출판인회의 선정 이달의 책!**
**과학기술부 인증 우수과학도서!**

앤드루 파커 지음 | 오숙은 옮김

"파커는 꼼꼼한 동물학 변호사처럼 자신의 흥미로운 주장을 정리한다 — 찰스 다윈과 똑같은 방식으로." –**매트 리들리**(『이타적 유전자』 지은이)

그 눈으로 고생대 3억 년을
지켜본 딱정벌레여!

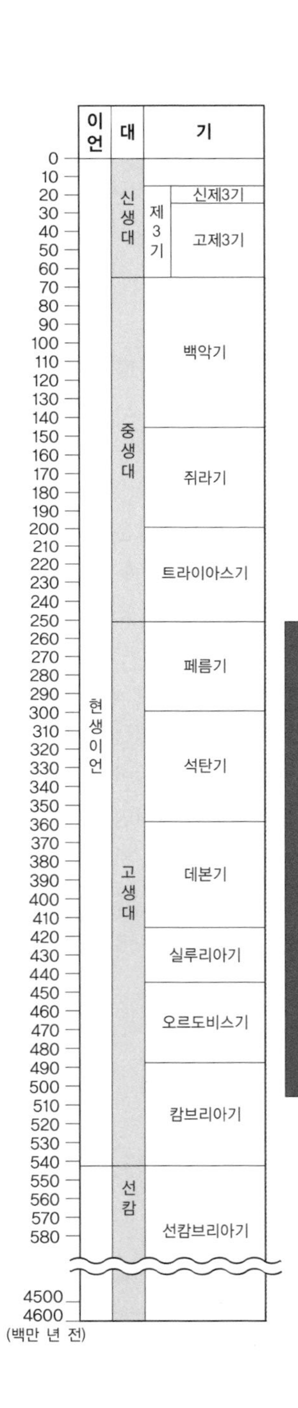


## 삼엽충—고생대 3억 년을 누빈 진화의 산증인

삼엽충은 5억 4,000만 년 전에 홀연히 등장하여 무려 3억 년이라는 장구한 세월을 살다가 사라졌다. 리처드 포티는 고대 바다 밑에 우글거렸던 이 동물들을 30년 넘게 연구한 학자다. 그는 징그럽게 보일 수도 있는 이 동물들이 우리에게 경이롭고 사랑스럽고 대단히 많은 교훈을 전해준다고 말한다. 이 책에는 그가 삼엽충을 대할 때 느끼는 흥분과 열정, 그리고 그들을 연구하면서 얻은 지식이 고스란히 녹아 있다. 리처드 포티는 이 색다른 동물들의 이야기 속에 진화가 어떻게 이루어졌으며, 과학이 어떤 식으로 발전하고, 얼마나 많은 괴짜 과학자들이 활약했는지를 흥미진진하게 풀어낸다.

**한국간행물윤리위원회 선정 이달의 읽을 만한 책!**

리처드 포티 지음 | 이한음 옮김

"책은 고대 생물을 그저 단순히 설명하는 방식으로 독자에게 삼엽충을 보여주지 않는다. 삼엽충을 만나기 위해 깎아지른 절벽을 오르내리는 과학자의 여정이 함께 담겨, 읽는이의 호기심을 한층 끌어올린다." —**『한국일보』**

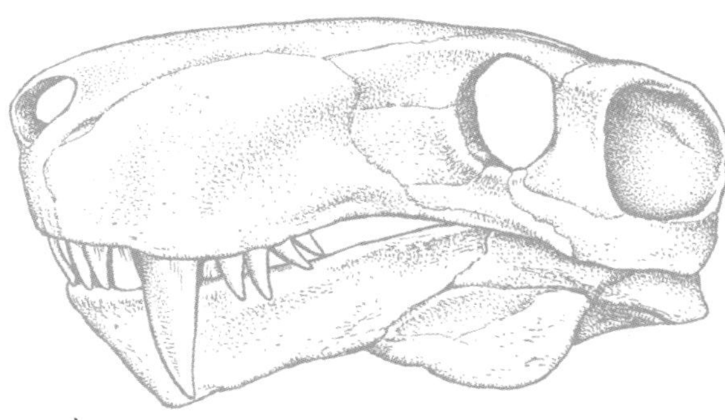

페름기 말,
모든 것이 바람과 함께 사라졌으나

대멸종—페름기 말을 뒤흔든 진화사 최대의 도전

지금부터 2억 5,100만 년 전, 고생대의 마지막 시기인 페름기 말에 대격변이 일어났다. 육지와 바다를 막론하고 무려 90퍼센트가 넘는 동물종이 감쪽같이 사라지고 말았다. 지금은 희미한 화석으로만 겨우 알아볼 수 있는 갖가지 동물군이 펼쳐냈던 장엄한 페름기의 생태계가 순식간에 몰락해버렸다. 생명의 역사상 그처럼 엄청난 대멸종의 회오리를 일으킬 만한 것이 대체 무엇이었을까? 운석이 충돌했던 것일까? 초대륙 판게아에서 대규모로 화산활동이 일어났던 것일까? 이 책은 단순한 교과서적 사실의 나열이 아니라 이러한 숱한 궁금증들을 풍부한 자료를 가지고 치밀하게 그려내면서 동시에 페름기 대멸종이라는 주제와 관련된 과학자들의 연구와 숨 막히는 경쟁이 어떻게 펼쳐졌는지를 보여준다.

**과학기술부 인증 우수과학도서!**

마이클 J. 벤턴 지음 | 류운 옮김

"고생물학 서적이 매력적인 이유는 화석과 지구 환경을 조사해 지질학적 연대기를 구성해내는 과정을 추적자의 심정으로 즐길 수 있어서다. 범인을 추리해나가는 탐정소설을 읽는 기분이랄까? 그런 점에서 벤턴의 글쓰기 방식은 고생물학의 매력을 잘 드러낸다."

—정재승(카이스트 교수)

또 다시 펼쳐지는
위대한 영웅들의 대서사시!

| 이언 | 대 | 기 | |
|---|---|---|---|
| 현생이언 | 신생대 | 제3기 | 신제3기 |
| | | | 고제3기 |
| | 중생대 | 백악기 | |
| | | 쥐라기 | |
| | | 트라이아스기 | |
| | 고생대 | 페름기 | |
| | | 석탄기 | |
| | | 데본기 | |
| | | 실루리아기 | |
| | | 오르도비스기 | |
| | | 캄브리아기 | |
| | 선캄 | 선캄브리아기 | |

0 10 20 30 40 50 60 70 80 90 100 110 120 130 140 150 160 170 180 190 200 210 220 230 240 250 260 270 280 290 300 310 320 330 340 350 360 370 380 390 400 410 420 430 440 450 460 470 480 490 500 510 520 530 540 550 560 570 580 4500 4600
(백만 년 전)

## 공룡 오디세이
—진화와 생태로 엮는 중생대 생명의 그물

몸길이 15미터에 몸무게 5톤의 '폭군' 티라노사우루스 렉스는 난폭한 포식자의 제왕이었는가, 죽은 동물이나 뜯어먹는 비루한 청소부였는가? 공룡은 왜 그리 거대한 몸집을 진화시켰고, 어떻게 유지할 수 있었을까? 중생대의 온실세계에서 산 공룡은 온혈동물이었을까, 냉혈동물이었을까? 이 책은 진화사에서 가장 성공적이고 가장 매혹적인 동물이 초대륙 판게아에서 보잘것없는 존재로 생겨나 지구상의 가장 큰 육상동물이 되고 결국은 느닷없는 비극적 죽음을 맞기까지의 한 편의 대서사시다.

**과학기술부 인증 우수과학도서!**
**아시아태평양이론물리센터 선정 '2011 올해의 과학도서'**

스콧 샘슨 지음 | 김명주 옮김

공룡과 공룡이 살아간 세계에 관한 가장 포괄적인 책이다. 공룡 팬 누구에게나 적극 추천한다. —**『퍼블리셔스 위클리』**

## 공룡 이후–신생대 6500만 년, 포유류 진화의 역사

진화사에서 가장 매혹적인 동물이자 중생대를 지배했던 공룡은 지구상에서 홀연히 사라졌다. 그 생태적 빈자리를 채운 것은 엄청난 속도로 신생대의 기후와 환경에 적응한 다양한 육상동물, 특히 포유류였다. 『공룡 이후』는 신생대 지구와 생명의 역사를 개괄하면서 포유류는 물론 해양생물, 식물, 플랑크톤에 이르기까지 신생대 생물 진화의 맥락을 소개한다. 『공룡 이후』는 과거 지구에 살았던 놀라운 생명체들에 매료된 모든 사람을 위한 책이다.

**아시아태평양이론물리센터 선정 '2013 올해의 과학도서'**

도널드 R. 프로세로 지음 | 김정은 옮김

## 노래하는 네안데르탈인–음악과 언어로 보는 인류의 진화

인류를 다른 종과 비교했을 때 가장 의아하고 경이로운 특성을 보이는 것이 음악활동이다. 그렇다면 인간은 왜 음악을 만들고 들을까? 스티븐 미슨은 이 의문을 추적하면서 음악과 언어의 밀접한 관계, 음악이 인류의 진화에 미친 영향을 찾아 나선다. 그에 따르면, 현생 인류에게 비교적 최근에 언어능력이 생기기 전까지, 음악은 이성을 유혹하고 아기를 달래고 챔피언에게 환호를 보내고 사회적 연대를 다지는 구실을 했다. 음악과 언어는 공통의 뿌리가 존재하고 공진화해온 역사적 환경으로 말미암아 따로 떼어 설명할 수 없다고 말하는 『노래하는 네안데르탈인』은 언어에 가려져 상대적으로 간과되어왔던 음악의 진화적 지위를 되찾아줄 것이다.

스티븐 미슨 지음 | 김명주 옮김

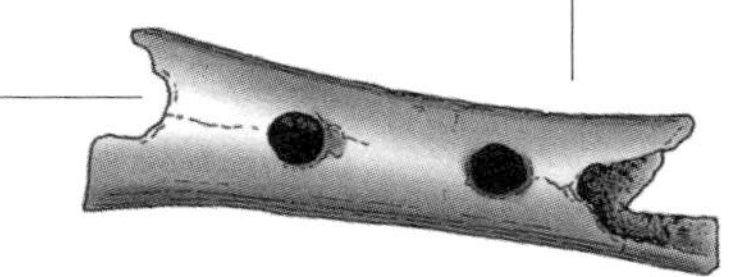

그러나 미토콘드리아 없이는
이 세상도 없을 터이며,

| 이언 | 대 | | 기 |
|---|---|---|---|
| 현생이언 | 신생대 | 제3기 | 신제3기 |
| | | | 고제3기 |
| | 중생대 | | 백악기 |
| | | | 쥐라기 |
| | | | 트라이아스기 |
| | 고생대 | | 페름기 |
| | | | 석탄기 |
| | | | 데본기 |
| | | | 실루리아기 |
| | | | 오르도비스기 |
| | | | 캄브리아기 |
| | 선캄 | | 선캄브리아기 |

0, 10, 20, 30, 40, 50, 60, 70, 80, 90, 100, 110, 120, 130, 140, 150, 160, 170, 180, 190, 200, 210, 220, 230, 240, 250, 260, 270, 280, 290, 300, 310, 320, 330, 340, 350, 360, 370, 380, 390, 400, 410, 420, 430, 440, 450, 460, 470, 480, 490, 500, 510, 520, 530, 540, 550, 560, 570, 580, 4500, 4600
(백만 년 전)

## 미토콘드리아

—박테리아에서 인간으로, 진화의 숨은 지배자

몸속 가장 깊은 곳에서 소리 없이 우리 삶을 지배하는 생명에너지의 발전소이자, 다세포생물의 진화를 이끈 원동력인 미토콘드리아. 핵이 있는 복잡한 세포를 위해 일하는 기관으로만 여겨졌던 미토콘드리아가 이제는 복잡한 생명체를 탄생시킨 주인공으로 인정받고 있다. 이 책은 복잡한 생명체의 열쇠를 쥐고 있는 미토콘드리아를 통해 생명의 의미를 새롭게 바라본다. 우리가 사는 세상을 미토콘드리아의 관점에서 살펴보며 최신 연구결과들을 퍼즐조각처럼 맞춰가면서, 복잡성의 형성, 생명의 기원, 성과 생식력, 죽음, 영원한 생명에 대한 기대와 같은 생물학의 중요한 문제들의 해답을 모색한다.

**아시아태평양 이론물리센터 선정 '2009 올해의 과학도서'**
**책을만드는사람들 선정 '2009 올해의 책(과학)'**

닉 레인 지음 | 김정은 옮김

"미토콘드리아를 통해서 본 지구 생물의 역사 최신판" —『한겨레』

"이 책은 단순한 교양과학도서가 아니다. 여느 전문서적에서도 접하기 힘든, 혹은 수많은 전문서적과 논문을 뒤져야 알아낼 법한 연구결과들을 일목요연하고 유려하게 정리하고 있기 때문이다."
—『교수신문』

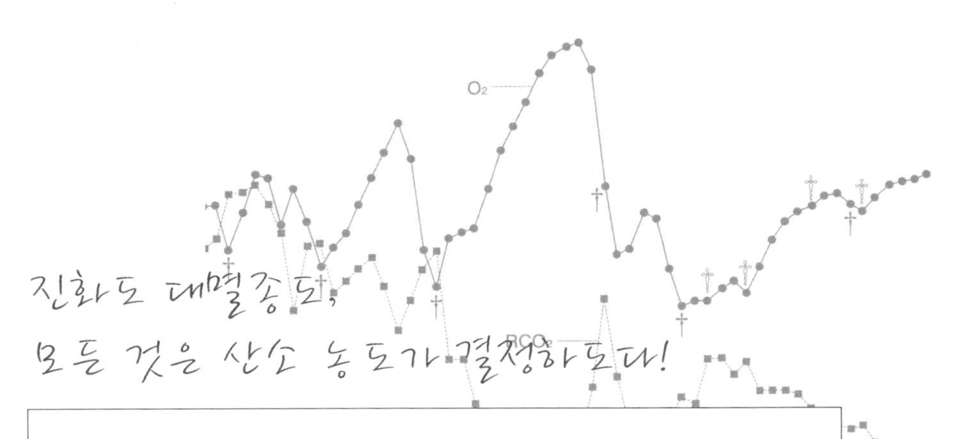


진화도 대멸종도,
모든 것은 산소 농도가 결정하도다!

## 진화의 키, 산소 농도–공룡, 새, 그리고 지구의 고대 대기

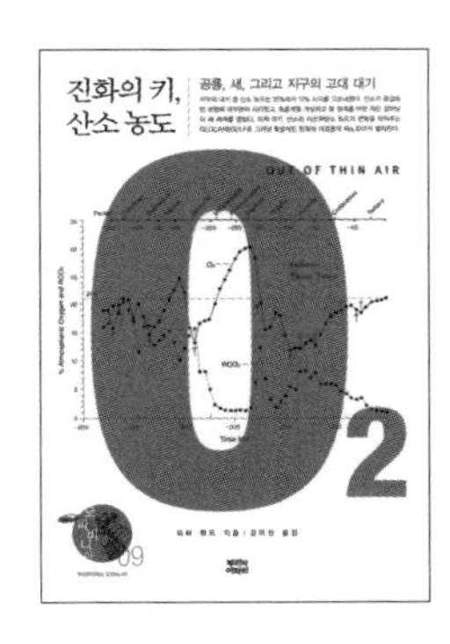


공룡이 그토록 오랜 기간 궤멸하지 않았던 비결은 무엇인가? 캄브리아기 생명체들이 폭발적으로 출현하도록 자극한 요인은 무엇인가? 동물들은 왜 바다에서 육지로 올라왔고, 그중 일부는 왜 다시 바다로 돌아갔는가?

"이 이야기의 결론들은 모두 다 산소의 수준에 관한 새로운 통찰에서 나온다."

지구의 대기 중 산소 농도는 35%에서 12% 사이를 오르내렸다. 산소가 급감하면 생명체 대부분이 사라졌고, 호흡계를 개발하고 몸 설계를 바꾼 자만 살아남아 새 세계를 열었다. 이제 여기, 산소와 이산화탄소 농도의 변동을 보여주는 GEOCARBSULF로 그려낸 폭발적인 진화와 대멸종의 파노라마가 펼쳐진다.

**한겨레신문 선정 '2012 올해의 책'(번역서)**

피터 워드 지음 | 김미선 옮김

"워드의 발상들은 면밀하게 살펴볼 가치가 있으며 아마도 널리 논의될 것이다."
–『퍼블리셔스 위클리』

"워드라면 항상 믿어도 된다. 흥미로운 이론을 가정하는 견실한 글을 제공할 것이라고."
–『라이브러리 저널』

# 지구 이야기

**광물과 생물의 공진화로 푸는 지구의 역사**

2014년 6월 10일 초판 1쇄 펴냄
2024년 7월 30일 초판 6쇄 펴냄

지은이 로버트 M. 헤이즌
옮긴이 김미선

펴낸이 정종주
편집주간 박윤선
마케팅 김창덕
디자인 페이지

펴낸곳 도서출판 뿌리와이파리
등록번호 제10-2201호 (2001년 8월 21일)
주소 서울시 마포구 월드컵로 128-4(월드빌딩 2층)
전화 02)324-2142~3
전송 02)324-2150
전자우편 puripari@hanmail.net

종이 화인페이퍼
인쇄 및 제본 영신사
라미네이팅 금성산업

값 22,000원
ISBN 978-89-6462-041-0 (03450)

이 도서의 국립중앙도서관 출판시도서목록(CIP)는 e-CIP 홈페이지(http://www.nl.go.kr/ecip)에서
이용하실 수 있습니다. (CIP 제어번호: CIP2014016364)